电机工程经典书系

永磁无刷直流电机控制技术与应用

第2版

刘 刚 王志强 张海峰 著

机 械 工 业 出 版 社

随着科学技术的不断发展，对永磁无刷直流电机调速系统转速和转矩的性能要求越来越高。各种传统的控制方法也伴随着科学发展和技术进步不断更新，许多经典的控制方法在新技术硬件平台上获得了比以往更优良的性能。特别是数字信号处理器和可编程逻辑器件的出现，极大地推动了永磁无刷直流电机控制技术不断向集成化、智能化方向发展。

本书探讨了永磁无刷直流电机及其控制技术的最新进展和应用。主要着眼于电机结构、原理、高效率控制方法、电子电路设计、高精度转速控制、无位置传感器控制、换相误差校正、转矩脉动抑制和磁悬浮储能飞轮应用等关键领域。通过深入介绍、分析和实际案例展示，旨在帮助读者深刻理解永磁无刷直流电机技术，满足不断增长的高性能需求。

本书既适用于电机控制系统的设计和研发人员，又可作为工程技术人员的技术参考书和高校电气工程、自动化等相关专业研究生的参考书。

图书在版编目（CIP）数据

永磁无刷直流电机控制技术与应用/刘刚，王志强，张海峰著. —2 版. —北京：机械工业出版社，2024. 4

（电机工程经典书系）

ISBN 978-7-111-75475-6

Ⅰ. ①永… Ⅱ. ①刘… ②王… ③张… Ⅲ. ①永磁式电机 - 无刷电机 - 直流电机 - 研究 Ⅳ. ①TM351

中国国家版书馆 CIP 数据核字（2024）第 063220 号

机械工业出版社（北京市百万庄大街 22 号 邮政编码 100037）

策划编辑：刘星宁 责任编辑：刘星宁

责任校对：张慧敏 李可意 景 飞 封面设计：马精明

责任印制：张 博

北京雁林吉兆印刷有限公司印刷

2024 年 12 月第 2 版第 1 次印刷

169mm×239mm · 24. 5 印张 · 478 千字

标准书号：ISBN 978-7-111-75475-6

定价：128. 00 元

电话服务

客服电话：010-88361066

010-88379833

010-68326294

网络服务

机 工 官 网：www. cmpbook. com

机 工 官 博：weibo. com/cmp1952

金 书 网：www. golden-book. com

机工教育服务网：www. cmpedu. com

第 2 版前言

本书是有关永磁无刷直流电机设计及控制理论和工程实践的一本专著，自2008 年第 1 版出版以来，受到国内外学者和工程技术人员的广泛关注。由于电子技术、计算机技术、传感器技术、电力电子技术、现代控制理论和新型永磁材料的发展，永磁无刷直流电机及其控制技术已有突破性进展。永磁无刷直流电机因其调速性能好、控制方法灵活多变、效率高、起动转矩大、运行寿命长等诸多优点，日趋广泛地应用于航空航天、计算机、军事、汽车、工业和家用电器等领域。

本书共 10 章。第 1 章概括地介绍了永磁无刷直流电机的结构、原理、调速性能、控制方法以及在磁悬浮飞轮中的应用；第 2 章建立了永磁无刷直流电机系统模型，以验证各种先进的电机控制方法的应用效果；第 3 章系统地介绍了永磁无刷直流电机的电子电路，这部分内容是作者十几年来从事永磁无刷直流电机控制系统研制工作的总结；第 4 章对转矩脉动进行了分析，介绍了各种抑制转矩脉动的方法，同时针对高速永磁无刷直流电机的低功耗驱动问题，提出了降低电机铁耗的控制方法；第 5 章针对高精度转速控制问题，介绍了锁相环速度控制的原理，给出了专用锁相环控制器及模拟锁相环控制器的实现过程，以陀螺高速电机为对象分析了稳速效果；第 6 章阐述了常用永磁无刷直流电机无位置传感器的检测原理，介绍了基于无位置传感器永磁无刷直流电机专用控制芯片的控制系统，以小电枢电感永磁无刷直流电机验证了无位置传感器的控制效果；第 7 章介绍了永磁无刷直流电机换相误差校正技术，这部分内容是作者研究团队近期最新研究成果的总结；第 8 章针对永磁无刷直流电机伺服系统的高精度控制，介绍了系统的硬件设计、软件设计及低速转矩脉动的抑制技术，给出了相关的试验测试及结果分析；第 9 章以高速磁悬浮飞轮用永磁无刷直流电机为例，介绍了永磁无刷直流电机的能量转换方法、飞轮的储能原理及基本组成，设计了电机发电运行状态下的硬件、软件及控制算法；第 10 章同样以高速磁悬浮飞轮用永磁无刷直流电机为例，介绍了永磁无刷直流电机电磁场的分析和计算方法。

第 2 版在第 1 版的基础上进行了修订，主要体现在：①添加了第 7 章永磁无刷直流电机换相误差校正；②对有关内容进行了适当的增加和删减，以符合永磁无刷直流电机最新的研究动态；③对参考文献进行了修订，增加了最新的、最有价值的参考文献供读者学习。

本书是作者研究团队多年研究成果的结晶，本次出版中特别感谢金浩博士、陈曦博士、陈少华博士、崔臣君博士为本书提供了大量素材。需要说明的是，为了保证部分仿真图及元器件型号与实际效果一致，书中部分图形和文字符号并未按国家标准做统一处理，请广大读者注意。作者感谢北京航空航天大学在科研工作中给予的支持和帮助，感谢机械工业出版社在本书出版过程中给予的大力支持。最后，感谢在本书撰写过程中所有给予关心、帮助和支持的人们！

因作者水平有限，书中难免有错漏之处，恳请广大读者批评指正。

作　者

2024年9月

第1版前言

在国外，从20世纪70年代末，特别是80年代初以来，由于电子技术、计算机技术、传感器技术、电力电子技术、现代控制理论和新型永磁材料的发展，永磁无刷直流电机及其控制技术已有突破性进展。近20年来，永磁无刷直流电机因其调速性能好、控制方法灵活多变、效率高、起动转矩大、运行寿命长等诸多优点，日趋广泛地应用于航空航天、计算机、军事、汽车、工业和家用电器等领域。

随着科学技术的不断发展，对永磁无刷直流电机调速系统性能要求越来越高，一种趋势是电机转速越来越高，从几千转提高到几万转，甚至几十万转，并且要求在高转速下还具有较高的转速控制精度，同时永磁无刷直流电机的高速转矩脉动抑制，成为与抑制其低速转矩脉动同等重要的问题。各种传统的控制方法也伴随着科学的发展和技术的进步不断更新，许多经典的控制方法在新技术硬件平台上获得了比以往更优良的性能。特别是数字信号处理器和可编程逻辑器件的广泛应用，极大地推动了永磁无刷直流电机控制技术的发展，使得控制平台更加趋于集成化、智能化。

本书共9章。第1章概括地介绍了永磁无刷直流电机的结构、原理、调速性能、控制方法以及在磁悬浮飞轮中的应用；第2章建立了永磁无刷直流电机系统模型，以验证各种先进的电机控制方法的应用效果；第3章系统地介绍了永磁无刷直流电机的电子电路，这部分内容是作者十几年来从事永磁无刷直流电机控制系统研制工作的总结；第4章对转矩脉动进行了分析，介绍了各种抑制转矩脉动的方法，同时针对高速永磁无刷直流电机的低功耗驱动问题，提出了降低电机铁耗的控制方法；第5章介绍了基于锁相环的高精度转速控制方法；第6章介绍了小电枢电感永磁无刷直流电机的无位置传感器控制方法；第7章针对永磁无刷直流电机伺服系统，介绍了高性能数字控制方法；第8章介绍了永磁无刷直流电机在磁悬浮储能飞轮中的应用；第9章，以高速磁悬浮飞轮用永磁无刷直流电机为例，介绍了永磁无刷直流电机电磁场的分析和计算方法。

本书第1章和第9章由房建成编写，第3章和第5章由王志强编写，其余章节由刘刚编写，全书由刘刚统稿。本书是作者及其课题组多年研究成果的结晶，除作者外，山东大学徐衍亮教授，北京航空航天大学郦吉臣教授、常庆之教授、赵建辉教授、李红副教授、韩邦成副教授、魏彤博士、张亮博士，以及博士生樊亚洪、田希晖、孙津济，硕士生马会来、刘庆福、周勇、张利、姚嘉、夏旎、夏蕾、李建科、贾军、杨春帆、刘平等都先后参加了相关课题的研究工作。东北大学刘宗富教授和韩安荣教授审阅了本书。

另外，特别感谢周新秀、朱娜和刘建章为本书做出的工作。

需要说明的是，为了保证部分仿真图及元器件型号与实际效果一致，书中部分图形和文字符号并未按国家标准做统一处理，这点请广大读者注意。

作者感谢国家“863”计划办公室、国防科工委民用航天预研项目管理办公室、总装备部预研项目管理办公室以及北京航空航天大学在科研工作中给予的支持和帮助，感谢机械工业出版社在本书出版过程中给予的大力支持。最后，感谢在本书撰写过程中所有给予关心、帮助和支持的人们!

因作者水平有限，书中难免有错漏之处，恳请广大同行、读者批评指正。

作　者

2008年2月

目　　录

第 1 章

绪　论

无刷直流电机是随着电子技术的迅速发展而发展起来的一种新型直流电机，它是现代工业设备中重要的运动部件。无刷直流电机以法拉第的电磁感应定律为基础，又以新兴的电力电子技术、数字电子技术和各种物理原理为后盾，具有强大的生命力。

无刷直流电机的最大特点是没有换向器和电刷组成的机械接触机构。因此，无刷直流电机没有换向火花，寿命长，运行可靠，维护简便。此外，其转速不受机械换向的限制，如采用磁悬浮轴承或空气轴承等，可实现每分钟几万到几十万转的超高转速运行。

由于无刷直流电机具有上述一系列优点，因此，它的用途比有刷直流电机更加广泛，尤其适用于航空航天、电子设备、采矿、化工等特殊工业部门。

1.1　无刷直流电机的特点

1831 年，法拉第发现了电磁感应现象，奠定了现代电机的基本理论基础。从 19 世纪 40 年代研制成功第一台直流电机，经过大约 17 年的时间，直流电机技术才趋于成熟。随着应用领域的扩大，对直流电机的要求也就越来越高，有接触的机械换向装置限制了有刷直流电机在许多场合中的应用。为了取代有刷直流电机的电刷-换向器结构的机械接触装置，人们曾对此做过长期的探索。1915 年，美国人 Langnall 发明了带控制栅极的汞弧整流器，制成了将直流变交流的逆变装置。20 世纪 30 年代，有人提出用离子装置实现电机的定子绕组按转子位置换接的所谓换向器电机，但此种电机由于可靠性差、效率低、整个装置笨重又复杂而无实用价值。

科学技术的迅猛发展，带来了电力半导体技术的飞跃。开关型晶体管的研制成功，为创造新型直流电机——无刷直流电机带来了生机。1955 年，美国人 Harrison 首次提出了用晶体管换相线路代替电机电刷接触的思想，这就是无刷直流电机的雏形。它由功率放大部分、信号检测部分、磁极体和晶体管开关电路等组成，其工作原理是当转子旋转时，在信号绕组中感应出周期性的信号电动势，此信号电动势分别使晶体管轮流导通实现换相。问题在于，首先，当转子不转时，信号绕组内不能产生感应电动势，晶体管无偏置，功率绕组也就无法馈电，所以这种无刷直流电机没有起动转矩；其次，由于信号电动势的前沿陡度不大，晶体管的功耗大。为了克服这些弊病，人们采用了离心装置的换向器，或采用在定子上放置辅助磁钢的方法来保证电机可靠地起动。但前者结构复杂，而后者需要附加的起动脉冲。其后，经过反复的试验和不断的实践，人们终于找到了用位置传感器和电子换相线路来代替有刷直流电机的机械换向装置，从而为直流电机的发展开辟了新的途径。20 世纪 60 年代初期，接近开关式位置传感器、电磁谐振式位置传感器和高频耦合式位置传感器相继问世，之后又出现了磁电耦合式和光电式位置传感器。半导体技术的飞速发展，使人们对 1879 年美国人霍尔发现的霍尔效应再次产生兴趣，经过多年的努力，终于在 1962 年试制成功了借助霍尔元件（霍尔效应转子位置传感器）来实现换相的无刷直流电机。在 20 世纪 70 年代初期，又试制成功了借助比霍尔元件的灵敏度高千倍左右的磁敏二极管实现换相的无刷直流电机。在试制各种类型的位置传感器的同时，人们试图寻求一种没有附加位置传感器结构的无刷直流电机。1968 年，德国人 W. Mieslinger 提出采用电容移相实现换相的新方法。在此基础上，德国人 R. Hanitsch 试制成功借助数字式环形分配器和过零鉴别器的组合来实现换相的无位置传感器无刷直流电机。

无刷直流电机按照工作特性，可以分为两大类：

1. 具有直流电机特性的无刷直流电机

反电动势波形为梯形波、电流波形为矩形波的电机，称为梯形波同步电机，又称无刷直流电机。这类电机由直流电源供电，借助位置传感器来检测主转子的位置，由所检测出的信号去触发相应的电子换相线路以实现无接触式换相。显然，这种无刷直流电机具有有刷直流电机的各种运行特性。

2. 具有交流电机特性的无刷直流电机

反电动势波形和供电电流波形都是正弦波的电机，称为正弦波同步电机。这类电机也由直流电源供电，但通过逆变器将直流电变换成交流电，然后去驱动一般的同步电机。因此，它们具有同步电机的各种运行特性。

严格来说，只有具有直流电机特性的电机才能称为无刷直流电机，本书主要讨论这种类型的无刷直流电机。

1.2　无刷直流电机的结构和工作原理

本节将讨论无刷直流电机的结构和工作原理，着重介绍各种类型的转子位置传感器、电枢绕组和电子换相线路的组合方式，以及不同换相方式的无刷直流电机。

1.2.1 无刷直流电机的结构

众所周知，有刷直流电机具有旋转的电枢和固定的磁场，因此有刷直流电机必须有一个滑动的接触机构——电刷和换向器，通过它们把电流馈给旋转着的电枢。无刷直流电机却与有刷直流电机相反，它具有旋转的磁场和固定的电枢。这样，电子换相线路中的功率开关器件，如晶闸管、晶体管、功率MOSFET或IGBT（绝缘栅双极型晶体管）等可直接与电枢绕组连接。在电机内，装有一个转子位置传感器，用来检测转子在运行过程中的位置。它与电子换相线路一起，替代了有刷直流电机的机械换向装置。综上所述，无刷直流电机由电机本体、转子位置传感器和电子换相线路三大部分组成，如图1-1所示。

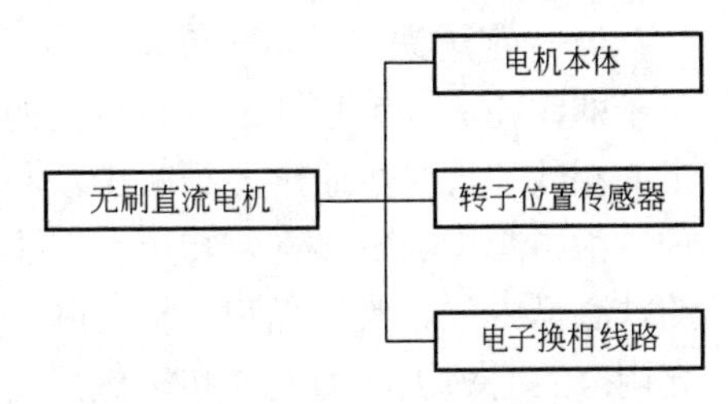

图1-1 无刷直流电机组成框图

图1-2和图1-3所示分别为两个典型的无刷直流电机的外观。

图1-2 无刷直流电机外观之一

图1-3 无刷直流电机外观之二

1.2.1.1 电机本体

电机本体的主要部件有转子和定子。首先，它们必须满足电磁方面的要求，保证在工作气隙中产生足够的磁通，电枢绕组允许通过一定的电流，以便产生一定的电磁转矩。其次，要满足机械方面的要求，保证机械结构牢固和稳定，能传送一定的转矩，并能经受住一定环境条件的考验。此外，还要考虑节约材料、结构简单紧凑、运行可靠和温升不超过规定的范围等要求。图1-4给出了无刷直流电机结构示意图。

1. 定子

定子是电机本体的静止部分，由导磁的定子铁心、导电的电枢绕组及固定铁心和绕组用的一些零部件、绝缘材料、引出部分等组成，如机壳、绝缘片、槽楔、引出线及环氧树脂等。

（1）定子铁心　定子铁心一般由硅钢片叠成，取用硅钢片的目的是减少主定子的铁耗。硅钢片冲成带有齿槽的环形冲片，在槽内嵌放电枢绕组，槽数视绕组的相数和极对数而定。为减少铁心的涡流损耗，冲片表面涂绝缘漆或做磷化处理。为了减少噪声和寄生转矩，定子铁心采用斜槽，一般斜一个槽距。在叠装后的铁心槽内放置槽绝缘和电枢线圈，然后整形、浸漆，最后把主定子铁心压入机壳内。有时为了增加绝缘和机械强度，还需要采用环氧树脂进行灌封。

图1-5所示为图1-2所示无刷直流电机的定子铁心冲片，此产品的极对数$p=1$，绕组为三相。

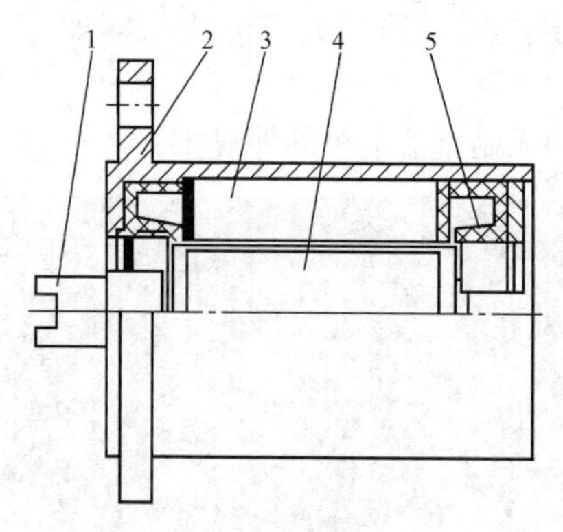

图1-4　无刷直流电机结构示意图
1—转轴　2—机壳　3—定子铁心
4—磁钢　5—轴承

图1-5　定子铁心冲片

（2）定子绕组　定子绕组是电机本体的一个最重要部件。当电机接通电源后，电流流入绕组，产生磁动势，后者与转子产生的励磁磁场相互作用而产生电磁转矩。当电机带着负载转起来以后，便在绕组中产生反电动势，吸收一定的电功率，并通过转子输出一定的机械功率，从而实现了将电能转换成机械能。显然，绕组在实现能量的转换过程中起着极其重要的作用。因此，对绕组的要求为：一方面它能通过一定的电流，产生足够的磁动势以得到足够的转矩；另一方面要求结构简单，运行可靠，并应尽可能节省材料。

绕组一般分为集中绕组和分布绕组两种：前者工艺简单，制造方便，但因绕组集中在一起，空间利用率差，发热集中，对散热不利；后者工艺较复杂，但能克服前者的一些不足。绕组由许多线圈连接而成。每个线圈也叫绕组元件，由漆包线在绕线模上绕制而成。线圈的直线部分放在铁心槽内，其端接部分有两个出线头，把各个线圈的出线头按一定规律连接起来，即得到主定子绕组。图 1-6 所示为图 1-2 所示无刷直流电机的主定子绕组的接线。

2. 转子

转子是电机本体的转动部分，是产生励磁磁场的部件，它由三部分组成：永磁体、导磁体和机械支撑零部件。

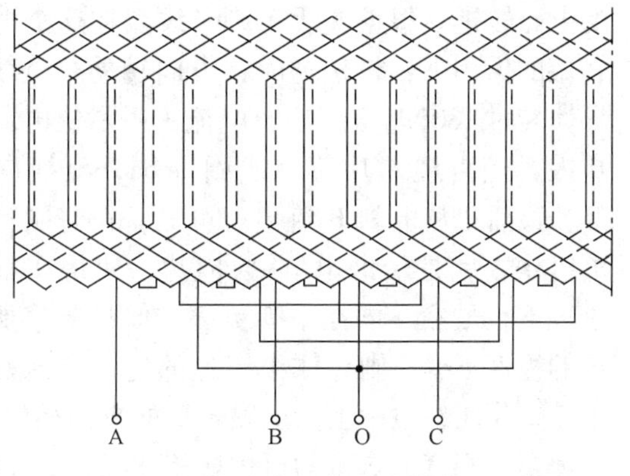

图 1-6　主定子绕组的接线

永磁体和导磁体是产生磁场的核心，由永磁材料和导磁材料组成。无刷直流电机常采用的永磁材料有下列几种：铝镍钴、铁氧体、钕铁硼及高磁能积的稀土钴永磁材料等。导磁材料一般用硅钢、电工纯铁或 1J50 坡莫合金等。

机械支撑零部件主要是指转轴、轴套和压圈等，它们起固定永磁体和导磁体的作用。转轴由非导磁材料，如圆钢或玻璃钢棒等车磨而成，要求它具有一定的机械强度和刚度。轴套和压圈通常由黄铜或铝等非导磁材料制成。

1.2.1.2　电子换相线路

电子换相线路和位置传感器相配合，起到与机械换向类似的作用。所以，电子换相线路也是无刷直流电机实现无接触换向的两个重要组成部分之一。

电子换相线路的任务是将位置传感器的输出信号进行解调、预放大、功率放大，然后去触发末级功率晶体管，使电枢绕组按一定的逻辑程序通电，保证电机的可靠运行。

一般来说，对电子换相线路的基本要求是：线路简单、运行稳定可靠、体积小、重量轻、功耗小，同时能按照位置传感器的信号进行正确换向和控制，能够实现电机的正反转，并且能满足不同环境条件和长期运行的要求。

1.2.2　无刷直流电机的原理

无刷直流电机是在有刷直流电机的基础上发展起来的，就它们内部发生的电磁过程来说，本质上无多大差别。因此，下面先介绍有刷直流电机的工作原理。

有刷直流电机主要由静止部分磁极体、转动部分电枢以及电刷和换向器等组成，如图 1-7 所示。图中，N、S 为磁极体，线圈 abcd 组成电枢，电刷 A、B 和换向片Ⅰ、Ⅱ组成机械换向机构。

当接通电源后，电流 I 从电刷 A 流入，经过换向片Ⅰ、线圈 abcd 至换向片

Ⅱ，然后由电刷B流出。根据毕奥·萨伐尔定律：如果磁场中有一载流导体，且导体与磁场方向相互垂直，则作用在载流导体上的电磁力应为$f=IBl_a$，其中，I为流过导体的电流；B为磁通密度；l_a为载流导体的有效长度。这个力形成了作用在线圈上的电磁转矩。根据左手定则，线圈在这个电磁转矩的作用下，将按逆时针方向转动。当载流导体转过180°电角度后，电流I还是从电刷A流入，经由换向片Ⅰ、线圈dcba，至换向片Ⅱ，最后仍从电刷B流出。可见，在有刷直流电机中，就是借助电刷-换向片，使得在某一磁极下，虽然导体在不断更替，但只要外加电压的极性不变，则导体中流过的电流方向始终不变，作用在电枢上的电磁转矩的方向始终不变，电机的旋转方向也始终不变，这就是有刷直流电机的机械换相过程。

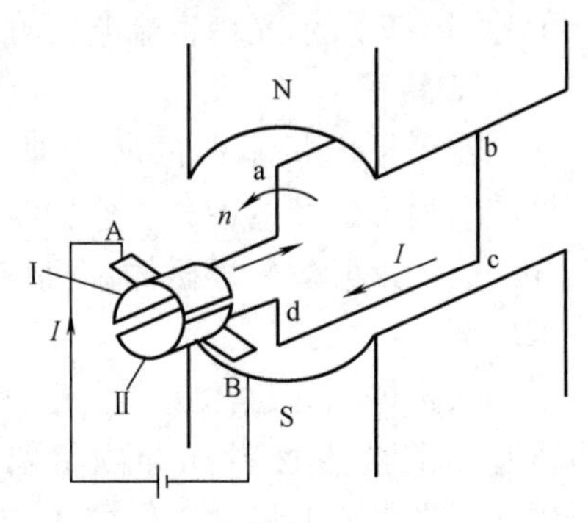

图1-7　有刷直流电机的原理图

在无刷直流电机中，借助反映主转子位置的位置传感器的输出信号，通过电子换相线路去驱动与电枢绕组连接的相应的功率开关器件，使电枢绕组依次馈电，从而在定子上产生跳跃式的旋转磁场，驱动永磁转子旋转。随着转子的转动，位置传感器不断地送出信号，以改变电枢绕组的通电状态，使得在某一磁极下导体中的电流方向始终保持不变，这就是无刷直流电机的无接触式换相过程。图1-8为无刷直流电机工作原理框图。

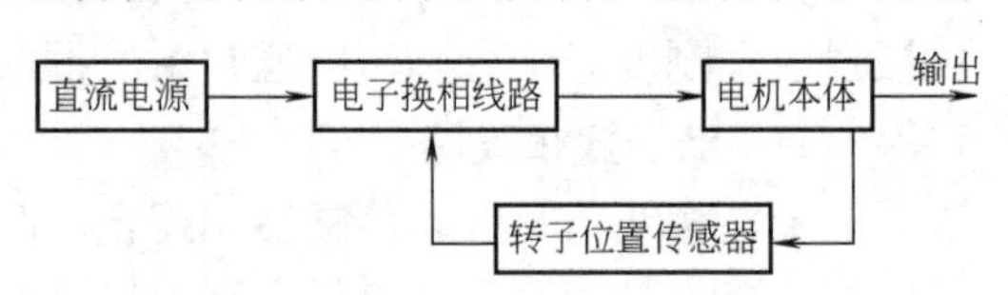

图1-8　无刷直流电机工作原理框图

应该指出，在无刷直流电机中，电枢绕组和相应的功率开关器件的数目不可能很多，所以与有刷直流电机相比，它产生的电磁转矩波动比较大。

1.2.2.1　电枢绕组的联结方式

无刷直流电机的电枢绕组与交流电机的定子绕组类似，基本上有星形绕组和封闭式绕组两类，它们的换相线路一般也有桥式和非桥式之分。这样，电枢绕组与换相线路相组合时，其形式是多种多样的，归纳起来可分为下列几种：

1. 星形绕组

星形联结是把所有绕组的首端或尾端接在一起，与它们相配合的电子换相线路可以为桥式星形联结，也可以为非桥式星形联结，前者如图1-9a、b所示，后者如图1-9c～e所示。

2. 封闭式绕组

封闭式绕组是由各相绕组组成封闭形，即第一相绕组的尾端与第二相绕组的

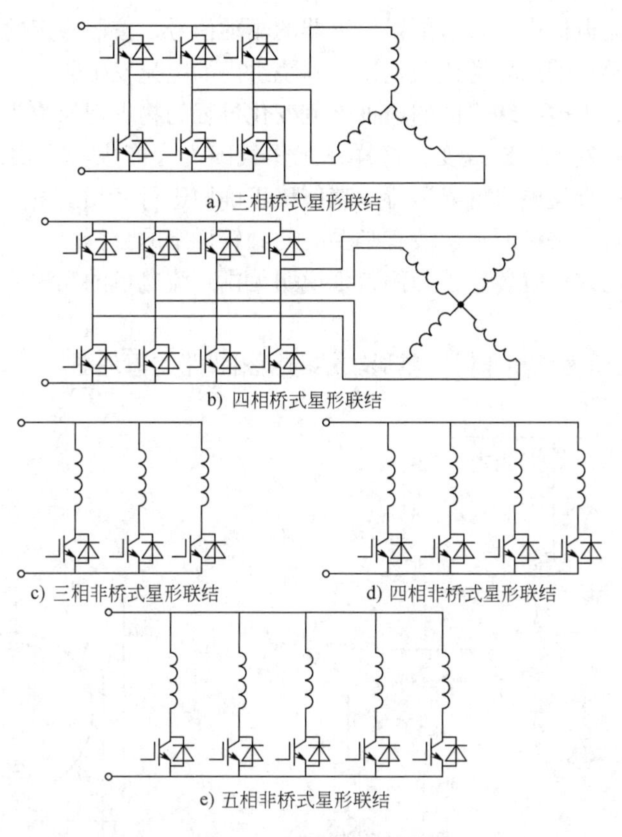

图1-9　绕组星形联结

首端相连接，第二相绕组的尾端再与第三相绕组的首端相连接，依次类推，直至最后一相绕组的尾端又与第一相绕组的首端相连接。与它们相配合的电子换相线路为桥式，图1-10a所示为三相封闭式桥式联结，而图1-10b所示为四相封闭式桥式联结。

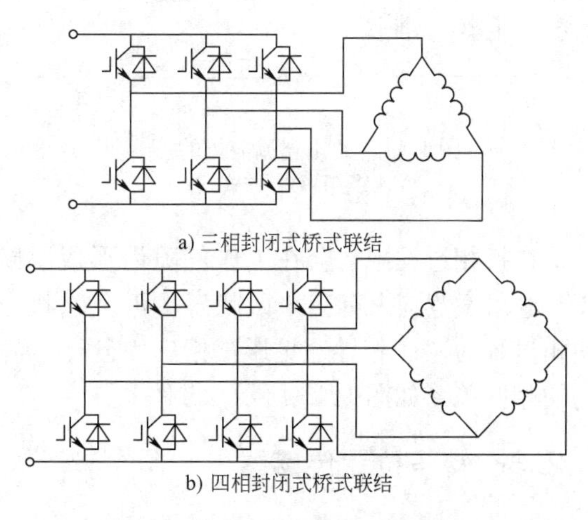

a) 三相封闭式桥式联结
b) 四相封闭式桥式联结

图1-10　绕组封闭式联结

3. 特殊联结的绕组

这种绕组的联结方法比较特殊，其连接如图1-11所示。

1.2.2.2　换相

在无刷直流电机中，来自位置传感器的驱动信号，按照一定的逻辑使某些功率开关器件在某一瞬间导通或截止，电枢绕组内的电流发生跳变，从而改变了主定子的磁状态，把电枢绕组内的这种电流变化过程的物理现象称为换相。每换相一次，磁状态就发生一次改变，这样在工作气隙内会产生一个跳跃式的旋转磁场。为了使无刷直流电机可靠运行，就应该正确地进行换相。由于换相是无刷直流电机可靠运行的关键所在，故有必要对此做较详细的分析。

下面以磁电式位置传感器为例，来说明无刷直流电机的几种典型的电枢绕组的换相过程。

图1-12所示为三相非桥式星形联结的换相线路的原理图。

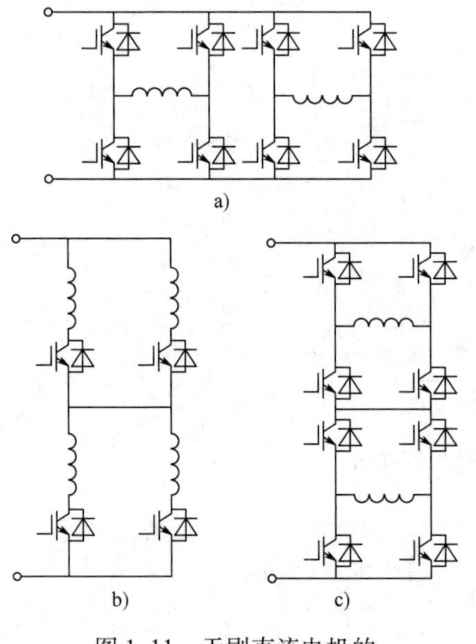

图1-11　无刷直流电机的特殊绕组联结方式

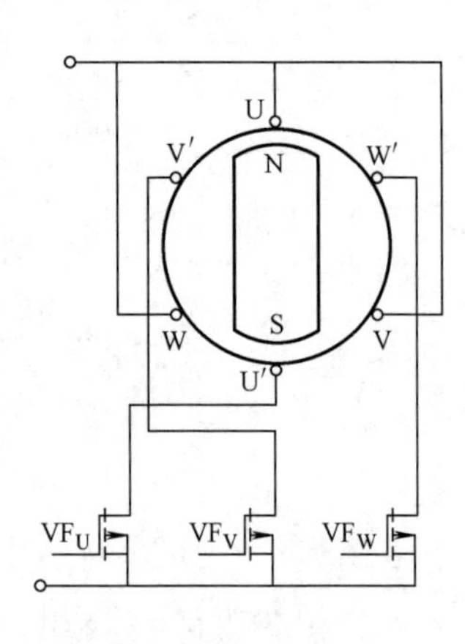

图1-12　三相非桥式星形联结的换相线路的原理图

在换相过程中，会在工作气隙内形成跳跃式的旋转磁场。这种旋转磁场在360°电角度范围内有三个磁状态，每个磁状态持续120°电角度。所以，称这种换相过程为“一相导通星形三相三状态”。这种状态的各相绕组电流与主转子磁场的相互关系如图1-13所示。

1.2.3　转子位置传感器

前面已提到，检测转子位置的位置传感器是实现无接触换向的一个极其重要的部件，是无刷直流电机的一个关键部分。位置传感器在无刷直流电机中起着测

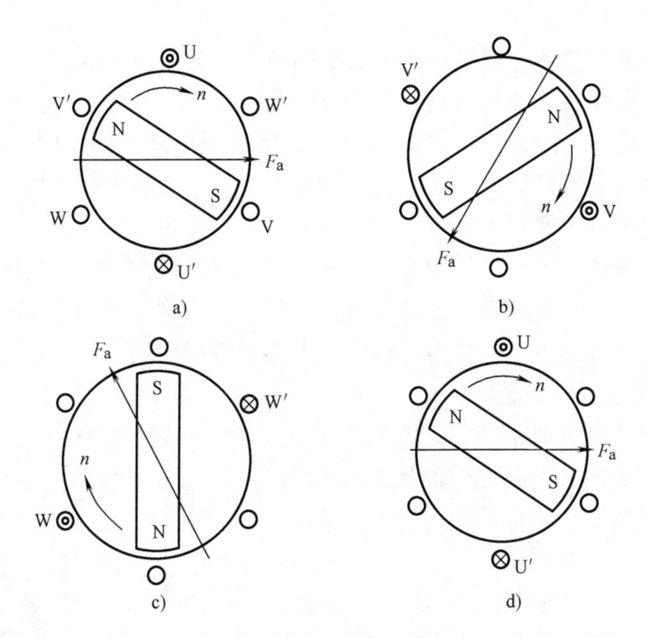

图 1-13 各相绕组电流与主转子磁场的相互关系

定转子磁极位置的作用，为逻辑开关电路提供正确的换相信息，即将转子磁钢磁极的位置信号转换成电信号，然后去控制定子绕组换相。位置传感器的种类很多，有电磁式、光电式、磁敏式等。它们各具特点，然而由于磁敏式位置传感器具有结构简单、体积小、安装灵活方便、易于机电一体化等优点，目前得到越来越广泛的应用。磁敏式位置传感器又可分为磁阻元件、磁敏二极管、磁敏晶体管、磁抗元件、方向性磁电元件、霍尔元件、霍尔集成电路，以及以霍尔效应原理构成的磁电转换组件。目前在无刷直流电机中常用的位置传感器有下述几种形式。

1. 电磁式位置传感器

电磁式位置传感器是利用电磁效应来实现其位置测量作用的，有开口变压器、铁磁谐振电路、接近开关等多种类型。

电机的开口变压器位置传感器由定子和跟踪转子两部分组成。定子一般由硅钢片的冲片叠成，或用高频铁氧体材料压铸而成，一般有六个极，它们之间的间隔分别为60°。其中在三个极上绕一次绕组，并相互串联后通以高频电源（一般的频率为几千赫到几十千赫）；在另外三个极上分别绕二次绕组，它们之间分别相隔120°，跟踪转子是一个用非导磁材料制成的圆柱体，并在它上面镶上一块120°的扇形导磁材料。在安装时将它同电机转轴相连，其位置对应于某一个磁极。设计开口变压器时，一般要求把它的绕组同振荡电源结合起来统一考虑，以便得到较好的输出特性。

接近开关式位置传感器主要由谐振电路及扇形金属转子两部分组成，当扇形金属转子接近振荡回路电感 L 时，使得该电路的品质因数 Q 值下降，导致电路正反馈不足而停振，故输出为零。当扇形金属转子离开电感 L 时，电路的 Q 值开始回升，电路又重新起振，输出高频调制信号，它经二极管检波后，取出有用位置信号，去控制逻辑开关电路，以保证电机正确换相。

电磁式位置传感器具有输出信号大、工作可靠、寿命长、使用环境要求不高、适应性强、结构简单和紧凑等优点，但这种传感器信噪比较低，体积较大，同时其输出波形为交流，一般需经整流、滤波后方可应用。

2. 光电式位置传感器

光电式位置传感器是利用光电效应制成的，由跟随电机转子一起旋转的遮光板和固定不动的光源及光敏晶体管等部件组成，如图1-14所示。

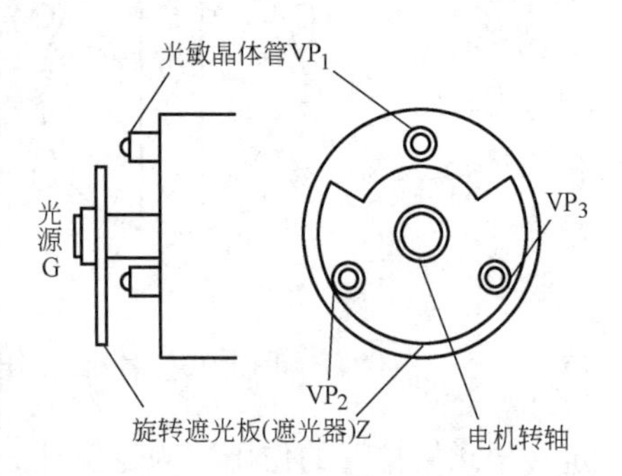

图1-14　光电式位置传感器工作原理图

遮光板Z开有120°电角度左右的缝隙，且缝隙的数目等于直流无刷电机转子磁极的极对数。当缝隙对着光敏晶体管 VP_1 时，光源G射到光敏晶体管 VP_1 上，产生“亮电流”输出。光敏晶体管 VP_2 和 VP_3 因遮光板挡住光线，只有“暗电流”输出。在“亮电流”作用下，三相绕组中一相绕组将有电流导通，其余两相绕组不工作。遮光板随转子旋转，光敏晶体管随转子的转动而轮流输出“亮电流”或“暗电流”的信号，以此来检测转子磁极位置，控制电机定子三相绕组轮流导通，使该三相绕组按一定顺序通电，保证无刷直流电机正常运行。

3. 磁敏式位置传感器

磁敏式位置传感器是指它的某些电参数按一定规律随周围磁场变化的半导体敏感元件，其基本原理为霍尔效应和磁阻效应。常见的磁敏式位置传感器有霍尔元件或霍尔集成电路、磁敏电阻以及磁敏二极管等。其中以霍尔效应原理构成的霍尔元件、霍尔集成电路、霍尔组件统称为霍尔效应磁敏式传感器，简称霍尔传感器。霍尔元件在电机的每一个电周期内，产生所要求的开关状态。也就是说，电机传感器的永磁转子每转过一对磁极（N、S极）的转角，产生出与电机逻辑分配状态相对应的开关状态数，以完成电机一个换相全过程。如果转子充磁的极对数越多，则在360°机械角度内完成该换相过程的次数也就越多。

下面以US1881霍尔集成电路为例来介绍其工作原理和性能。

US1881是一个双极型霍尔效应传感器芯片，供电电压范围为3.5～24V，供电电流为50mA，输出电流为50mA，功耗为100mW，其供电电压与典型的磁开关点间的对应关系如图 1-15 所示。

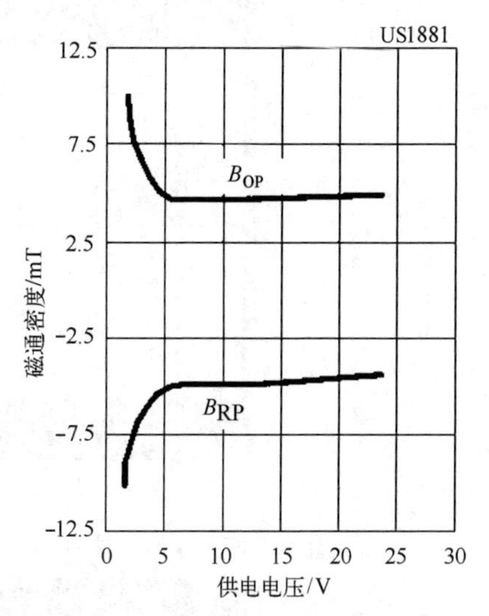

图 1-15　供电电压与典型的磁开关点间的对应关系

方波永磁无刷直流电机中，绕组的反电动势是正负交变的梯形波，当某相绕组的反电动势过零时，转子直轴与该相绕组轴线重合。只要检测到各相反电动势的过零点，超前或延迟 30°电角度就可获得对应的换相时刻，这就是反电动势法与霍尔转子位置传感器换相信号相对应的逻辑关系。表 1-1 给出了与 US1881 输出信号相对应的三相永磁无刷直流电机的正反转换相逻辑表。

三相永磁无刷直流电机定子中的 US1881 霍尔转子位置传感器的输出信号与对应相的绕组反电动势之间的相位关系如图 1-16 ~ 图 1-18 所示。3 路 US1881 霍尔转子位置传感器的输出信号之间的正转、反转相位关系如图 1-19 所示。

表 1-1　三相永磁无刷直流电机正反转换相逻辑表

状　　态	A	B	C	D	E	F
逻辑量（正转）	101	100	110	010	011	001
正转时电流流向	a→b	a→c	b→c	b→a	c→a	c→b
逻辑量（反转）	010	011	001	101	100	110
反转时电流流向	b→a	c→a	c→b	a→b	a→c	b→c

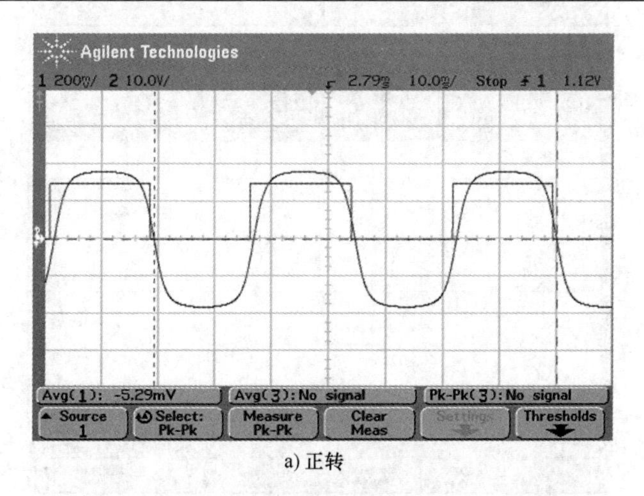

a) 正转

图 1-16　A 相霍尔转子位置传感器输出信号与 A 相反电动势相位对应关系

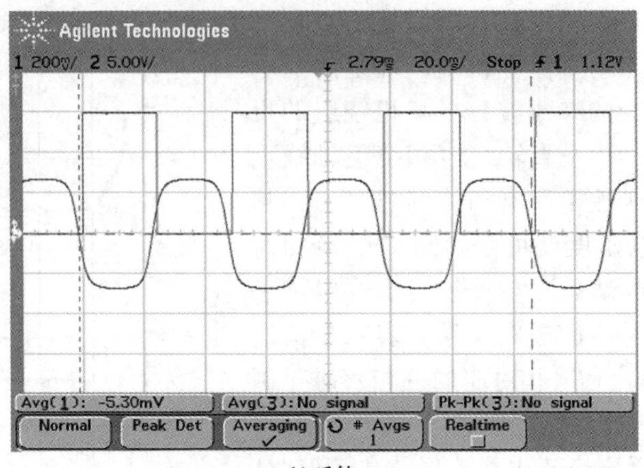

b) 反转

图 1-16　A 相霍尔转子位置传感器输出信号与 A 相反电动势相位对应关系（续）

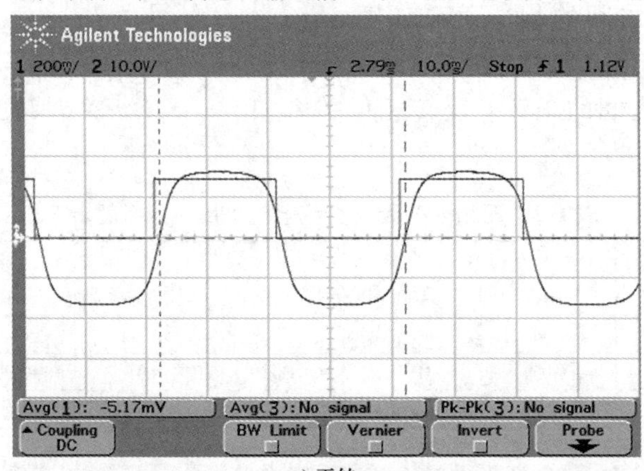

a) 正转

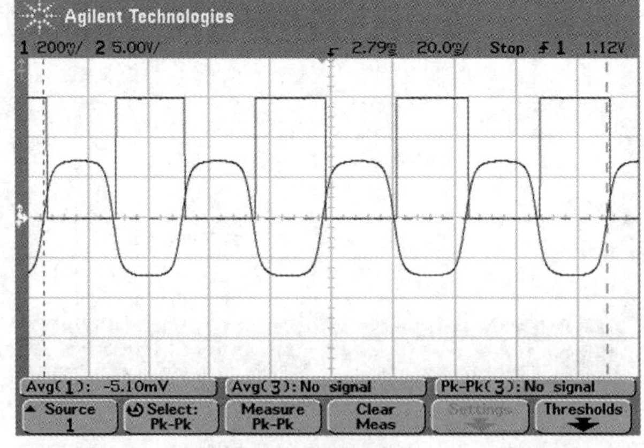

b) 反转

图 1-17　B 相霍尔转子位置传感器输出信号与 B 相反电动势相位对应关系

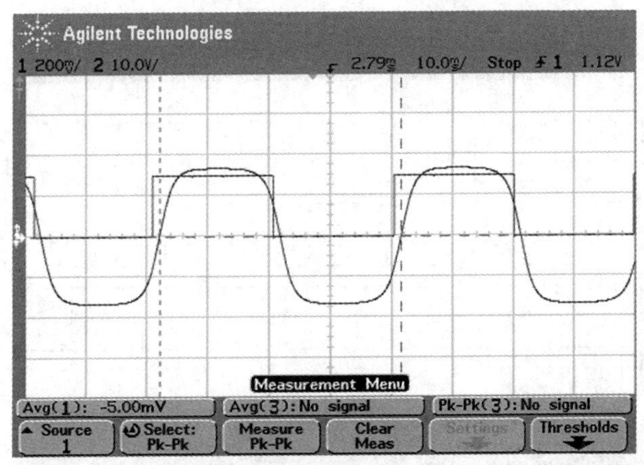

a) 正转

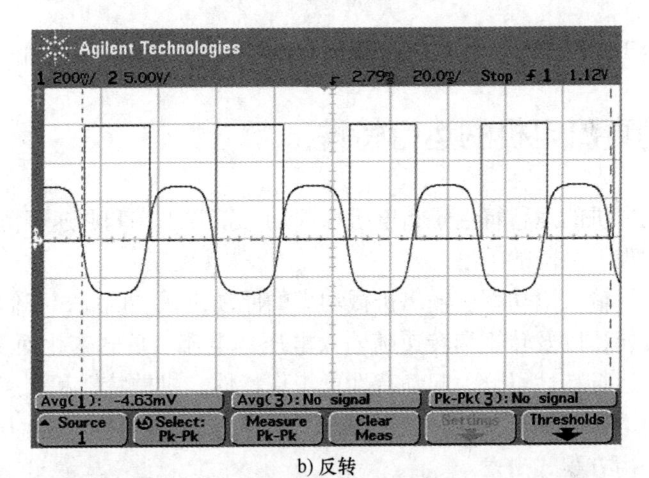

b) 反转

图1-18　C相霍尔转子位置传感器输出信号与C相反电动势相位对应关系

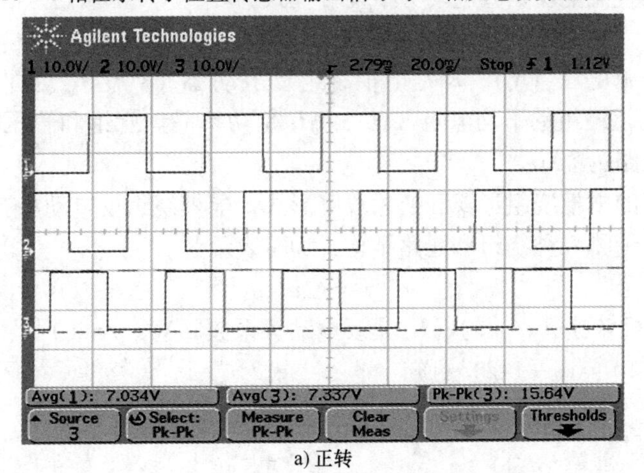

a) 正转

图1-19　3路US1881霍尔转子位置传感器的输出信号之间的正转、反转相位关系

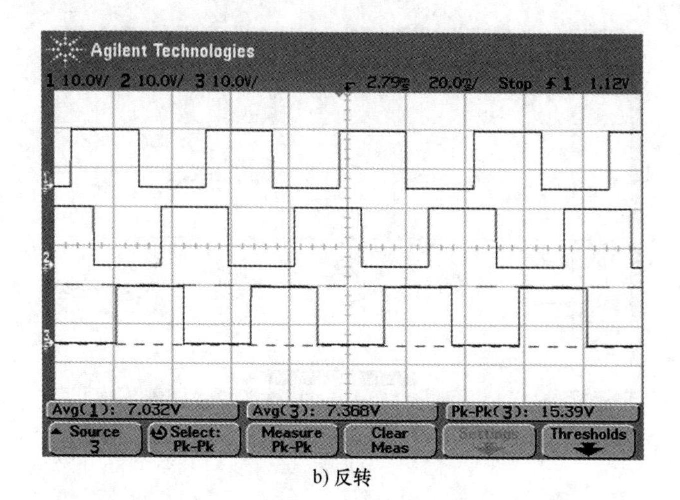

b) 反转

图1-19　3路US1881霍尔转子位置传感器的输出信号之间的正转、反转相位关系（续）

1.3　无刷直流电机的运行特性

无刷直流电机的运行特性是指电机在起动、正常工作和调速等情况下，电机外部各可测物理量之间的关系。

电机是一种输入电功率、输出机械功率的原动机械。因此，我们最关心的是它的转矩、转速，以及转矩和转速随输入电压、电流、负载变化而变化的规律。据此，电机的运行特性可分为起动特性、工作特性、机械特性和调速特性。

讨论各种电机的运行特性时，一般都从转速公式、电动势平衡方程式、转矩公式和转矩平衡方程式出发。

对于无刷直流电机，其电动势平衡方程式为

$$U = E + I_{acp} r_{acp} + \Delta U \tag{1-1}$$

式中，U是电源电压（V）；E是电枢绕组反电动势（V）；I_{acp}是平均电枢电流（A）；r_{acp}是电枢绕组的平均电阻（Ω）；ΔU是功率晶体管饱和管压降（V），对于桥式换相线路为$2\Delta U$。

对于不同的电枢绕组形式和换相线路形式，电枢绕组反电动势有不同的等效表达式，但不论哪一种绕组和线路结构，均可表示为

$$E = K_e n \tag{1-2}$$

式中，n是电机转速（r/min）；K_e是反电动势系数［V/(r/min)］。

由式（1-1）、式（1-2）可知

$$n = \frac{E}{K_e} = \frac{U - \Delta U - I_{acp} r_{acp}}{K_e} \tag{1-3}$$

在转速不变时，转矩平衡方程式为

$$M = M_2 + M_0 \tag{1-4}$$

式中，M_2 是输出转矩（N·m）；M_0 是摩擦转矩（N·m）；M 是电磁转矩（N·m）。这里

$$T = K_m I_{acp} \tag{1-5}$$

式中，K_m 为转矩系数（N·m/A）。

在转速变化的情况下，则

$$M = M_2 + M_0 + J\frac{d\omega_r}{dt} \tag{1-6}$$

式中，J 是转动部分（包括电机本体转子及负载）的转动惯量（$kg \cdot m^2$）；ω_r 是转子的机械角速度（rad/s）。

下面从这些基本公式出发，来讨论无刷直流电机的各种运行特性。

1. 起动特性

由式（1-1）~式（1-6）可知，电机在起动时，由于反电动势为零，因此电枢电流（即起动电流）为

$$I_n = \frac{U - \Delta U}{r_{acp}} \tag{1-7}$$

其值可为正常工作电枢电流的几倍到十几倍，所以起动电磁转矩很大，电机可以很快起动，并能带负载直接起动。随着转子的加速，反电动势 E 增加，电磁转矩降低，加速转矩也减小，最后进入正常工作状态。在空载起动时，电枢电流和转速的变化如图1-20所示。

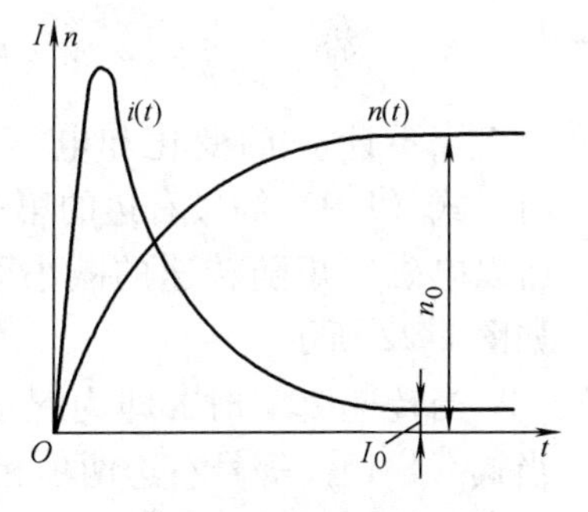

图1-20 空载起动时电枢电流和转速的变化

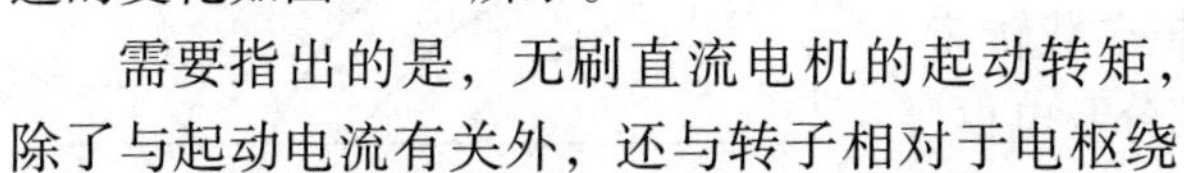

需要指出的是，无刷直流电机的起动转矩，除了与起动电流有关外，还与转子相对于电枢绕组的位置有关。转子位置不同时，起动转矩是不同的，这是因为上面所讨论的关系式都是平均值间的关系。而实际上，由于电枢绕组产生的磁场是跳跃的，当转子所处位置不同时，转子磁场与电枢磁场之间的夹角在变化，因此所产生的电磁转矩也是变化的。这个变化量要比有刷直流电机因电刷接触压降和电刷所短路元件数的变化而造成的起动转矩的变化大得多。

2. 工作特性

在无刷直流电机中，工作特性主要包括如下几方面的关系：

（1）电枢电流和输出转矩的关系　由式（1-5）可知，电枢电流随着输出转矩的增加而增加，如图1-21所示。

（2）电机效率和输出转矩之间的关系　这里只考察电机部分的效率与输出转矩的关系。电机效率

$$\eta = \frac{P_2}{P_1} = 1 - \frac{\sum P}{P_1} \tag{1-8}$$

式中，$\sum P$ 为电机的总损耗；P_1 为电机的输入功率，$P_1 = I_{acp}U$；P_2 为输出功率，$P_2 = M_2 n$。

$M_2 = 0$，即没有输出转矩时，电机的效率为零。随着输出转矩的增加，电机的效率也就增加。当电机的可变损耗等于不变损耗时，电机效率达到最大值。随后，效率又开始下降，如图 1-21 所示。

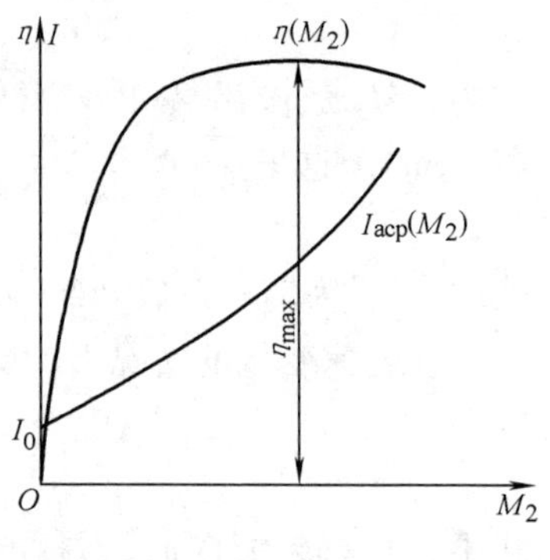

图 1-21　负载和效率特性曲线

3. 机械特性和调速特性

机械特性是指外加电源电压恒定时，电机转速和电磁转矩之间的关系。由式（1-1）~式(1-3）可知

$$I_{acp} = \frac{U - \Delta U}{r_{acp}} - \frac{nK_e}{r_{acp}} \tag{1-9}$$

$$M = K_m I_{acp} = K_m \left(\frac{U - \Delta U}{r_{acp}} - \frac{nK_e}{r_{acp}} \right) \tag{1-10}$$

当不计 U 的变化和电枢反应的影响时，式（1-9）等号右边的第一项是常数，所以电磁转矩随转速的减小而线性增加，如图 1-22 所示。

当转速为零时，即为起动电磁转矩。当式（1-10）等号右边两项相等时，电磁转矩为零，此时的转速即为理想空载转速。实际上，由于电机损耗中可变部分及电枢反应的影响，输出转矩会偏离直线变化。

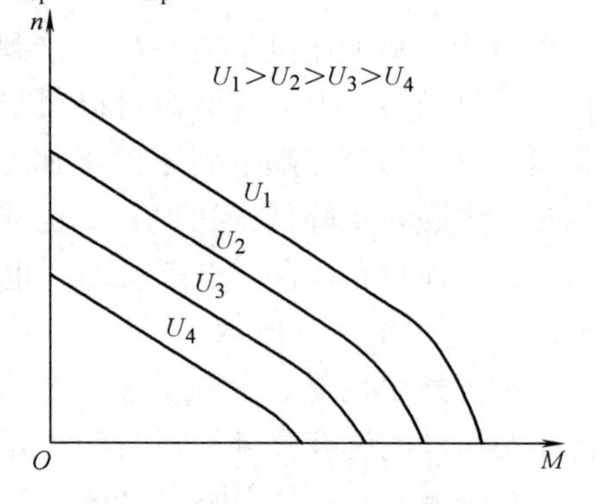

图 1-22　机械特性曲线

由式（1-10）可知，在同一转速下改变电源电压，可以容易地改变输出转矩或在同一负载下改变转速。所以，无刷直流电机的调速性能很好，可以通过改变电源电压实现平滑调速，但此时电子换相线路及其他控制线路的电源电压仍应保持不变。总之，无刷直流电机的运行特性与有刷直流电机极为相似，有着良好的伺服控制性能。

1.4　无刷直流电机的正反转

永磁无刷直流电机广泛应用于驱动和伺服系统中，在许多场合，不但要求电机具有良好的起动和调节特性，而且要求电机能够正反转。本节将着重分析无刷直流电机的正反转原理和实现正反转的方法。

有刷直流电机的正反转可以通过改变电源电压的极性来实现，而无刷直流电机则不能通过改变电源电压的极性来实现，但无刷直流电机正反转的原理和有刷直流电机是相同的。

通常采用改变逆变器开关管的逻辑关系，使电枢绕组各相导通顺序变化来实现电机的正反转。为了使电机正反转均能产生最大平均电磁转矩以保证对称运行，必须精确设计转子位置传感器与转子主磁极和定子各相绕组的相互位置关系，以及正确的逻辑关系。下面以两相导通星形三相六状态稀土永磁无刷直流电机为例，来分析其正反转的实现方法。

采用霍尔元件转子位置传感器来实现永磁无刷直流电机的正反转调速，三个霍尔元件沿圆周均匀分布粘贴于电机端盖上，故霍尔元件彼此相差 120°电角度，如图 1-23 所示。

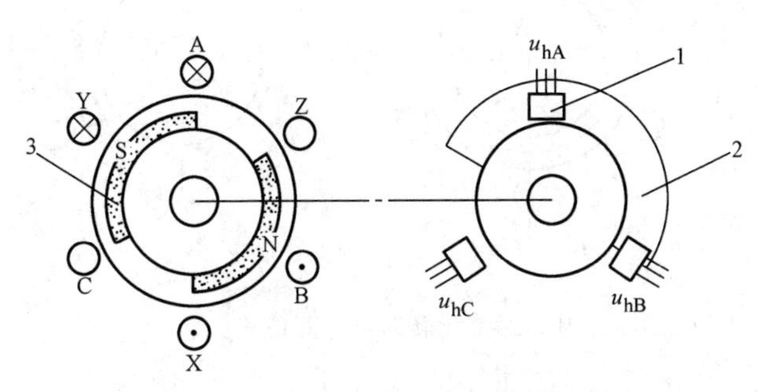

图 1-23 定子绕组、磁极与位置传感器的相互位置关系
1—霍尔元件 2—定子 3—转子主磁钢

1. 正转

设电机处于 A、B 相绕组导通的磁状态初始位置，如图 1-24 所示。

如图 1-24a 所示，此时霍尔元件 A、B 在传感器磁场作用下，有高电平输出，$u_{hA}=u_{hB}=1$；霍尔元件 C 不受磁场作用，有低电平输出，此时定转子磁场相互作用使电机顺时针旋转。故 A、B 相绕组导通的磁状态对应的霍尔元件信号逻辑为 $u_{hA}=1$，$u_{hB}=1$，$u_{hC}=0$。

当转子转过 60°电角度，达到 A、C 相绕组导通的磁状态初始位置，如图 1-24b 所示。此时霍尔元件 B 处于传感器永磁体下，有高电平输出，$u_{hB}=1$；霍尔元件 A、C 不受磁场作用，有低电平输出，$u_{hA}=u_{hC}=0$，定转子磁场相互作用仍使电机顺时针继续旋转，从而产生最大电磁转矩。A、C 相绕组导通的磁状态对应的霍尔元件信号逻辑为 $u_{hA}=0$，$u_{hB}=1$，$u_{hC}=0$。依此类推，可得一周内电机正转时对应的各相绕组导通顺序与三个霍尔元件输出信号的逻辑关系。

2. 反转

设电机定转子及位置传感器的相互位置仍如图 1-25a 所示，但绕组 B、C 通电，对应的定转子磁动势关系如图1-25a所示。可见电机反向逆时针旋转，此时霍尔元件输出逻辑为 $u_{hA}=1$，$u_{hB}=0$，$u_{hC}=0$。在B、C相绕组处于通电状态时，

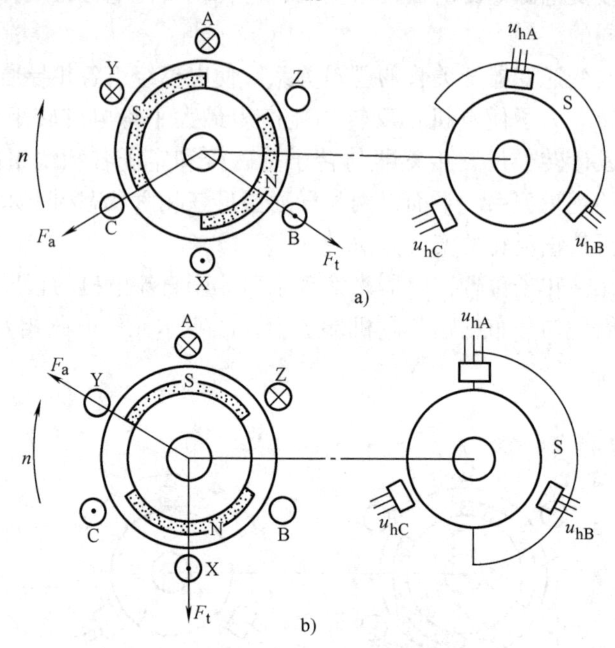

图1-24　正转时的相互位置关系

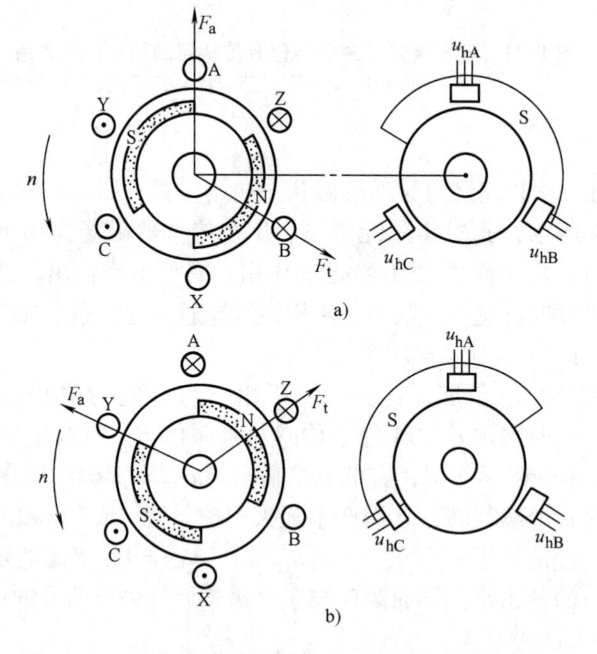

图1-25　反转时的相互位置关系

定转子磁动势轴线平均以正交相互位置关系逆时针方向旋转，同样可以产生最大电磁转矩。当转子转过60°电角度后，到达图1-25b所示状态。此时使A、C相绕组导通，该两相绕组的合成定子磁动势仍驱动转子逆时针方向继续旋转，该磁状态对应的霍尔元件输出逻辑为$u_{hA}=1$，$u_{hB}=0$，$u_{hC}=1$。由此可得，根据霍尔传感器的输出信号，各开关管控制电机正、反转的导通逻辑关系如表1-1所示。由表1-1可知，正反转时各开关管对应于霍尔传感器输出信号的逻辑关系正好相反。

1.5 永磁无刷直流电机的设计

永磁无刷直流电机的设计方法一般有电磁设计方法和场路结合的设计方法。目前用得较多的仍然是传统的电磁设计方法，即用电磁计算完成设计，有条件时再对完成的设计方案进行磁场有限元校核，并作适当调整。

1. 电磁设计方法

电磁设计方法是永磁无刷直流电机的经典基本设计方法。其设计思路为：由技术要求确定转子结构，由转子结构和永磁体性能确定磁负荷B，由性能要求及散热条件确定电负荷A，最后根据电磁负荷确定基本尺寸D、L。该方法的优点是思路清晰、参数确定、方案易整理；缺点是经验参数多，计算精度较低。

2. 场路结合的设计方法

场路结合的设计方法以有限元磁场分析为基础，磁参数用有限元分析得到，而电路参数按路方法计算。其优点是磁场分析精度较高（一般二维磁场计算即可满足设计要求），缺点是负载磁场分析时定子等效电流的幅值和位置不定，所以磁场分析和路的计算必须相结合。

3. 理想的场路结合CAD设计方法

随着永磁无刷直流电机的应用越来越广泛，一些特殊场合，如航天领域对电机的性能要求就更高，所以应当采取更精确的设计方法以满足要求。最常用的场路结合设计方法是在电磁设计之后进行有限元空载磁场校核。理想的场路结合CAD设计方法的思路应该是：

1）用电磁设计方法设计永磁无刷直流电机，确定电机基本结构和尺寸。

2）用有限元方法计算空载磁路，校核电磁设计的磁路计算结果。

3）用有限元方法和傅里叶分析方法计算K_f、K_d、K_q、K_{ad}、K_{aq}，校核电磁设计中的相应参数。

4）用有限元方法计算X_{ad}、X_{aq}，校核电磁设计的X_{ad}、X_{aq}。

5）当上述步骤的计算误差达到精度要求时，求解相量图，确定θ角，I_N的幅值及位置，进行有限元负载磁场计算，校核电磁设计的负载永磁体工作点和工作特性计算结果。

当2）~5）校核结果误差满足要求时，由电磁设计方法确定最后的结构尺寸、材料、参数和特性。具体电机设计流程如图1-26所示。

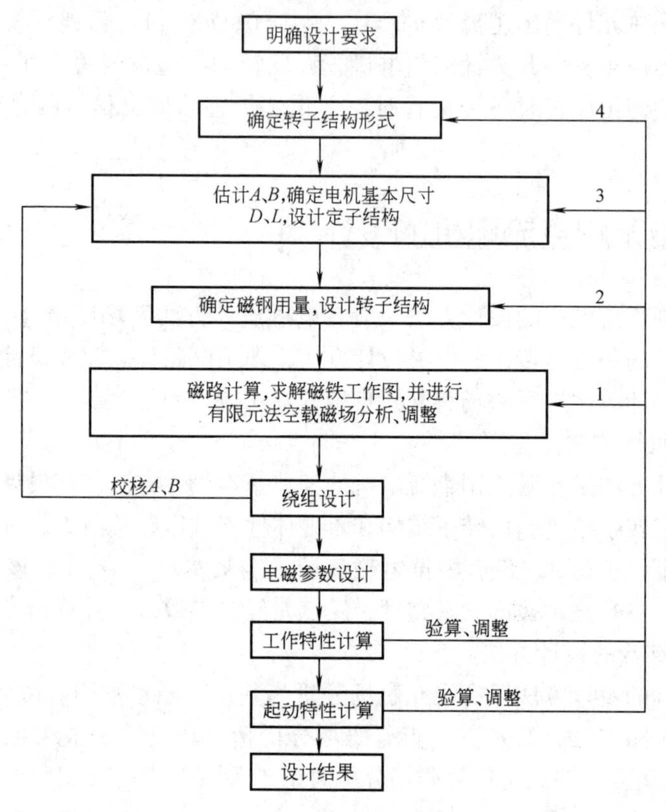

图1-26　电机设计流程

应该指出，在特定应用场合，某些设计要求往往是互相矛盾的，如要求考虑有效材料的充分利用以保证小体积和轻重量，常常与高效率发生矛盾，这时需要设计人员进行全面折中考虑。

1.6　永磁无刷直流电机的控制

永磁无刷直流电机不仅保持了传统永磁直流电机良好的动、静态调速特性，且结构简单、运行可靠、易于控制，其应用也从最初的军事工业，向航空航天、信息、家电、医疗以及工业自动化领域迅速发展。永磁无刷直流电机已不再专指具有电子换相的直流电机，而是泛指具有有刷直流电机外部特性的电子换相电机。

随着永磁材料、电子技术、自动控制技术以及电力电子技术，特别是高频、大功率开关器件的发展，永磁无刷直流电机及其控制技术也得到了长足的进步和发展。从1932年奈奎斯特发表关于反馈放大器稳定性的经典论文开始，至今已经经历了经典控制理论阶段和现代控制理论阶段。经典控制理论阶段涉及的对象是线性单回路系统，而现代控制理论的研究重点是多变量线性系统。目前，对于线性系统的分析与设计已形成了一套完整的理论体系，这些理论和方法在永磁无刷直流电机上得到广泛的应用，并获得了巨大的成就。但严格地讲，永磁无刷直流电机是一个多变量、非线性系统，线性是在一定的范围内和一定程度上对永磁无刷直流电机系统的近似描述。而在对永磁无刷直流电机控制系统的精度和性能要求较低的应用场合，可忽略系统的非线性，或者局部线性化后，在一定范围内可以满足对控制的要求。

目前，实际应用较多的仍然是经典的PID控制，其算法简单紧凑、运行可靠，控制器可以由模拟电路实现。现代控制理论如最优控制、自适应控制的应用，有效地提高了电机的运行性能。但永磁无刷直流电机控制的发展仍然面临着一系列的挑战，最明显的挑战是永磁无刷直流电机的本质非线性，而且其运动通常是大范围的，这类运动控制问题都不宜采用线性模型。近年来，永磁无刷直流电机非线性控制理论的研究受到了控制理论界空前的关注。同时，数字信号处理器和可编程逻辑器件技术的不断进步，也为发展和应用一般的永磁无刷直流电机非线性控制方法提供了可能性。永磁无刷直流电机非线性控制系统的研究几乎是与其线性控制方法并行的，并已经将诸如相平面方法、描述函数方法、微分几何方法、微分代数方法、滑动模态的变结构控制方法、逆系统方法、模糊控制方法、神经网络控制方法以及混沌动力学方法等，用于永磁无刷直流电机控制系统。

由于存在转矩脉动，使得永磁无刷直流电机在伺服系统中的应用受到了限制，尤其是在直接驱动应用的场合，转矩脉动使得电机速度控制特性恶化，因而抑制或消除转矩脉动成为提高伺服系统性能的关键。国内外的研究人员对转矩脉动抑制问题做了大量而深入的研究，针对不同的产生原因，提出了各种抑制或削弱转矩脉动的方法，从不同程度上提高了永磁无刷直流电机的性能。但是这些研究均是在原有结构、方案上提出了一些削弱或补偿的方法，没有从原理上或者根本上消除转矩脉动，因而转矩脉动还有待于进一步的研究。

对于转速和位置的控制，在有光电码盘、旋转变压器等测速装置提供高精度的转速反馈后，采用PID控制方法通常能够满足控制要求。而对于要求高精度和动态响应性能的永磁无刷直流电机系统，现代控制方法更为适宜。

此外，转速的锁相环控制是获得转速控制高精度的有效方法，但其动态响应、抗干扰能力不够理想，特别是大转动惯量永磁无刷直流电机的锁相环控制系统快捕带极窄，对扰动和噪声极其敏感，容易引起失锁和误锁定，这主要是由于锁相环鉴相器的非线性鉴相特性所决定的。研究锁相环控制的非线性控制方法，是提高其动态响应性能和抗干扰能力的有效途径，这些锁相环非线性控制方法同样有待于进一步研究。从锁相环控制的鉴相器实现方式来看，可分为模拟锁相环、模数混合锁相环、数字锁相环和软件锁相环。要应用锁相环非线性控制方法，采用软件来实现锁相环是必要的。

1.7　高速永磁无刷直流电机在磁悬浮飞轮中的应用

永磁无刷直流电机具有可靠性高、工作寿命长、效率高和控制性能好等优点，在航天技术中得到日益广泛的应用，其作为航天器姿控飞轮系统的重要部件，利用自身角动量的大小和方向的变化来实现航天器的姿态控制或姿态稳定。

目前国内民用航天将大力发展中小型高精度大机动航天器，如资源卫星、海洋卫星、灾害监测卫星等，这类卫星通常搭载光谱成像仪或高分辨率相机等成像设备。为了提高成像设备的视场机动性或延长定点观测时间，要求载体航天器具备姿态机动、快速稳定和高精度定位能力，或者载体保持姿态稳定，由姿控系统吸收载荷自身机动造成的扰动力矩。为了实现这类航天器的高精度，其姿控系统执行机构必须具备相应的高精度。同时，中小型航天器的载荷能力较低，相应要求执行机构体积小、重量轻。对于这类长期运行且要求高精度机动能力的航天器，综合考虑体积、重量、功耗和输出转矩大小等各项技术指标，采用高速电机驱动的磁悬浮飞轮作为姿控系统的执行机构是一种较好的实现方案。因此，迫切需要对高速飞轮电机的设计、驱动控制以及高速飞轮电机转子的支承等关键技术进行深入的研究，以满足新一代卫星平台的高精度、高稳定度姿态控制的需求。

下面将介绍新一代空间飞行器磁悬浮飞轮用高速无刷直流电机的设计、控制等关键问题的研究进展及在空间中的应用情况。

1. 高速无刷直流电机设计的关键技术

无刷直流电机从定子的结构来看分为有铁心有齿槽、有铁心无齿槽、无铁心无齿槽和无齿槽空心杯定子。尽管传统的有铁心的永磁无刷直流电机经过优化设计并选用良好的导磁材料也可以具有较高的运行效率，但高速运行时其空载铁耗很大，这一损耗对有铁心电机来说不可避免，是其损耗的主要分量；同时，由于电机铁心的存在，使得电机无论在空载还是负载，都具有不平衡磁拉力，这对磁悬浮轴承施加了一个额外的支撑力和刚度要求。而无铁心无齿槽空心杯结构的无刷直流电机彻底消除了定子铁耗，消除了齿槽转矩脉动，降低了单边磁拉力，具有更加优良的性能，适用于高速场合。此外，传统的机械轴承支承的高速无刷直流电机轴承的损耗、振动和噪声较大，直接影响了飞轮的寿命，而采用电磁轴承支承成为未来空间应用的重要方向之一。对于高速空心杯定子永磁无刷直流电机而言，其电磁设计具有一定的特殊性，若采用常规磁体结构，电机的气隙磁通密度很低，降低了功率密度和转矩密度，并且与高速飞轮电机体积小、重量轻的性能要求相矛盾，通过电磁设计优化可解决这一问题。同时，为满足效能、强度、刚度、尺寸规格的要求，还需对电机的整体结构进行设计优化。

（1）高速空心杯定子无刷直流电机的电磁设计　常规磁体结构的高速空心杯定子永磁无刷直流电机的气隙磁通密度较低，采用新型 Halbach 磁体结构能够大幅度提高气隙磁通密度。该磁体结构具有磁屏蔽、正弦性气隙磁通密度分布的特点，特别适合于高速空心杯定子永磁无刷直流电机。图 1-27和图 1-28 给出了常规磁体结构和 Halbach 磁体结构。文献［2，3］对 Halbach 磁体结构进行了分析和设计；文献［4］对比分析了内转子 Halbach 磁体结构和常规磁体结构；文献［5］对外转子无铁心电机结构形式提出了 Halbach 磁体结构电机的设计和计算方法。

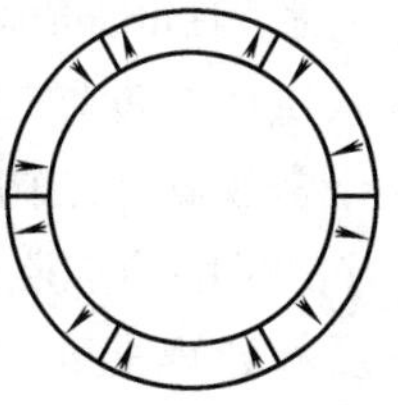

a) 常规磁体径向充磁

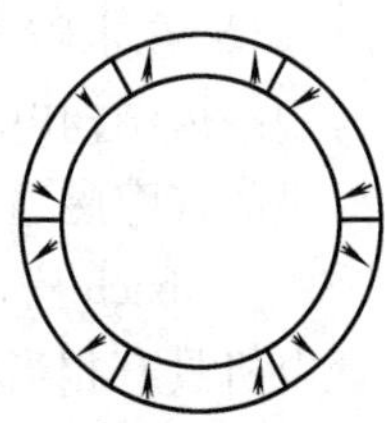

b) 常规磁体平行充磁

图 1-27　常规磁体结构电机

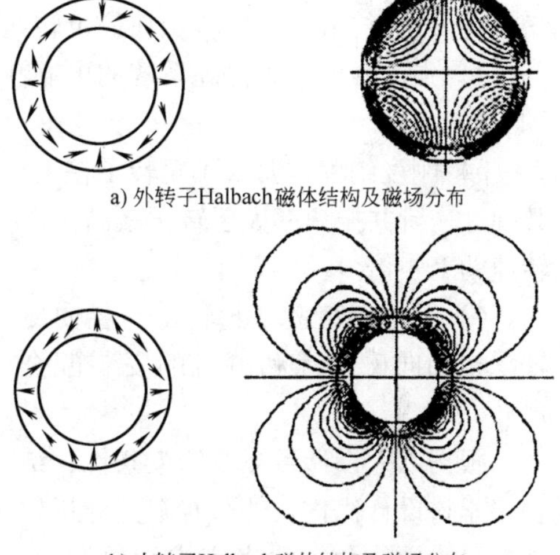

a) 外转子Halbach磁体结构及磁场分布

b) 内转子Halbach磁体结构及磁场分布

图 1-28　Halbach 磁体结构电机

在设计高速高效永磁无刷直流电机时，其电磁设计可遵循下面的原则：

1）径向充磁的常规磁体结构电机与平行充磁的常规磁体结构电机相比，前者具有小的气隙磁通、大的转子轭部磁通，因此，对 6 极及以上极数的常规磁体结构电机来说，应采用平行充磁。

2）Halbach 磁体结构电机的气隙磁通密度的正弦性远比常规磁体结构电机好，每极磁体块数越多，气隙磁通密度的正弦分布性越好。

3）Halbach 磁体结构电机的转子轭部磁通密度很小，远低于常规磁体结构电机，因此 Halbach 磁体结构电机可省却导磁转子铁心；但常规磁体结构电机，如果转子轭部不导磁，则电机气隙磁通密度将显著降低。因此，若转子无导磁铁心，则电机应采用 Halbach 磁体结构，以保证电机的气隙磁通密度，从而保证电机的功率密度和转矩密度。

4）对无定子导磁铁心电机，无论采用 Halbach 磁体结构还是常规磁体结构，电机的永磁磁场都有一定的辐射范围，因此为防止电磁干扰，应保证电机总有效气隙大于 6 倍的永磁体厚度。此范围以外的磁通密度将会很小，不会产生电磁干扰和铁耗。

5）在永磁体厚度较薄时，Halbach 磁体结构电机提供的气隙磁通密度低于常规磁体结构电机；而当永磁体厚度增加到一定值时，Halbach 磁体结构电机所提供的气隙磁通密度要高于常规磁体结构电机。因此，对无定子铁心电机来说应采用 Halbach 磁体结构，并尽可能增加磁体厚度，以提高气隙磁通密度，从而保证电机具有相当的功率密度和转矩密度。

（2）高速无刷直流电机的结构优化设计　磁悬浮飞轮用高速、高效永磁无刷直流电机与常规的永磁无刷直流电机相比，在结构设计优化方法上具有一定的特殊性，对基于上述磁路结构的高速电机，可按照以下约束条件进行整体结构的设计优化。

1）效能约束：飞轮转子在额定转速时需要提供一定的角动量。

2）强度约束：为提高系统的可靠性，要求转子在最高转速下的安全系数在 2 以上。

3）刚度约束：要求飞轮转子在工作转速范围内为刚性转子，在设计时需要其弹性一阶共振频率大于转子最高工作转速的 1.4 倍。

4）其他约束：飞轮转子与径向磁轴承、轴向磁轴承和电机的安装配合尺寸。

根据以上设计目标及约束条件，结合多学科设计优化软件和有限元分析软件，可采用优化算法来完成优化设计，使高速无刷直流电机的综合性能达到最优。图 1-29 给出了经过整体结构设计优化后的新型磁体结构和高速空心杯定子无铁无刷直流电机的剖面图。

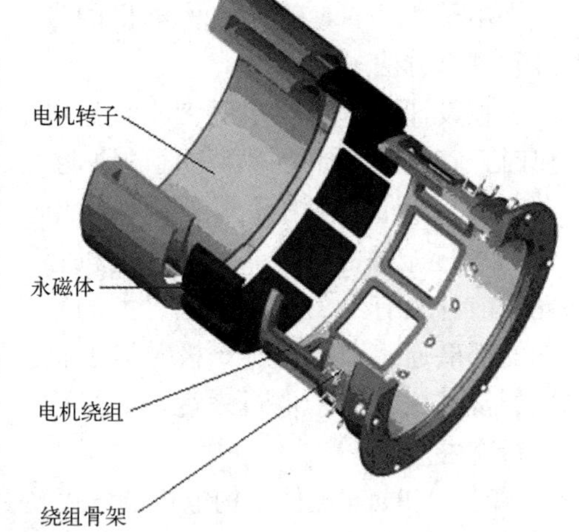

图 1-29　新型高速无刷直流电机的剖面图

2. 高速无刷直流电机控制

（1）锁相高精度速度控制　为了实现高精度的姿态控制，要求磁悬浮飞轮的高速永磁无刷直流电机具有 0.1% 以上的稳速精度，PID 控制难以达到这一精度要求[6]。锁相技术在高精度电机速度控制方面具有独特的优势，当电机转速的反馈频率信号和参考频率信号同步时，稳速精度可达0.1% ~0.02%[7]。但其在动态性能和抗干扰能力方面有明显的缺陷。因而，在满足稳态精度的同时，兼顾动态性能和抗干扰能力，是锁相调速技术研究的重点。图1-30给出了电机锁相速度控制系统的结构。

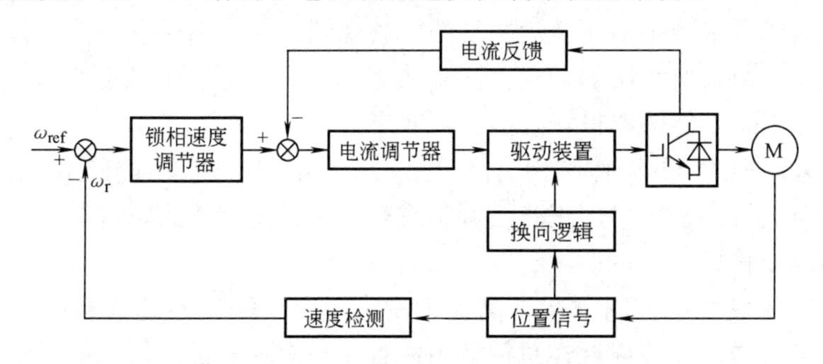

图1-30　电机锁相速度控制系统结构图

锁相速度控制系统由鉴相器、环路滤波器和压控振荡器组成，鉴相器是锁相环的关键部分。在锁相速度控制系统中，鉴相环节一般采用鉴频-鉴相器（PFD）或采样-保持鉴相器。虽然PFD的捕捉带为无限大，理论上可以不需要速度辅助控制措施，但PFD存在饱和鉴相特性，单纯依靠PFD进行调速，电机的动态响应并不理想。

为了改善动态响应，提高抗干扰能力，电机锁相控制可采用以下两种方案：

1）双模控制。即在大速度误差范围内采用常规速度反馈控制，一旦进入预先设置的误差带则转入锁相控制，避免了鉴相器的非线性工作区，只需考虑平衡点附近的稳定性，需要解决的问题是两种控制模式的平滑快速切换以及切换后如何在一个控制周期内实现快速的相位锁定。

2）始终由锁相环控制。由于鉴相器的饱和鉴相特性，使大的速度阶跃响应较慢，且要考虑非线性系统的特殊现象，如多平衡点、极限环、分岔和混沌等，这样就需要分析鉴相器的非线性特性和锁相环的全局稳定性，并在此基础上设计锁相非线性控制器。

（2）高速转矩脉动抑制　电机驱动力矩的波动是引起转速波动和噪声的基本原因之一。飞轮电机高速运行时，大转动惯量的机械滤波作用虽然可以在一定程度上减小转矩波动分量对转速的影响，但仍需通过控制手段将这一类干扰力矩抑制在一定范围内。永磁无刷直流电机的电磁转矩是电枢反电动势和电枢电流的函数，对于非理想反电动势波形引起的转矩波动，常通过直接对电流波形的优化控制或转矩反馈环节予以抑制和补偿。文献［8－11］对转矩脉动进行了大量的研究分析，先后针对磁阻转矩脉动、电磁转矩脉动和换相转矩脉动提出了具体的解决方法，但是多数局限于控制算法的研究和探讨。

文献［8］中采用滞环电流控制方式控制开通相的电流上升速率来抑制低速

下的换相转矩脉动，但对高速区的转矩脉动没给出解决办法；文献［9，10］采用非换相的电流恒频PWM控制的最优换相方案，这种方法虽然对抑制高速下的换相转矩脉动有效，但需要离线求解开关状态并且算法复杂；文献［11］给出了电机在高速区域减小换相转矩脉动的控制规则，并采用无差拍控制方法取得了较好的效果，但其所采用的补偿方法本质上为开环补偿，补偿措施适应性较差，在应用中并不一定能够取得较好的实际效果。

对于采用Halbach磁体结构的高速无刷直流电机，由于具有近正弦性气隙磁通密度分布的特点，可采用正弦波调制或空间矢量调制方式，这样有利于减小高速电机的脉动转矩。

（3）降低铁耗的控制方法　高速无刷直流电机额定转速运行时，由电流引起的损耗显著增加，该损耗在总损耗中占有相当大的分量，这一损耗包括电机功放的损耗、电机的铜耗及电机绕组由于有电流而引起的附加损耗。其中，前两项损耗相对较小，并且决定于第三项损耗所引起的电流大小。因此降低电机绕组电流所引起的附加损耗成为降低功耗的另一重要途径。这部分损耗由定子电流非连续跳变在转子中引起的损耗和定子电流的PWM分量所引起的损耗两部分组成。

由定子电流非连续跳变在转子中引起的铁耗，尽管不可避免，但可以降低。采用叠片式转子铁心和叠片式永磁体保护套或不导电不导磁的永磁体保护套，可以大大降低该损耗在转子铁心和永磁体保护套中的比重；或采用无铁心定、转子和不导电不导磁的永磁体保护套，可以完全消除该种损耗在其中的分量。当然，该损耗在永磁体中的分量不但不可避免而且也难以降低。由定子电流的PWM分量所引起的损耗具有高频的电流分量，由于转子的转动频率与PWM的开关频率相比差别很大，因此可以认为电机的定转子同频率地感应着一个高频磁场，这一高频磁场会在定子、转子中产生涡流损耗。分析表明，这一损耗是定子电流脉动幅值二次方的函数。随着转速的升高，调制信号的占空比增大，电流脉动的幅值也增大，导致这一功耗的增大。

与有定子导磁铁心的永磁无刷直流电机相比，高速空心杯定子无铁永磁无刷直流电机的电枢电感极小，一般只有十几到几十微亨。此时，由PWM引起的电枢电流脉动较大，图1-31给出了两相导通星形三相6状态的小电枢电感永磁无刷直流电机相电流波形。减小电流脉动通常有两种方案：一是提高PWM的载波频率，但随着载波频率的提高，功率器件的开关损耗会显著增大，给散热带来困难，采用软开关方法虽然可以降低开关损耗，但实现软开关的电路结构和控制方法都过于复杂；二是随着飞轮电机转速变化自动调节直流母线电压。针对这种具有很小电感的无刷直流电机，文献［12］采用一种多层直流链逆变器，可以有效降低由PWM引起的电流脉动，达到降低铁耗的目的，但是其主电路拓扑结构和控制方法较为复杂。除文献［12］介绍的方法外，还可应用在三相桥前加

Buck 变换器的方法来消除定子电流的非连续跳变。此时，用三相桥逆变器完成换相功能，不进行 PWM，而对电枢电流的控制是通过调节 Buck 变换器输出电压来实现的，这样在 120°导通区内电枢电流为方波，如图 1-32 所示。

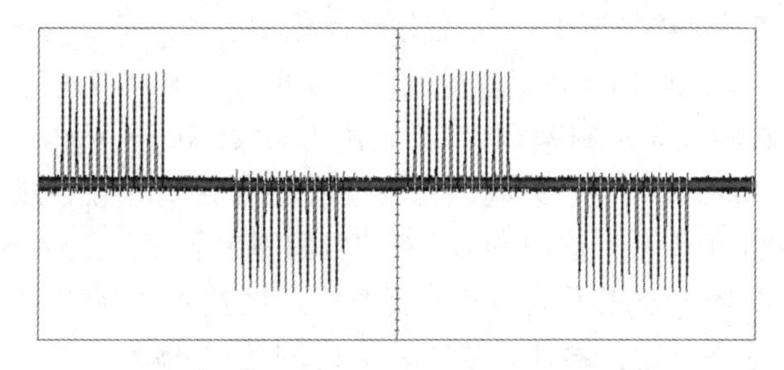

图 1-31 小电枢电感永磁无刷直流电机相电流波形

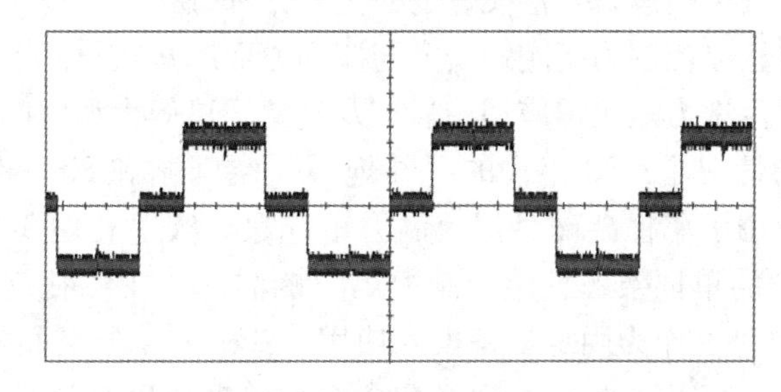

图 1-32 基于 Buck 变换器拓扑的电机相电流波形

可见，采用该方法能够从根本上消除由于 PWM 引起的电流的非连续跳变，从而有效抑制了由定子电流的 PWM 分量所引起的电机铁耗。

3. 高速电机在飞轮中的应用

高速电机驱动的机械轴承飞轮存在磨损和振动两大弊病，难以满足高精度、高稳定度和小体积重量的要求。与传统的机械轴承相比，电磁轴承的刚度主动可控、振动小、精度高；磁悬浮轴承的定子和转子之间无接触和磨损，不需要润滑，允许高速旋转，相同角动量情况下飞轮的体积重量大幅下降。近年来，磁悬浮飞轮技术已进入工程应用阶段，以磁悬浮飞轮作为航天器的高性能姿态控制系统的执行机构，是新一代高精度、长寿命航天器的主要发展方向。现有的高速无刷直流电机驱动的磁悬浮飞轮产品主要有磁悬浮偏置动量轮、磁悬浮控制力矩陀螺和磁悬浮姿控储能一体化飞轮等。

（1）国外应用研究进展[13-19] 国外磁悬浮支承技术和高速电机驱动的磁悬浮飞轮的研究与应用起步较早，主要是欧美和苏联一些航天技术发达的国家开展了这方面的研究和应用。

1972 年，美国 NASA 开始研究磁悬浮动量轮。20 世纪 90 年代初，在 NASA Power and Propulsion Office 的支持下，基于电磁轴承的磁悬浮姿控储能两用飞轮技术迅速发展。经过 10 多年的研究，该项目的地面实验工作已经完成，在电磁轴承控制、高速无刷直流电机控制、集成能量和姿态控制及电机优化设计等方面取得了很大进展。其高速无刷直流电机的转子采用了优化的磁体结构，并从控制上实现了转矩脉动的最小化，电机达到了60000r/min的高工作转速，转子外缘线速度为880m/s，储能密度为44W·h/kg，可部分替代化学电池。该中心还研制了用于空间站的磁悬浮姿控储能两用飞轮工程样机，设计指标为电机转速为41000r/min，反向双飞轮结构，储能密度为44W·h/kg，输出力矩大于0.5N·m。

法国Aerospatiale公司生产的高速无刷直流电机驱动的磁悬浮飞轮已经有30多年的历史。1986年2月，法国SPOT地球资源卫星采用磁悬浮偏置动量轮进行姿态控制，其速度控制采用了锁相环后姿态稳定度达到0.0001°/s。至今已在多颗卫星上使用磁悬浮飞轮，累计无故障寿命时间超过88年。此外，德国、英国和日本等国也开展了高速磁悬浮飞轮的研究，并部分得到了应用。

俄罗斯在磁悬浮控制力矩陀螺研究与应用方面起步较早。苏联20世纪60年代开始把磁悬浮控制力矩陀螺应用于通信及气象卫星等大型空间飞行器上，如各代"闪电号"通信卫星；70年代的"礼炮号"空间站和80年代中期的"和平号"空间站都应用了单框架磁悬浮控制力矩陀螺。从"礼炮3号"开始测试名为"Gyrodynes"的单框架磁悬浮控制力矩陀螺群，并在"礼炮6号""礼炮7号"和"和平号"上作为固定设备投入使用。"和平号"空间站上的Kvant1和Kvant2舱上各有一套Gyrodynes，每套包含6个单框架磁悬浮控制力矩陀螺呈五棱锥构型，其高速电机为永磁无刷直流电机，在设计和控制上充分考虑了上述方法和原则，电机转子额定转速为10000r/min，角动量为1000N·m·s，功耗为90W，每个重量为165kg。"和平号"空间站从升空到坠毁共在轨15年，Gyrodynes作为"和平号"的主要姿控执行机构，发挥了巨大的作用。

日本三菱重工1989年开始研制单框架磁悬浮控制力矩陀螺，以适应姿控执行机构长寿命、低功耗和低振动的要求，电机转速采用了锁相控制，为7000~10000r/min，角动量为100N·m·s，输出转矩为50N·m。

（2）国内应用研究进展　国内基于高速永磁无刷直流电机的磁悬浮飞轮的研究始于20世纪90年代末，相关的主要研制单位有北京航空航天大学、国防科技大学等单位。北京航空航天大学于1999年开始论证单框架磁悬浮控制力矩陀螺之后，在国家863-2高技术航天领域项目的支持下进行了我国空间站用高速、长寿命单框架磁悬浮控制力矩陀螺的攻关，研制出多台角动量为200N·m·s的磁悬浮控制力矩陀螺原理样机，陀螺转子的高速永磁无刷直流驱动电机额定转速为20000r/min，锁相双模速度控制，稳速精度优于0.01%。电机定子采用了无铁空心杯结构，通过在三相桥前加Buck变换器来消除PWM引起的电枢电流脉动，降低了转子铁耗。研制的磁悬浮姿控储能两用飞轮，设计最高转速为60000r/min，额定转速为50000r/min，采用了新型Halbach磁体结构和空心杯定子无铁结构电机，并对电机的整体结构进行了集成设计优化。研制的磁悬浮偏置动量轮，额定转速为42000r/min，锁相双模速度控制，采用空心杯定子无铁结构电机。

对于长期运行且要求高精度敏捷机动能力的航天器，综合考虑体积、重量、功耗和输出转矩大小，都需要采用高速电机驱动的磁悬浮飞轮作为姿控系统的执行机构。磁悬浮飞轮采用新型 Halbach 磁体结构高速空心杯定子无铁无刷直流电机，大大减小了飞轮的体积和等效重量，消除了定子铁耗。锁相双模控制使高速无刷直流电机获得了较高的稳速精度和动态性能。同时，采用基于 Buck 斩波调速消除了导通区的电流脉动，降低了转子铁耗，获得了平滑的转矩特性。从应用效果来看，将高速永磁无刷直流电机用于磁悬浮飞轮，对进一步提高空间飞行器姿态控制系统的整体性能具有重要意义。

参考文献

[1] 唐任远. 现代永磁电机理论与设计 [M]. 北京：机械工业出版社，2002.
[2] ZHU Z Q, HOWE D. HALBACH permanent magnet machines and applications: a review [J]. IEEE Proceedings Electronics Power, 2001, 148 (4): 299-308.
[3] ATALLAH K, HOWE D. The application of HALBACH cylinders to brushless AC servo motors [J]. IEEE Transactions on Magnetics, 1998, 34 (4): 2060-2062.
[4] 房建成. 民用航天科技预研报告 [R]. 北京：北京航空航天大学，2001.
[5] 徐衍亮，房建成. HALBACH 磁体结构电机及其与常规磁体结构电机的比较研究 [J]. 电工技术学报，2004，19 (2)：79-83.
[6] 徐衍亮，赵建辉，房建成. 高速储能飞轮用无铁心永磁直流电动机的分析与设计 [J]. 电工技术学报，2004，19 (12)：24-28.
[7] 刘庆福，刘刚，房建成. 无位置传感器无刷直流电动机的高速驱动系统 [J]. 微电机，2002，35 (5)：30-33.
[8] 马会来，房建成，刘刚. 磁悬浮飞轮用永磁无刷直流电机数字控制系统 [J]. 微特电机，2003，31 (4)：24-26.
[9] 徐衍亮，刘刚，房建成. 控制力矩陀螺用高性能永磁无刷直流电机研究 [J]. 中国惯性技术学报，2003，11 (2)：16-20.
[10] 马会来，符东，刘刚，等. 软件锁相环在惯性动量轮转速控制中的应用研究 [J]. 中国惯性技术学报，2003，11 (6)：98-102.
[11] 姚嘉，刘刚，房建成. 磁悬浮控制力矩陀螺用高速高精度无刷直流电机全数字控制系统 [J]. 微电机，2005 (6)：65-67.
[12] MOORE W. Phase-Locked for Motor Control [J]. IEEE, 1973 (4): 61-67.
[13] LEE K W, PARK J B. Current control algorithm to reduce torque ripple in brushless DC motors [C]. ICPE'98, 1998 (1): 380-385.

[14] KIM C G, LEE J H. A commutation torque ripple minimization method for brushless DC motors with trapezoidal electromotive force [C]. ICPE'98, 1998 (1): 476-481.

[15] SONG J H, CHOY I. Commutation torque ripple reduction in brushless DC motor drives using a single DC current sensor [J]. IEEE Transactions on Power Electronics, 2004, 19 (2): 312-319.

[16] KANG B H, KIM C J, MOK H S. Analysis of torque ripple in BLDC motor with commutation time [C]. IEEE International Symposium on Industrial Electronics, 2001: 1044-1048.

[17] SU G J, ADAMS D J. Multilevel DC link inverter for brushless permanent motors with very low inductance [C]. Industry Applications Conference, 2001, 36th IAS Annual Meeting. Conference Record of the 2001 IEEE, 2001 (2): 829-834.

[18] AUER W. Ball bearing versus magnetic bearing reaction and momentum wheels as momentum actuators [C]. AIAA International Meeting & Technical Display Global Technology. AIAA-80-0911, Baltimore, 1980: 1-5.

[19] NAKAJIMA A. Research and development of magnetic bearing flywheels for attitude control of spacecraft [C]. Magnetic Bearings Proceedings of the First International Symposium, Switzerland, 1988: 3-22.

[20] GIERAS J F. 永磁电机设计与应用（原书第3版）[M]. 周羽，杨小宝，徐伟，译. 北京：机械工业出版社，2023.

[21] KRISHNAN R. 永磁无刷电机及其驱动技术 [M]. 柴凤，等译. 北京：机械工业出版社，2013.

[22] KRISHNAN R. Permanent magnet synchronous and brushless DC motor drives [M]. Boca Raton: CRC press, 2009.

[23] 谭建成. 永磁无刷直流电机技术 [M]. 2版. 北京：机械工业出版社，2018.

[24] 夏长亮. 无刷直流电机控制系统 [M]. 2版. 北京：科学出版社，2023.

[25] 林伟杰，王家军. 电机学 [M]. 西安：西安电子科技大学出版社，2023.

[26] 李家庆，李芳，叶文. 无刷直流电机控制应用——基于STM8S系列单片机 [M]. 北京：北京航空航天大学出版社，2014.

[27] MOHANRAJ D, ARULDAVID R, VERMA R, et al. A review of BLDC Motor: State of Art, advanced control techniques, and applications [J]. IEEE Access, 2022, 10: 54833-54869.

[28] SINGH S, VERMA K, SINGH J, et al. A Review on control of a brushless DC motor drive [J]. Int. J. Future Revolution Comput. Sci. Commun. Eng, 2018, 4: 82-97.

[29] 郑笑咏，邓锦祥，胡荏，等. 无位置传感器无刷直流电机控制技术综述 [J]. 电气传动，2022, 52 (24): 3-11.

第 2 章

永磁无刷直流电机的数学模型及仿真研究

本章根据永磁无刷直流电机的数学模型，在 MATLAB/Simulink 环境中构建了电机系统仿真模型，并将仿真得到的结果与永磁无刷直流电机系统实验结果进行比较，证明了所提出的仿真模型的正确性和适用性，同时可以将仿真得到的结果作为无位置传感器控制系统设计的参考依据。

2.1 永磁无刷直流电机的数学模型

无刷直流电机绕组中产生的感应电动势与电机转速和匝数成正比，电枢绕组串联公式为

$$E=\frac{2p}{15\alpha}W\phi n \tag{2-1}$$

式中，E 为无刷直流电机电枢感应电动势（V）；p 为电机的极对数；α 为极弧系数；W 为电枢绕组每相串联的匝数；ϕ 为每极磁通（Wb）；n 为转速（r/min）。在电动势 E 和极对数 p 已经确定的情况下，为使电机具有较大的调速范围，就须限制电枢绕组的匝数 W。因此，磁悬浮飞轮电机绕组电感和电阻都非常小，使得电机在运行过程中，相电流可能存在不连续状态。

假定电机定子三相完全对称，空间上互差 120°电角度；三相绕组电阻、电感参数完全相同；转子永磁体产生的气隙磁场为方波，三相绕组反电动势为梯形波；忽略定子绕组电枢反应的影响；电机气隙磁导均匀，磁路不饱和，不计涡流损耗；忽略电枢绕组间互感。公式中，V_A、V_B、V_C 和 V_N 分别为三相端电压和中点电压（V）；R 和 L 为三相电枢绕组电阻（Ω）和电感（H）；E_A、E_B 和 E_C 为三相反电动势（V）；i_A、i_B 和 i_C 为三相绕组电流（A）。可将无刷直流电机每相绕组等效为电阻、电感和反电动势串联。无刷直流电机绕组采用三相星形结构，数学模型方程如式（2-2）所示：

$$V_A=Ri_A+L\frac{\mathrm{d}i_A}{\mathrm{d}t}+E_A+V_N$$

$$V_B=Ri_B+L\frac{\mathrm{d}i_B}{\mathrm{d}t}+E_B+V_N \tag{2-2}$$

$$V_C = Ri_C + L\frac{di_C}{dt} + E_C + V_N$$

在电机运行过程中，电磁转矩的表达式为

$$T_e = (E_A i_A + E_B i_B + E_C i_C)/\omega_r \tag{2-3}$$

式中，ω_r 为转子角速度（rad/s）。

电机的机械运动方程为

$$T_e - T_L - f\omega_r = J\frac{d\omega_r}{dt} \tag{2-4}$$

式中，T_e 和 T_L 分别为电磁转矩和负载转矩（N·m）；J 为转子的转动惯量（kg·m^2）；f 为阻尼系数（N·m·s）。电机设计反电动势为梯形波，其平顶宽度为120°电角度，梯形波的幅值与电机的转速成正比。其中，反电动势系数 k_e 可通过下式计算：

$$k_e = \frac{2p}{15\alpha}W\phi \tag{2-5}$$

电机转子每运行60°电角度进行一次换相，因此在每个电角度周期中，三相绕组反电动势有6个状态。

电机运行过程中瞬态功耗的公式为

$$P = J\Omega\frac{d\omega_r}{dt} \tag{2-6}$$

式中，ω_r 为电机角速度；P 为功耗。

永磁无刷直流电机的控制可分为三相半控、三相全控两种。三相半控电路的特点简单，一个晶闸管控制一相的通断，每个绕组只通电1/3的时间，另外2/3时间处于断开状态，没有得到充分的利用。在运行过程中转矩的波动较大，从 $T_{max}/2$ 变到 T_{max}，因此，本节采用了三相全控式电路。以下将以二相导通星形三相六状态永磁无刷直流电机为例具体说明其工作原理。图2-1所示为三相全波逆变桥与星形电机绕组接法。

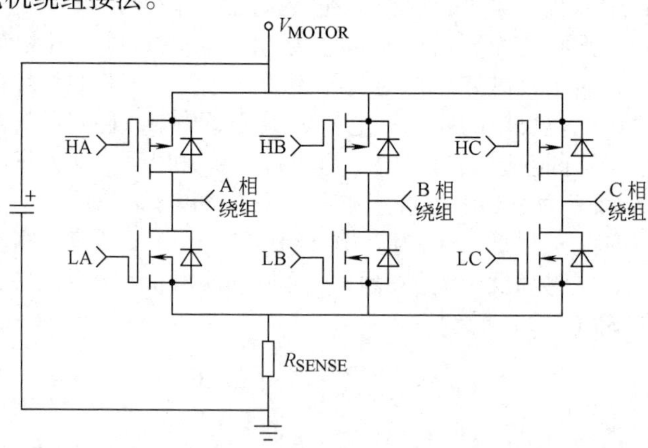

图2-1　三相全波逆变桥与星形电机绕组接法

整个系统的工作过程如下：控制电路对霍尔传感器检测到的转子位置信号进行逻辑变换，产生可控的 6 路驱动信号，经过逆变器的功率开关管后，送入电机的三相绕组，进而控制电机按某一固定的方向运转。

当转子转至图 2-2a 所示的位置时，转子位置传感器输出磁极位置信号，经控制电路逻辑变换后驱动逆变器，具体的逆变器和霍尔信号导通顺序关系如表 2-1所示，使功率开关管 $\overline{HA}$、LB 导通，电流的路径为电源正极→$\overline{HA}$→A 相绕组→B 相绕组→LB→电源负极，也即绕组 A、B 导通，且电流从 A 流入，从 B 流出，电枢绕组在空间合成磁动势 F_a，此时定转子磁场相互作用拖动转子顺时针方

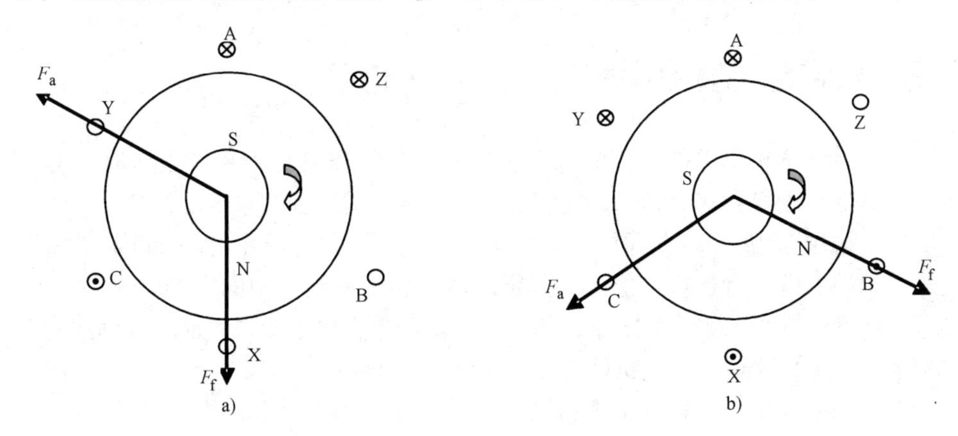

图 2-2　稀土永磁无刷直流电机工作原理图

表 2-1　逆变器和霍尔信号导通顺序关系

电角度	0°	60°	120°	180°	240°	300°	360°
导通顺序	A		B		C		A
	B	C		A		B	
LA							
$\overline{HC}$							
LB							
$\overline{HA}$							
LC							
$\overline{HB}$							

向转动。当转子转过60°电角度后，达到图2-2b中位置时，位置传感器输出信号，经逻辑变换后使LB截止，LC导通，则绕组A、C导通，A入C出，电枢绕组在空间合成如图2-2b所示的磁场F_a。此时定转子磁场相互作用使转子继续沿顺时针方向转动，电流的路径为电源正极→$\overline{\text{HA}}$→A相绕组→C相绕组→LC→电源负极。依此类推，转子沿顺时针每转过60°电角度，只是相应的功率开关管导通逻辑发生变化，使其转子磁场始终受到合成磁场F_a的作用并沿顺时针方向连续转动。逆变器在整个周期的逻辑导通顺序为：$\overline{\text{HB}}$、LC→$\overline{\text{HB}}$、LA→$\overline{\text{HC}}$、LA→$\overline{\text{HC}}$、LB→$\overline{\text{HA}}$、LB→$\overline{\text{HB}}$、LC…

2.2 永磁无刷直流电机的Simulink仿真

对磁悬浮飞轮用无刷直流电机系统进行建模，仿真得到系统工作时各种参数、数据变化趋势和实验结果，能够有效地指导和验证控制系统的设计。

本书采用Mathworks公司的MATLAB作为仿真工具，其中的Simulink是一个用来对动态系统进行建模、仿真和分析的软件包。使用其中的S-Function模块，结合Simulink内含的丰富的数学运算逻辑模块和电力电子模块，能够准确地构造出磁悬浮飞轮用无刷直流电机及其控制模型。

在Simulink中对无刷直流电机进行仿真建模，国内外已进行了广泛的研究。电机绕组反电动势波形可采用FFT法和有限元法实现，尽管这种方法得到的反电动势波形比较精确，但结合控制系统仿真时会极大地影响仿真速度。此外，可以根据能够反映转子位置变化的绕组电感模块来获得反电动势波形，但如果永磁无刷直流电机的相电感极小，转子位置变化引起的电感变化量可忽略，那么该方法对小电枢电感的永磁无刷直流电机的建模并不适用；也可以使用分段线性法实现梯形波反电动势，并采取一些改进的仿真方法实现电机控制系统模型。但在这些文献中，电机的换相是基于电流滞环控制的，需要三个电流互感器测量三相电流，具体实现时成本较高，开关噪声较大。另外，在永磁无刷直流电机系统仿真时，应体现出脉宽调制（PWM）的作用。从仿真结果来看，上述模型基本上还是属于模拟控制系统。以上这些模型与目前永磁无刷直流电机控制普遍采用的基于数字信号处理器（DSP）的转速、电流双闭环数字控制系统不符合。

本书中系统模型根据实际磁悬浮飞轮用无刷直流电机DSP控制系统构建。实际系统采用TI公司的TMS320LF2407 DSP作为主控制器，IR2130作为三相逆变桥的驱动芯片，IRF3710 MOSFET组成三相逆变桥，对直流电源输出的母线电流进行采样，DSP输出6路PWM信号对电机的相电流和转速进行控制。电机系统框图如图2-3所示。

DSP控制系统采用转速、电流双闭环数字串级控制，主环为速度环，副环为

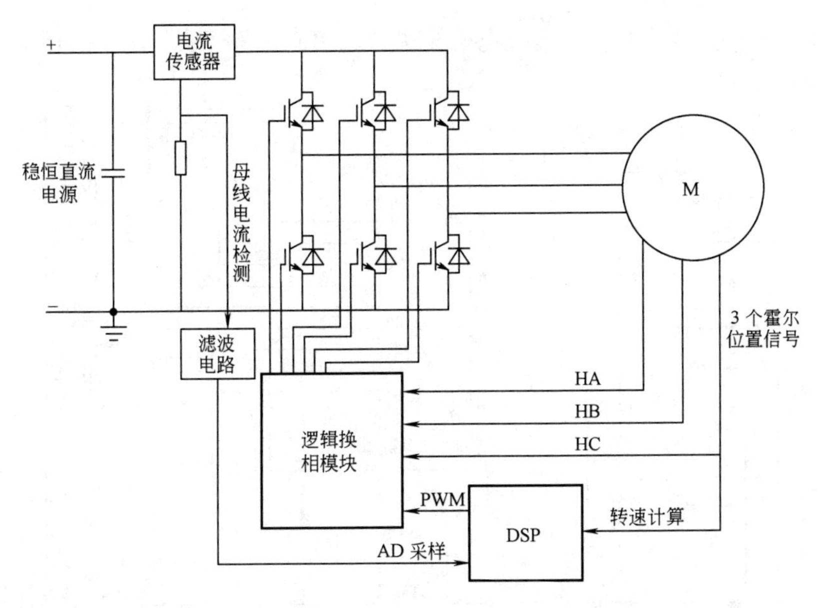

图 2-3　磁悬浮飞轮用无刷直流电机系统框图

电流环。根据霍尔信号计算出电机速度反馈值，与给定的转速值进行比较后，进行 PI 增量式调节，输出电流调节环的给定值，其算法如式（2-7）所示：

$$I(k)=I(k-1)+kp_{\mathrm{v}}[E_{\mathrm{v}}(k)-E_{\mathrm{v}}(k-1)]+ki_{\mathrm{v}}E_{\mathrm{v}}(k) \tag{2-7}$$

式中，$I(k)$为第 k 次速度环调节后输出的电流环给定值，kp_{v} 和 ki_{v} 分别为转速环的比例系数和积分系数；$E_{\mathrm{v}}(k)$为第 k 次采样后计算的速度误差值。为避免输出电流给定值过大，应对最大值进行限制。

由于飞轮用电机相电感电阻极小，即使提高功率管开关频率，相电流仍会存在不连续状态，在每个 PWM 周期中，电源输出电流呈不连续尖峰状。因此对电流采样前，需加一个模拟低通滤波器，并在 DSP 中进行数字平均滤波。这样，电流环实际上是调节电源输出的平均电流。电流环进行 PI 增量式调节，算法如式（2-8）所示：

$$C(k)=C(k-1)+kp_{\mathrm{c}}[E_{\mathrm{c}}(k)-E_{\mathrm{c}}(k-1)]+ki_{\mathrm{c}}E_{\mathrm{c}}(k) \tag{2-8}$$

式中，$C(k)$为第 k 次电流环调节后输出的 PWM 占空比；kp_{c} 和 ki_{c} 分别为电流环的比例系数和积分系数；$E_{\mathrm{c}}(k)$为第 k 次采样后计算的电流误差值。为防止电机绕组中电流过大，也要设置一个 PWM 占空比的最大值。每次电流环结束，调整 DSP 输出的 PWM 占空比，以达到电流调节的目的。

PWM 信号和三个霍尔位置信号经逻辑换相模块后，输出 6 路信号至三相逆变桥，用于无刷直流电机的换相和控制。

图 2-4 所示为在 Simulink 中构建的整个磁悬浮飞轮无刷直流电机控制系统仿

真模型，其中主要包括无刷直流电机模块、三相逆变桥模块、逻辑换相模块和控制模块。

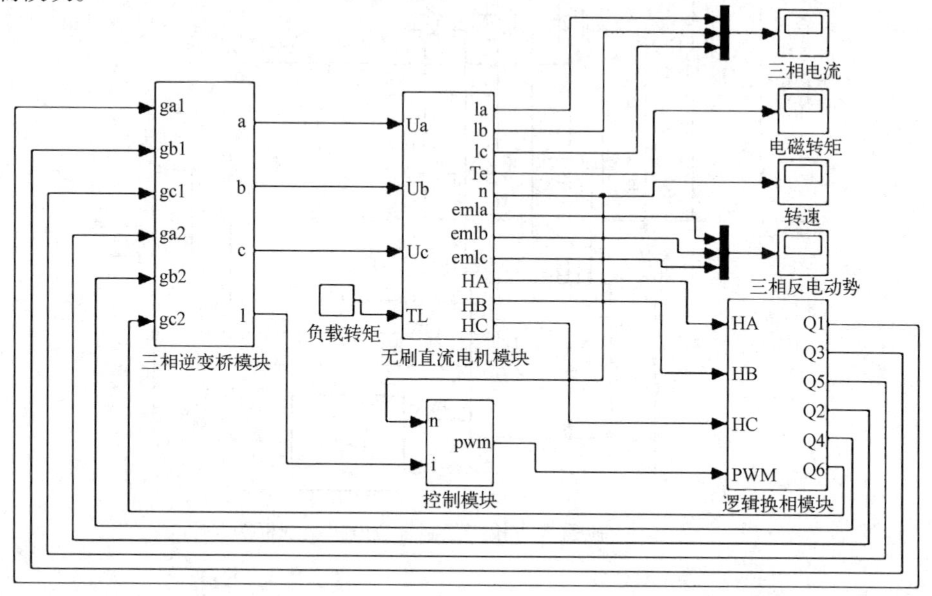

图2-4　磁悬浮飞轮无刷直流电机控制系统仿真模型

2.2.1　无刷直流电机模块

构建磁悬浮飞轮用电机仿真模块是最核心的工作。首先，电机模型采用Simulink的子系统封装技术，将电机各个功能模块集成在子模型中，并通过子系统封装对话框输入电机仿真的一些重要参数。这样能增强模型整体的可读性，便于仿真前修改各种电机参数（如反电动势系数、电机极对数、导通电压；3个电流检测模块用于检测相电压和相电流），从而可以直观地比较不同参数下无刷直流电机系统模型的仿真结果。

其次，采用C MEX S函数，结合各类数学逻辑、运算模块和电力电子模块构建无刷直流电机仿真模块。模块中的S函数模块有两个输入，分别是电机速度信号和转子位置信号；9个输出，分别是三相电枢绕组反电动势信号、3个霍尔信号以及三相电压输入使能信号。电机转子在一个电角度周期内可分为6个状态，在不同状态时，S函数输出不同的信号值，如表2-2所示。

设置了3个CONTROLED VOLTAGE SOURSE模块，直接反映出S函数模块输出的三相绕组反电动势；3个输入使能模块，根据S函数模块输入使能信号，选择三相逆变桥模块输出的三相电流，以便计算电机的电磁转矩、转子的转速和运行位置；最后将位置和速度信号输入S函数模块。

表 2-2　电机转子在不同电角度范围内 S 函数输出信号值

θ_e	导通相	位置信号	输入使能信号	三相反电动势
0° ~60°	AB	110	110	$e_A=k_en, e_B=-k_en$ $e_C=k_en-2k_en[\theta_e/(\pi/3)]$
60° ~120°	AC	010	101	$e_A=k_en, e_C=-k_en$ $e_B=-k_en+2k_en(\theta_e-\pi/3)/(\pi/3)$
120° ~180°	BC	011	011	$e_B=k_en, e_C=-k_en$ $e_A=k_en-2k_en(\theta_e-2\pi/3)/(\pi/3)$
180° ~240°	BA	001	110	$e_A=-k_en, e_B=k_en$ $e_C=-k_en+2k_en(\theta_e-\pi)/(\pi/3)$
240° ~270°	CA	101	101	$e_A=k_en, e_C=-k_en$ $e_B=k_en-2k_en(\theta_e-4\pi/3)/(\pi/3)$
270° ~360°	CB	100	011	$e_B=-k_en, e_C=k_en$ $e_A=-k_en+2k_en(\theta_e-5\pi/3)/(\pi/3)$

永磁无刷直流电机仿真模块如图 2-5 所示。

对于 S 函数的实现，使用 C MEX S 函数不仅执行速度加快，而且由于结合了 C 语言的优势，使得模块的功能更容易实现。使用 MATLAB 控制台中的命令 MEX，就可将 C 文件编译成能在模块中执行的二进制 dll 文件。具体 C MEX S 函数实现如下：

```
/* 实现无刷直流电机三相绕组反电动势波形的 C MEX S 函数 */
/* File : emf6.c */
#define S_FUNCTION_NAME emf
#define S_FUNCTION_LEVEL 2
#include "simstruc.h"
#include "math.h"
/* Function: mdlInitializeSizes
 * Abstract:
 * Setup sizes of the various vectors.
 * 定义 C MEX S 函数输入输出结构和属性 */
static void mdlInitializeSizes(SimStruct *S)
{
    ssSetNumSFcnParams(S, 0);
    if (ssGetNumSFcnParams(S) != ssGetSFcnParamsCount(S)) {
    return; /* Parameter mismatch will be reported by Simulink */
    }
```

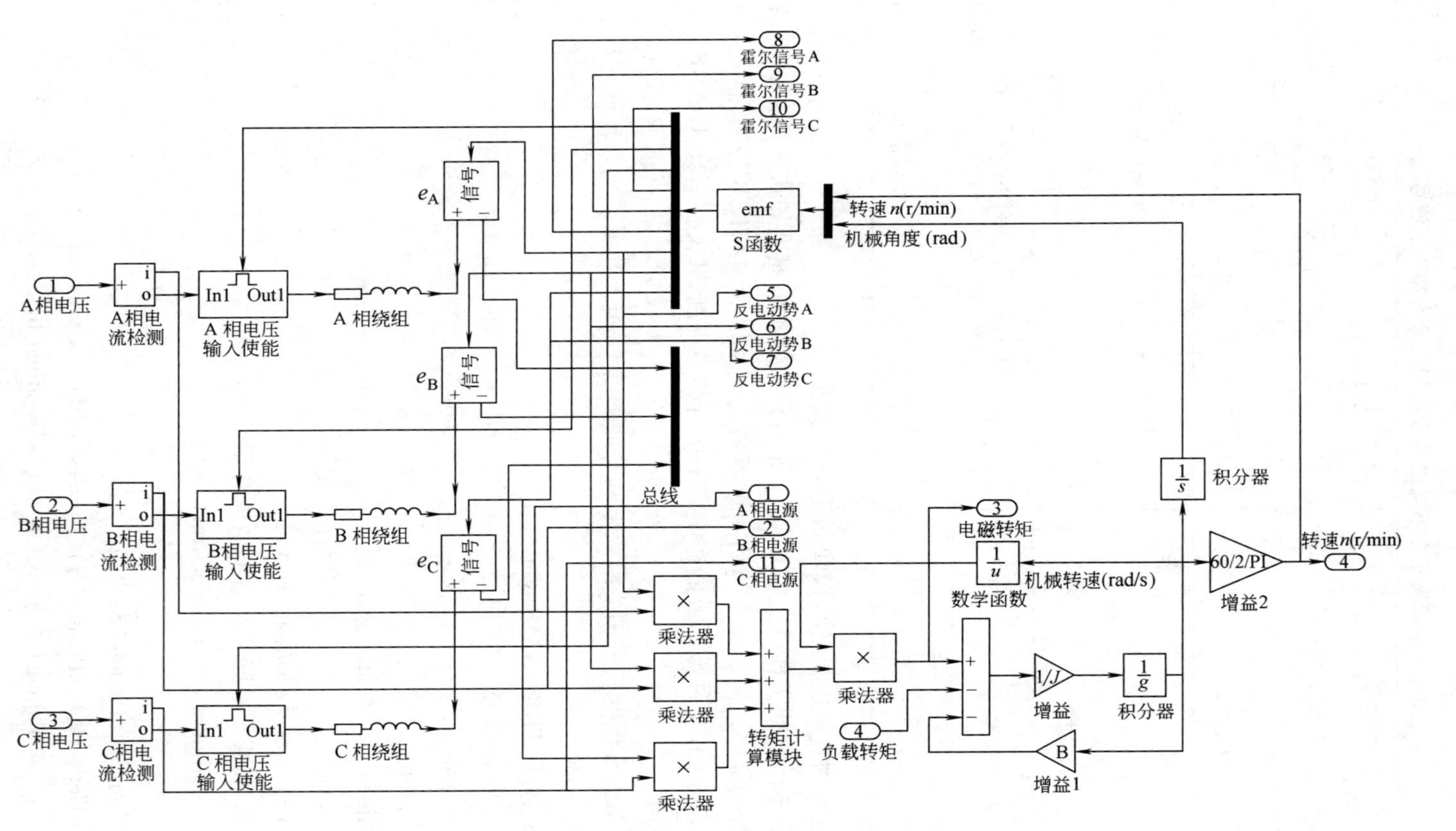

图2-5　永磁无刷直流电机仿真模块

```
    if (! ssSetNumInputPorts(S, 1)) return;
    ssSetInputPortWidth(S, 0, 2);
    ssSetInputPortDirectFeedThrough(S, 0, 1);
    if (! ssSetNumOutputPorts(S,1)) return;
    ssSetOutputPortWidth(S, 0, 9);
    ssSetNumSampleTimes(S, 1);
    /* Take care when specifying exception free code - see sfuntmpl_doc.c */
    ssSetOptions(S,
                SS_OPTION_WORKS_WITH_CODE_REUSE |
                SS_OPTION_EXCEPTION_FREE_CODE |
                SS_OPTION_USE_TLC_WITH_ACCELERATOR);
}
/* Function: mdlInitializeSampleTimes
 * Abstract:
 * Specifiy that we inherit our sample time from the driving block.
 */
static void mdlInitializeSampleTimes(SimStruct *S)
{
    ssSetSampleTime(S, 0, INHERITED_SAMPLE_TIME);
    ssSetOffsetTime(S, 0, 0.0);
}
/* Function:mdlOutputs */
 static void mdlOutputs(SimStruct *S, int_T tid)
{
    InputRealPtrsType uPtrs = ssGetInputPortRealSignalPtrs(S,0);
    real_T             *y = ssGetOutputPortRealSignal(S,0);
//y 为三相反电动势向量,是 C MEX S 函数的输出
    real_T             pi = 3.1415926;
    real_T             temp = *uPtrs[1] *8;
//temp 为电机运行电角度, *uPtrs 为 C MEX S 函数输入二维向量
    while (temp >=2 * pi)
    { temp = temp - 2 * pi;}
//保持电机运行的电角度在 0 ~360°之间,输出三相绕组对应的反电动势
if( (0 <=temp) && (temp < pi/3) )
   {
```

```
        *y=0.0024* *uPtrs[0];
        *(y+1)= -0.0024* *uPtrs[0];
        *(y+2)=0.0024* *uPtrs[0]-2*0.0024* *uPtrs[0]*(temp)/
(pi/3);
        *(y+3)=1;*(y+4)=1;*(y+5)=0;
        *(y+6)=1;*(y+7)=1;*(y+8)=0;
}
if((pi/3<=temp)&&(temp<2*pi/3))
{
        *y=0.0024* *uPtrs[0];
        *(y+1)= -0.0024* *uPtrs[0]+2*0.0024* *uPtrs[0]*(temp
-pi/3)/(pi/3);
        *(y+2)= -0.0024* *uPtrs[0];
        *(y+3)=0;*(y+4)=1;*(y+5)=0;
        *(y+6)=1;*(y+7)=0;*(y+8)=1;
}
if((2*pi/3<=temp)&&(temp<pi))
{
        *y=0.0024* *uPtrs[0]-2*0.0024* *uPtrs[0]*(temp-2*pi/
3)/(pi/3);
        *(y+1)=0.0024* *uPtrs[0];
        *(y+2)= -0.0024* *uPtrs[0];
        *(y+3)=0;*(y+4)=1;*(y+5)=1;
        *(y+6)=0;*(y+7)=1;*(y+8)=1;
}
if((pi<=temp)&&(temp<4*pi/3))
{
        *y= -0.0024* *uPtrs[0];
        *(y+1)=0.0024* *uPtrs[0];
        *(y+2)= -0.0024* *uPtrs[0]+2*0.0024* *uPtrs[0]*(temp
-pi)/(pi/3);
        *(y+3)=0;*(y+4)=0;*(y+5)=1;
        *(y+6)=1;*(y+7)=1;*(y+8)=0;
}
if((4*pi/3<=temp)&&(temp<5*pi/3))
```

```
{
        * y = -0.0024 * * uPtrs[0];
        * (y + 1) = 0.0024 * * uPtrs[0] - 2 * 0.0024 * * uPtrs[0] * (temp - 4
* pi/3)/(pi/3);
        * (y + 2) = 0.0024 * * uPtrs[0];
        * (y + 3) = 1; * (y + 4) = 0; * (y + 5) = 1;
        * (y + 6) = 1; * (y + 7) = 0; * (y + 8) = 1;
}
if( (5 * pi/3 < = temp) && (temp < 2 * pi) )
{
        * (y + 1) = -0.0024 * * uPtrs[0];
        * y = -0.0024 * * uPtrs[0] + 2 * 0.0024 * * uPtrs[0] * (temp - 5 *
pi/3)/(pi/3);
        * (y + 2) = 0.0024 * * uPtrs[0];
        * (y + 3) = 1; * (y + 4) = 0; * (y + 5) = 0;
        * (y + 6) = 0; * (y + 7) = 1; * (y + 8) = 1;
}
}
//y 为 C MEX S 函数输出向量,分别为三相绕组反电动势、三相霍尔信号,根据
表2-2所提供的公式计算
static void mdlTerminate(SimStruct * S)
{
UNUSED_ARG(S);
}
#ifdef MATLAB_MEX_FILE
#include "simulink.c"
#else
#include "cg_sfun.h"
#endif
```

函数 mdlInitilizeSizes 通过宏函数对状态、输入、输出等进行设置，工作向量的维数也是在这个函数中实现的，通过此宏函数可以访问 S 函数中的数据结构。另外，如 ssGetInputRealSignalPtrs 等许多宏函数可以通过描述该 S 函数的数据结构对输入/输出进行处理。通过修改 Simulink 中 S 函数的模板文件，可以产生由固定格式可以编译执行的 MEX 文件。

2.2.2　三相逆变桥模块

直接采用 Simulink 中 POWER ELECTRONICS 模块库中的 MOSFET 模块和直流电源模块，可以输出无刷直流电机所需的三相电压信号。整个逆变桥模型如图 2-6所示。仿真前必须根据实际系统中采用的 MOSFET 工作特性，对逆变桥中的 MOSFET 模块进行一系列的参数设置，例如管导通压降、寄生电容和续流二极管导通电阻等，这些参数的不同会直接影响仿真的最后结果。另外，还需要对直流电源电压值进行设置。

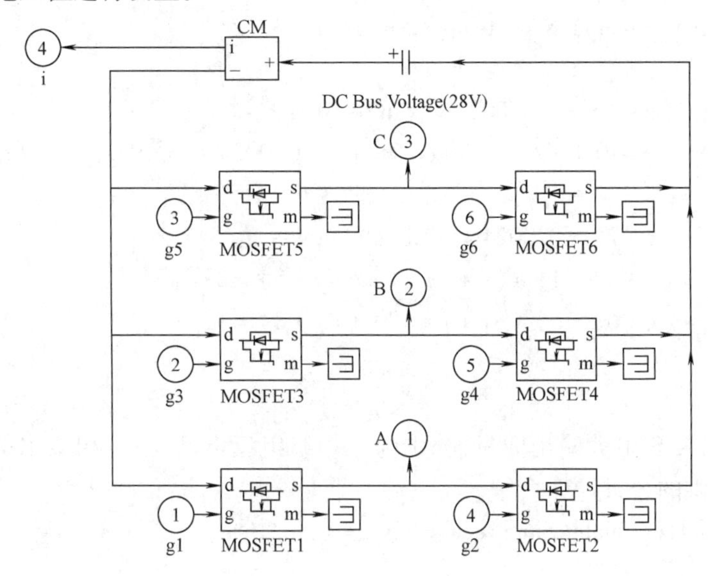

图 2-6　三相逆变桥模型

2.2.3　逻辑换相模块

根据无刷直流电机模块中 S 函数输出的三相霍尔位置信号，以及无刷直流电机速度控制模块输出的 PWM 逻辑信号，逻辑换相模块输出 6 个电机换相及速度控制脉冲。逻辑换相模块如图 2-7 所示。输入 4 个信号，分别是三相霍尔位置信号（HA、HB、HC）和由控制模块输出的 PWM 信号。6 个输出信号 Q1 ~ Q6 控制三相逆变器功率管的通断，其中 Q1、Q3、Q5 用于控制上侧功率管的通断，Q2、Q4、Q6 用于控制下侧功率管的通断。三相逆变桥采用上管调制的方式，按照式(2-9)的逻辑关系构造逻辑换相模块，如图 2-7 所示。

$$
\begin{aligned}
&Q1 = \mathrm{HB}\cdot\overline{\mathrm{HC}}\cdot\mathrm{PWM},\ Q2 = \overline{\mathrm{HB}}\cdot\mathrm{HC}\\
&Q3 = \overline{\mathrm{HA}}\cdot\mathrm{HB}\cdot\mathrm{PWM},\ Q4 = \mathrm{HA}\cdot\overline{\mathrm{HC}}\\
&Q5 = \mathrm{HA}\cdot\overline{\mathrm{HB}}\cdot\mathrm{PWM},\ Q6 = \overline{\mathrm{HA}}\cdot\mathrm{HB}
\end{aligned}
\tag{2-9}
$$

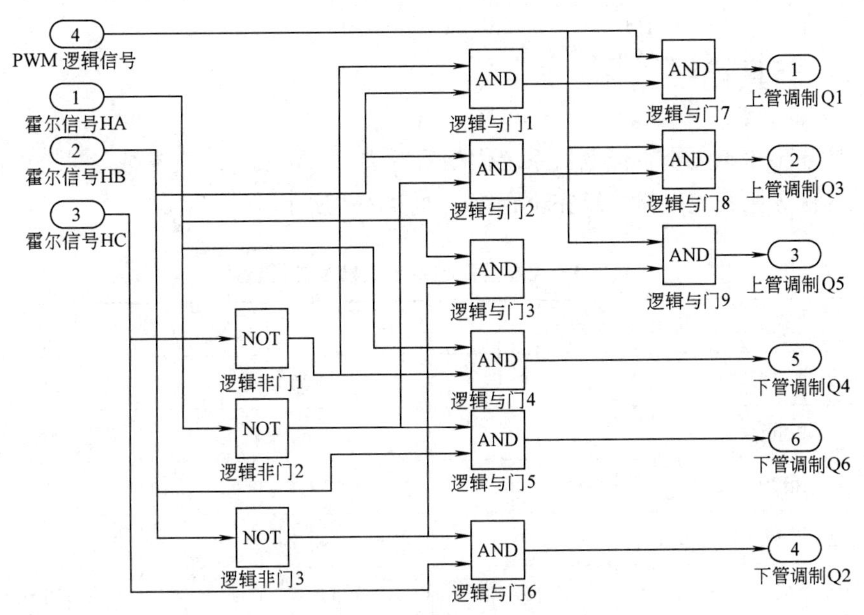

图 2-7　逻辑换相模块

2.2.4　控制模块

根据磁悬浮飞轮用无刷直流电机的数字控制方法，构建出的控制模块如图 2-8所示。图中采用 Simulink 中的 DISCRETE PI CONTROLED 模块作为转速、电流数字 PI 调节器。为使仿真模型更具有实用性，本节将各种参数转变为 DSP 中相应的内存值或寄存器值。仿真前通过子系统封装对话框设置调节器周期、PI 参数与最大饱和输出值等。

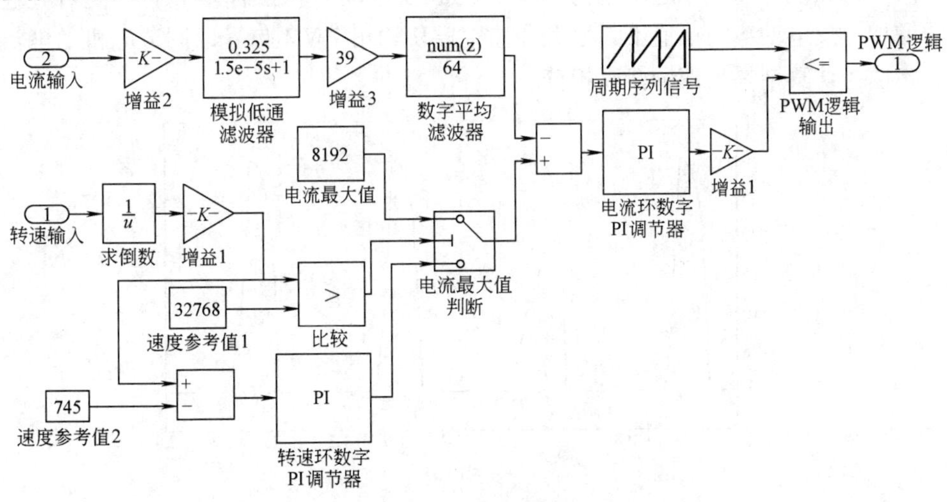

图 2-8　控制模块

2.3　仿真结果

构建出永磁无刷直流电机系统模型后，进行了仿真。仿真参数与某型号磁悬浮飞轮用无刷直流电机系统完全相符，如表2-3所示。

表2-3　无刷直流电机系统模型仿真参数

电机参数		控制参数	
极对数	8	速度比例	4
相电感/mH	0.001	速度积分	16
相电阻/Ω	0.16	电流比例	1
反电动势系数/[V/(r/min)]	0.0023	电流积分	6
阻尼系数/(N·m·s)	$2.87e^{-5}$	速度参考/(r/min)	10000
转动惯量/(kg·m^2)	0.0956	速度环周期/s	0.10485
PWM频率/kHz	20	电流环周期/s	$2e^{-4}$

仿真时对A相绕组瞬态电流和换相电流、三相反电动势以及PWM信号进行了观测。由图2-9可知，在一个PWM周期中，相电流存在上升、续流和不连续三个状态，上升和下降速度均很快。由图2-10可知，电机转子在一个电角度周期内，每相绕组连续导通时间为120°；三相反电动势相位各差120°；随着转速的增加，反电动势的幅值不断增大；控制模块输出PWM信号以调节电机的电流和转速。仿真结果与理论情况相符。

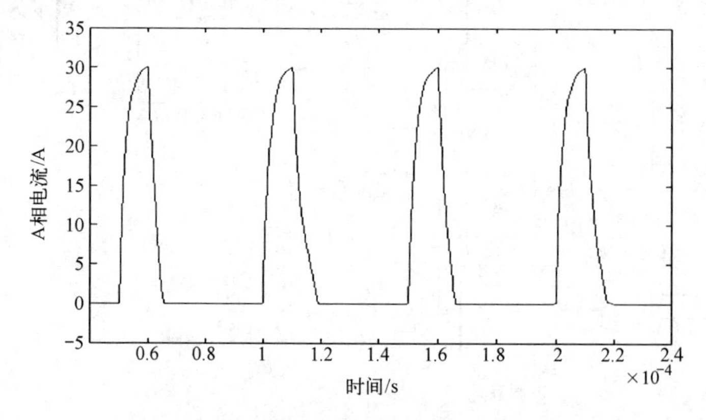

图2-9　仿真模型A相绕组瞬态电流波形

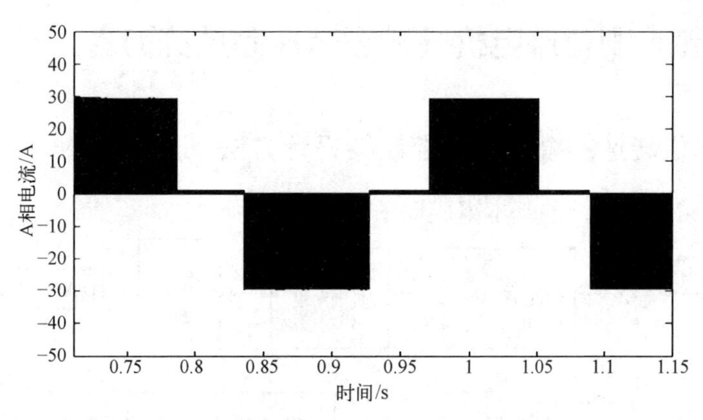

图 2-10　仿真模型 A 相绕组换相电流波形

根据图 2-11 中得到的电机起动阶段的三相反电动势波形，可以得到电机起动时每次进行换相所需要的时间。由此，在设计磁悬浮飞轮用无刷直流电机无位置传感器控制系统时，在电机的开环起动环节中，可以将仿真得到的换相时间数据转换为无刷直流电机的作为无位置传感器控制中开环起动阶段的时间参数，使得无刷直流电机的仿真模型具有很好的指导作用，方便了对实际系统的设计和分析。

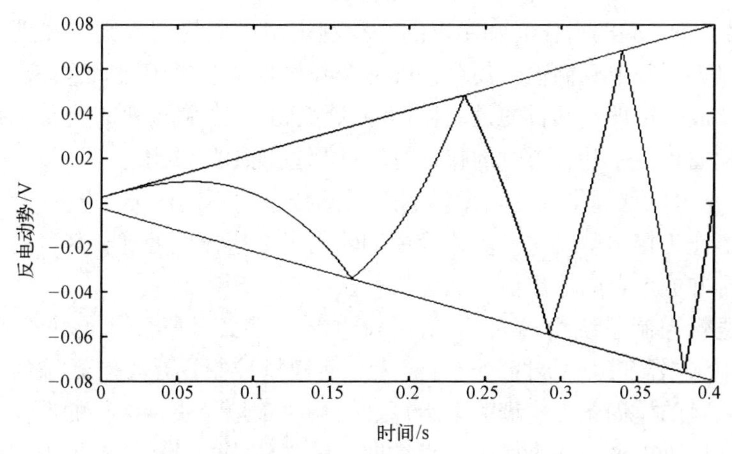

图 2-11　电机起动阶段的三相反电动势波形

本节从无刷直流电机的数学模型和实际的基于 DSP 的数字控制系统出发，在 MATLAB/ Simulink 环境中构建了磁悬浮飞轮用无刷直流电机的仿真模型，将绕组相电流、反电动势和输出 PWM 信号等几个方面的模型仿真结果与实际电机系统的实验结果进行了比较，结果证明了所提出模型的正确性。

2.4　永磁无刷直流电机模糊逻辑控制系统仿真

2.4.1　电机转速的模糊逻辑控制器设计方法

模糊逻辑控制系统的基本组成框图如图2-12所示。

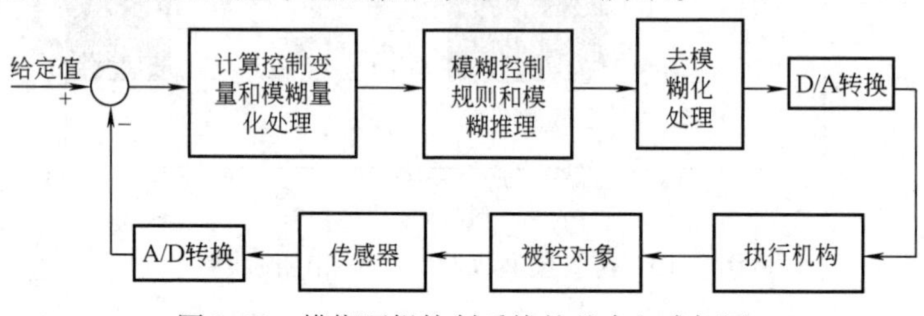

图2-12　模糊逻辑控制系统的基本组成框图

根据图2-12，要实现语言控制的模糊逻辑控制器，必须解决三个基本问题：

1）先通过传感器把要检测的物理量变成电量，再通过模/数转换器把它转换成精确的数字量，精确输入量输入模糊逻辑控制器后，要把精确的输入量转换成模糊集合的隶属函数。这一步称为精确输入量的模糊化，其目的是把传感器的输入转换成知识库可以理解和操作的变量格式。

2）根据有经验的操作者和专家的经验制定出模糊控制规则，并进行模糊逻辑推理，以得到一个模糊输出集合，即一个新的模糊隶属函数。这一步称为模糊控制规则形成和推理，其目的是用模糊输入值去适配控制规则，为每个控制规则确定其适配的程度，并且通过加权计算合并那些规则的输出。

3）根据模糊推理得到的输出模糊隶属函数，用不同的方法找一个具有代表性的精确值作为控制量。这一步称为模糊输出量去模糊化处理，其目的是把分布范围概括合并成单点的输出值，加到执行机构上实现控制。

模糊逻辑控制系统由输入/输出接口电路、广义对象（执行机构和被控对象）、模糊控制器和传感器四大部分组成。而模糊控制器是整个系统的核心，主要完成输入量的模糊化、模糊关系运算、模糊决策以及决策结果的反模糊化处理等重要过程。可以说，一个模糊逻辑控制系统性能指标的优劣在很大程度上取决于模糊控制器的“聪明”程度。下面具体阐述模糊控制器的设计方法。

无刷直流电机调速模糊控制系统的工作过程是根据检测到的转速值，计算速度偏差和偏差率。由于此时的转速偏差和偏差律是精确值，需要经过模糊化处理，得到模糊量。而模糊控制器是根据输入变量（模糊量），按照模糊推理规则，计算得到控制量（模糊量）。最后，把模糊推理量去模糊处理变为精确量，去控制无刷直流电机的运转。

模糊控制器的设计可分为以下几个步骤：

1. 确定输入与输出变量的模糊子集合论域及其隶属度

设采用负大（NB）、负小（NS）、零（ZO）、正小（PS）和正大（PB）五个模糊状态描述转速偏差 E。相应的论域为 $E=\{-3,\ -2,\ -1,0,1,2,3\}$，转速偏差 E 的隶属函数表如表 2-4 所示。

表 2-4　转速偏差 E 的隶属函数表

E	-3	-2	-1	0	1	2	3
NB	1	0.5	0	0	0	0	0
NS	0	0.5	1	0.5	0	0	0
ZO	0	0	0.5	1	0.5	0	0
PS	0	0	0	0.5	1	0.5	0
PB	0	0	0	0	0	0.5	1

同理，设采用负大（NB）、负小（NS）、零（ZO）、正小（PS）和正大（PB）五个模糊状态描述转速偏差率 E_c。相应的论域为 $E_c=\{-3,\ -2,\ -1,\ 0,1,2,3\}$，转速偏差率 E_c 的隶属函数表如表 2-5 所示。

表 2-5　转速偏差率 E_c 的隶属函数表

E_c	-3	-2	-1	0	1	2	3
NB	1	0.5	0	0	0	0	0
NS	0	0.5	1	0.5	0	0	0
ZO	0	0	0.5	1	0.5	0	0
PS	0	0	0	0.5	1	0.5	0
PB	0	0	0	0	0	0.5	1

同理，设采用负大（NB）、负小（NS）、零（ZO）、正小（PS）和正大（PB）五个模糊状态描述模糊决策 C。相应的论域为 $C=\{-6,\ -5,\ -4,\ -3,\ -2,\ -1,0,1,2,3,4,5,6\}$，模糊决策 C 的隶属函数表如表 2-6 所示。

表 2-6　模糊决策 C 的隶属函数表

C	-6	-5	-4	-3	-2	-1	0	1	2	3	4	5	6
NB	1	0.5	0	0	0	0	0	0	0	0	0	0	0
NS	0	0	0.5	1	0.5	0	0	0	0	0	0	0	0
ZO	0	0	0	0	0	0.5	1	0.5	0	0	0	0	0
PS	0	0	0	0	0	0	0	0	0.5	1	0.5	0	0
PB	0	0	0	0	0	0	0	0	0	0	0	0.5	1

2. 确定模糊控制规则

根据输入量 E、E_c 和输出量 C，可以总结人们使用无刷直流电机调速系统的经验，得到模糊控制规则。一个模糊控制器的控制规则选定的好坏决定控制效果的好坏，是实行模糊控制的关键。双输入、单输出系统的控制规则可表述为：IF A and B Then C。无刷直流电机调速系统的模糊控制可总结为如表2-7所示的控制规则表。

表 2-7　模糊控制规则表

	NB	NS	ZO	PS	PB
NB	NB	NB	NB	NS	ZO
NS	NB	NS	NS	ZO	PS
ZO	NB	NS	ZO	PS	PB
PS	NS	ZO	PS	PS	PB
PB	ZO	PS	PB	PB	PB

3. 设计模糊推理关系

双输入、单输出控制系统的模糊关系为

$$R_i = E_i \times E_{ci} \times C_i$$

$$R = \bigcup_{i=1}^{n} R_i = \bigcup_{i=1}^{n} (E_i \times E_{ci} \times C_i)$$

4. 计算采样时刻的偏差和偏差率

偏差：$e(t) = Y(t) - Y_d$

偏差率：$e_c(t) = e(t) - e(t-1) = \Delta e(t)$

$e(t)$ 和 $e_c(t)$ 均为精确值，需经过模糊化得到模糊量 $E(t)$ 和 $E_c(t)$。

5. 偏差和偏差率的模糊化

用精确值 $e(t)$ 和 $e_c(t)$ 乘以两个比例因子 $1/G_e$ 和 $1/G_c$，即可得到模糊量 $E(t)$ 和 $E_c(t)$。

设实际系统 e 的范围为 $[-e_m, e_m]$，e_c 的范围为 $[-e_c, e_c]$，而设计的模糊论域为 $[-n, n]$，则可得到：

偏差比例因子：$G_e = \dfrac{e_m}{n}$

偏差率比例因子：$G_c = \dfrac{e_c}{n}$

模糊化：$E(t) = \dfrac{e(t)}{G_e}$　　　$E_c(t) = \dfrac{e_c(t)}{G_c}$

由于模糊论域只取了 $-3 \sim 3$ 之间的整数，因而对于结果为非整数的变量，采取四舍五入就近取整的原则，将其整数化。

6. 进行模糊决策

无刷直流电机模糊调速系统根据某一时刻采样所得到的两个模糊输入量进行推理判断，结果给出一个控制量。

推理公式为：$C(t)=[E(t)\times E_{c}(t)]\times R$

7. 模糊判决（将控制量去模糊化）

模糊判决的方法较多，常用的有最大隶属度方法、取平均值方法和加权平均方法。采用加权平均方法：

$$C(t)=\frac{\sum\mu_{e}(x_i)\times x_i}{\sum\mu_{c}(x_i)}$$

式中，x_i 为控制量 C 的档数；$\mu_{e}(x_i)$ 为 C 属于 x_i 的隶属度。

上面所述为 Mamdani 推理法，比较适合于实时控制；但是其推理过程必须执行复杂的矩阵运算，计算工作量太大，在线实施推理很难满足控制系统的实时性要求，因此，本例采用查表法。查表法就是在软件设计时将事先构造好的模糊控制响应表置入内存中，以供实时查表使用。在实际控制中，模糊控制器首先把输入量量化到输入量的语言变量论域中，再根据量化的结果去查表求出控制量，这样可大大提高模糊控制的实时效果，节省内存空间。

2.4.2　制作模糊控制响应表

模糊控制响应表是模糊控制中一个十分重要的表格，它的作用相当于规则库和模糊推理机制两种作用之和。模糊控制信号可以通过对模糊规则的处理产生，也可以通过模糊关系矩阵运算产生，还可以通过模糊控制响应表进行查表产生。利用模糊控制响应表求取模糊控制信号有快捷、简便的优点，在 DSP 控制的模糊控制器中，可以节省程序空间，程序编制也方便[17]。

模糊控制响应表表示的是输入模糊量和输出模糊量之间的关系。输入模糊量用离散论域的元素表示，输出模糊量也用离散论域的元素表示。在执行模糊控制时，一旦有一个精确值输入，就可以量化到输入模糊量离散论域的一个对应元素。根据输入离散论域的元素，通过模糊控制响应表就可以寻找出输出离散论域中的控制元素。

模糊控制响应表的产生过程包括如下几个步骤：进行模糊划分；把连续论域转成离散论域；给出模糊控制规则表；当输入模糊量为某个元素时，根据模糊控制规则表求出对应的输出模糊量元素；根据输入离散论域元素和输出离散论域元素制成模糊控制响应表。下面具体说明模糊控制响应表产生的过程和方法。

针对本书永磁无刷直流电机的控制问题，可采用“双输入单输出”的控制方案，即它有偏差 e 和偏差变化率 e_{c} 两种模糊量输入，只有控制量 C 一种输出。

简单起见，这三个论域的模糊量都取正（P）、零（Z）和负（N）这三个模糊集，而离散论域取{-2，-1，0，1，2}这五个元素。

1. 模糊划分及模糊化

对于偏差 e 的模糊划分取 P、Z、N 三个模糊量，并且在相邻的模糊量中，存在如下关系：本模糊量的隶属度最大的元素，是相邻模糊量的隶属度为零的元素；模糊量的形状是等腰三角形；论域为 $[-X, X]$。图 2-13 所示为偏差 e 的模糊划分和模糊量。

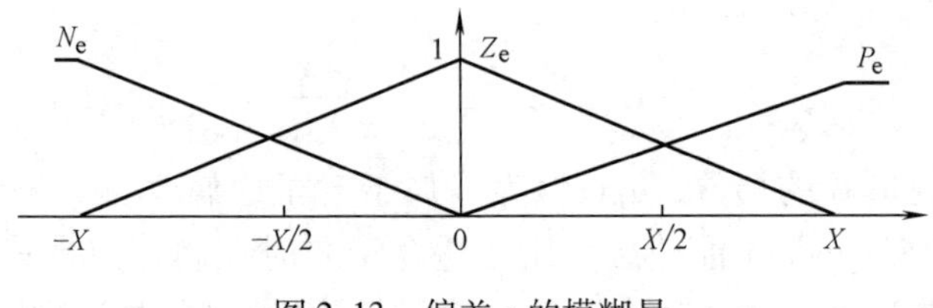

图 2-13　偏差 e 的模糊量

与偏差 e 类同，偏差变化率 e_c 的模糊划分和模糊量如图 2-14 所示。

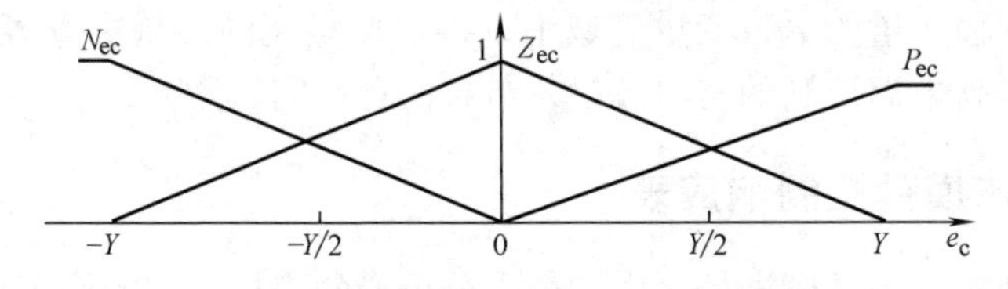

图 2-14　偏差变化率 e_c 的模糊量

控制量 C 的模糊划分和模糊量如图 2-15 所示。因为采用单点为控制量在实际处理中较为方便，只要知道控制量的模糊量也就知道了实际用于控制论域的元素，所以这里控制量所用的模糊量不是三角形而是单点。

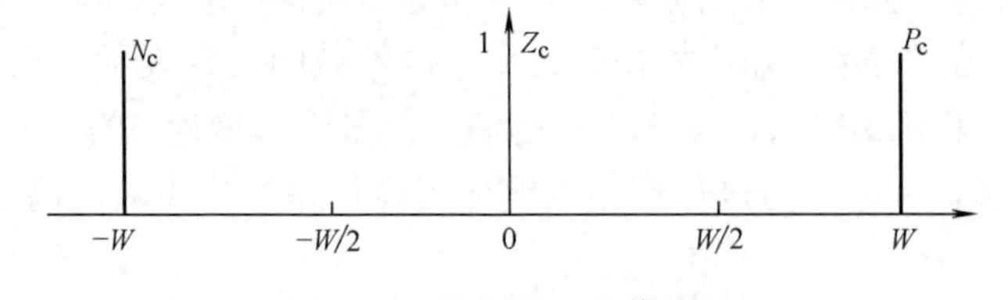

图 2-15　控制量 C 的模糊量

2. 论域转换

论域转换即指偏差 e、偏差变化率 e_c 和控制量 C 等连续论域分别变换成相应的离散论域。

（1）偏差 e 的论域转换　偏差 e 的论域是 $[-X, X]$，欲把它变换成离散论域｛-2，-1，0，1，2｝，则有量化因子 $q_e=\frac{2-(-2)}{X-(-X)}=\frac{4}{2X}=\frac{2}{X}$。显然，对于图2-13中的各个重要的元素 $-X$、$-X/2$、0、$X/2$、X，则有相应的离散论域元素 e_i：

$$
\begin{aligned}
e_1&=q_e\cdot(-X-0)=\frac{2}{X}\cdot(-X)=-2\\
e_2&=q_e\cdot(-X/2-0)=\frac{2}{X}\cdot(-X/2)=-1\\
e_3&=q_e\cdot(0-0)=\frac{2}{X}\cdot 0=0\\
e_4&=q_e\cdot(X/2-0)=\frac{2}{X}\cdot X/2=1\\
e_5&=q_e\cdot(X-0)=\frac{2}{X}\cdot X=2
\end{aligned}
\tag{2-10}
$$

从而可以得到以离散论域表示的偏差 e 的模糊量，如图2-16所示。

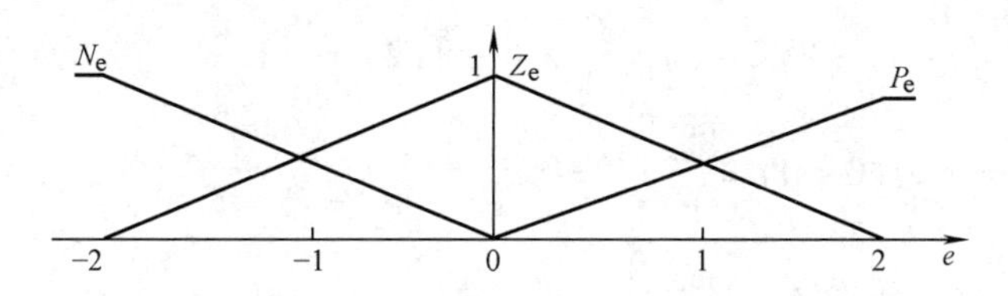

图2-16　离散论域中偏差 e 的模糊量

（2）偏差变化率 e_c 的论域转换　偏差变化率 e_c 的论域是 $[-Y, Y]$，欲把其变换成模糊论域｛-2，-1，0，1，2｝，则有量化因子 $q_{ec}=\frac{2-(-2)}{Y-(-Y)}=\frac{4}{2Y}=\frac{2}{Y}$。对于图2-14中各个重要的元素 $-Y$、$-Y/2$、0、$Y/2$、Y，则有相应的离散论域元素 e_{c_i}：

$$
\begin{aligned}
e_{c_1}&=q_{ec}\cdot(-Y-0)=\frac{2}{Y}\cdot(-Y)=-2\\
e_{c_2}&=q_{ec}\cdot(-Y/2-0)=\frac{2}{Y}\cdot(-Y/2)=-1\\
e_{c_3}&=q_{ec}\cdot(0-0)=\frac{2}{Y}\cdot 0=0\\
e_{c_4}&=q_{ec}\cdot(Y/2-0)=\frac{2}{Y}\cdot Y/2=1\\
e_{c_5}&=q_{ec}\cdot(Y-0)=\frac{2}{Y}\cdot Y=2
\end{aligned}
\tag{2-11}
$$

从而可以得到以离散论域表示的偏差变化率 e_c 的模糊量，如图2-17所示。

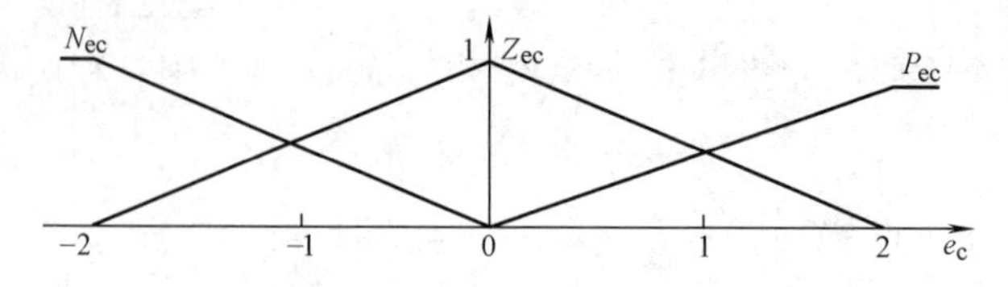

图2-17　离散论域中偏差变化率 e_c 的模糊量

（3）控制量 C 的论域变换　控制量 C 的论域为 $[-W, W]$，欲把其变换成模糊论域 $\{-2, -1, 0, 1, 2\}$，则有量化因子 $q_c=\dfrac{2-(-2)}{W-(-W)}=\dfrac{4}{2W}=\dfrac{2}{W}$。对于图2-15中各个重要的元素 $-W$、$-W/2$、0、$W/2$、W，则有相应的离散论域元素 C_i：

$$
\begin{aligned}
C_1&=q_c\cdot(-W-0)=\frac{2}{W}\cdot(-W)=-2\\
C_2&=q_c\cdot(-W/2-0)=\frac{2}{W}\cdot(-W/2)=-1\\
C_3&=q_c\cdot(0-0)=\frac{2}{W}\cdot 0=0\\
C_4&=q_c\cdot(W/2-0)=\frac{2}{W}\cdot W/2=1\\
C_5&=q_c\cdot(W-0)=\frac{2}{W}\cdot W=2
\end{aligned}
\tag{2-12}
$$

从而可以得到以离散论域表示的控制量 C 的模糊量，如图2-18所示。在图2-18中，由于采用单点为模糊量，故只有在元素 −2、0、2 所对应的位置才存在单点。

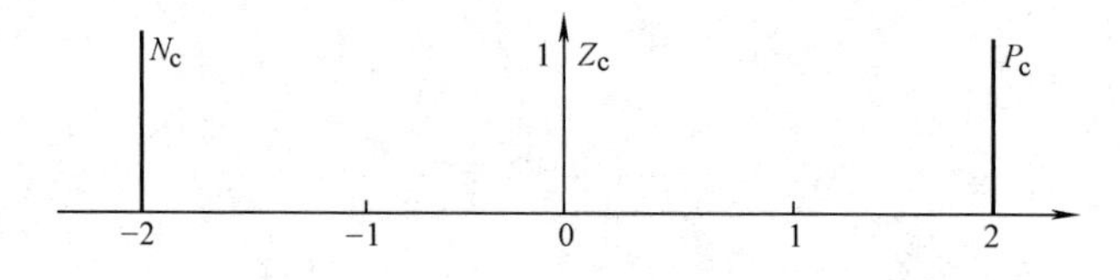

图2-18　离散论域中控制量 C 的模糊量

3. 给出模糊控制规则表

所考虑的控制过程有模糊控制规则9条，如下：

L1：if e = Pe and ec = Pec then C = Pc

L2：if e = Pe and ec = Zec then C = Pc

L3：if e = Pe and ec = Nec then C = Zc

L4：if e = Ze and ec = Pec then C = Pc
L5：if e = Ze and ec = Zec then C = Zc　　(2-13)
L6：if e = Ze and ec = Nec then C = Nc
L7：if e = Ne and ec = Pec then C = Zc
L8：if e = Ne and ec = Zec then C = Nc
L9：if e = Ne and ec = Nec then C = Nc

根据这些控制规则，可以列出对应的控制规则表，如表 2-8 所示。

表 2-8　控制规则表

C		e		
		N_e	Z_e	P_e
e_c	N_{ec}	N_c	N_c	Z_c
	Z_{ec}	N_c	Z_c	P_c
	P_{ec}	P_c	P_c	P_c

4. 求取模糊控制响应表

由于偏差 e 的离散论域有 5 个元素 {−2，−1，0，1，2}，而偏差变化率 e_c 的离散论域中也有 5 个元素 {−2，−1，0，1，2}，在输入时，e 或 e_c 的输入组合就有 $5\times5=25$ 种。求出这 25 种输入组合及其对应的输出控制量，即可形成相应的模糊控制响应表。下面以偏差 $e=-2$ 的情况为例，详细说明模糊控制响应表中各数值的求取方法。

根据图 2-16，对于偏差 e 有：

$N_e(-2)=1$，$Z_e(-2)=0$，$P_e(-2)=0$。这说明只有负模糊量 N 有隶属度 1，其余的隶属度为 0。

（1）偏差变化率 $e_c=-2$　对于 e_c，只有 $N_{ec}(-2)=1$，其余为 0。这时只有一条控制规则有效，即

L9：if e = Ne and ec = Nec then C = Nc

故而有控制量 C^* 为

$$C^*=N_e(-2)\wedge N_{ec}(-2)\wedge N_c=N_c \tag{2-14}$$

由于 N_c 是单点，因此其对应元素为 −2，即 $C^*=-2$。

（2）偏差变化率 $e_c=-1$　对于 e_c，有

$$N_{ec}(-1)=0.5,\ Z_{ec}(-1)=0.5,P_{ec}(-1)=0 \tag{2-15}$$

这时，有两条控制规则有效，即

L8：if e = Ne and ec = Zec then C = Nc
L9：if e = Ne and ec = Nec then C = Nc

第一条规则控制量 C^{*1} 为

$$C^{*1}=N_e(-2)\wedge Z_{ec}(-1)\wedge N_c=1\wedge 0.5\wedge N_c=0.5\wedge N_c \tag{2-16}$$

第一条规则控制量 C^{*2} 为

$$C^{*2}=N_e(-2)\wedge N_{ec}(-1)\wedge N_c=1\wedge 0.5\wedge N_c=0.5\wedge N_c \tag{2-17}$$

由于 $C^{*1}=C^{*2}=0.5\wedge N_c$，故而控制量 C^* 为

$$C^*=0.5\wedge N_c \tag{2-18}$$

由于 N_c 是单点，所以控制量本质上是 N_c 对应的元素 -2，即有 $C^*=-2$。

(3) 偏差变化率 $e_c=0$　对于 e_c，有

$$N_{ec}(0)=0,\ Z_{ec}(0)=1,\ P_{ec}(0)=0$$

这时只有一条控制规则有效，即

L8：if e = Ne and ec = Zec then C = Nc

故而有控制量 C^* 为

$$C^*=N_e(-2)\wedge N_{ec}(0)\wedge N_c=N_c \tag{2-19}$$

由于 N_c 是单点，因此其对应元素为 -2，即 $C^*=-2$。

(4) 偏差变化率 $e_c=1$　对于 e_c，有

$$N_{ec}(1)=0,\ Z_{ec}(1)=0.5,\ P_{ec}(1)=0.5$$

这时，有两条控制规则有效，即

L8：if e = Ne and ec = Zec then C = Nc

L7：if e = Ne and ec = Pec then C = Zc

第一条规则控制量 C^{*1} 为

$$C^{*1}=N_e(-2)\wedge Z_{ec}(1)\wedge N_c=1\wedge 0.5\wedge N_c=0.5\wedge N_c \tag{2-20}$$

第一条规则控制量 C^{*2} 为

$$C^{*2}=N_e(-2)\wedge P_{ec}(1)\wedge Z_c=1\wedge 0.5\wedge Z_c=0.5\wedge Z_c \tag{2-21}$$

由于 N_c 是在 -2 处的单点，Z_c 是在 0 处的单点，因此控制量 C^* 为

$$C^*=\frac{C_1^*+C_2^*}{2}=\frac{-2+0}{2}=-1 \tag{2-22}$$

(5) 偏差变化率 $e_c=2$　对于 e_c，有

$$N_{ec}(0)=0,\ Z_{ec}(0)=0,\ P_{ec}(0)=1$$

这时只有一条控制规则有效，即

L7：if e = Ne and ec = Pec then C = Zc

故而有控制量 C^* 为

$$C^*=N_e(-2)\wedge P_{ec}(2)\wedge Z_c=Z_c \tag{2-23}$$

由于 Z_c 是单点，因此其对应元素为 0，即 $C^*=0$。

2.4.3　模糊逻辑推理系统的仿真研究

MATLAB 模糊逻辑工具箱是数字计算机环境下的函数集成体，利用它可以

在 MATLAB 框架下设计、建立以及测试模糊推理系统。结合 Simulink，可以建立一个仿真环境，对模糊系统的功能和效果进行模拟仿真，也可以编写独立的 C 语言程序来调用 MATLAB 中所设计的模糊系统。为检验模糊逻辑在实际控制中的应用效果，下面通过 MATLAB 设计一个相对简单的模糊推理系统，并采用 Simulink 对其进行仿真分析。

1. 模糊推理系统的设计

首先，利用 MATLAB 的 Fuzzy Logic Toolbox，设计和建立一个单输入单输出模糊逻辑推理系统（FIS），名为 MFmotorE1，其基本结构如图 2-19 所示。

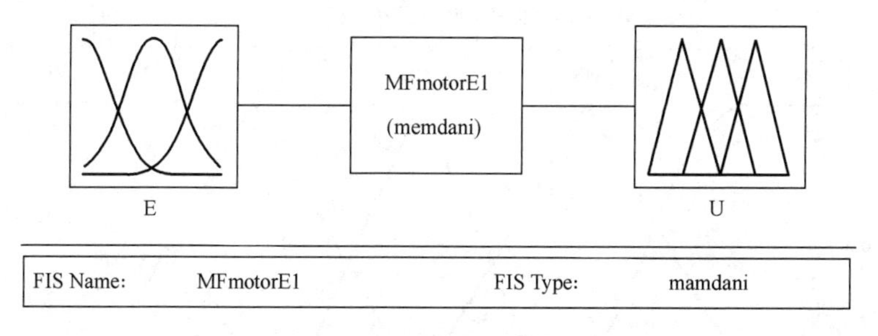

图 2-19　单输入单输出模糊逻辑推理系统

该系统的输入是速度偏差量 E，论域范围为［−50，50］；输出是控制变量 U，论域范围为［−5，5］；模糊规则采用 Mamdami 的极大-极小推理方法。此模糊推理系统的基本属性设定为：与运算采用极小运算，或运算采用极大运算，模糊蕴含采用极小运算，模糊规则综合采用极大运算，去模糊化采用重心法。

其次，对输入变量 E 和输出变量 U 的隶属度函数进行设计。工程实际中隶属度函数的设计基本上遵循以下几方面的原则：

1）模糊量数量的选择原则。如果论域量化后含 $2n+1$ 个离散元素，而模糊划分的模糊量为 m 个，那么论域中元素的个数应是模糊量的 1.5～2 倍，即令 $p=1.5\sim2$，则有 $2n+1=pm$。

2）模糊划分的两条基本原则：应以非线性方式进行模糊划分；模糊量之间只有相邻两者相交不为零，而其他相交必定为零。

在论域中模糊量的隶属函数形状即该模糊量的模糊表达，一般采取以下原则：模糊量采用对称等腰三角形；模糊量采用对称等腰梯形；“最负”和“最正”的模糊量采用不对称梯形。

根据上述原则，对于输入变量 E，论域元素个数取为 9，加入的如图 2-20 所示的 5 个模糊隶属度函数分别如下：

Name = 'E'

Range = [−50 50]

NumMFs = 5

Name(变量名) type(函数类型) params(参数)

MF1 = 'ZE'：　'trimf'(等腰三角形),[-15 0 15]

MF2 = 'PS'：　'trimf'(等腰三角形),[0 20 40]

MF3 = 'PB'：　'smf'(S 形),[15 40]

MF4 = 'NS'：　'trimf'(等腰三角形),[-40 -20 0]

MF5 = 'NB'：　'zmf'(Z 形),[-40 -15]

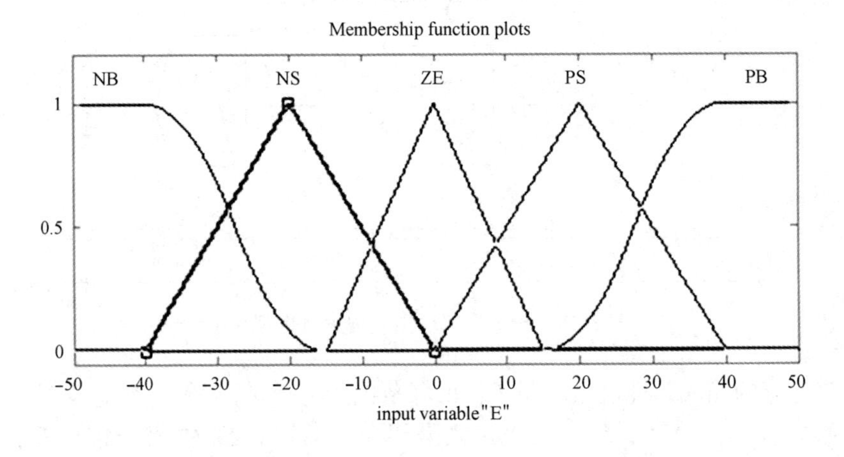

图 2-20　输入变量 E 的模糊隶属度函数设计

对于输出变量 U，论域元素个数也取为9，加入的如图 2-21 所示的5 个模糊隶属度函数分别如下：

Name = 'U'

Range = [-5 5]

NumMFs = 5

Name(变量名) type(函数类型) params(参数)

MF1 = 'ZE'：　'trimf'(等腰三角形),[-1.5 0 1.5]

MF2 = 'PS'：　'trimf'(等腰三角形),[0 2 4]

MF3 = 'PB'：　'smf'(S 形),[1.5 4]

MF4 = 'NS'：　'trimf'(等腰三角形),[-4 -2 0]

MF5 = 'NB'：　'zmf'(Z 形),[-4 -1.5]

最后，根据以往对电机控制的实践经验，设计模糊控制规则。模糊控制规则表达了人们对被控制对象执行控制时的模糊思维和判别过程，在数字电子计算机中，模糊控制方法转化为一种控制算法，模糊控制器以相应的控制算法对被控对象进行控制。对此单输入单输出模糊推理系统，设计以下模糊控制规则：

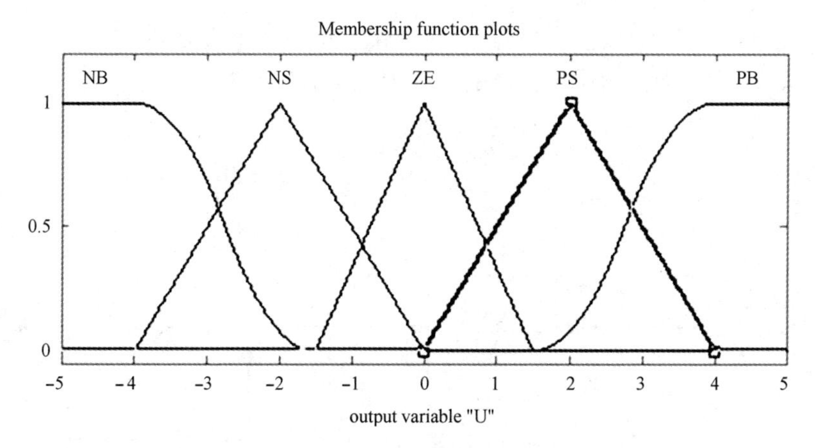

图 2-21　输出变量 U 的模糊隶属度函数设计

Rule 1：IF　E = NB　THEN　U = PB　（权重 1）；
Rule 2：IF　E = NS　THEN　U = PS　（权重 1）；
Rule 3：IF　E = ZE　THEN　U = ZE　（权重 1）；
Rule 4：IF　E = PS　THEN　U = NS　（权重 1）；
Rule 5：IF　E = PB　THEN　U = NB　（权重 1）；

2. 模糊推理系统的仿真分析

利用 Simulink 对上述模糊推理系统 MFmotorE1 建立仿真模型。其中，Constant 模块的参数值设为 100，其物理意义是代表模糊逻辑控制器最终要使电机稳定运转的速度值；Fuzzy Logic Controller with Ruleviewer 模块是带规则观察器的模糊逻辑控制器，其内部逻辑功能根据模糊推理系统 MFmotorE1 生成；以 Memory 模块为主体构成的环路，实现根据模糊逻辑控制器的输出增量，改变施加在电机两端的驱动电压，以调节电机转速向设定值逼近。仿真模型如图 2-22 所示。

根据 MFmotorE1 中对输入变量 E、输出变量 U 和模糊控制规则的设定，模糊逻辑控制器的内部逻辑示意如图 2-23 所示。

设定好 Simulink 的相关仿真参数，运行，仿真结果曲线如图 2-24 ~ 图 2-26 所示。

通过上述仿真结果曲线可以清楚地看到，随着系统反馈转速向设定转速的逐步逼近，模糊逻辑控制器的输出控制增量逐渐减小，最终降为零。即当系统的实际转速稳定在设定转速值上时，加在电机两端的电压值保持不变，以维持电机稳速运转。另外，从图 2-26 可以看出，随着转速向设定值的趋近，转速的变化率逐渐减小，转速平稳地稳定在设定值上。

尽管此仿真模型并不能准确模拟电机的实际运转情况，比如电机惯性、限压、限流等因素对电机转速的影响，但是从上面的仿真结果可以看出，模糊逻辑控制器在电机的驱动稳速上具备速度响应快、超调量小的优势。

图2-27所示为模糊逻辑控制器的规则观测器输出。

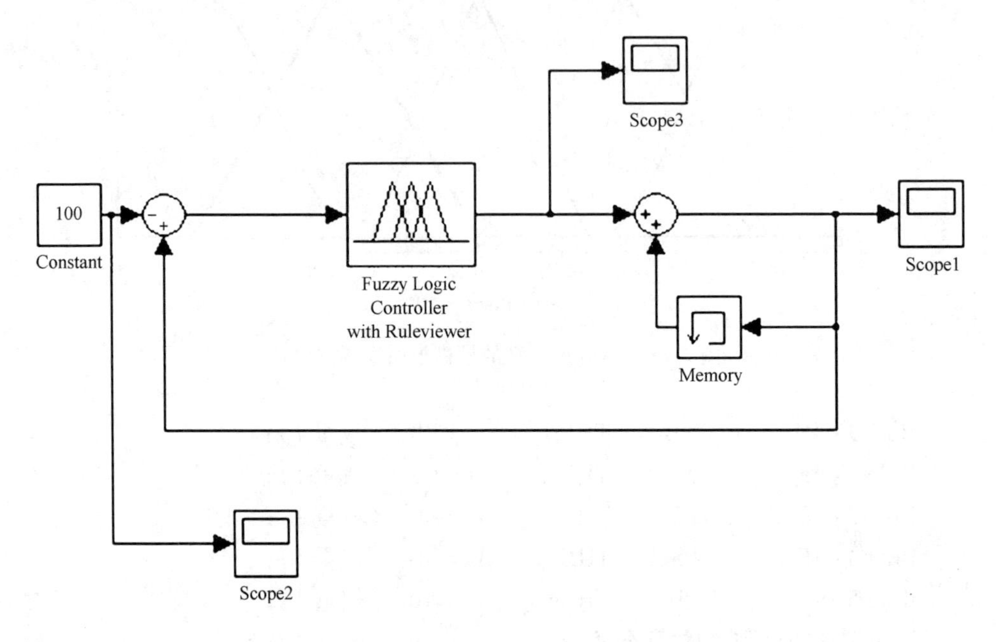

图2-22　模糊推理系统MFmotorE1的仿真模型

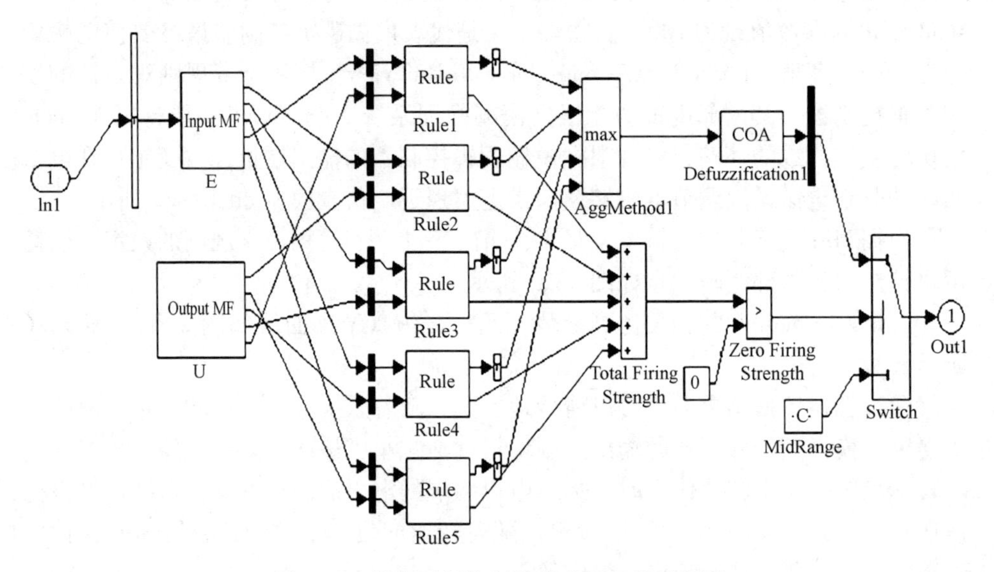

图2-23　模糊逻辑控制器的内部逻辑示意图

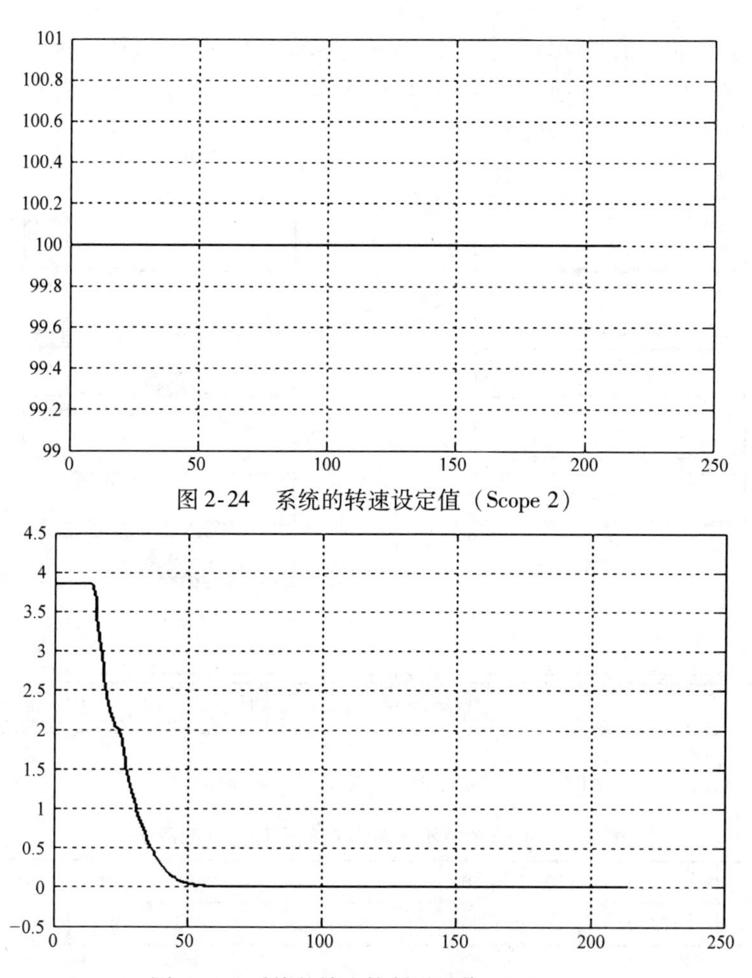

图 2-24　系统的转速设定值（Scope 2）

图 2-25　系统的输出控制增量值（Scope 3）

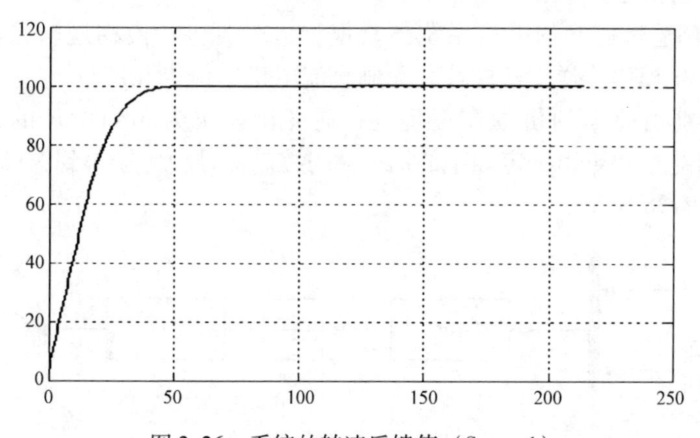

图 2-26　系统的转速反馈值（Scope 1）

对应于变量 E 的不同输入值，有不同的模糊逻辑控制器输出，如图2-27所示。$E=0$时，$U=8.34\mathrm{e}-018\approx0$，由此可求得对应于不同 E 值不同输出 U 的模糊控制响应表，如表2-9所示。

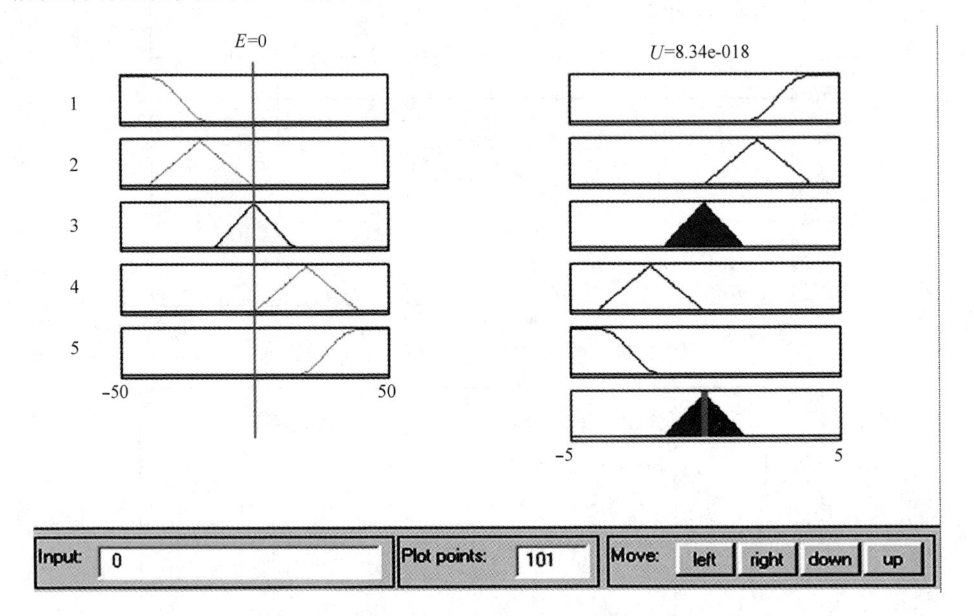

图2-27　模糊逻辑控制器的规则观测器输出

表2-9　不同 E 值不同输出 U 的模糊控制响应表

E	−40	−30	−20	−10	0	10	20	30	40
U	3.84	2.94	2.11	1.39	8.34e−018	−1.34	−2.11	−2.94	−3.84

3. 模糊逻辑控制算法仿真

采用模糊逻辑控制的电机系统仿真模型，主要包括模糊逻辑控制器模块、PWM波形产生模块、逆变桥模块和无刷直流电机本体等几部分。电机本体和控制器模块分别由前面的仿真模型得到；逆变桥模块为MATLAB的自带模块；PWM波形产生模块可由一定频率的锯齿波与控制信号相比较得到，PWM波形产生模块如图2-28所示。

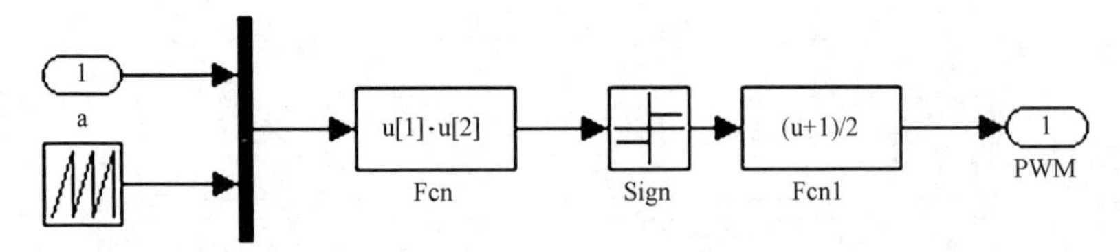

图2-28　PWM波形产生模块

整个电机系统仿真模型如图 2-29 所示。

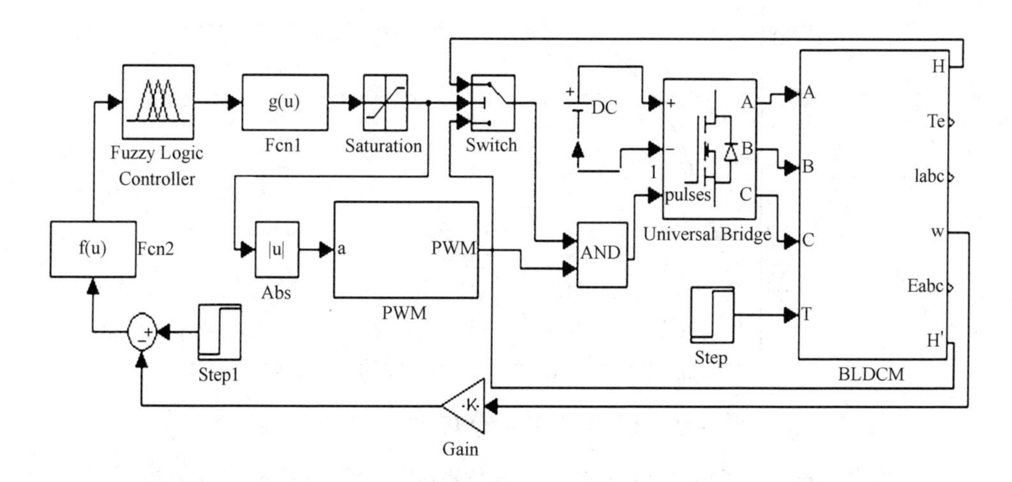

图 2-29　电机系统仿真模型

4. 仿真结果和结论

采用模糊逻辑控制算法时，电机的转速仿真曲线如图 2-30 所示。

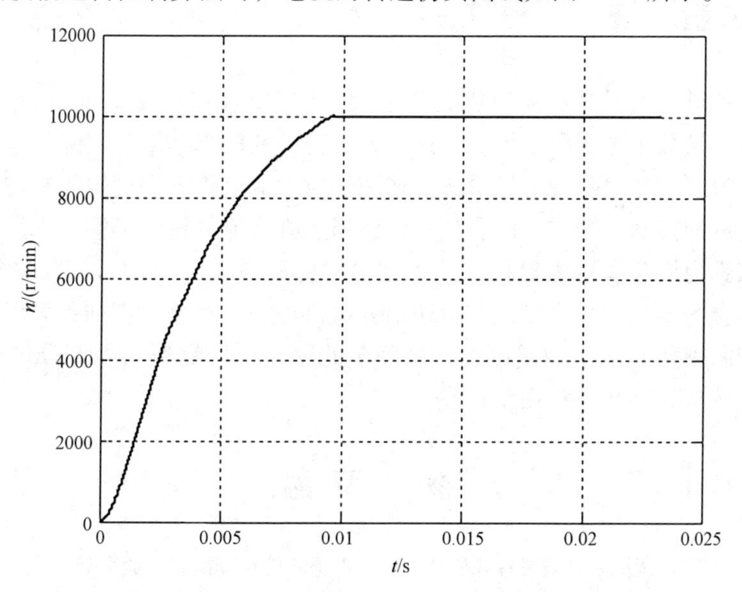

图 2-30　采用模糊逻辑控制算法时电机转速仿真曲线

采用 PI 控制算法时，得到转速响应的仿真曲线如图 2-31 所示。

对比图 2-30 和图 2-31 的仿真结果，明显可以看出：相对于采用 PI 控制算

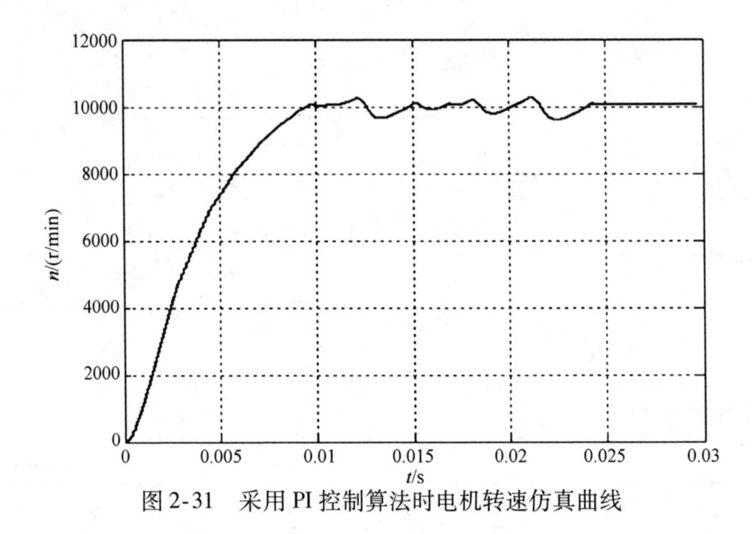

图2-31 采用PI控制算法时电机转速仿真曲线

法电机转速超调大、振荡多的缺点，模糊逻辑控制器能够快速反应，将系统从超调状态拉回至稳态，且有较高的稳态精度；采用模糊逻辑控制能够加快电机的响应速度，增强其抗干扰能力。

2.5 本章小结

本章针对永磁无刷直流电机数学模型，在MATLAB/Simulink下搭建了仿真模型，仿真参数按照实际系统参数选取，所得到的仿真结果与实际的电机数字控制系统一致。为加快实现电机系统的转速响应性能，将模糊逻辑控制技术引入无刷直流电机的控制系统中，对有位置传感器无刷直流电机的模糊逻辑控制系统进行了研究。为检验模糊逻辑在实际控制中的应用效果，通过MATLAB模糊逻辑工具箱结合Simulink将模糊控制算法引入电机控制中。从仿真结果可以看出：针对电机控制中普遍存在的超调大、振荡多的缺点，模糊逻辑控制器能够快速反应，将系统从超调状态拉回至稳态。

参考文献

[1] 刘平，刘刚，张庆荣. 磁悬浮飞轮用BLDC系统的仿真方法与实验分析［J］. 航天控制，2007，25（1）：56-61.

[2] 罗文广，孔峰. 基于模糊控制的直流无刷电机调速系统［J］. 电子产品世界，2001（1）：34-36.

[3] 杨彬，江建中. 永磁无刷直流电机调速系统的仿真［J］. 上海大学学报（自然科学版），2001，7（6）：520-526.

[4] 杨东浩，李榕，刘卫国. 无刷直流电动机的数学模型及其仿真 [J]. 微电机，2003，36 (4)：8-10.

[5] 刘庆福，刘刚，房建成. 无位置传感器无刷直流电动机的高速驱动系统 [J]. 微电机，2002，35 (5)：30-33.

[6] 马会来，房建成，刘刚. 磁悬浮飞轮用永磁无刷直流电机数字控制系统 [J]. 微特电机，2003，31 (4)：24-26.

[7] 刘和平，严利平，张学峰，等. TMS320LF240x DSP 结构、原理及应用 [M]. 北京：北京航空航天大学出版社，2002.

[8] 吴晓莉，林哲辉，等. MATLAB 辅助模糊系统设计 [M]. 西安：西安电子科技大学出版社，2002.

[9] KRISHNAN R. 永磁无刷电机及其驱动技术 [M]. 柴凤，等译. 北京：机械工业出版社，2013.

[10] 贺虎成，刘卫国. 无刷直流电机逆变器的软开关技术 [M]. 北京：科学出版社，2016.

[11] 苗硕，宫迎娇，张元良. 基于模糊控制的 BLDC 在汽车座椅控制系统中的应用 [J]. 仪表技术与传感器，2023 (9)：69-75.

[12] 冯和平，李翠翠，王宽方. 基于自整定模糊控制无刷直流电机调速系统算法研究 [J]. 内燃机与配件，2023 (12)：92-94.

[13] KRISTIYNONO R，WIYONO W. Autotuning fuzzy PID controller for speed control of BLDC motor [J]. Journal of Robotics and Control (JRC)，2021，2 (5)：400-407.

[14] MAGHFIROH H，RAMELAN A，ADRIYANTO F. Fuzzy-PID in BLDC motor speed control using MATLAB/Simulink [J]. Journal of Robotics and Control (JRC)，2022，3 (1)：8-13.

[15] 王红林. 船舶电力推进系统无刷直流电机控制技术 [J]. 舰船科学技术，2023，45 (12)：89-92.

[16] 金宝宝，刘二林，单树清. 基于自适应 PID 的屏蔽门无刷直流电机控制研究 [J]. 工业仪表与自动化装置，2023 (3)：3-7.

[17] 姜畅畅，贾洪平，贺鑫洪. 改进的 PSO 优化无刷直流电机模糊控制系统研究 [J]. 电子设计工程，2023，31 (10)：152-155，162.

[18] APRIBOWO C H B，MAGHFIROH H. Fuzzy Logic Controller and Its Application in Brushless DC Motor (BLDC) in Electric Vehicle-A Review [J]. Journal of Electrical，Electronic，Information，and Communication Technology，2021，3 (1)：35-43.

[19] 唐磊，袁玲，谢丹. 基于纯电动车的无刷直流电机能量回馈控制技术研究 [J]. 机电信息，2023 (9)：73-77.

[20] ANANTHABABU B，GANESH C，PAVITHRA C V. Fuzzy based speed control of BLDC motor with bidirectional DC-DC converter [C] //2016 Online International Conference on Green Engineering and Technologies (IC-GET). IEEE，2016：1-6.

[21] 曹顺顺，张兰春，王青松，等. 基于模糊 PID 控制的电动汽车 AMT 换挡电机控制研究 [J]. 工业控制计算机，2023，36 (3)：101-104.

[22] 苗小利，王帅军，郭军. 基于模糊 WMR-PID 算法的无刷直流电机转速调节控制 [J].

中国工程机械学报，2023，21（1）：38-42.

[23] SIONG T C, ISMAIL B, SIRAJ S F, et al. Fuzzy logic controller for BLDC permanent magnet motor drives [J]. International Journal of Electrical & Computer Sciences, 2011, 11 (2): 13-18.

[24] 朱婧，冯国胜，李宏博，等. 基于Simulink的无刷直流电机调速系统仿真研究[J]. 电工技术，2022（23）：16-18，23.

[25] 顾文斌，杨生胜，王贤良，等. 基于模糊RBF神经网络的无刷直流电机PID控制[J]. 计算机技术与发展，2022，32（8）：15-19，25.

[26] 刘向辰，马晓婧. 基于模糊自适应ADRC的无刷直流电机控制技术[J]. 汽车实用技术，2022，47（12）：29-33.

[27] 江洪，严传馨. 基于区间二型模糊逻辑控制的BLDCM转速控制研究[J]. 微电机，2022，55（6）：29-34.

第3章

永磁无刷直流电机的电子电路

如第1章所述，一台完整的无刷直流电机是由电机本体、位置传感器和电子电路组成。电子电路又由控制电路、驱动电路、功率电路和检测电路等组成。电机本体和位置传感器已在第1章中介绍过，本章将详细介绍无刷直流电机的电子电路。

3.1 永磁无刷直流电机的功率放大电路

现代逆变器用功率开关大致可以分为三类：一是各种晶闸管和功率晶体管；二是功率MOSFET及相关器件；三是将上述两类开关器件结合发展起来的特大功率开关器件。晶闸管，特别是具有较强逆变能力的快速晶闸管和可关断晶闸管，极大地促进了电气传动技术的发展。20世纪60~80年代，几乎所有的中大功率逆变器都是晶闸管，而小功率逆变器大多采用功率晶体管。现在除了大型或特大型逆变器之外，几乎不再用晶闸管作为逆变器的开关器件了。20世纪80年代是功率MOS器件与晶闸管并行应用的时代，到了90年代，功率MOS器件在逆变器的应用中占了相当大的比例，到20世纪末，开始进入IGBT时代。

3.1.1 功率晶体管放大电路设计

早期的无刷直流电机根据容量不同，可分为晶体管驱动电机和晶闸管驱动电机两种。一般低压小容量的无换向器电机采用晶体管驱动电机的方案；而容量较大的，通常都是晶闸管驱动电机。由于晶体管和晶闸管不同，它的集电极负载电流和基极控制电流之间是直接联系的，要关断晶体管，只要把基极电流降到零，就能使集电极电流消失，因此在晶体管驱动电机中不存在逆变器的换相问题，这不但可以简化电机的控制电路，而且能够显著改善电机的性能。一般在7.5kW以下的电机中多用晶体管，而在10kW以上的电机里，往往采用晶闸管。当然这个界限也是相对的，随着大功率晶体管生产水平的提高，这个界限也会有所提高。

双极型大功率晶体管（GTR，或称BJT），是一种冰晶球结构的晶体管，其工作结温高达200℃，在环境条件极端恶劣的航天领域，具有其他功率器件无法替代的优势。此外，GTR在高电压、大电流下较IGBT和MOSFET具有更低的通态饱和压降（在10A负载电流下，通态饱和压降小于0.2V），可以最大限度地提高变换器的效率。

GTR具有关断反向电压小的特点，开关噪声远远小于功率MOSFET，并且工作在通态时处于饱和状态，功率损耗很小。但是GTR的单管放大倍数小，为了使其工作在饱和状态，必须增大基极驱动电流，增加驱动功耗；同时，由于放大倍数小，使其容易失去饱和而工作在放大区，使得GTR的功率损耗显著增大，缩小了安全运行范围。为此需采用达林顿驱动结构，但常规的达林顿驱动结构在通态下极易深度饱和，关断时存储时间长、关断损耗大，给电机换相带来较大影响。

本节以三相三状态永磁无刷直流电机晶体管放大电路为例，介绍功率晶体管驱动电路的设计。

下面介绍一种改进的采用两只NPN型晶体管构成的达林顿驱动电路，晶体管VT_1的型号为3DK10E，晶体管VT_2的型号为3DK109F，达林顿驱动电路如图3-1所示。若为浮地驱动，则可采用脉冲变压器进行隔离驱动（具体电路可参考图3-4）。

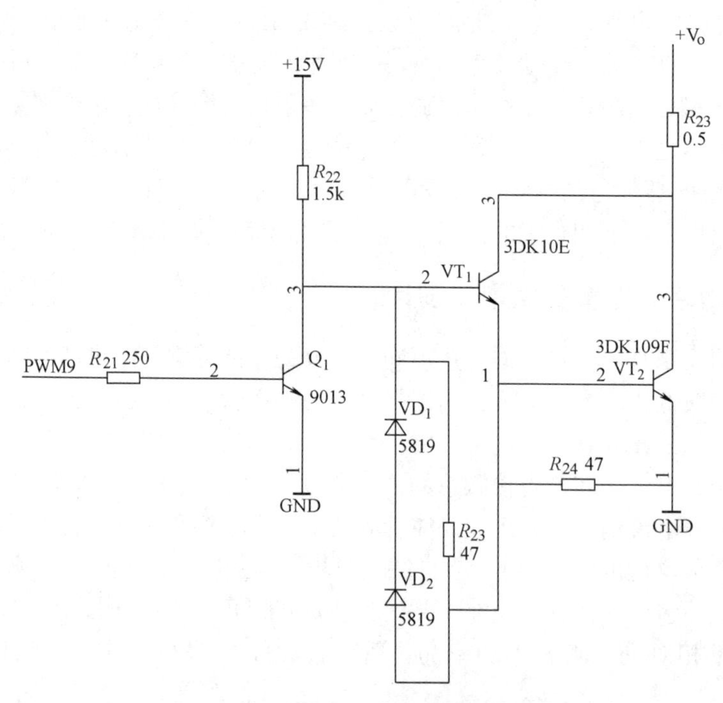

图3-1　功率晶体管的达林顿驱动电路

3.1.2　功率 MOSFET 驱动电路设计

1. 功率 MOSFET 集成驱动电路

IR2130 的内部结构如图 3-2 所示。由图可见，IR2130 内部集成了一个电流比较器（CC）、一个电流放大器（CA）、一个电压检测器（UVD）、一个故障逻辑处理单元（FL）及一个锁存逻辑单元（CL）。除上述外，它的内部还集成了 3 个输入信号发生器（ISG）、3 个高压侧驱动信号的欠电压保护器（UVDR）及 6 个低阻抗输出驱动器（DR）和一个或门电路（OR）。

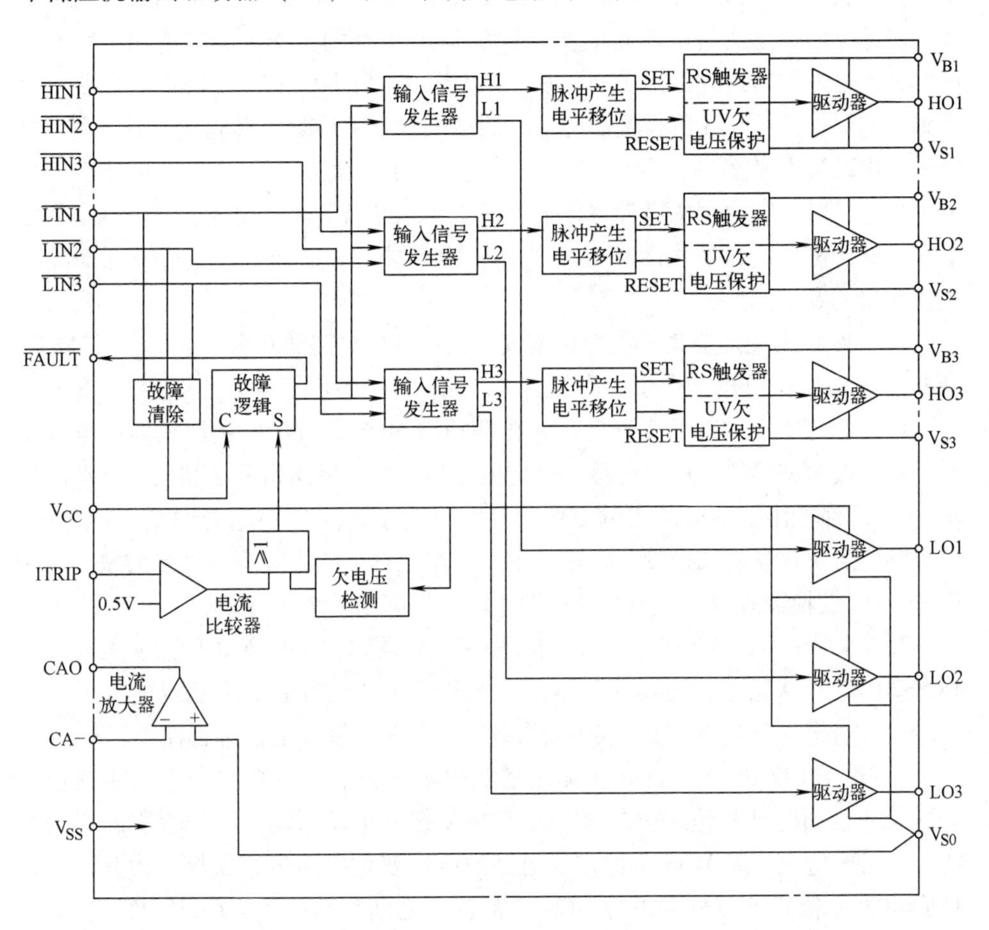

图 3-2　IR2130 功能模块图

IR2130 正常工作时，从脉冲形成部分输出的 6 路脉冲信号，经 3 个输入信号处理器，按真值表处理后，变为 6 路输出脉冲，其对应的驱动 3 路低电压侧功率 MOS 管的信号，经 3 路输出驱动器放大后，直接送往被驱动功率 MOS 器件的栅源极。而另外3路高压侧驱动信号H1～H3先经集成于IR2130内部的3个脉冲处理和电平移位器中的自举电路进行电位变换，变为3路电位悬浮的驱动脉冲，再经对应的3路输出锁存器锁存，并经严格的驱动脉冲欠电压与否检验后，送到输出驱动器进行功率放大，最后才被加到驱动的功率MOS器件的栅源极。一旦外电路发生过电流或直通，即电流检测单元送出的信号高于0.5V时，则IR2130内部的比较器迅速翻转，促使故障逻辑输出单元输出低电平，使IR2130的输出全为低电平，保证6个被驱动的功率MOS器件的栅源极全部迅速反偏截止，保护功率管；另一方面，经IR2130的8脚（见图3-3a）输出信号，封锁脉冲形成部分的输出或给出声光报警。若发生IR2130的工作电源欠电压，则欠电压保护器迅速翻转，同以上分析一样，可使被驱动的功率MOS器件全部截止而得到可靠保护，并从8脚得到故障信号的结果。当用户脉冲形成环节输出发生故障时，IR2130接收到变流器中同一桥臂上、下主开关功率器件的栅极驱动信号都为高电平时，则内部的设计可保证高通道实际输出的两路栅极驱动信号全为低电平，从而可靠地保护该桥臂的两个功率MOS器件，防止驱动信号有误而导致直通现象的发生。

IR2130可方便地驱动三相全桥或其他拓扑结构电路的6个N沟道功率MOSFET或IGBT，其应用场合多为高频领域，在设计中考虑了以下几点：

1）因IR2130内部的3路驱动高压侧功率MOS器件的输出驱动器的电源是通过自举技术获得的，所以连接到固定电源的二极管反向耐压必须大于驱动的功率MOS器件工作的主电路中的母线电压，且为了防止自举电容两端电压放电，二极管应选快速恢复二极管。本设计中为了避免自举电容响应速度慢的缺点，使用DC-DC变换器进行自举给悬浮电源供电，提高了系统的可靠性。

2）采用TMS320LF2407A作为控制器时，将$\overline{\text{FAULT}}$信号接入TMS320LF2407A芯片的驱动保护输入引脚$\overline{\text{PDPINTA}}$，当电机驱动或逆变桥不正常时（如过电压、过电流），该中断有效，从而对系统和电机进行保护。

3）由于IR2130的内部6个驱动器输出阻抗较低，直接应用它来驱动功率MOS器件会引起被驱动的功率MOS器件漏源极间电压振荡，这样会引起射频干扰，也可能造成功率MOS器件遭受过高的电压变化率而击穿损坏。为此，应在被驱动的功率MOS器件栅极与IR2130的输出之间串联一个10～100Ω、功率为1/4W的无感电阻。

图3-3所示为采用IR2130驱动的三相永磁无刷直流电机的功率驱动电路。

2. 功率MOSFET分立元件驱动电路

设计了基于脉冲变压器的MOSFET栅极驱动电路，如图3-4所示。

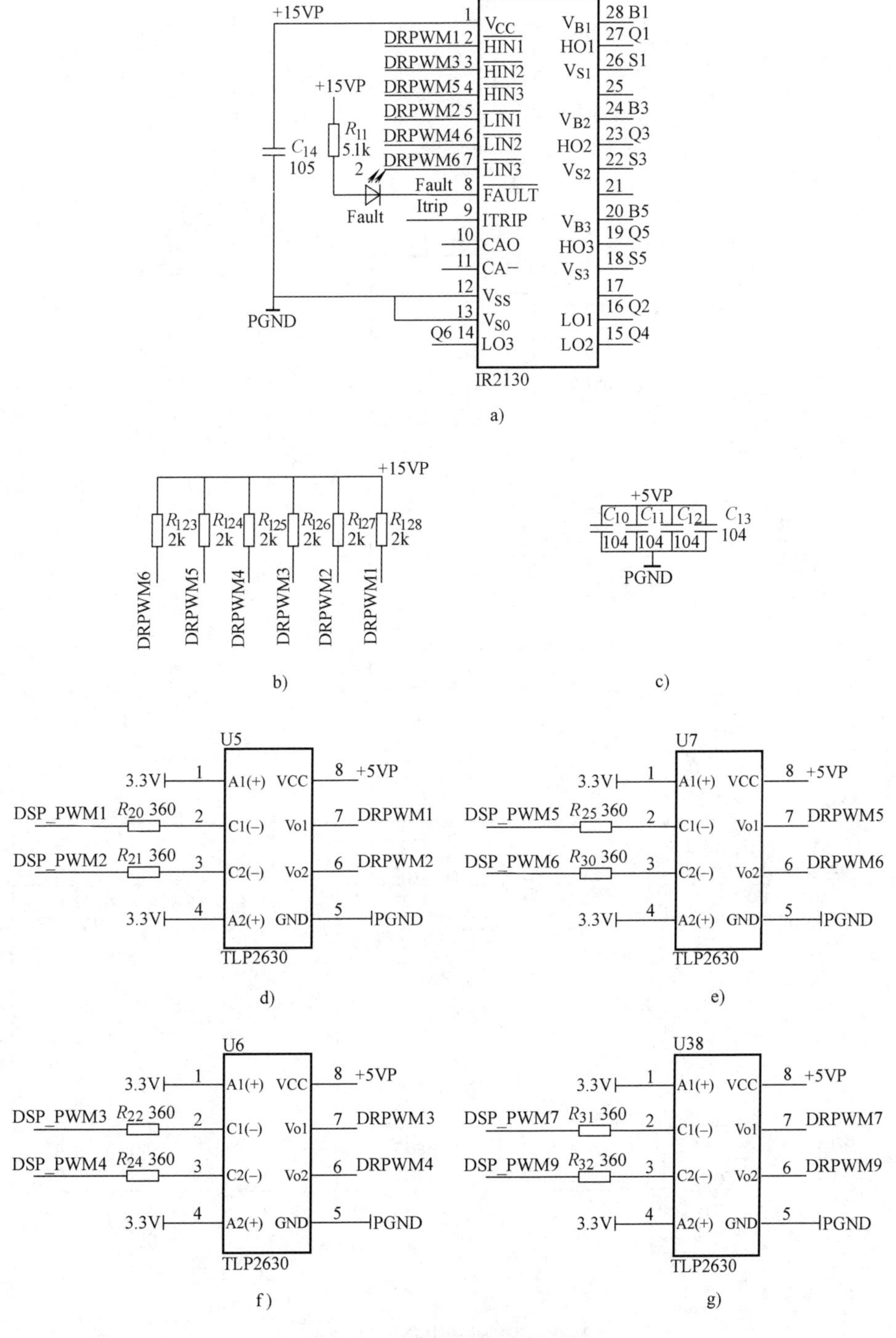

图 3-3　功率驱动电路原理图

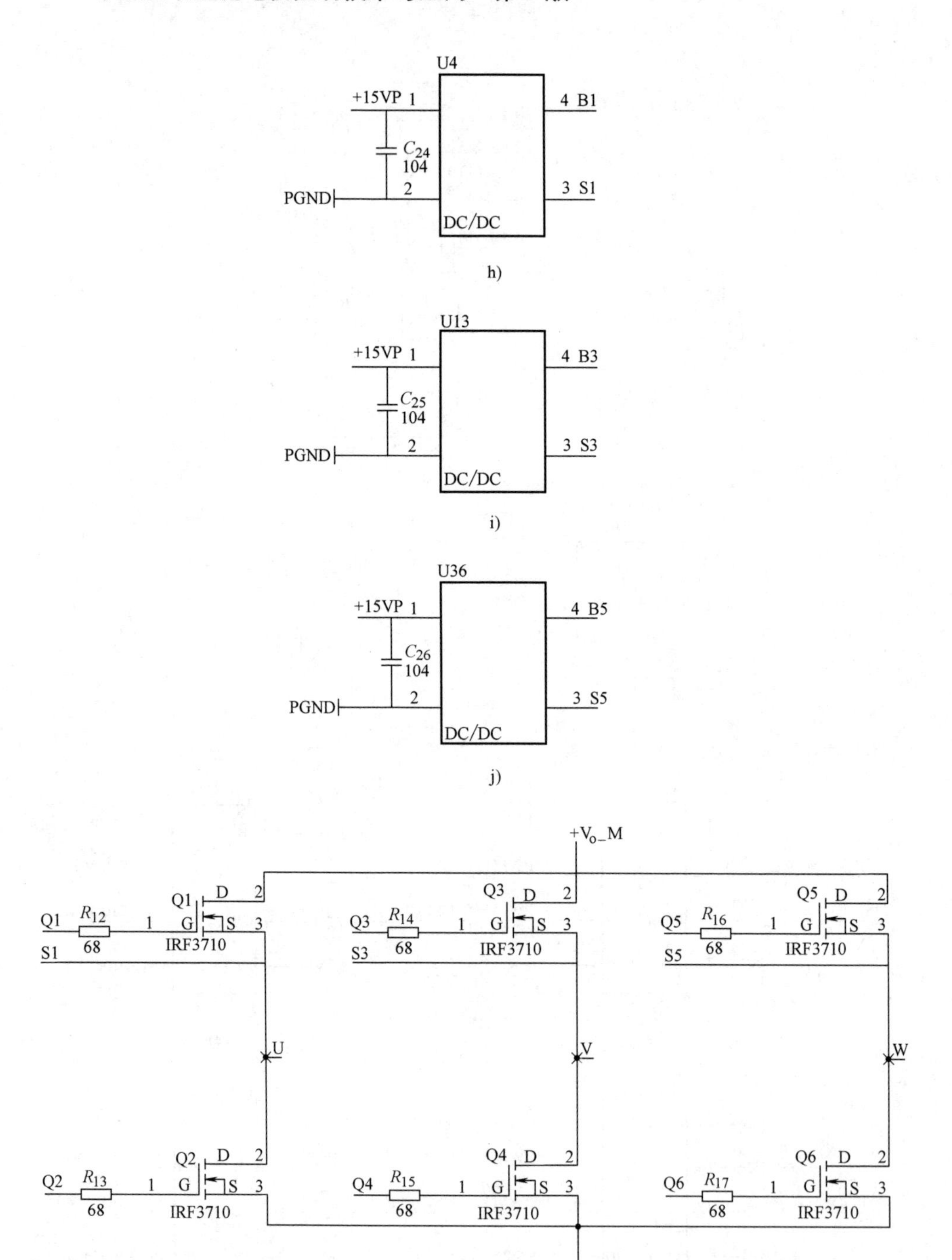

图 3-3 功率驱动电路原理图（续）

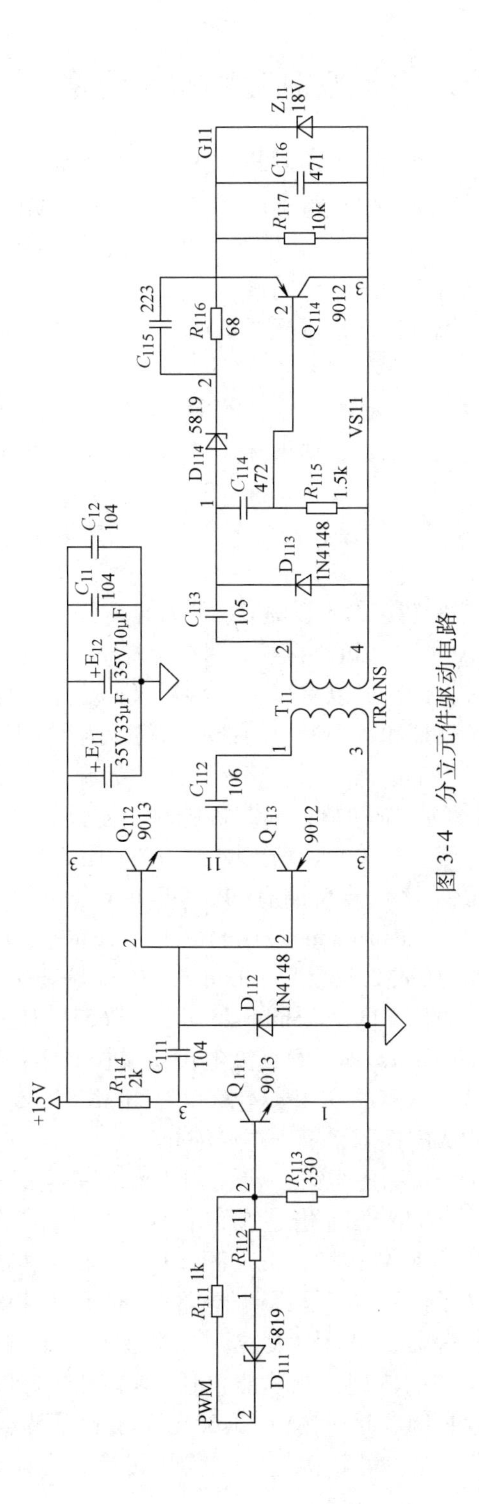

图 3-4　分立元件驱动电路

3.2　永磁无刷直流电机控制专用集成电路

由于模拟和数字集成电路、大功率开关器件、高性能磁性材料的进步，采用电子换相原理工作的无刷直流电机得到广泛应用，它从最初的航天、军事设施应用领域扩展到工业和民用领域。无刷直流电机专用的控制和驱动集成电路的出现，是推动无刷直流电机应用的重要因素。

控制电路是无刷直流电机正常运行并实现各种调速功能的核心，一般需要完成以下功能：

1）对转子位置传感器输出的信号、PWM 信号、正反转信号和停车信号进行逻辑综合，给驱动电路提供各个功率开关管的斩波信号和通断信号，实现电机的正反转和制动控制。

2）产生使电机的电压随给定转速信号而自动变化的 PWM 信号，实现电机的开环调速。

3）对电机进行转矩和转速的闭环调节，使系统具有较好的动态和静态性能。

4）各种故障保护功能，如短路保护、过电流保护、欠电压保护。

从电路的控制形式上说，可以有以下 4 种形式：分立元件搭建的模拟电路，专用的集成控制电路，模拟和数字混合的控制电路，全数字控制电路。

国际半导体厂商推出了多种不同规格和用途的无刷直流电机专用集成电路，这些集成电路设置了许多控制功能，如起停控制、正反转控制、制动控制等功能，并且片内具有过电流延时关断、输出限流、欠电压关断、结温过热关断和输出故障指示信号等功能。比较典型的有 MOTOROLA 公司的 MC33035、National Semi 公司的 LM621、NXP Semiconductors 公司的 TDA5140/TDA5145、Allegro MicroSystems 公司的 A8901/UDN2936、Fairchild Semiconductor 公司的 ML4425、ELMOS Semiconductor 公司的 E523、Toshiba 公司的 TB6551/TC78B015、TI 公司的 DRV10970/MCT8315/MCF8315 等无刷直流电机集成控制芯片。读者可查阅相关的芯片技术文档了解这些电路的应用。本章仅介绍 MC33035 的应用，对模拟电路则主要以分立元件构成的控制系统进行详细介绍。

MC33035 是 MOTOROLA 公司第二代无刷直流电机控制器专用集成电路系列，外接功率开关器件后驱动两相、三相和四相无刷直流电机，增加一片 MC33039 电子测速器作为 F/V 转换，引入测速反馈后，可构成闭环速度调节系统。该集成控制器由转子位置传感器译码器电路、带温度补偿的内部基准电源、频率可设定的锯齿波振荡器、误差放大器、PWM 比较器、输出驱动电路、保护电路等组成。该集成电路的典型控制功能包括 PWM 开环速度控制、起停控制、正反转控制和能耗制动控制。此外，MC33035 还具有以下特点：

1）内设逻辑转换电路，可直接把霍尔信号转换为驱动信号，无需前级驱动，可直接驱动功率 MOSFET，带动电机运转；

2）具有温度补偿电路；

3）具有过电流、限电流、过热和欠电压保护功能；

4）频率可设定的锯齿波振荡器和 PWM 比较器为电机速度反馈提供了输入端，使电机锁相稳速成为可能；

5）可提供60°和120°传感器相差选择，本章所述系统为120°；

6）芯片所需工作电压为10～30V，本章所述系统为28V；

7）使能控制、制动控制、正反转控制均可使用开关控制。

整个控制器的工作过程如下：从电机转子霍尔传感器送来的三相位置信号（SA、SB、SC）一方面送入 MC33035，经芯片内部译码电路结合正反转控制端、起停控制端、制动控制端、电流检测端等控制逻辑信号状态，经过运算后，产生逆变桥三相上、下桥臂开关器件的6路原始控制信号。其中，三相下三桥开关信号是 PWM 信号，通过改变 MC33035 的11脚电压即可改变下三桥 PWM 占空比。处理后的三相下桥 PWM 信号（AB、BB、CB）及三相上桥控制信号（AT、BT、CT）经过驱动电路整形、放大后，施加到逆变桥的6个开关管上，使其产生出供电机正常运行所需的三相方波交流电流，进而控制电机运转。图3-5所示为 MC33035 原理框图及三相全波无刷直流电机开环速度控制接线图。

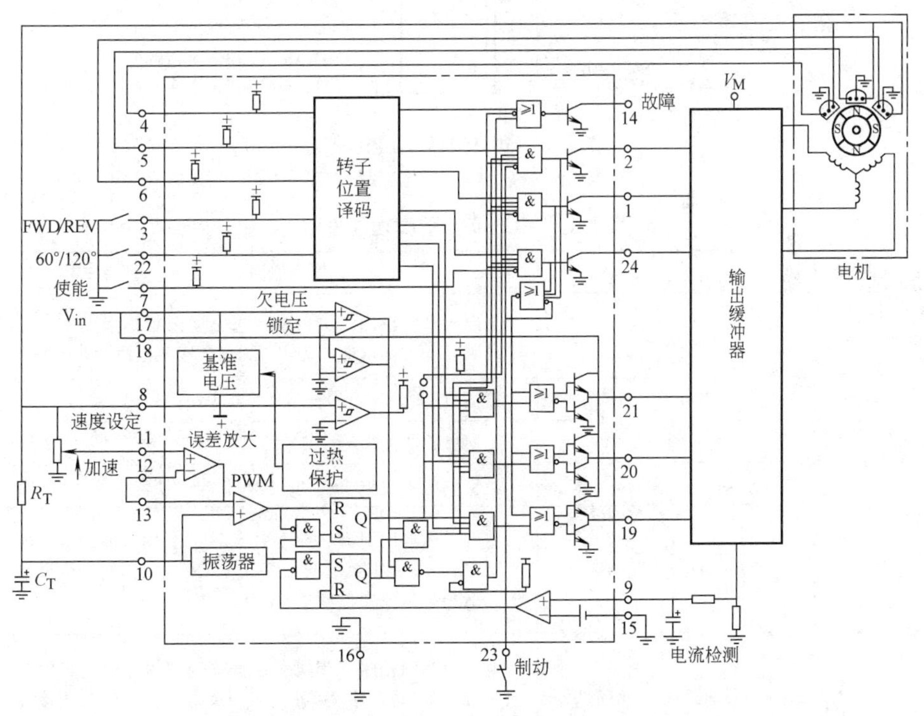

图3-5 MC33035 原理框图及三相全波无刷直流电机开环速度控制接线图

3.2.1　MC33035 引脚功能和主要参数介绍

MC33035 采用24 脚 DIP 塑料封装，其引脚排列如图3-6 所示，各引脚的功能说明如表3-1 所示。MC33035 的推荐工作参数为基准电压6.24V、振荡频率25kHz、电源电流15mA。

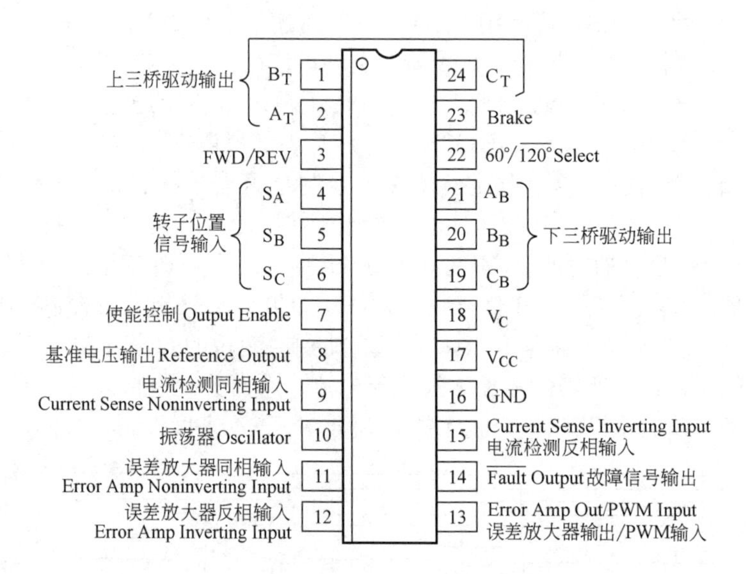

图3-6　MC33035 引脚排列

表3-1　MC33035 引脚功能说明

引脚号	引脚名称	功能说明
1，2，24	B_T，A_T，C_T	集电极开路输出引脚，可用来驱动三相桥上侧3个功率开关，最大允许电压为40V，最大吸入电流为50mA
3	FWD/REV	正向/反向输入引脚，用来控制电机的转向
4，5，6	S_A，S_B，S_C	3个传感器的输入引脚
7	Output Enable	逻辑高电平使电机起动，逻辑低电平使电机停转
8	Reference Output	基准电压输出引脚（典型值6.24V），用来为振荡器的时间电容 C_T 提供充电电流以及为误差放大器提供基准电压，也为可传感器提供工作电源
9	Current Sense Noninverting Input	电流检测同相输入引脚，在振荡周期里，该引脚的输入信号为100mV 时，可使输出开关截止。它通常连接在电流检测电阻的上端

（续）

引脚号	引脚名称	功能说明
10	Oscillator	振荡器输出引脚，其输出频率由外接元件 R_T 和 C_T 决定
11	Error Amp Noninverting Input	误差放大器同相输入引脚，它通常与速度设定的电位器相连
12	Error Amp Inverting Input	误差放大器反相输入引脚，它通常与开环应用中的误差放大器的输出端相连
13	Error Amp Out/PWM Input	在闭环控制时连接校正阻容元件，该引脚亦连接到 PWM 比较器反相输入端
14	$\overline{\text{Fault}}$ Output	集电极开路输出引脚，故障时输出低电平
15	Current Sense Inverting Input	电流检测反相输入引脚，在实际应用中，该引脚一般接地
16	GND	地
17	V_{CC}	供给芯片的正电源，10～30V
18	V_C	给下侧驱动输出提供正电源，10～30V
19，20，21	C_B，B_B，A_B	下三桥驱动输出引脚
22	60°/$\overline{\text{120°}}$Select	高电平对应传感器相差 60°，低电平对应传感器相差 120°
23	Brake	逻辑低电平使电机正常工作，逻辑高电平使电机制动减速

3.2.2　MC33035 换相控制技术

MC33035 换相控制电路主要由转子位置传感器译码电路组成，转子译码电路将电机的转子位置信号（3 个霍尔信号）转换成 6 路驱动输出信号：3 路上侧驱动输出和 3 路下侧驱动输出。其霍尔信号输入端（4、5、6 脚）都设有提升电阻，输入电路与 TTL 电路电平兼容，门槛电压为 2.2V。原则上 3 个霍尔信号，可有 8 种逻辑组合。其中 6 种组合为正常状态，决定了电机 6 个不同的位置状态；另外的 2 种组合对应于位置传感器不正常状态，即 3 个霍尔信号开路或对地短路状态，此时 14 脚将输出故障信号（低电平）。

转子译码电路的 FWD/REV 输入端逻辑电平决定了电机转向。当 3 脚逻辑状态改变时，霍尔信号在译码器内将原来的逻辑状态改变成非，再经译码后得到反相序的逻辑组合输出，使电机反转。为了实现电机的使能控制和制动控制，转子译码电路输出的 6 路驱动信号还受到 7 脚使能端和 23 脚制动端的控制。

电机的起停控制由 7 脚使能端来实现。当 7 脚悬空时，内部有 40μA 电流源电流使驱动输出电路正常工作。若7脚接地，3个上侧驱动输出开路（1状态），3个下侧驱动输出强制为低电平（0状态），使电机失去激励而停转，同时故障信号输出为零。

当加到23脚制动端上的信号为高电平时，电机进行制动操作。它使3个上侧驱动输出开路，下侧3个驱动输出为高电平，外接逆变桥下侧3个功率开关导通，使电机3个绕组端对地短接，实现能耗制动。芯片内设一个四与门电路，其输入端是23脚的制动信号和上侧驱动输出的3个信号。它的作用是等待3个上侧驱动输出确实已转变为高电平状态后，才允许3个下侧驱动输出变为高电平状态，从而避免逆变桥上下开关出现同时导通的危险。表3-2所示为三相六步控制真值表。

表3-2 三相六步控制真值表

输入										输出						
位置传感器输入信号						正向/反向控制端	使能端	制动端	电流检测端	上三桥驱动输出			下三桥驱动输出			故障输出端
60°			120°													
SA	SB	SC	SA	SB	SC					AT	BT	CT	AB	BB	CB	
1	0	0	1	0	0	1	1	0	0	0	1	1	0	0	1	1
1	1	0	1	1	0	1	1	0	0	1	0	1	0	0	1	1
1	1	1	0	1	0	1	1	0	0	1	0	1	1	0	0	1
0	1	1	0	1	1	1	1	0	0	1	1	0	1	0	0	1
0	0	1	0	0	1	1	1	0	0	1	1	0	0	1	0	1
0	0	0	1	0	1	1	1	0	0	0	1	1	0	1	0	1
1	0	0	1	0	0	0	1	0	0	1	1	0	1	0	0	1
1	1	0	1	1	0	0	1	0	0	1	1	0	0	1	0	1
1	1	1	0	1	0	0	1	0	0	0	1	1	0	1	0	1
0	1	1	0	1	1	0	1	0	0	0	1	1	0	0	1	1
0	0	1	0	0	1	0	1	0	0	1	0	1	0	0	1	1
0	0	0	1	0	1	0	1	0	0	1	0	1	1	0	0	1
1	0	1	1	1	1	×	×	0	×	1	1	1	0	0	0	0
0	1	0	0	0	0	×	×	0	×	1	1	1	0	0	0	0
1	0	1	1	1	1	×	×	1	×	1	1	1	1	1	1	0
0	1	0	0	0	0	×	×	1	×	1	1	1	1	1	1	0

（续）

输入										输出						
位置传感器输入信号						正向/反向控制端	使能端	制动端	电流检测端	上三桥驱动输出			下三桥驱动输出			故障输出端
60°			120°													
SA	SB	SC	SA	SB	SC					AT	BT	CT	AB	BB	CB	
√	√	√	√	√	√	×	1	1	×	1	1	1	1	1	1	1
√	√	√	√	√	√	×	0	1	×	1	1	1	1	1	1	0
√	√	√	√	√	√	×	0	0	×	1	1	1	0	0	0	0
√	√	√	√	√	√	×	1	0	1	1	1	1	0	0	0	0

注：√代表传感器正常的逻辑状态，×代表0或1。

由于15脚内置100mV的基准电压，电流检测端（9脚）的高低电平分别被定义为“1”＞115mV，“0”＜85mV。

当霍尔输入有误且制动端Brake＝0时，上、下三桥都关断，且故障输出端为0；当霍尔输入有误且制动端Brake＝1时，上三桥关断，下三桥开通，且故障输出端为“0”；当霍尔输入正确且制动端Brake＝1时，上三桥关断，下三桥开通，且故障输出端为“1”；当霍尔输入正确、制动端Brake＝1且使能端Output Enable＝0时，上三桥关断，下三桥开通，且故障输出端为“0”；当霍尔输入正确、制动端Brake＝0且使能端Output Enable＝0时，上、下三桥均关断且故障输出端为“0”；只要下三桥关断，故障输出端即为“0”。

3.2.3　MC33035的过电流保护电路

MC33035过电流保护的原理如图3-7所示。MC33035利用外接逆变桥经电阻R_S接地，作电流采样。采样电压由9脚和15脚输入至电流检测比较器。比较器反相输入端（即15脚）设置有100mV基准电压，作为电流限流基准。在振荡器锯齿波上升时间内，若电流过大，此比较器翻转，使RS触发器重置，将驱动输出关闭，以限制电流继续增大。在锯齿波下降时间，重新将触发器置位，使驱动输出开通。利用这样的逐个周期电流比较，实现了限流。若允许最大电流为I_{max}，则采样电阻按$R_S=0.1/I_{max}$选择。

为了避免由换相尖峰脉冲引起电流检测误动作，在9脚输入前应设置RC低通滤波器。需要注意的是，在制动工作时，电机绕组短路电流只流过下桥臂的开关晶体管，并没有流过采样电阻，因此本电流限制电路并不能为制动工作提供限流保护。如果需要采用制动运行方式，必须为此而选择有足够大峰值电流的功率开关管。

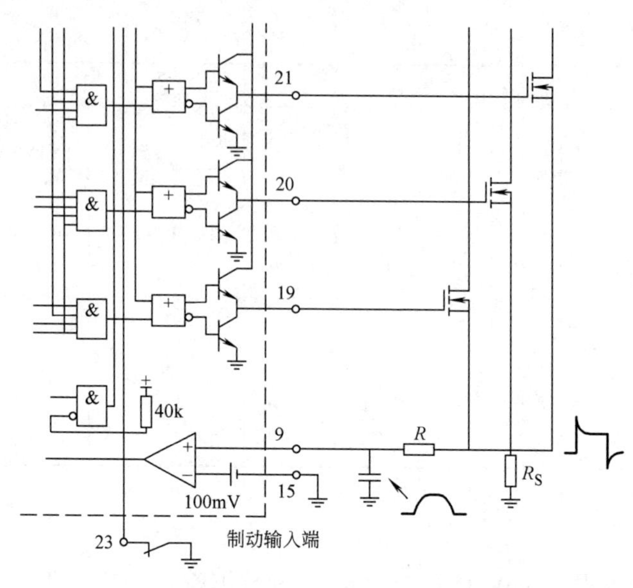

图3-7　MC33035过电流保护原理图

3.2.4　MC33035的驱动输出电路

MC33035的3个上侧驱动输出（1、2、24脚）是集电极开路的NPN型晶体管，其吸入电流能力为50mA，耐压为40V，可用来驱动外接逆变桥上桥臂的NPN型功率晶体管和P沟道功率MOSFET。3个下侧驱动输出（19、20、21脚）是推挽输出，电流能力为100mA，可直接驱动外接逆变桥的PNP型功率晶体管和N沟道功率MOSFET。下侧驱动输出的电源V_C由18脚单独引入，与供给电机的电源V_{CC}分开。为配合标准MOSFET栅漏电压不大于20V的限制，18脚上宜接一个18V稳压二极管进行钳位。

图3-8所示为三相全波换相波形，它给出了输入的位置传感器信号、6个驱动输出、电机相电流对应时序图。图中第1个周期表示了无PWM的情况，而第2个周期是有50% PWM的情况。

这里的位置传感器直流无刷电机驱动电路的逆变桥采用MOTOROLA公司生产的MPM3003三相逆变桥功率模块，它是12脚功率封装型的三相电桥。上侧3个晶体管是导通电阻为0.28Ω的P沟道功率MOSFET，下侧3个晶体管是导通电阻为0.15Ω的N沟道功率MOSFET，6个管子的漏源额定电压为60V，电流为10A。各功率管均有反向续流二极管，供电电源压降为10~30V。

这种新型的功率MOS管具有比第1代功率MOS管更稳定的特点。首先，新型功率MOS管内部接有漏－源二极管，因此能承受更大的电流或电压变化，而第1代功率MOS管常因反向恢复二极管的过载而损坏；其次，短暂的漏－源过

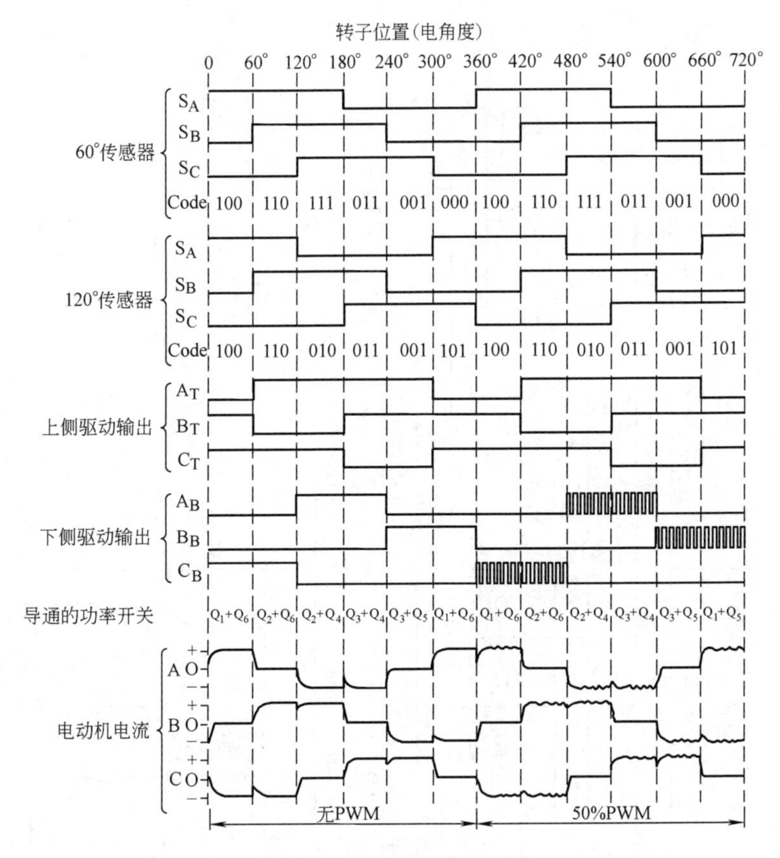

图3-8 三相全波换相波形

电压不易使其损坏；而且，MPM3003内部的MOS管栅-源间最小额定击穿电压为40V，而工业标准为20V。击穿电压高，不仅可提高管子对静电放电和意外的栅-源电压脉冲的承受力，而且对所有工作电压来说，栅极氧化层的工作寿命都可延长。

MPM3003还具有体积小、隔离封装等优点。与安装6个分立TO-220型MOS管相比，MPM3003的安装简便，且所需引脚面积约小一半。MPM3003的引脚框架为镀镍铜，可减小热阻，起散热器的作用。铝衬外涂环氧树脂薄膜作绝缘层。为便于框架与铝衬连附，环氧树脂薄膜上的铜箔经过刻蚀，使其在芯片周围形成小岛，铸模前将铝衬熔到铜箔中。这种结构能降低热阻，防止陶瓷隔离材料的脆性，并降低其用量。

3.2.5 基于MC33035的永磁无刷直流电机控制系统设计

三相永磁无刷直流电机MC33035控制系统电路原理如图3-9所示。

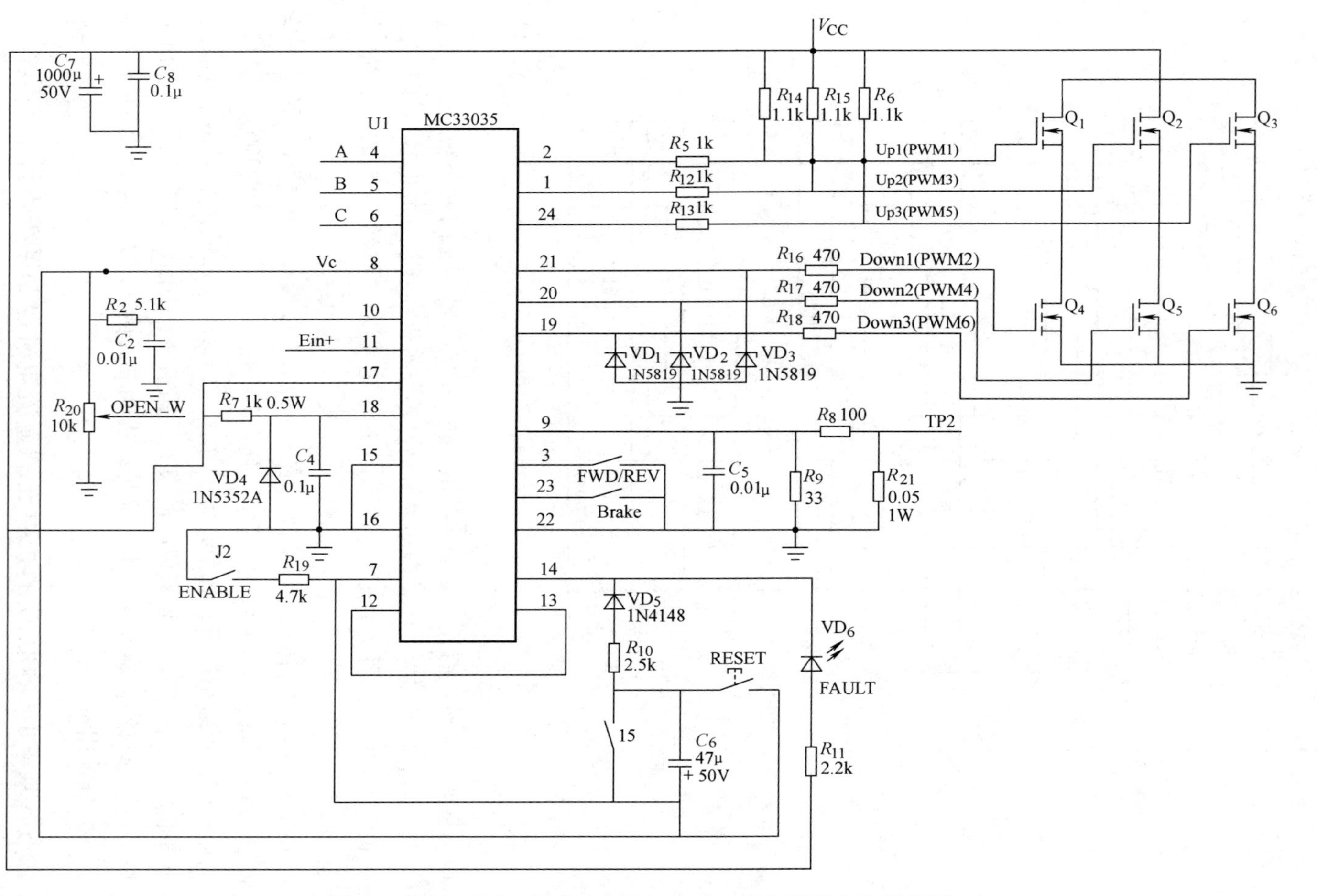

图 3-9　三相永磁无刷直流电机 MC33035 控制系统电路原理图

3.3 永磁无刷直流电机数字控制电路

随着控制理论的发展和对高性能控制的需求，一般的单片或多片微处理器不能满足复杂而先进的控制算法，使得数字信号处理器（DSP）成为这种应用场合的首选器件。

构成永磁无刷直流电机控制器，除了微处理器外还需要专用门阵列组合，以及相应的存储器和外围芯片，这就使得芯片数量增加、软件复杂、价格提高。针对这个问题，美国AD公司和TI公司相继研制成功了以DSP为内核的集成电机控制芯片。这些控制器不但具有高速信号处理和数字控制功能所必需的体系结构特点，而且有为电机控制应用提供单片解决方案所必需的外围设备。

3.3.1 基于TMS320LF2407A DSP的控制电路

1. 系统整体结构

基于DSP的无刷直流电机控制系统的原理框图如图3-10所示，主要由TMS320LF2407A构成的控制器负责处理采集到的数据和发送控制命令。DSP通过捕获单元捕捉电机转子位置传感器上的脉冲信号，判断转子位置，输出合适的驱动逻辑电平给MOSFET驱动器IR2130，再由MOSFET驱动电路驱动电机旋转。DSP的捕获单元根据捕获的位置传感器脉冲信号，计算出电机的当前转速，与电机的设定转速比较后，利用不同模式下的转速控制程序控制电机的转速跟随其设定值。控制器中DSP经A/D转换及电流检测电路采集电机绕组中的电流，与电流设定值比较后，经PID算法产生适合的PWM信号控制绕组中的电流。驱动保护电路可完成电机的过载、低电压、驱动时序异常等故障保护。

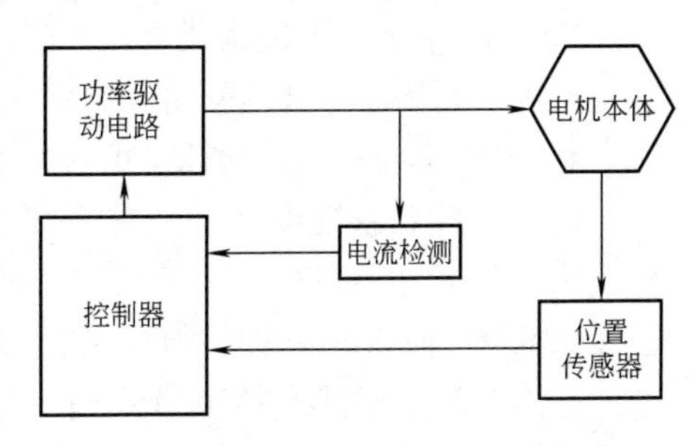

图3-10 基于DSP的无刷直流电机控制系统原理框图

在本节设计的无刷直流电机控制系统中，采用了TI公司的TMS320LF2407A DSP。该DSP是一款专门为控制优化设计的DSP，由于芯片集成了许多直流无刷电机控制外围电路，特别适合用于对无刷直流电机的控制。该芯片与同系列其他DSP相比，有如下一些特点：

采用高性能静态CMOS技术，供电电压降为3.3V，降低了控制器的功耗，40MIPS的执行速度使得指令周期缩短到25ns（40MHz），从而提高了控制器的实时控制能力。

片内高达32K字的Flash程序存储器，高达1.5K字的数据/程序RAM，544字双端口RAM（DRRAM）和2K字的单口RAM（SARAM）。

两个事件管理器模块EVA和EVB，每个包括两个16位通用定时器和8个16位PWM通道。它们能够实现：三相反相控制；PWM对称和非对称波形；当外部引脚PDPINTx出现低电平时，快速关闭PWM通道；可编程的PWM死区控制以防止上下桥臂同时输出触发脉冲；3个捕获单元；片内光电编码器接口电路；16通道A/D转换器。事件管理器模块适用于控制交流感应电机、无刷直流电机、开关磁阻电机、步进电机、多极电机和逆变器。

可扩展的外部程序存储器，总共192K字；64K字程序存储器空间；64K字数据存储器空间；64K字I/O寻址空间。

看门狗定时器（WDT）模块。

10位A/D转换器，最小转换时间为500ns，可选择两个事件管理器来触发两个8通道输入A/D转换器或一个16位通道输入的A/D转换器。

控制器局域网（CAN）2.0B模块。

串行通信接口（SCI）。

16位的串行外设接口（SPI）。

基于锁相环的时钟发生器。

高达40个可单独编程或复用的通用输入/输出（GPIO）引脚。

5个外部中断（电机驱动保护、复位和两个可屏蔽中断）。

电源管理包括3种低功耗模式，并且能独立将外设器件转为处于低功耗模式。

2. DSP控制系统设计

DSP系统由TMS320LF2407A与仿真口（JTAG）等外围电路构成。DSP内部已有32K字的Flash ROM，但为了调试的方便（Flash ROM中的程序不能设置断点，且需专门的下载程序），外加了程序RAM，在程序经多次调试、成熟可靠时可写入内部的Flash ROM，通过设置相应的跳线，DSP复位时即可从内部的Flash ROM来执行程序。

DSP片上有544字的双口RAM（DARAM），全部配置到数据空间，将程序中频繁存取的变量分配到这部分双口RAM中，以提高处理的速度。DSP片上还有2K字的单口RAM（SARAM）配置到数据空间，也用来存放临时变量。

为了方便在线仿真，TMS320LF2407A还配置了一个兼容IEEE 1149.1标准的JTAG仿真口，DSP通过仿真设备连接到上位机（PC），可以进行在线仿真，从而大大提高了开发速度。

由于TMS320LF2407A的供电电压为3.3V，配备了DC-DC变换电源芯片TPS3333QD，该芯片将5V直流电压变换为3.3V，最大供电电流为500mA，能满足DSP的功耗要求。

DSP 的频率由外部 10MHz 晶振提供，经 DSP 四倍频后可提供 40MHz 的工作频率，最大限度地保证 DSP 的快速运行。

（1）转子位置检测电路设计　在无刷直流电机控制系统中，位置传感器一方面用来测定转子磁极的位置，为实现电子换相提供信息；另一方面用来检测电机转速，为闭环速度反馈提供电机的实时转速。

本节中的无刷直流电机为有位置传感器型，因此设计采用霍尔位置传感器来采集转子磁极位置。它利用霍尔效应，将霍尔元件及其半导体集成电路集成在一块 N 型硅的外延片上，其外形与一般小型晶体管相似，体积小，灵敏度高。

无刷直流电机的三相霍尔位置传感器信号如图 3-11 所示，但输入 DSP 的位置传感器信号是经过总线驱动器将 5V 电平转换为 3.3V 后的信号，该信号除了幅值与原信号不同外其他均相同。DSP 对霍尔传感器信号进行译码时，不仅要检测霍尔传感器的电平变化，而且要知道电平是高电平还是低电平，由此来判断转子的位置。根据判断出的转子位置和正反转逻辑来控制绕组的导通顺序，如表 3-3 所示。

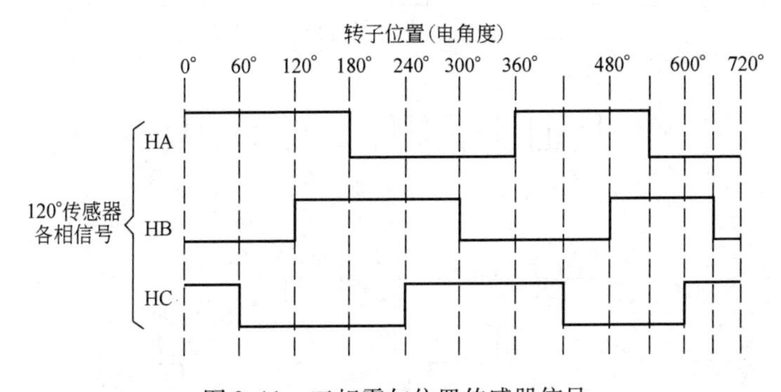

图 3-11　三相霍尔位置传感器信号

表 3-3　换相控制逻辑表

		正	转					反	转				
霍尔位置传感器信号	A	0	0	0	1	1	1	0	0	0	1	1	1
	B	0	1	1	1	0	0	0	1	1	1	0	0
	C	1	1	0	0	0	1	1	1	0	0	0	1
绕组	A	+	+	○	-	-	○	-	-	○	+	+	○
	B	○	+	+	○	-	-	○	+	+	○	-	-
	C	+	○	-	-	○	+	+	○	-	-	○	+

注：绕组电流流入为“+”，流出为“-”，不导通为“○”。

这部分电路除了可以完成转子位置译码的功能外，再配以一个内部定时器，就可以同时对电机转速进行实时测量，具体实现方法将在软件部分阐述。

（2）PWM 波形及死区产生　要产生一个 PWM 波形，首先要有一个能够循环计数的定时器，作为 PWM 波形的周期发生器；另外，还要有一个能够提供与定时器计数值实时比较的比较环节，以控制波形的跳变；最后，还需要一个逻辑控制，来定义比较匹配事件发生时的引脚电平跳变规律。这三个方面缺一不可。

事件管理模块的 3 路普通目的定时器可以胜任第一个方面的工作，通过对其相应寄存器的设置，就可以使其工作在连续计数方式下。定时器的连续计数模式有两种：第一种为连续增计数模式，如图 3-12a 所示，这种模式可以作为非对称 PWM 波形的时基；第二种为连续增减计数模式，如图 3-12b 所示，这种模式可以作为对称 PWM 波形的时基。

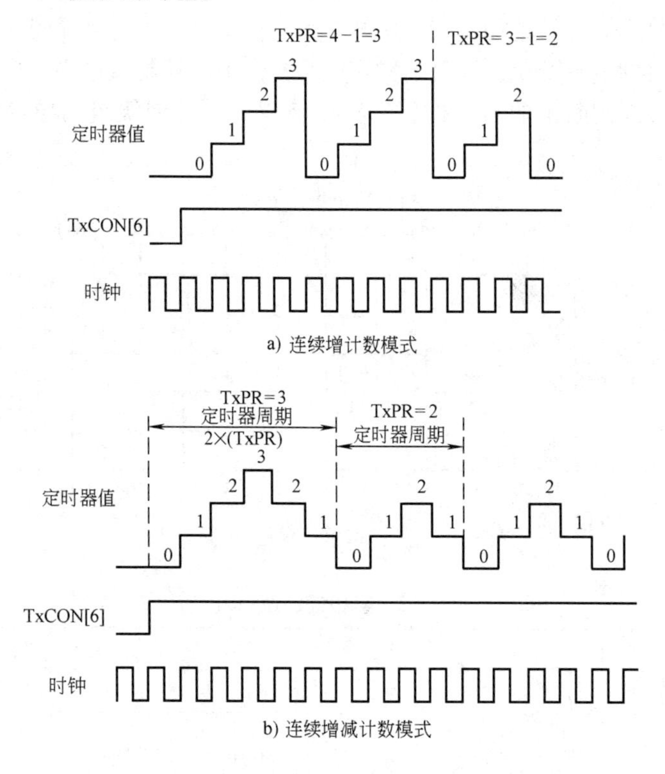

图 3-12　两种定时器连续计数模式

由图 3-12 可以看出，通过改变定时器周期寄存器（Period Register）的值，就可以方便地改变计数的周期，这样就可以改变 PWM 波形的频率。

全比较单元主要完成第二方面的工作，即将设定的比较值与计数值实时比较，产生比较匹配触发事件，作为输出逻辑单元的触发基准。图3-13所示是定时器在连续升序计数模式下，全比较单元的比较操作逻辑。

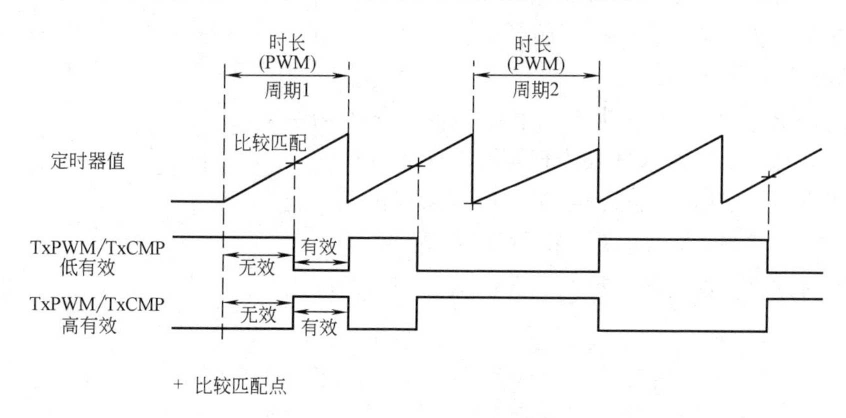

图3-13　比较操作逻辑

由图中可看出，只要实时改变比较寄存器的值，就可以改变比较匹配事件发生的时间长短，从而改变单位周期内高电平或低电平的脉冲宽度，产生PWM波形。

输出逻辑控制单元主要是定义引脚在比较时间触发点的电平逻辑，主要是通过对动作控制寄存器（Action Control Register）的位定义来进行的。触发点的电平逻辑有以下4种：事件发生时下跳、事件发生时上跳、强制高电平和强制低电平。

每一个全比较单元都和两个PWM引脚相对应，这样，3个全比较单元就可以控制6路PWM波形的产生。对于无刷直流电机的控制，需要根据其控制时序，产生准确的PWM波形来驱动电力电子器件。

死区单元用于保证在任何情况下，每个比较单元相关的两路PWM输出控制一对正向导通和负向导通设备时没有重叠，即一个器件在没有完全关断时，另一个器件不能导通。极端的情况包括用户装载了一个比占空周期更大的死区值或占空比为100%或0%。如果比较单元的死区被使能，则周期结束时与这个比较单元相关的PWM输出不会复位到一个无效状态。

在许多电机和电力电子应用中，常将两个功率器件（一个正向导通，另一个负向导通）串联到一个功率变换器的引脚上，并且两个器件一定不能同时导通，以避免发生短路而击穿器件。因此，要经常用一对无重叠的PWM输出去正确地开启和关断这两个器件。死区时间经常被插入到一个器件的关断和另一个器件的开启之间。这种延时使得一个功率器件在开启前，另一个功率器件已经完全关断。所需的延时时间由功率器件的开启和关断特性以及具体应用中的负载特性来决定。死区单元产生波形如图3-14所示。

本系统的死区除了可以在控制器即DSP的死区单元灵活设置外，还可以在硬件驱动电路中加入2μs。

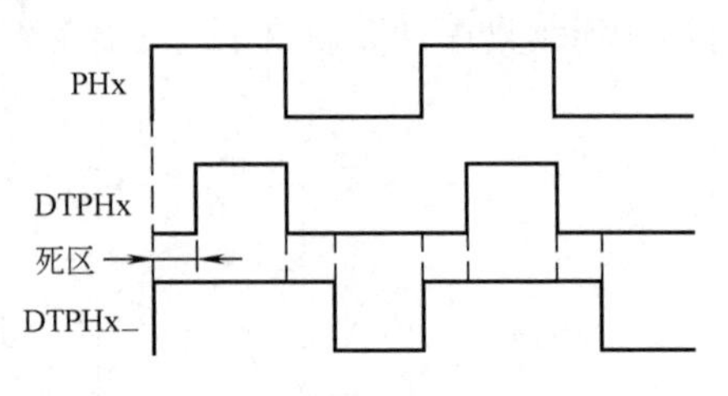

图3-14　死区单元产生波形

（3）电流反馈电路设计　电流检测是通过串入母线的霍尔电流传感器和DSP的ADC模块实现的，如图3-15所示。本系统采用磁平衡原理实现的霍尔元件检测电流的方法，检测电源母线电路电流。

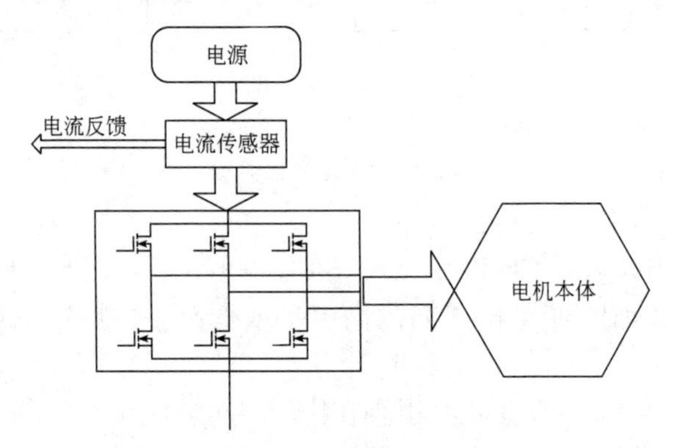

图3-15　电流检测原理框图

霍尔电流传感器会输出一个与母线电流成正比的微小电流，通过精密电阻后得到与母线电流成比例的电压值，经过分压电路将其限幅在3.3V以下；再将检测到的电流值与电流给定值进行比较，通过PID算法计算PWM占空比的给定值，从而使绕组中的电流实时跟随给定值变化。

控制系统电路原理图如图3-16所示。图3-16a所示为TMS320LF2407A DSP最小系统电路原理图，主要包括锁相滤波电路、晶体振荡电路、复位电路和JTAG，晶体振荡器选为10MHz无源晶振，C_3和C_4两个去耦电容值为22pF。图3-16b所示为供电接口电路，AS1117将5V转换为3.3V后给DSP及外围数字电路供电，并经100μH的磁珠滤波后给DSP的模拟电路供电，对于采样精度要求比较高的应用场合可采用独立的电源给模拟电路供电，以减小数字电路产生的干扰影响模/数转换精度。±5V、+15V和+28V经稳压去耦后分别给控制电路、驱动电路和功率电路供电。电流、电压检测电路和转子位置传感器信号处理电路原理图如图3-16c～e所示。

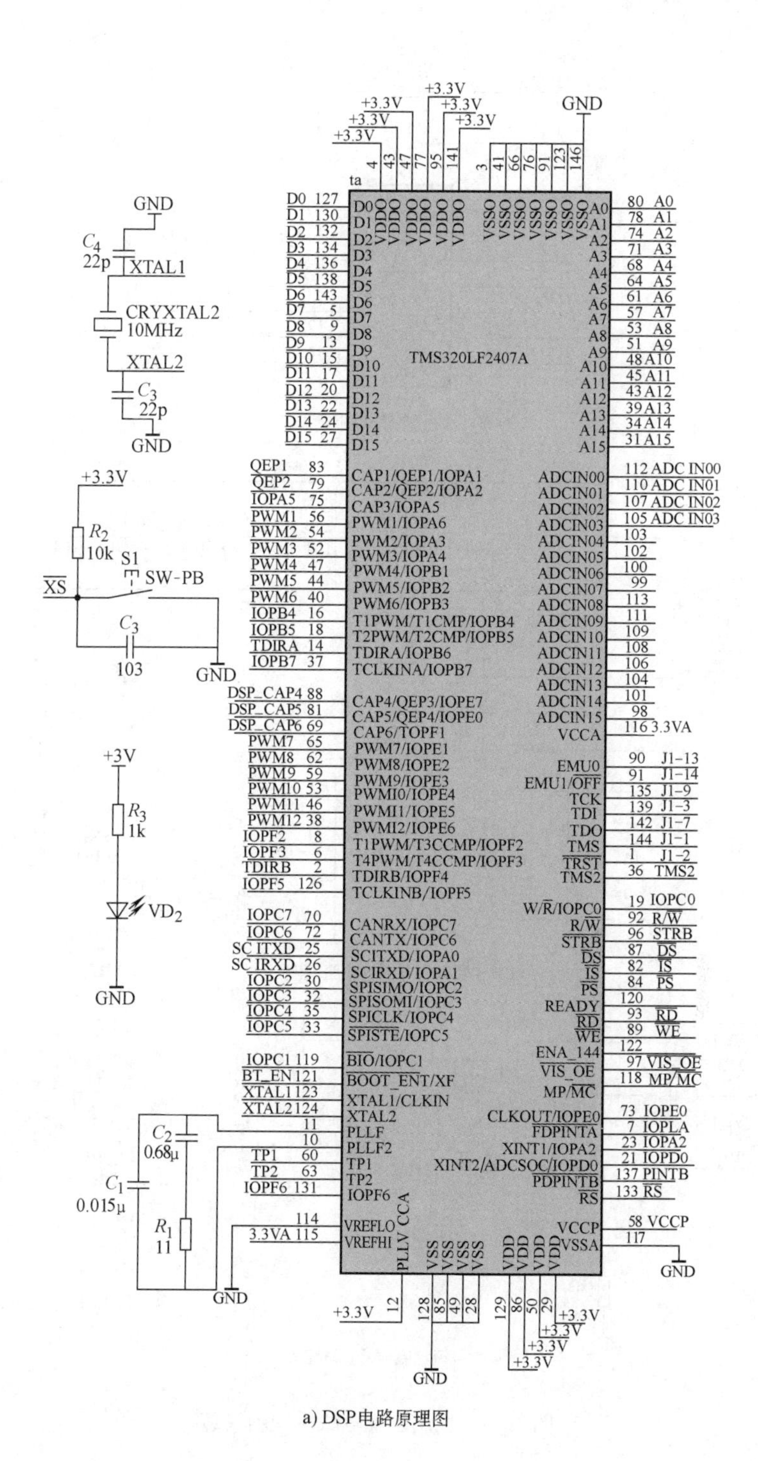

a) DSP电路原理图

图 3-16　控制系统电路原理图

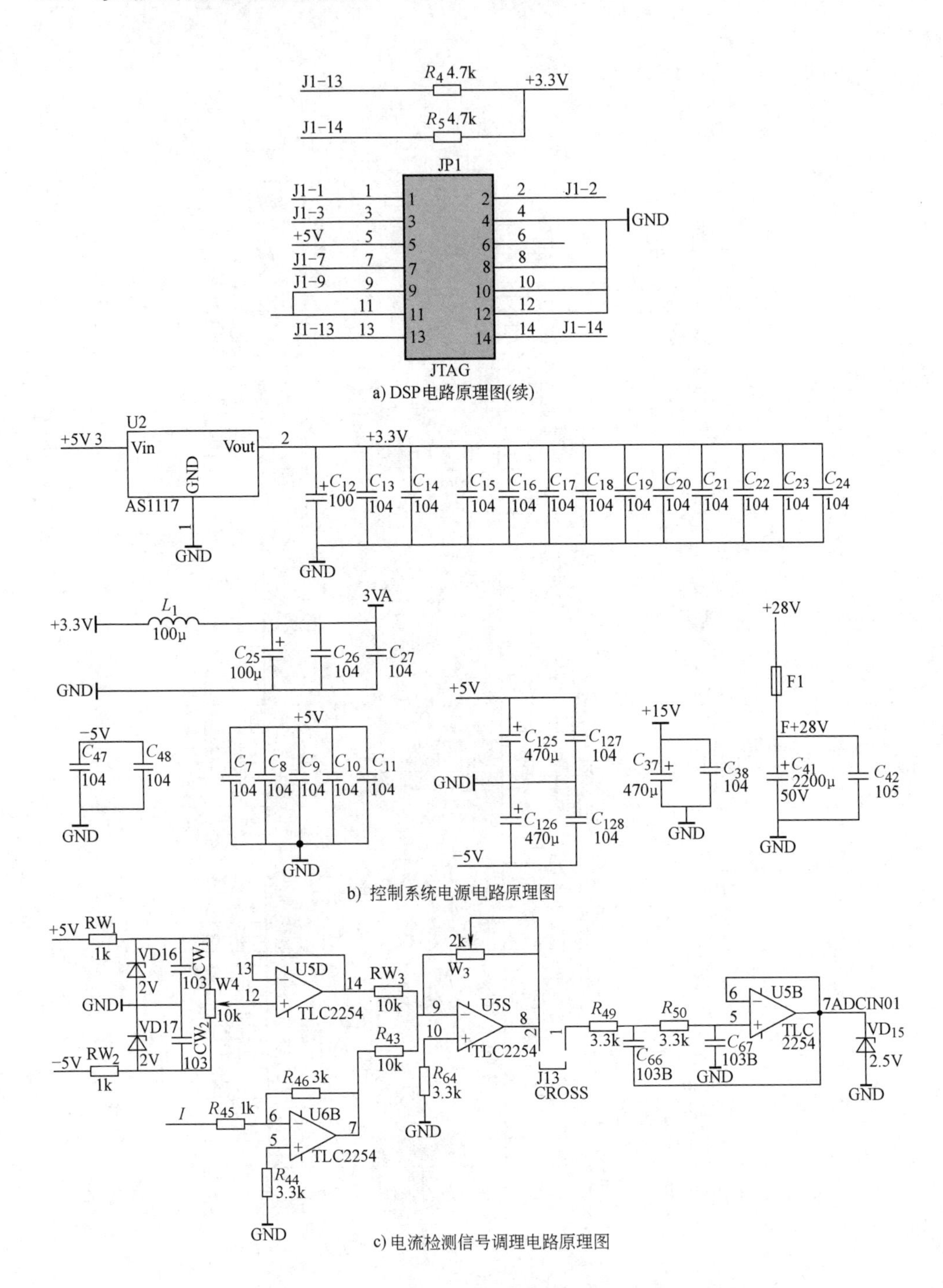

a) DSP电路原理图(续)

b) 控制系统电源电路原理图

c) 电流检测信号调理电路原理图

图3-16　控制系统电路原理图（续）

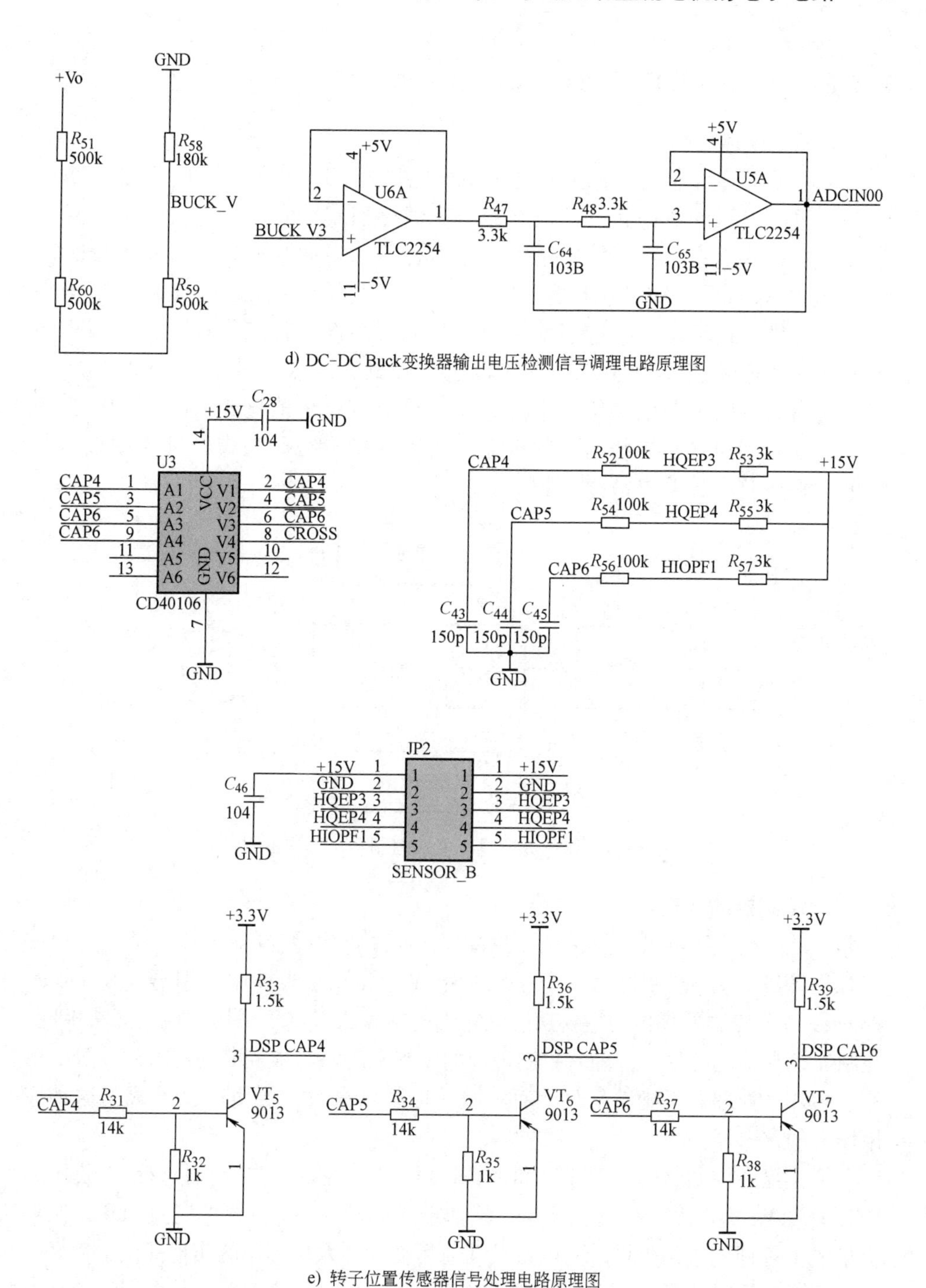

d) DC-DC Buck变换器输出电压检测信号调理电路原理图

e) 转子位置传感器信号处理电路原理图

图 3-16　控制系统电路原理图（续）

3.3.2　基于 TMS320F2812 DSP 的控制电路

1. 系统整体结构

永磁无刷直流电机控制系统的原理框图如图 3-17 所示，主要由控制器负责处理采集到的数据和发送控制命令，通过捕获单元捕捉电机转子位置传感器上的脉冲信号，判断转子位置，输出合适的驱动逻辑电平给 MOSFET 驱动器 IR2130，再由 MOSFET 驱动电路驱动电机旋转；根据捕获的位置传感器脉冲信号，计算出电机的当前转速，与电机的设定转速比较后，利用不同模式下的转速控制程序控制电机的转速跟随其设定值；控制器经 A/D 转换及电流检测电路采集电机绕组中的电流，与电流设定值比较后，经 PID 算法产生适合调制信号控制绕组中的电流；驱动保护电路可完成电机的过载、低电压、驱动时序异常等故障保护。

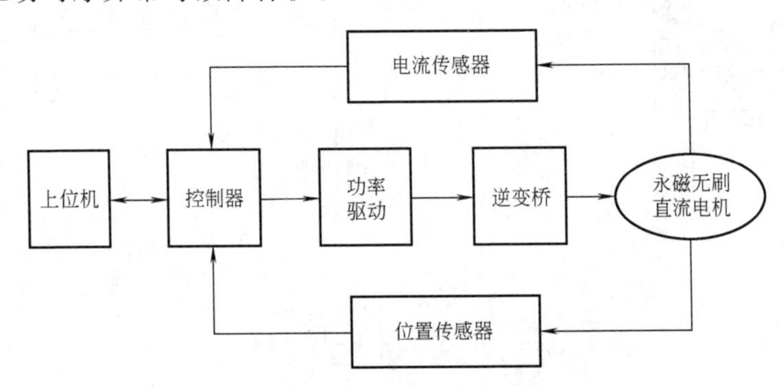

图 3-17　永磁无刷直流电机控制系统原理框图

2. 控制器的选择

一个控制系统可以说是由两个主要的模块构成：控制器（Controller）和被控对象（Plant）。控制器由多个子系统组成，其核心为控制处理器（Controller Processor）。控制处理器的主要功能是完成控制算法，由于采用的控制算法不同，控制器也有不同的形式。随着控制理论的发展和对高性能控制的需求，一般的单片或多片微处理器不能满足复杂而先进的控制算法时，更使得 DSP 成为这种应用场合的首选器件。

为了提高控制器的运算速度和运算精度，本控制系统控制器选择 TI 公司的 DSP——TMS320F2812。该系列 DSP 是基于 TMS320C2xx 内核的定点 DSP，器件上集成了多种先进的外设，为电机及其他运动控制领域应用的实现提供了良好的工作平台；同时代码和指令与 TMS320C2xx 系列 DSP 完全兼容，从而保证了项目或产品设计的可延续性。与 TMS320C2xx 系列 DSP 相比，TMS320F28xx 系列 DSP 提高了运算的精度（32 位）和系统的处理能力（150MIPS）。该系列 DSP 还集成了 128KB 的 Flash 存储器，4KB 的引导 ROM，数学运算表及 2KB 的 OTP ROM，从而大大改善了应用的灵活性。两个事件管理器模块为电机及功率变换控制提供了良好的控制功能。16 通道高性能 12 位 ADC 单元提供了两个采样保持电路，可以实现双通道信号同步采样。

3. 控制器接口电路设计

DSP2812 采用 1.8V 和 3.3V 电源供电，而输入电源电压最低为 5V，因此必须考虑 DSP 电源和输入电源的接口问题，需要选择合适的电源芯片，满足系统要求，本设计中通过一片 TPS73HD318 芯片实现，如图 3-18 所示。

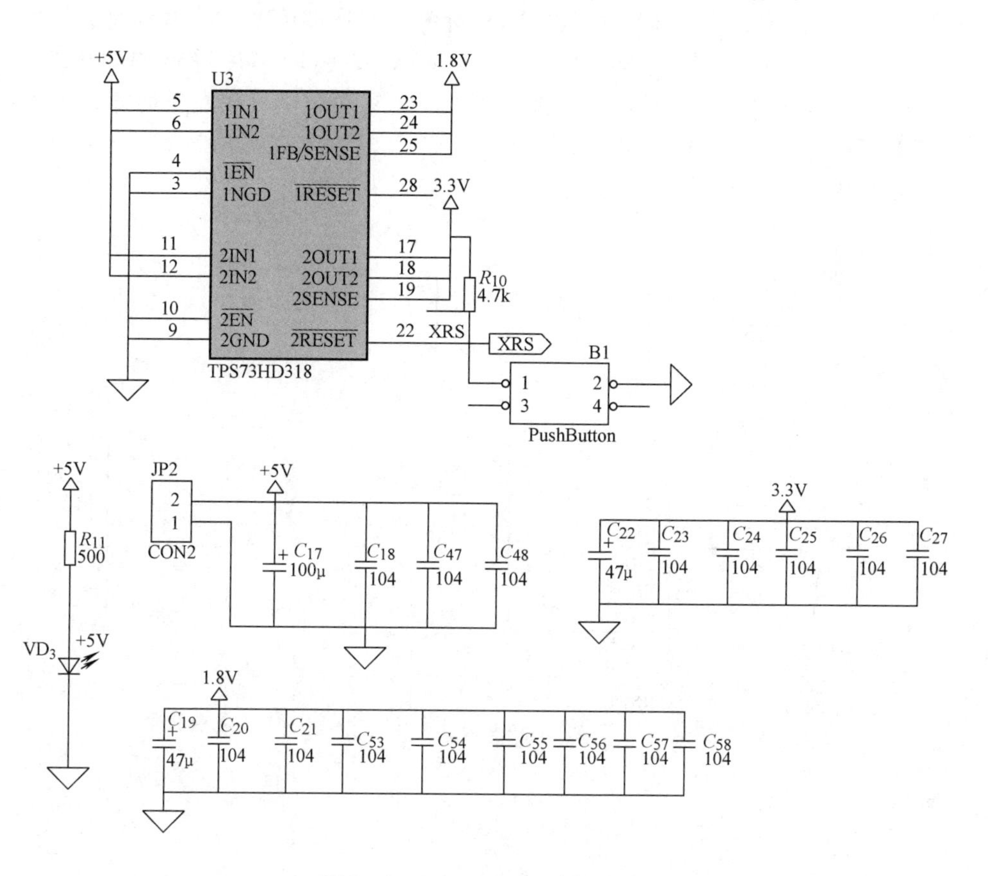

图 3-18　TPS73HD318 电源芯片

该芯片有 28 个引脚，最大输出电流为 750mA，最大脉动电压为 80mV，输入为 5V，输出分别为 3.3V 和 1.8V，同时将 TPS73HD318 的 RESET 引脚接到 DSP2812 的 RESET 引脚上，当 TPS73HD318 上电或欠电压复位时，使 DSP 芯片也随之复位。

4. SCI 硬件设计

串行通信接口（SCI）是采用双线通信的异步串行通信接口，为了减少串口通信时 CPU 的开销，TMS320F2812 的串口支持 16 级接收和发送 FIFO。SCI 模块采用标准非归零（NRZ）数据格式，可以与 CPU 或其他通信数据格式兼容的异步外设进行数字通信。SCI 模块的接收器和发送器是双缓冲的，每一个都由它单独的使能和中断标志位。两者可以单独工作，或者在全双工方式下同时工作。SCI 使用奇偶校验、超时、帧出错监测确保数据的准确传输。

采用上位机与 DSP 串口通信，可以实时给 DSP 电机发送参考转速，控制电机的正反转、升速、降速和稳速。图 3-19 所示是 TMS320F2812 的串行通信接口电路，该电路采用了符合 RS-232 标准的 MAX232 驱动芯片进行串行通信。MAX232 芯片功耗低，集成度高，+5V 供电，具有两个接收和发送通道。由于 TMS320F2812 采用 +3.3V 供电，所以在 MAX232 与 TMS320F2812 之间必须加电平转换电路，选取合适的电阻降压，把 +5V 降到 +3.3V。

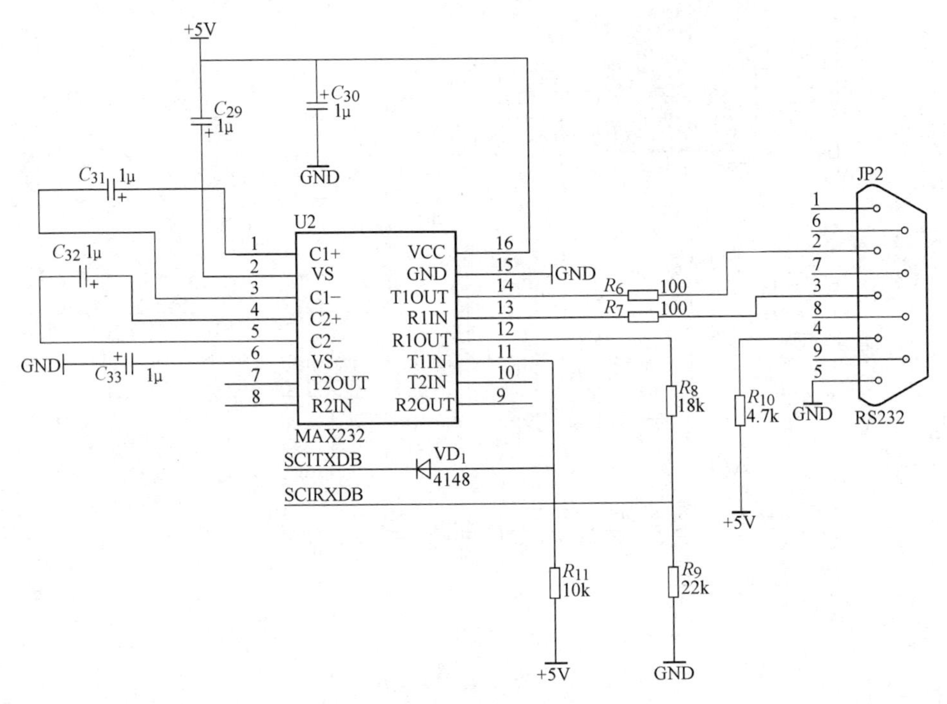

图 3-19　TMS320F2812 的串行通信接口电路

TMS320F2812 永磁无刷直流电机数字控制器最小系统电路原理图，如图 3-20所示，其驱动电路和功率电路可参考前面的相关内容。

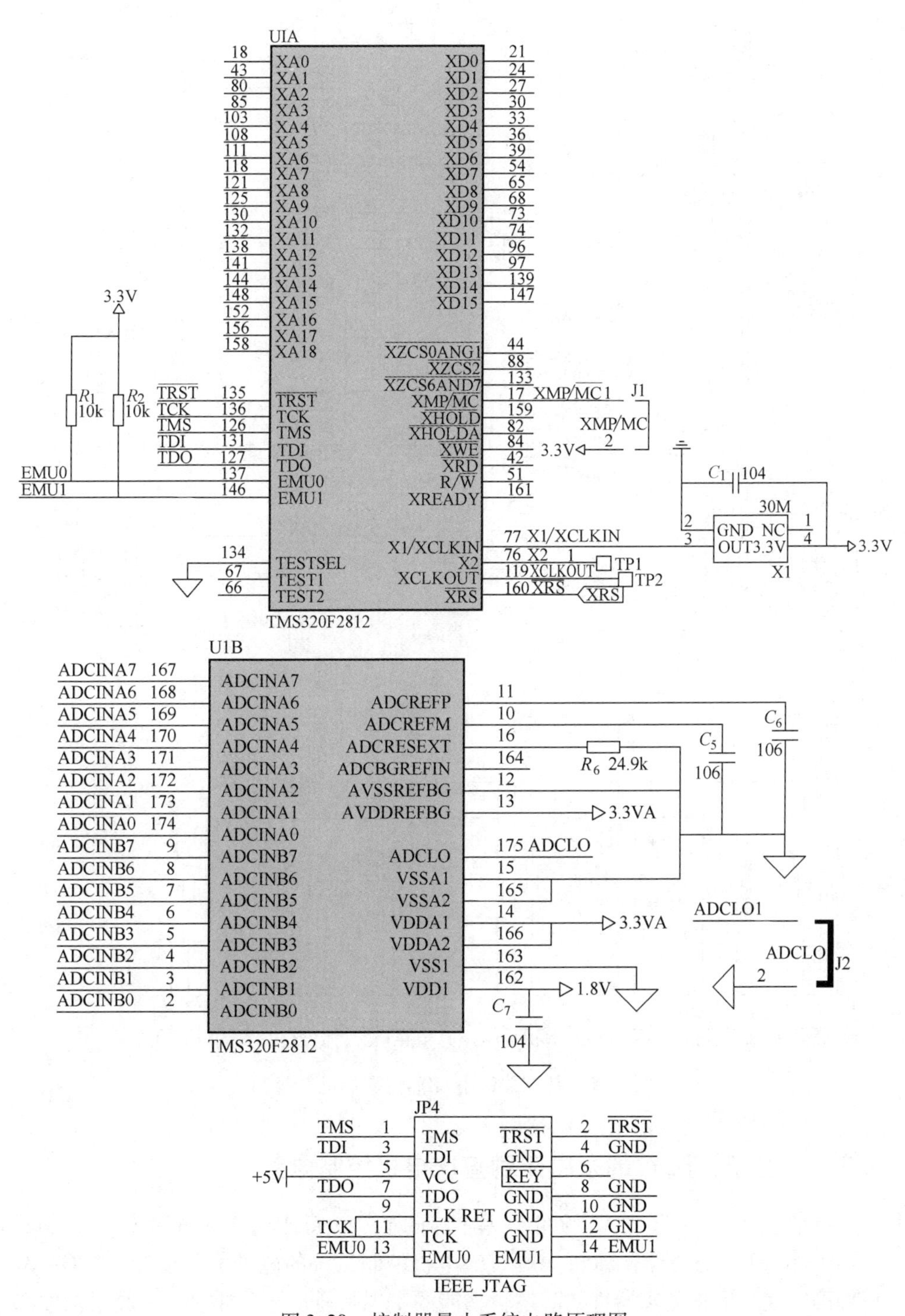

图 3-20　控制器最小系统电路原理图

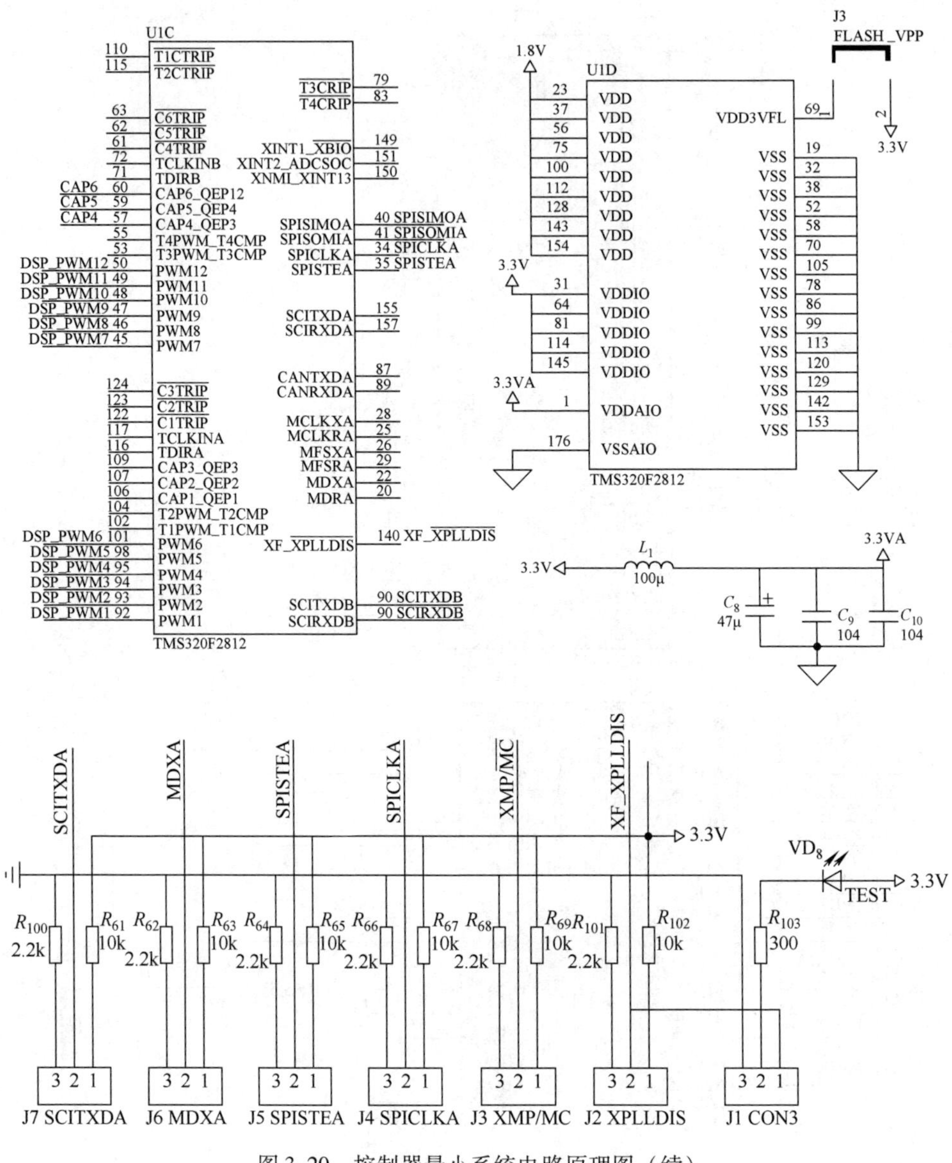

图3-20　控制器最小系统电路原理图（续）

3.3.3　基于FPGA的永磁无刷直流电机控制电路

本节主要介绍基于现场可编程门阵列（Field Programmable Gate Array，FPGA）及EDA方法学的永磁无刷直流电机控制系统的电子电路设计。FPGA是一种高密度可编程逻辑器件，其逻辑功能的实现是通过把设计生成的数据文件配置进芯片内部的静态随机存取存储器（SRAM）来完成的，具有可重复编程性，可以灵活实现各种逻辑功能。

与 ASIC 不同的是，FPGA 本身只是标准的单元阵列，没有一般 IC 所具有的功能，但用户可以根据需要，通过专门的布局布线工具对其内部进行重新编程，在最短的时间内设计出自己专用的集成电路，从而大大提高了产品的竞争力。由于它以纯硬件的方式进行并行处理，而且不占用 CPU 资源，所以可以使系统达到很高的性能。这种新的设计方法可以把 A/D 转换接口、驱动器接口、通信接口集成在一块芯片上，同时在算法上完成位置、速度甚至电流算法，从而实现真正的片上可编程系统（SoPC）。这将成为下一代高性能伺服控制器集成化设计的一个趋势。

下面针对永磁无刷直流电机模块化设计的思想，介绍基于 FPGA 的控制系统的电子电路设计方法，其控制系统结构如图 3-21 所示。

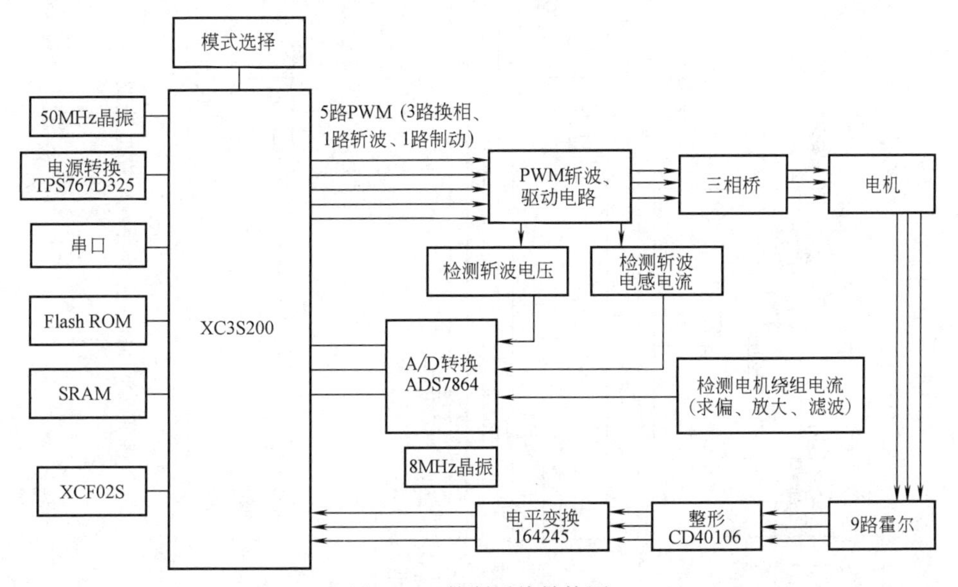

图 3-21　控制系统结构图

该电路由电源模块、电压转化模块、FPGA 模块、驱动电路模块、斩波电流和电压检测模块、绕组电流检测模块、A/D 转换模块、通信模块、外扩存储器模块等部分组成。

首先，由 FPGA 产生 5 路 PWM 波，其中 3 路用于永磁无刷直流电机换相，1 路用于斩波，另 1 路用于再生能耗调节制动电流。三相换相 PWM 波经驱动电路控制电机的换相，这 3 路 PWM 波只用于换相不进行调制，由斩波环节进行调制。

电机绕组电流经求偏、放大、滤波通过 A/D 转换（ADS7864）进入 FPGA（XC3S200），经 PID 调节器控制电流环；同样，斩波电压电流经滤波通过 A/D 转换也进入 FPGA。图 3-22 所示为 FPGA 的最小系统电路，XCF02S 为 FPGA XC3S200

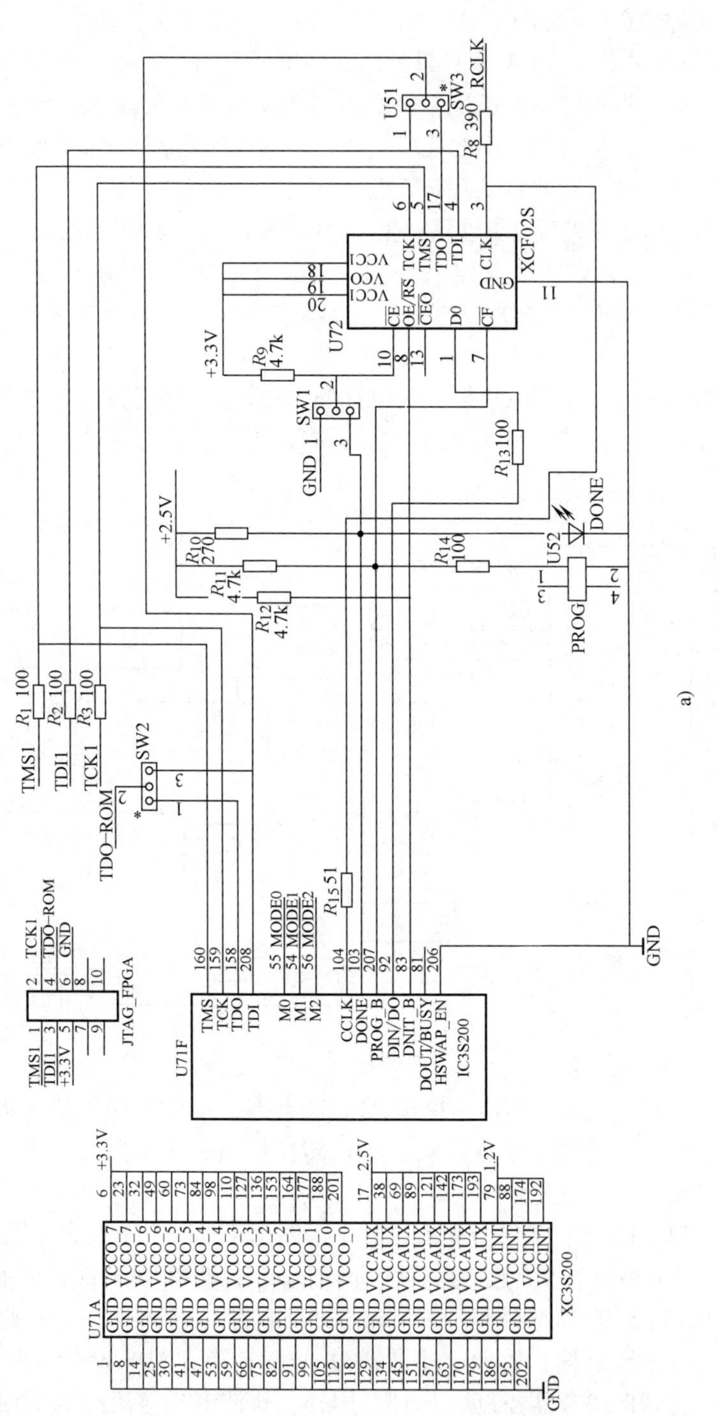

a)

图 3-22　FPGA 最小系统电路原理图

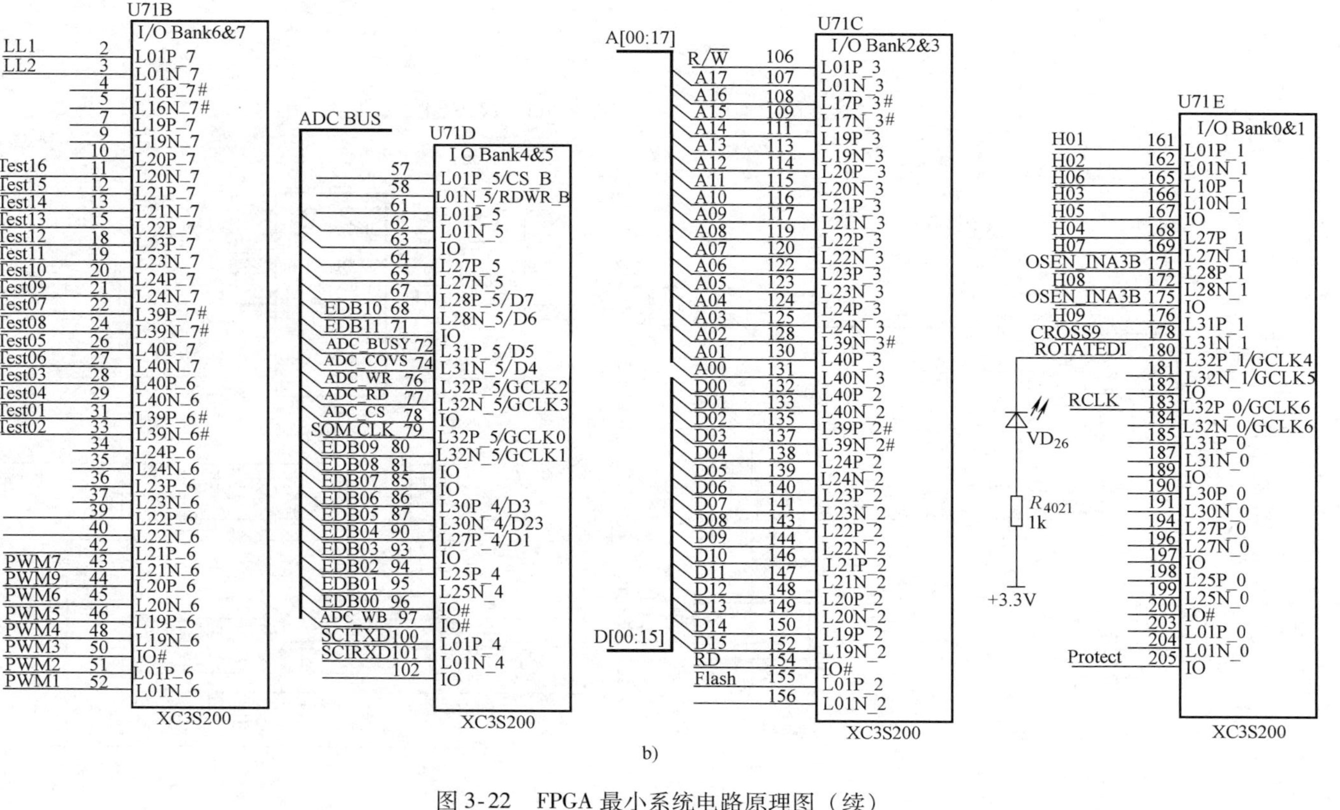

b)

图 3-22　FPGA 最小系统电路原理图（续）

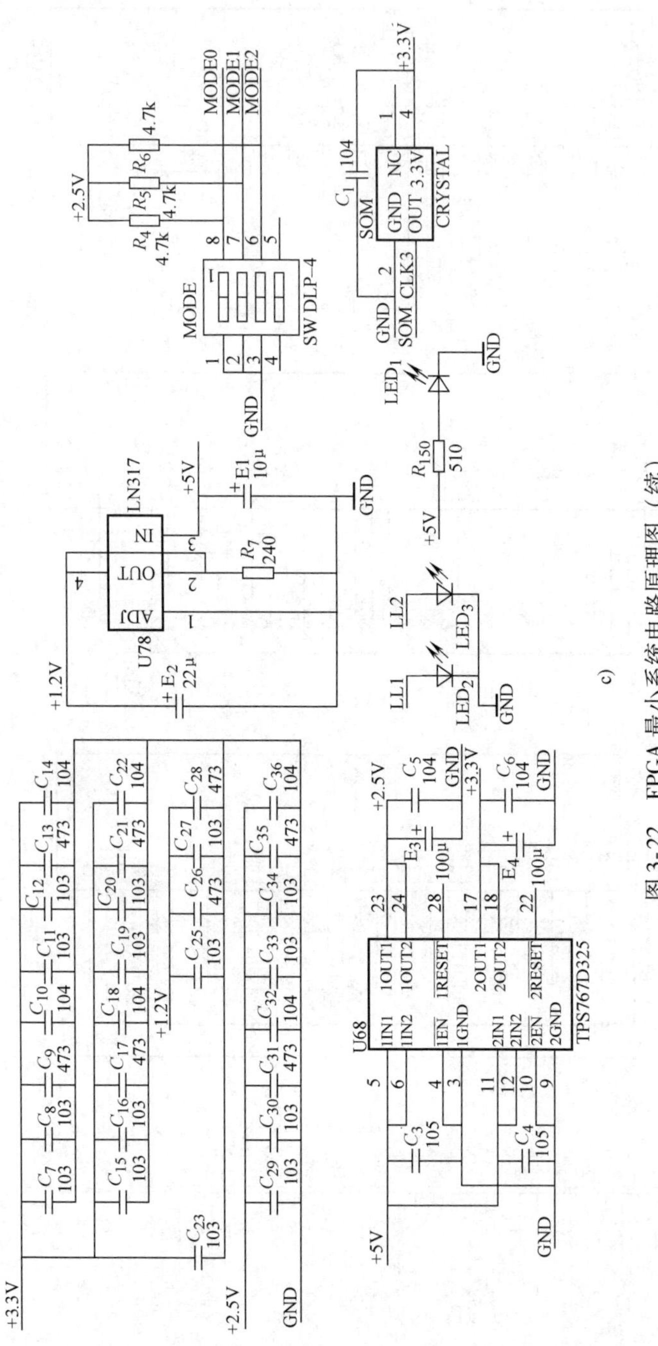

c)

图 3-22　FPGA 最小系统电路原理图（续）

的配置芯片，TPS767D325 是电源芯片，将 +5V 电源电压转换为 +2.5V 和 +3.3V供给 FPGA，LM317 电源芯片将 +5V 电源电压转换为 +1.2V 供给 FPGA；FPGA 的时钟选为 50MHz，晶体振荡器为 50MHz 有源晶振，输出的时钟信号电压的高电平为 +3.3V。

斩波器电感电流检测电路如图 3-23 所示。

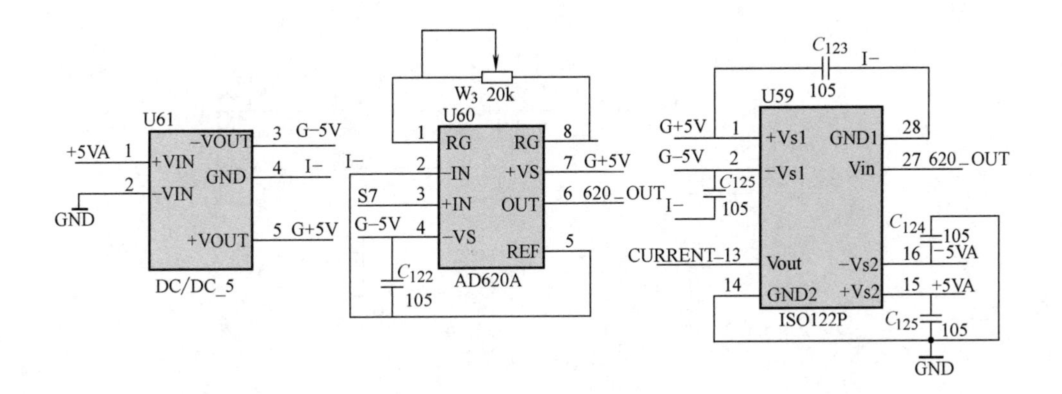

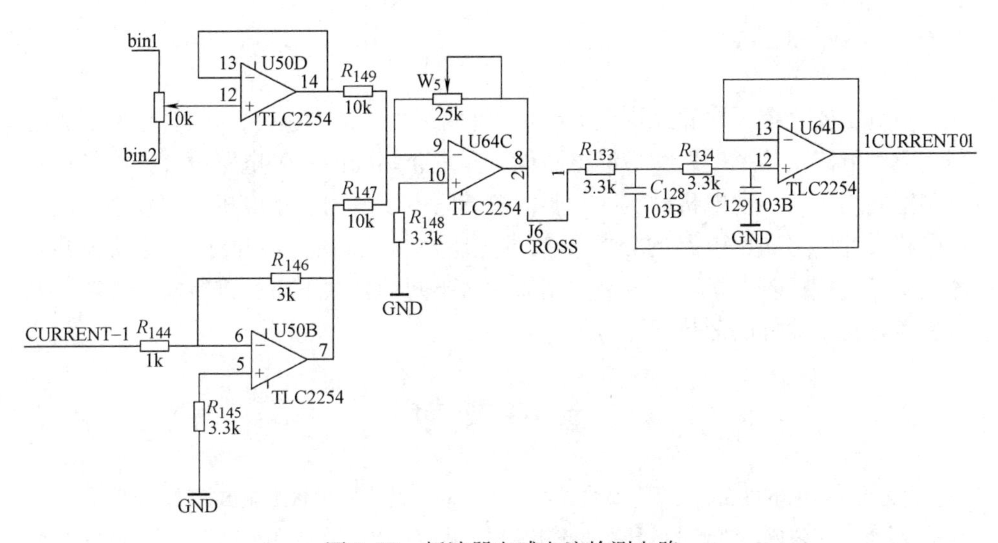

图 3-23 斩波器电感电流检测电路

永磁无刷直流电机电枢电流检测信号调理电路和 DC - DC Buck 变换器输出电压检测信号调理电路原理图如图 3-16c、d 所示，其功率电路如图 3-24 所示。

由 FPGA 实现的各个模块 VHDL 语言编写的功能程序代码参见附录部分。

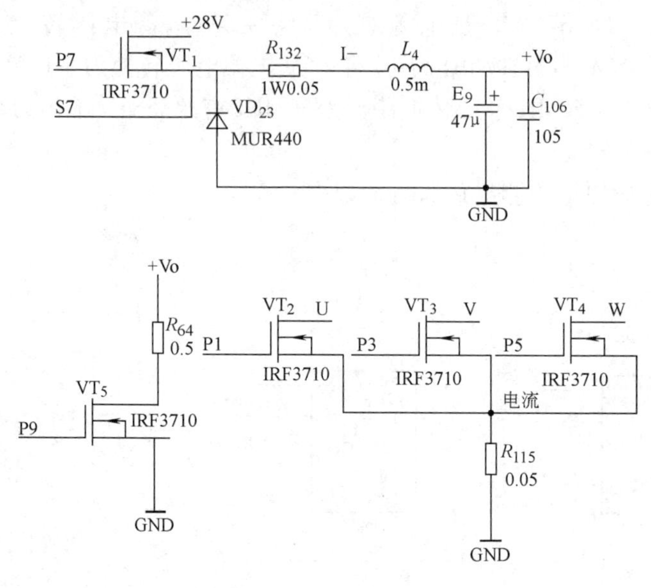

图3-24　功率电路

3.4　本章小结

本章主要介绍了永磁无刷直流电机控制系统中的电子电路，内容包括控制电路、驱动电路、功率电路和检测电路等。本章介绍的内容和电路设计方法是作者研制空间用飞轮驱动电机的实践经验的总结。由于所用驱动电机功率较小，因此在电路设计中将功率电路的公共参考端（地）与控制电路、模拟电路的公共参考端单点连接。若电机功率较高，则需要对不同的公共参考端进行电气隔离，同时要考虑功率器件的散热问题。

参考文献

[1] 谭建成. 新编电机控制专用集成电路与应用 [M]. 北京：机械工业出版社，2005.

[2] 马会来，房建成，刘刚. 磁悬浮飞轮用永磁无刷直流电机数字控制系统 [J]. 微特电机，2003，31（4）：24-26.

[3] 房建成，王志强，刘刚，等. 小电枢电感永磁无刷直流电动机低功耗控制系统：ZL 200510011973.6 [P]. 2005.

[4] 刘和平. TMS320LF240xDSP 结构、原理及应用 [M]. 北京：北京航空航天大学出版社，2002.

[5] 清源科技. TMS320LF240xDSP 应用程序设计教程 [M]. 北京：机械工业出版社，2003.

[6] 张雄伟，陈亮，徐光辉. DSP芯片的原理与开发应用［M］. 3版. 北京：电子工业出版社，2003.
[7] 房建成，文通，刘刚，等. 一种低耗、高可靠集成磁悬浮飞轮直流无刷电动机控制系统：ZL200610113985.4［P］. 2006.
[8] ASHENDEN P J. VHDL设计指南［M］. 葛红，黄河，吴继明，译. 北京：机械工业出版社，2005.
[9] 周勇，房建成，刘刚，等. 惯性动量轮用高速高效无刷直流电机数字控制系统的应用研究［J］. 中国惯性技术学报，2004，12（4）：60-63.
[10] 孙航. Xilinx可编程逻辑器件的高级应用与设计技巧［M］. 北京：电子工业出版社，2004.
[11] 房建成，田希晖，刘刚，等. 一种集成化、低功耗磁轴承数字控制装置：ZL200510011972.1［P］. 2005.
[12] 吴红星. 电机驱动与控制专用集成电路及应用［M］. 北京：中国电力出版社，2006.
[13] 郜勇勤，赵栋，田玉琳. 无刷直流电机专用控制集成电路MC33035原理及应用［J］. 机电元件，2013，33（3）：19－23..
[14] 应弋翔，何嘉冰，李沈崇，等. 基于MC33035＋MC33039的直流无刷电机速度闭环控制系统设计［J］. 科技创新与应用，2019（24）：49－51，54.
[15] 张锐，薛思杰，刘军宏，等. 一种基于ML4425模拟无刷电机控制芯片的电路：CN202021439921.5［P］. 2020.
[16] 许炜，余晓华，阙宇潇. 基于TB6551FG正弦波驱动的无刷直流电机控制系统研究［J］. 机电信息，2013（7）：61－63.

第 4 章

永磁无刷直流电机转矩脉动和铁耗抑制

永磁无刷直流电机系统具有转矩电流比高、转速高、动态性能好、可靠和易于控制等优点，在中小功率驱动场合应用广泛；但缺点是转矩脉动大，这在一定程度上制约了永磁无刷直流电机的应用。本章针对永磁无刷直流电机的转矩脉动问题和小电枢电感电机高速运行铁耗大的问题，对转矩脉动进行了分析，介绍了转矩脉动抑制的各种方法，提出了一种在调速范围内转矩脉动抑制的功率电路拓扑结构。此外，对 PWM 和换相引起的电机铁耗进行了分析，并从控制的角度介绍了一种铁耗抑制方法，并给出了实验结果。

4.1 永磁无刷直流电机的转矩脉动

永磁无刷直流电机以其体积小、结构简单、功率密度高、输出转矩大、动态性能好等特点而得到了广泛应用，尤其是在卫星姿态控制惯性执行机构、机器人、精密电子仪器与设备等对电机性能、控制精度要求较高的场合和领域，其应用和研究更是受到普遍重视。目前，永磁无刷直流电机最突出的问题就是具有转矩脉动，转矩脉动会直接降低电力传动系统控制特性和驱动系统的可靠性，并带来振动、谐振、噪声等问题。因此，分析和抑制转矩脉动就成为提高永磁无刷直流电机伺服系统性能的关键，成为近年来电机领域研究的热点问题。

4.1.1 永磁无刷直流电机的换相转矩脉动分析

永磁无刷直流电机从永磁体励磁在电枢上产生的反电动势波形上划分，可以分为梯形波电机（也称无刷直流电机）和正弦波电机（也称永磁同步电机）。梯形波电机的反电动势波形为波顶大于 120°电角度的梯形波，永磁同步电机的反电动势波形为正弦波。理论上，梯形波电机用同相位的方波或梯形波电流脉冲驱动，永磁同步电机用同相位的正弦波电流驱动，就能得到平滑的或最小纹波的转矩。然而，要做到这一点是非常困难的，电机加工过程中机械加工所带来的误差造成感应电动势的不完全对称、永磁材料磁性能的不一致、电源容量的限制、磁极极弧系数的限制、定子换相过程的影响、工作过程中电机参数的变化等，都会带来转矩的波动。

对永磁无刷直流电机控制而言，电磁转矩脉动和换相转矩脉动是能够通过控制手段得到抑制的转矩脉动。其中，换相转矩脉动是电机转矩波动的主要原因，国内外有诸多文献对其进行了分析和研究，本节仅就对电机调速性能有较大影响的换相转矩脉动进行分析。

以三相 6 状态工作的永磁无刷直流电机为例。首先，建立三相永磁无刷直流电机的数学模型的基本假设：三相绕组完全对称，电机定子绕组为三相星形联结，无中线；三相反电动势波形完全一致，并且半波对称；三相定子绕组的电感和电阻相同；转子磁钢的磁性能一致；忽略磁路饱和、涡流损耗、磁滞损耗和电枢反应的影响。

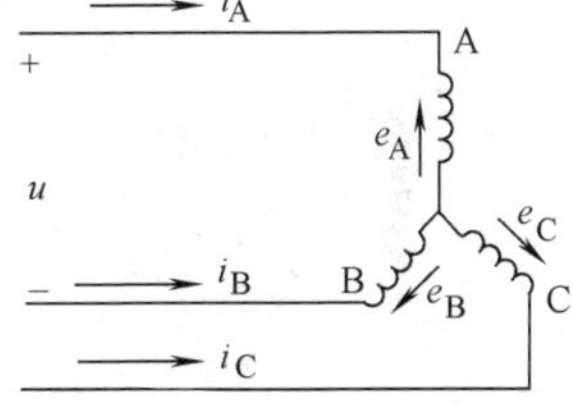

图 4-1　绕组 A、B 相导通模型

永磁无刷直流电机运行时，每个状态都有导通区域和换相区域，每个工作状态的周期为 60°电角度。如图 4-1 所示，在导通区域，定子绕组有两相导通；在换相区域，三相定子绕组均导通，分别为不换相相、电流上升相和电流衰减相。当绕组 A、B 相导通时电机的电流方程为

$$\begin{cases} u = e_A - e_B + 2(L - M)\dfrac{\mathrm{d}i_m}{\mathrm{d}t} + 2Ri_m \\ i_A = -i_B = i_m \\ i_C = 0 \end{cases} \tag{4-1}$$

此时，电机产生的电磁转矩为

$$T_e = \frac{1}{\omega_r}(e_A i_A + e_B i_B + e_C i_C) = \frac{1}{\omega} i_A (e_A - e_B) \tag{4-2}$$

式中，u_A、u_B、u_C 为定子相绕组电压（V）；i_A、i_B、i_C 为定子相绕组电流（A）；e_A、e_B、e_C 为定子相绕组电动势（V）；L 为每相绕组的自感（H）；M 为每两相绕组间的互感（H），由于转子磁阻不随转子位置变化而变化，因而绕组的自感和互感为常数；ω_r 为电机的机械角速度（rad/s）。由式（4-2）可知，相绕组感应电动势和相电流瞬时值决定着电机的瞬时电磁转矩。

在导通区域，电磁转矩大小仅与相绕组的反电动势以及导通相的电流瞬时值有关，对于无定子铁心空心杯永磁无刷直流电机而言，由于电枢电感较小，导致电磁转矩在导通区间波动很大。

当永磁无刷直流电机绕组由 B 相反向导通向 C 相反向导通转换时，A 相绕

组仍为正向导通，电机进入换相运行区域。此时，A、B、C 三相绕组均通有电流。当 B 相绕组电流为 0 时，换相过程结束，电机进入 A、C 相导通运行区。当 B 相换相到 C 相开始时，续流相和导通相回路的电流方程为

$$\begin{cases} e_A - e_C - (L-M)\dfrac{di_B}{dt} - 2(L-M)\dfrac{di_C}{dt} - Ri_B - 2Ri_C = u \\ e_A - e_B - 2(L-M)\dfrac{di_B}{dt} - (L-M)\dfrac{di_C}{dt} - 2Ri_B - Ri_C = 0 \\ i_A + i_B + i_C = 0 \end{cases} \tag{4-3}$$

由于续流时间很短，可忽略在此区间内绕组感应电动势的变化。由式（4-3）可求得续流回路，即 B 相绕组的电流表达式为

$$i_B = \frac{u + e_{AB} - e_{BC}}{3R} - \left(i_{B0} + \frac{u + e_{AB} - e_{BC}}{3R}\right)e^{\frac{R}{L-M}t} \tag{4-4}$$

式中，i_{B0}为换相前一时刻 i_B 的初始值。i_B 衰减到 0 所需要的时间为

$$t_B = -\frac{L-M}{R}\ln\left[\frac{u + e_{AB} - e_{BC}}{3R}\Big/\left(i_{B0} + \frac{u + e_{AB} - e_{BC}}{3R}\right)\right] \tag{4-5}$$

导通回路的电流表达式为

$$i_C = \frac{e_{BC} + e_{AC} - 2u}{3R} + \frac{e_{BC} + e_{AC} - 2u}{3R}e^{\frac{R}{L-M}t} \tag{4-6}$$

由式（4-4）和式（4-6）可知，在换相区间内，关断相电流呈指数衰减，开通相电流呈指数规律上升，电流变化的速率为

$$\begin{cases} i_B = \dfrac{R}{L-M}\left(i_{B0} + \dfrac{u + e_{AB} - e_{BC}}{3R}\right)e^{-\frac{R}{L-M}t} \\ i_C = \dfrac{e_{BC} + e_{AC} - 2u}{3(L-M)}e^{-\frac{R}{L-M}t} \end{cases} \tag{4-7}$$

在换相时，i_Be_{BA}对应的电磁功率减小，i_Ce_{CA}对应的电磁功率增加，当$i_Be_{BA} - i_Ce_{CA} = 0$ 时，电机的电磁功率不变，其差值越大，引起的换相转矩脉动越大。

4.1.2 永磁无刷直流电机的转矩脉动抑制方法

针对永磁无刷直流电机转矩脉动问题，国内外的研究人员提出了各种解决方案，然而每种方案都有自身的优缺点，对不同的工作场合缺乏适应性。因此，有必要把永磁无刷直流电机的转矩脉动及其抑制方法进行分类总结，为实际应用和理论研究提供借鉴。

1. 齿槽转矩脉动

齿槽转矩是由转子的永磁体磁场同定子铁心的齿槽相互作用，在圆周方向产生的转矩。此转矩与定子的电流无关，它总是试图将转子定位在某些位置。在变速驱动中，当转矩频率与定子或转子的机械共振频率一致时，齿槽转矩产生的振动和噪声将被放大。齿槽转矩的存在同样影响了电机在速度控制系统中的低速性能，以及位置控制系统中的高精度定位。解决齿槽转矩脉动问题的方法主要集中在电机本体的优化设计上。

（1）斜槽法　定子斜槽或转子斜极是抑制齿槽转矩脉动最有效且应用广泛的方法之一，该方法主要用于定子槽数较多且轴向较长的电机。实践表明，采用斜槽角度为10°时，齿槽转矩的基波转矩幅值相当于直槽时的90%，3次谐波幅值相当于直槽时的30%，5次谐波幅值相当于直槽时的19%。值得注意的是，为产生恒定的电磁转矩，反电动势波形必须是平顶宽度大于120°的理想梯形波，而斜槽或斜极引起的绕组反电动势的正弦化将会增大电磁转矩纹波。因此，选择合适的斜槽角度是有效抑制齿槽转矩脉动的关键。

（2）分数槽法　该方法可以提高齿槽转矩基波的频率，使齿槽转矩脉动量明显减少。但是，采用了分数槽后，各极下绕组分布不对称，从而使电机的有效转矩分量部分被抵消，电机的平均转矩也会因此而相应减小。

（3）磁性槽楔法　采用磁性槽楔法就是在电机的定子槽口上涂压一层磁性槽泥，固化后形成具有一定导磁性能的槽楔。磁性槽楔减少了定子槽开口的影响，使定子与转子间的气隙磁导分布更加均匀，从而减少由于齿槽效应而引起的转矩脉动。由于磁性槽楔材料的导磁性能不是很好，因而对于转矩脉动的削弱程度有限。

（4）闭口槽法　闭口槽即定子槽不开口，槽口材料与齿部材料相同。因为槽口的导磁性能较好，所以闭口槽比磁性槽楔能更有效地消除转矩脉动。但采用闭口槽，给绕组嵌线带来极大不便，同时也会大大增加槽漏抗，增大电路的时间常数，从而影响电机控制系统的动态特性。

（5）无齿槽绕组法　为了消除齿槽转矩脉动，可采用无齿槽绕组的永磁无刷直流电机，这种结构的电机定子可使用非导磁铁心的无齿槽空心杯定子结构（见图4-2），能够彻底消除齿槽转矩脉动的影响；但绕组电感显著减小，一般只有几μH到几十μH，因此定子电流中的PWM分量非常明显。

2. 非理想反电动势波形引起的转矩脉动

当永磁无刷直流电机的反电动势不是理想的梯形波，而控制系统依然按照理想梯形波的情况供给方波电流时，就会引起电磁转矩脉动。一种解决方法是，通过对电机本身气隙齿槽、定子绕组的优化设计，使反电动势波形尽可能接近理想波形，从而减小电磁转矩脉动。例如，对表贴式磁钢结构的电机，常采用径向充磁而使气隙磁通密度更接近方波。又如，为了增加永磁无刷直流电机反电动势的平顶宽度，常采用整距集中绕组。另一种解决方法就是采用合适的控制方法，寻找最佳的定子电流波形来消除转矩脉动。同时，这种最佳电流法也能消除齿槽转矩脉动。但是，最佳电流法需要对反电动势进行精确测定，而反电动势的实时检测较为困难。目前常用的方法是对反电动势离线测量，然后计算出最优电流进行控制。因为事先需要离线测量，所以其可行性就大大降低。

图4-2　无齿槽空心杯绕组

3. 换相转矩脉动

由于永磁无刷直流电机相电枢绕组电感的存在，使绕组电流从一相切换到另一相时产生换相延时，从而形成电机换相过程中的转矩脉动。换相转矩脉动是永磁无刷直流电机工作于120°导通方式下时特有的问题。对于一台制造精良的永磁无刷直流电机来说，其齿槽转矩脉动和谐波转矩脉动均较小，而换相转矩脉动却可以达到平均转矩的50%左右。因此，抑制换相转矩脉动成为减小电机整体转矩脉动的关键问题。

（1）重叠换相法　重叠换相法是一种较早发展起来的换相转矩脉动抑制方法。其工作原理是：换相时，应立即关断的功率开关器件并不是立即关断，而是延长了一个时间间隔，并将不应开通的开关器件提前开通一个角度，这样可以补偿换相期间的电流跌落，进而抑制转矩脉动。传统的重叠换相法中，重叠时间需预先确定，而选取合适的重叠时间比较困难，大了会过补偿，小了又会造成补偿不足。为此，在常规重叠换相法的基础上，引入了定频采样电流调节技术。此技术在重叠期间采用PWM抑制换相转矩脉动，使重叠时间由电流调节过程自动调节，从而避免了重叠区间的大小难以确定的问题。但是，该方法必须保证足够高的电流采样频率和开关频率才有效。此外，该方法虽然对抑制高速下换相转矩脉动有效，但需要离线求解开关状态，实际应用受到限制。

（2）滞环电流法　该方法应用简单，快速性好，且具有限流能力。在电流环中采用滞环电流调节器，通过比较参考电流和实际电流，在换相时给出适合的触发信号，控制开关器件。实际电流的幅值和滞环宽度的大小决定了滞环电流调节器控制信号的输出。当实际电流小于滞环宽度的下限时，开关器件导通；随着电流的上升，达到滞环宽度的上限时，开关器件关断，使电流下降。可采用电流滞环控制方式控制开通相的电流上升速率来抑制低速下的换相转矩脉动，但这种方法对高速区的转矩脉动没给出解决办法，可采用在换相期间通过滞环控制法直接控制非换相相电流来减少换相期间电磁转矩脉动的控制策略。根据换相期间电磁转矩正比于非换相相电流，且非换相相电流参考值为常数，在确定了要控制的非换相相电流和相应的参考电流后，通过滞环比较器控制其相电流，保证换相期间非换相相电流跟踪其参考值，就可以有效减少换相期间电磁转矩的脉动。这种方法适用于高性能的伺服驱动系统，但不适合用于电枢电感较小的永磁无刷直流电机，如空心杯定子永磁无刷直流电机、PCB 定子永磁无刷直流电机。

（3）PWM 斩波法　滞环电流法较好地解决了低速时的换相转矩脉动问题，但在高速时效果不理想。为解决这个问题，可使开关器件在断开前、导通后进行一定频率的斩波，控制换相过程中的绕组端电压，使各换相电流上升和下降的速率相等，补偿总电流幅值的变化，从而抑制换相转矩脉动。

（4）电流预测控制法　理论上，永磁无刷直流电机在高速区的换相转矩脉动减小，而低速区则增大，研究抑制方法时大都分开考虑。然而在实际应用中，受到电机转速、供电电压等因素的影响，而无法按照理论分析将换相转矩脉动分为高速区和低速区而采取不同的抑制措施。因此，有必要寻求一种能够在全速度范围内有效抑制换相转矩脉动的方法。换相电流预测控制方法的算法简单、实现容易、适应性强、效果明显，无论是在开环控制、电流 PI 控制或智能控制，均能够很好地抑制换相转矩脉动。

4. 基于现代控制理论和智能控制理论的转矩脉动抑制

永磁无刷直流电机是一多变量、非线性、强耦合的复杂系统，很难用精确的数学模型来描述，这就突出了经典控制理论的局限性，同时也促进了现代控制理论的应用。可按自适应控制原理设计电磁转矩估计器，根据电流和转角通过自适应控制律计算转矩脉动的主要谐波系数，从而计算出电磁转矩估计值。由指定值与估计值的误差确定电流调节器输出的电流波形，实现转矩脉动最小化控制。在一定的转速下，这种控制方法能使转矩脉动降到额定转矩的 2% 以下。其控制精度依赖于反电动势谐波分布情况，且对电机参数的变化较为敏感，一般在较小的转速范围内效果较明显。用卡尔曼滤波实现转矩脉动最小化控制证明，该方法在很大的转速范围内能实现转矩脉动最小化控制。神经网络控制是一种基本上不依赖于模型的控制方法，比较适用于具有不确定性或高度非线性的控制对象，具有较强的适应和学习功能。已有文献研究了神经网络控制抑制无位置传感器永磁无刷直流电机转矩脉动的新策略，利用 RBF 神经网络分别对转子位置与在给定转矩下的绕组参考电流进行在线估计，并根据参考电流调节注入绕组中的实际电流，使之更接近方波，最大限度抑制了由于电流波形不理想而引起的转矩脉动。

目前常见的抑制永磁无刷直流电机转矩脉动的方法大致分为两类：优化电机本体的设计；采取各种控制策略。

在实际应用中，应根据具体场合和不同要求选用某种适当的控制方法，或者综合应用几种方法。随着人工智能技术的发展，专家系统、模糊控制理论、人工神经网络的最新成果开始深入电机控制领域。特别是神经网络控制技术，具有很强的自适应能力、非线性映射能力和快速的实时信息处理能力等特性，这也是高性能永磁无刷直流电机调速系统的要求。可见，在永磁无刷直流电机转矩脉动抑制问题中，采用智能化控制方法是一个重要方向。这些控制理论都已较成熟，但真正应用于实践的时间并不长，主要是由于这些方法都较繁杂，用以前的硬件来实现难以达到实时性要求。DSP 和 FPGA 的出现，不仅使这些问题迎刃而解，而且还能够实现更为廉价有效的方案。现在电机控制正在向全软件控制方向发展。

4.2 永磁无刷直流电机的铁耗分析

由于本节所介绍的永磁无刷直流电机及其控制系统的应用场合特殊（空间站用磁悬浮控制力矩陀螺），因此不仅对其可靠性和控制精度有很高的要求，而且对其功耗指标也有严格的限制。

电机中的电磁场分布和变化极其复杂，对电机中的各种损耗进行精确测量较为困难，一般是通过经验公式、数值计算和间接测量等方法对各损耗进行粗略估计和预测，以此来指导电机设计和控制。

本节中使用的无齿槽永磁无刷直流电机中的损耗主要有：

1. 绕组铜耗

绕组电流在绕组电阻中引起的热损耗，单电机绕组铜耗由下式表示：

$$p_{mcu} = 2R_a I^2 \tag{4-8}$$

式中，I 为电机相电流的有效值，既包括方波电流幅值，又包括相电流中的 PWM 分量（由于电机的电感较小，电机电流的 PWM 分量不容忽略）；R_a 为绕组工作温度时的相电阻。

2. 功放损耗

主要包括导通损耗、截止损耗、开关损耗、续流管损耗。

3. 电机铁耗

电机的铁耗包括以下几部分：

1）永磁磁场旋转在定子铁心中引起的基本铁耗。

2）定子电流非连续跳变在转子中引起的铁耗。永磁无刷直流电机馈以 120°方波的交变电流，并且三相电流分别相差 120°电角度，因此其产生的磁场是离散跳变磁场，在每一个磁状态范围内静止不动，这样就会在旋转的转子中产生涡流损耗（转子磁体、转子磁体保护套、转子铁心）。如果电机的极数较大、转速很高，这一损耗不容忽略。

3）定子电流的 PWM 分量所引起的附加铁耗。由于采用无齿槽绕组，电机的电感、漏感都很小，电机相电流的 PWM 痕迹特别重，PWM 电流分量所产生的磁场就会在电机的各个组成部分中产生涡流损耗，包括定子铁心、定子绕组、转子各组件。由于 PWM 的频率很高，电流脉动的幅值较大，所以这一部分损耗很大。

针对电机定子铁耗、由定子电流非连续跳变在转子中引起的铁耗和由定子电流 PWM 分量引起的损耗，提出了降低损耗的方法。从文中提供的相电压和相电流波形来看，电流中 PWM 分量十分严重，这是与一般非小电感电机所不同的，因此由此引起的损耗也不容忽视。

这一损耗是电流脉动二次方的函数。此外，有文献提出了一种多层直流链逆变器（MLDCLI PWM 逆变器），可以有效降低由 PWM 引起的电流脉动，从而有效地降低这一损耗。

除了降低电压来减小电流脉动外，还可以通过增大 PWM 频率来减小电流脉动的幅值，但是提高功率器件的开关频率也会相应地增加消耗在功率器件上的损耗，这就需要综合考虑各方面的因素，找到一个合适的开关频率。

一般电机本体的各种损耗（尤其是铁耗）很难准确地定量计算，但是对电机各种损耗的产生原因和各种影响因素的分析是对电机进行低功耗控制的前提和基础。

飞轮和控制力矩陀螺系统作为空间飞行器姿态控制系统的执行机构，其驱动电机的低功耗是其基本要求之一。系统各组成部分——驱动电机系统、径向磁轴承系统、轴向磁轴承系统、轮盘系统具有不同的损耗量值，为降低系统的损耗，必须分清损耗来源和主次。

根据前面对电机功耗的分析，电机的损耗主要包括绕组铜耗、功放损耗、电机铁耗。其中，电机铁耗又包括基本铁耗、定子电流非连续跳变引起的损耗和定子电流 PWM 分量引起的附加损耗。由于本节中的永磁无刷直流电机采用无齿槽无铁心杯形绕组定子结构，绕组电感很小（一般为 μH 量级），因此定子电流中的 PWM 分量非常明显。

由对电机的以上分析可知，基本铁耗和定子电流非连续跳变引起的损耗是不可避免的；功放损耗主要与开关频率有关，在频率一定的情况下该损耗相对稳定；而 PWM 分量对定转子涡流损耗和绕组铜耗有很大影响。因此，自然想到减小电流中的 PWM 分量是降低电机本体损耗的一个有效方法。减小 PWM 分量可以通过提高 PWM 频率和减小其幅值来实现，但提高 PWM 频率将增大功放损耗。

4.3　永磁无刷直流电机变压控制系统

本节以减小电机定子电流脉动幅值为目的，搭建了两套不同的实验系统，对该 PWM 分量所引起的损耗在电机本体损耗中所占比例和降耗方法的可行性等问题进行了实验和分析。

对永磁无刷直流电机的控制一般是采用改变 PWM 占空比的方法来改变施加在电机定子绕组上的平均电压，从而改变绕组电流来实现控制。该方法会在绕组电流中产生一定的 PWM 分量，对于本节中所使用的低电感小漏抗的驱动电机来说这种现象就更加明显。电机绕组中的相电压和相电流实测波形如图 4-3 所示。

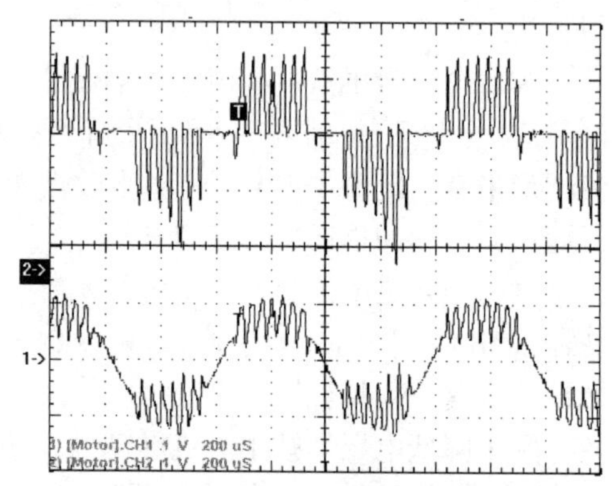

图 4-3　电机绕组中的相电压和相电流实测波形

为了降低 PWM 引起的电流脉动和由此产生的电机损耗，本节采用变压源供电的方法实现了电机低功耗控制，并进行了实验和分析，同时对这种新控制方法使用中的问题和可行性进行了讨论。

4.3.1　变压控制原理

减小电机的涡流损耗，通常可以采用小铁心片厚度的新材料、空心杯型定子和无定子铁心电机。考虑通过控制方法的降耗，则需减小电流脉动的幅值。

文献［9］介绍了一种可以将电流脉动限制在 5% 以内的 5 级逆变器，其工作原理和电流脉动改善情况如图 4-4 和图 4-5 所示。

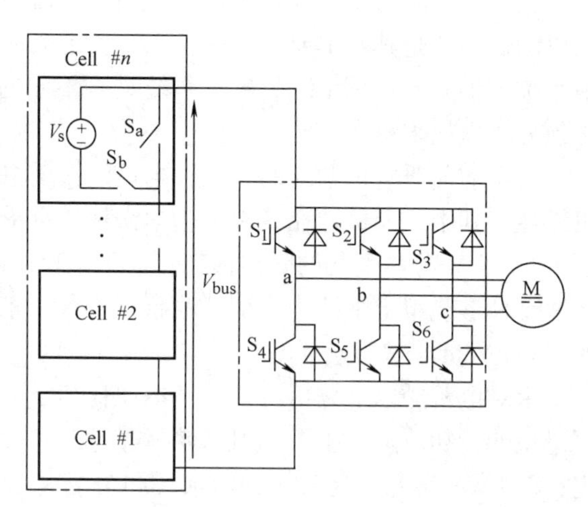

图 4-4　多级逆变器工作原理

若不使用 PWM，而采用随电机绕组中反电动势的变化来改变接在三相绕组上电源电压的方法，可以大大减小电流脉动，达到降低涡流损耗和转矩脉动的目的。其根本原因在于，接在电机三相绕组上的电压已不再是固定值的PWM电压，而是随反电动势变化的直流电压。

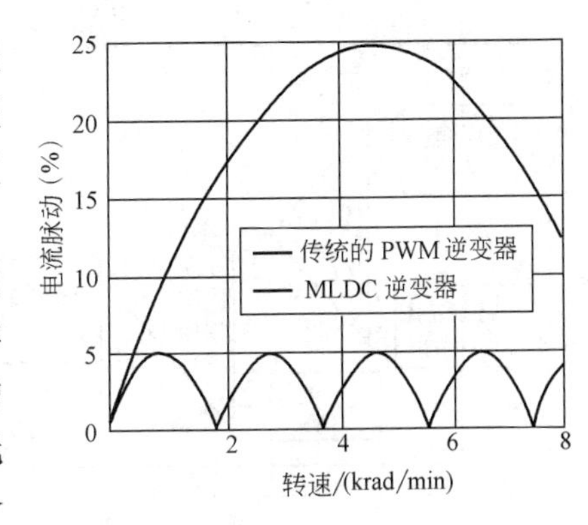

图4-5　普通逆变器与多级逆变器电流脉动的比较

本节中所使用的永磁无刷直流电机因调压范围和功率都非常小，不需要使用多级逆变器。若采用多级逆变结构，不仅增加了电路复杂性，也使微小的电流脉动无法避免。因此，可变压的直流电源是较合适的选择，在今后的系统设计中，压控电压源的选择很可能是决定电路性能的关键。

4.3.2　控制系统组成

永磁无刷直流电机变压控制系统是在原有的双模速度控制系统上进行电源部分的改变而来的，因此下面先对双模速度控制系统的组成及其原理进行简单的介绍。电机的控制系统构成如图4-6所示，主要由控制器、功率驱动电路、锁相环电路、转子位置传感器和电流检测环节构成。

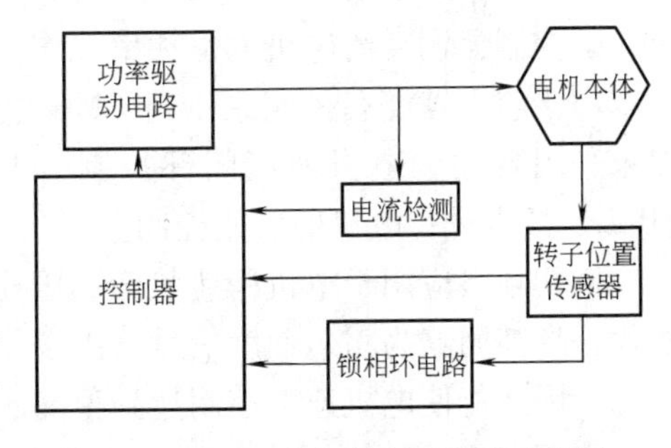

图4-6　CMG电机控制系统组成框图

控制器由MC33035集成芯片和电流控制电路构成。

MC33035是单片直流无刷电机控制器，外接功率开关器件以及少量的外围元器件，可方便地对三相无刷直流电机进行速度控制。

电流环是为了使电机以恒定的电流运转，以对电机转子产生恒定的加速力矩。这对于转动惯量大的电机来说至关重要，它可以使电机一直以固定的电流驱动电机运转，驱动电流不会因为转速的升高而下降，从而可以解决由于驱动电流下降带来的电机效率低的问题。本系统的电流环控制原理框图如图4-7所示。

要进行电流控制，首先要时刻对电机的工作电流进行监控，因此电流传感器是电流环中的一个重要器件。本系统采用霍尔效应磁场补偿式电流传感器，检测电源母线电路电流。采用的LTS25NP霍尔电流传感器在0A电流时对应2.5V的输出电压，且每增加1A电流，霍尔对应的输出电压只增加零点几伏。为了精确灵敏地响应母线电流的瞬时变化，应用时霍尔检测输出先减去2.5V的基准电

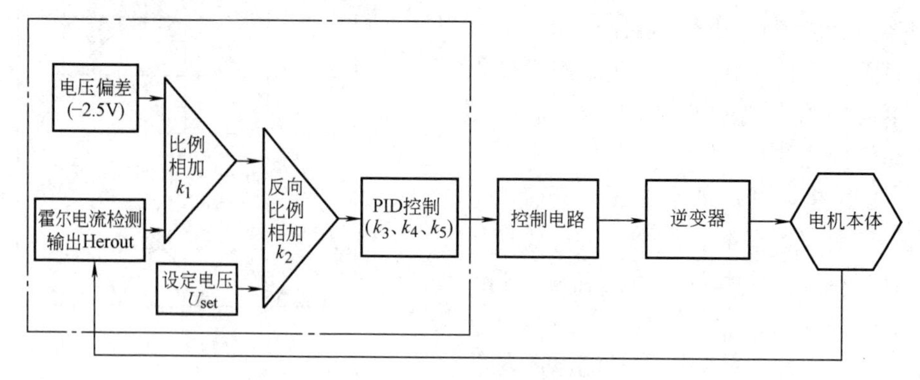

图4-7　电流环控制原理框图

压，再把差值电压放大，以使电流环快速地修正电流的变化，进而输出恒定的电流值。其传递函数为

$$U_o = [-(\text{Herout} - 2.5) * k_1 + U_{set}] * k_2 * (k_3 + k_4/S + k_5 * S) \tag{4-9}$$

由式（4-9），在电流负反馈的作用下，通过设定电压 U_{set} 可以控制电流环输出，即控制无刷直流电机以恒功率工作。

由于航天器姿态控制系统对CMG电机的稳速精度要求很高（0.1%以上），如果采用普通的电机速度闭环控制，则很难达到指标要求，必须借助锁相环（PLL）技术进行电机的稳速控制。

锁相环多应用于电机稳速状态，压控振荡器一般由功率放大器和电机本体所取代，反馈回路为霍尔速度信号。由于相位是频率的积分，锁相环是进行相位比较的，因此能使电机速度控制达到很高的精度。

本系统采用电机控制专用锁相环集成电路（如TC9242、TC9142等）。TC9242采用两个8位DAC（数/模转换器）分别作为F/V和P/V变换。从6脚（FGIN端）输入电机的位置信号，经过TC9242从AFC（自动频率控制）端输出的是第一个DAC将数字量的频率差变换为模拟量的信号。从APC（自动相位控制）端输出的是FG/2（是FG的2分频信号）和FS（从同步时钟信号分频得到）相位比较得到相位差，经过另一个DAC转换的输出电压信号。当FGIN端反馈频率变化，即电机转速不稳定时，AFC和APC输出变化如下：

1）FGIN在锁相范围以下时，AFC和APC为高电平（H）；

2）FGIN在锁相范围以上时，AFC和APC为低电平（L）；

3）FGIN在锁相范围之内时，AFC线性输出，AFC随着反馈转速信号FGIN的增大而减小。APC输出锯齿波形，若反馈转速信号FGIN小于设定频率信号 f_0，APC输出斜率为正的锯齿波，如图4-8a所示；若反馈转速信号FGIN大于设定频率信号 f_0，APC输出斜率为负的锯齿波，如图4-8b所示。

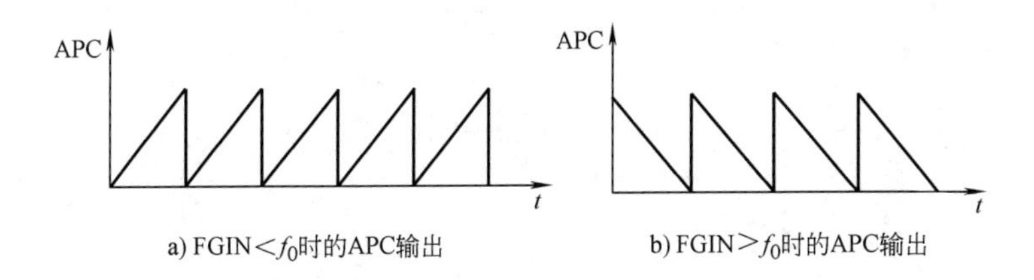

图 4-8　FGIN 在锁相范围内时的 APC 输出

晶体振荡器频率 f_X 的计算公式为

$$f_X = \frac{128Kn_0aN}{60} \tag{4-10}$$

式中，K 为分频系数，可选 20 或 27；N 为分频系数，可选 3、4 或 5；a 为每转脉冲数（对应于换相信号，即极对数 P，本系统 $a=4$）；n_0 为锁定转速（r/min）。

对于有位置传感器陀螺电机来说，当 $n_0=20000$r/min 时，若取的分频系数均最小，即 $K=20$，$N=3$，$a=4$，则晶体振荡器频率为 $f_X=128\times20\times20000\times3\times4/60$Hz $=10.24$（MHz），其速度反馈输入信号，也即位置传感器信号频率最大为 $20000\times4/60$Hz $=1.33$kHz，满足 TC9242 的工作条件。因此，可直接将电机的转子位置霍尔传感器信号输入 TC9242 的速度反馈端 FGIN。

本系统采用锁相环控制电路进行电机转速的高精度控制。锁相环控制电路虽然具有稳速精度高的优点，但也存在锁相速度缓慢、电机转速必须在锁相范围内才可锁相等不足。由于锁相环控制电路的以上特性，本系统对电机采取两种不同的控制模式：当电机转速不在锁相范围内时，由控制器对电机进行恒流升速或降速控制，从而把电机转速带入锁相范围内；当电机转速处于锁相范围内时，由锁相环电路和控制器对电机进行锁相稳速控制。

由于工作特性的要求，希望当电机转速由于干扰出锁或者处于升速阶段时，控制系统能够较快地将电机转速带入锁相范围内。因此，本控制系统设计为在锁相范围以下时，进行恒流升速，驱动电流不会因为转速的升高而下降，避免升速效率降低；在锁相范围以上时，切断电流使电机降速，直至转速返回锁相范围内。

该控制模式可通过控制器的电流控制电路进行电流闭环控制来实现，电流闭环控制原理框图如图 4-9 所示。当电机转速低于锁相范围时，只需将电流控制电路的设定值置为一个常值（该常值的大小代表了恒流值的大小），电流控制电路的输出控制 MC33035 的 PWM 脉冲占空比，使绕组中的电流跟随电流设定值；当电机转速高于锁相范围时，将电流设定值置零切断电流。

由上文对锁相环电路原理和特性的阐述可知，当 FGIN 在锁相范围以下时，AFC 和 APC 为高电平；FGIN 在锁相范围以上时，AFC 和 APC 为低电平。因此，

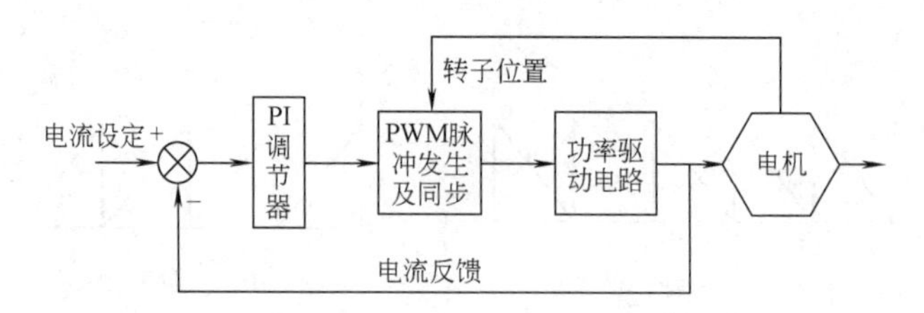

图4-9 无刷直流电机电流闭环控制原理框图

把转速信号（即一路转子位置信号）接入FGIN后，便可用AFC或APC作为电流控制信号对电机进行恒流升速或降速控制。

实际应用中，为便于系统在锁相环模式下工作和避免使用切换电路以提高系统可靠性，应将TC9242的AFC和APC两路信号进行比例和相加运算后，输出给电流控制电路的电流设定端。显而易见，这同样可以达到以上的控制目的。

当电机的转速进入锁相环电路的锁相范围内时，系统进入锁相环控制模式，锁相环电路开始工作。图4-10所示为锁相环控制模式下的原理框图。

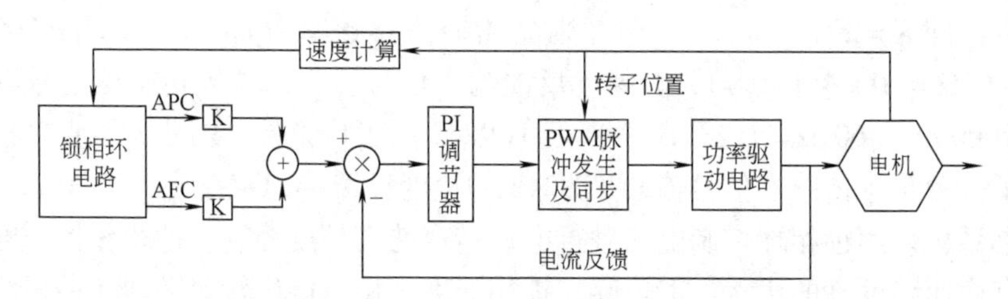

图4-10 无刷直流电机锁相环控制模式下原理框图

此时，系统是一个以锁相环为外环、电流环为内环的双闭环控制系统。如图4-10所示，锁相环电路的输出AFC和APC经过比例和相加运算后，输出到电流控制电路的电流设定端作为电流环的参考给定，再由电流控制电路对电机的电流进行控制以达到稳速的目的。

本系统与一般的双闭环控制系统不同的是，外环为对相位进行控制的锁相环，其控制精度要远高于普通的转速外环。

因为该系统是一个实验验证系统，所以为了实验的方便和系统搭建的快速性，变压部分直接采用一个0~30V的直流变压电源。根据实验结果的不同有两种不同的连接方案，这会在下面与实验结果一同阐述。

4.3.3 实验结果及分析

变压控制的实验原理如图4-11所示。

通过改变逆变桥的供电电压，来调节加入电机绕组中的电流大小，以达到对电机的电流和转速进行控制的目的。因为电机控制的核心芯片 MC33035 的供电电压范围是 10～30V，所以如果在实验中将供电电压调节至 10V 以下（由于原来供电的直流电源的电压为 28V，因此变压实验不会超过 30V 的上限），极有可能导致 MC33035 的低压保护动作或者逻辑控制不正确，从而使实验无法正常进行，甚至导致电机故障。因此，进行变压控制实验时极有必要对 MC33035（包括其他控制芯片及器件）和逆变桥分别供电，用原有的 28V 直流电源为 MC33035 供电，0～30V 变压电源为逆变桥供电。同时，为了使原来的电流保护电路仍然起作用，必须使两个电源共地。

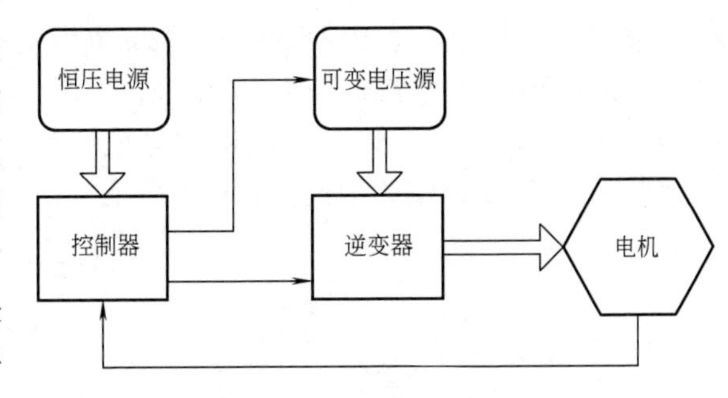

图 4-11　变压控制原理图

在验证了控制系统各项功能正常并且保护有效的情况下，在磁悬浮控制力矩陀螺上进行了 11000r/min 的高速变压实验，结果如表 4-1 所示。

表 4-1　变压实验结果

逆变桥电压/V	电流/A	真空度/Pa	PWM 占空比	功耗/W
28	1.7	4.53	锁相环稳速	47.6
20.3	2.8	4.08	10%	56.84
21.3	2.7	4.04	50%	57.51
20.4	2.8	4.15	100%	57.12

以上实验结果与理论分析的变压供电能够减小损耗的结论不符，由分析得出的原因是由于采用逆变桥（MPM3003）与控制器（MC33035）分别供电，可能导致逆变桥上侧 P 沟道 MOSFET 栅极的驱动信号电压值高于其源极的供电电压，导致了开关电路引起的功耗增加。此功耗的增加包括逆变器本身的功耗增加，以及由此引起的换相滞后使电机处于非最佳换相状态致使电机本身功耗增加两部分。

在以上分析的基础上，又采用了逆变桥（MPM3003）与控制器（MC33035）共同变压的实验方案，以此来验证以上分析的正确性及控制芯片与逆变器芯片的电压匹配问题，其原理如图 4-12 所示。

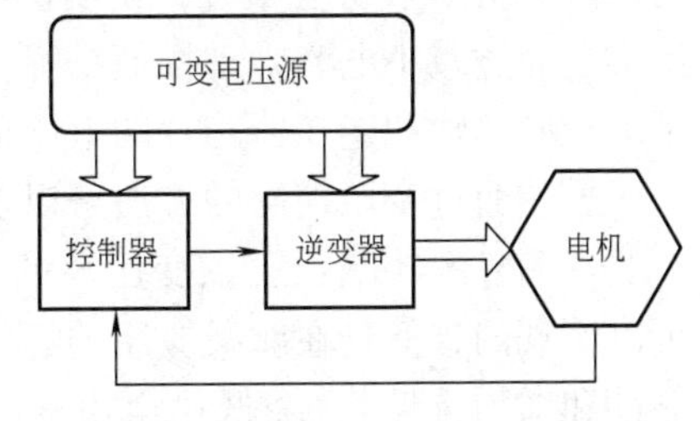

图 4-12　变压控制原理图（统一变压）

该方案只需将原有的模拟控制电路的供电电源改为0～30V的变压电源，仍然采用锁相环稳速的方式自动对速度进行控制，实验中应注意将变压范围保持在控制芯片最低工作电压以上（>10V）。变压实验中采集的相电压和相电流的波形如图4-13所示，实验数据如表4-2所示。

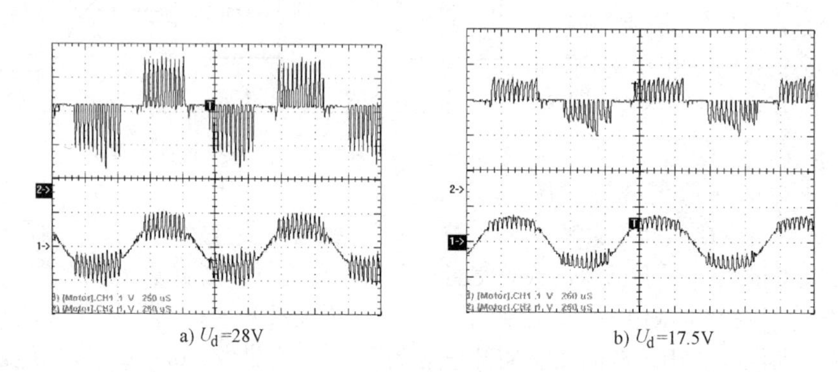

a) U_d=28V　　b) U_d=17.5V

图4-13　不同母线电压下电机相电压和相电流波形

表4-2　变压实验数据

电源电压/V	电源电流/A	占空比（%）	功耗/W
28.075	0.545	13.1～14.5	15.300
26.000	0.535	13.2～15.8	13.910
24.000	0.54	15.5～16.9	12.960
22.000	0.547	18.4～20.7	12.034
20.000	0.557	23.4～25.4	11.140
18.000	0.568	29.8～35.4	10.224
16.125	0.577	56.0～65.2	9.304

注：实验转速为1953r/min，稳速方式为锁相环稳速。

由以上波形及数据可见，随着供电电压的降低，电机绕组中的电流脉动幅值明显降低，电机在相同转速下的功耗明显减小（功耗减小40%以上），这与之前的理论分析结果完全相符，说明PWM分量在电机本体中引起的损耗不可忽视，证实了通过减小电流脉动幅值来降低功耗的正确性，同时也验证了实验结果的确是由控制芯片和逆变器芯片的电压值匹配问题所导致。

虽然通过变压控制的方法可以明显减小电机的功耗，但是在工程应用上它也有非常明显的缺陷：压控变压源的工程实现较难（虽然压控变压源在工程上是可以实现的，但是在航天应用的特殊背景下该方案必定增加系统复杂性、降低可靠性和增加重量）；降低供电电压在降低功耗的同时也降低了电机的最高转速

（虽然降低系统的供电电压可以减小功耗，但是随着供电电压的降低，电机的最高转速也会降低，因此不适合高转速的应用场合）。

本节在对引起电机功耗的各种因素进行分析的基础上，针对电流脉动引起的损耗采用变压控制的方法来达到降低电机功耗的目的；详细介绍了控制系统的硬件组成和控制方法，用该系统分别在磁悬浮控制力矩陀螺和磁悬浮飞轮电机系统上进行了两次不同结构的变压实验，最终达到了降低电机损耗的目的。

4.4 永磁无刷直流电机双极性控制系统

前面所述的变压控制方案虽然明显降低了电机功耗，但是在航天领域的高速应用中受到很大的限制，可行性差。但变压实验验证了通过减小电流脉动幅值来降低功耗的正确性，因此本节仍然以减小电流脉动的途径来降低电机损耗。

本实验在磁轴承的功率放大器控制方法上使用了双极性的 PWM 控制，磁轴承的功耗已经明显降低，电流纹波也大大减小。因此，在直流电机逆变器的设计上也可以借鉴磁轴承双极性的控制方法进行控制，减小绕组中的电流纹波，进而减小电机的损耗。

4.4.1 双极性控制原理

磁轴承功放双极性 PWM 控制的原理如图 4-14 所示。

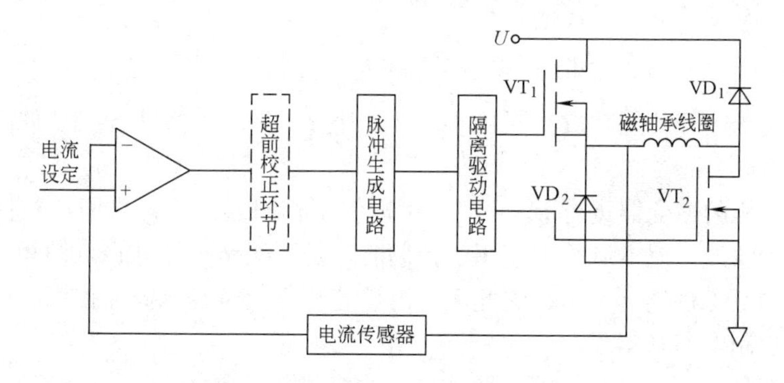

图 4-14 PWM 开关功放的电路原理图

在双极性 PWM 开关功放电路中，两只功率开关管的栅极驱动信号 G_1 和 G_2 如图 4-15 所示。当电流控制信号 U_{in} 大于零时，栅极驱动信号 G_1 和 G_2 的占空比

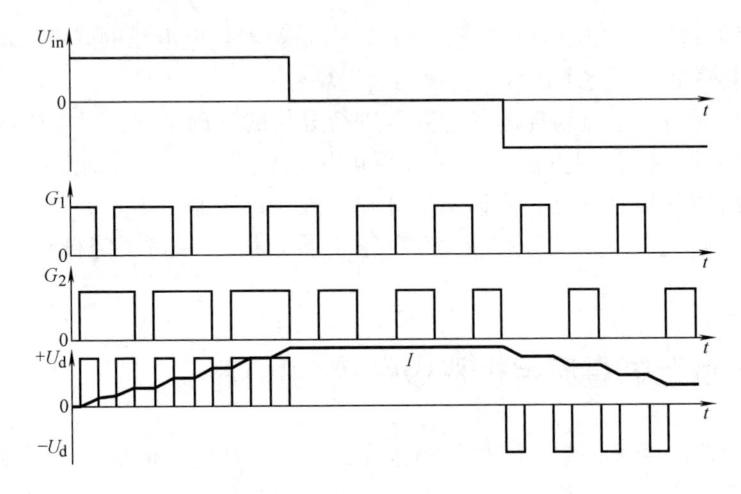

图4-15　双极性PWM开关功放的工作波形

大于50%，VT_1 和 VT_2 共同导通时，线圈中的电流增加。设功率开关管的导通电阻为 R_{on}，续流二极管的导通压降为 U_d，则此时线圈中的电流变化率为

$$di/dt = [U - (R + 2R_{on})i]/L \tag{4-11}$$

当电流控制信号 $U_{in} < 0V$ 时，栅极驱动信号 G_1 和 G_2 的占空比小于50%，VT_1 和 VT_2 共同关断时，线圈中的电流减小。此时线圈中的电流变化率为

$$di/dt = [-U - 2U_d - Ri]/L \tag{4-12}$$

当电流控制信号 $U_{in} = 0V$ 时，栅极驱动信号 G_1 和 G_2 的占空比等于50%，电流近似保持不变，电流变化率为

$$di/dt = [-U_d - (R + R_{on})i]/L \tag{4-13}$$

与传统的全开关型功放（见图4-16）相比，双极性PWM开关功放的电流纹波要小得多。

在对电机的逆变器进行PWM时，可以使用相同的方法，采用双极性控制的方法来减少纹波。但本试验中使用的控制芯片是Motorola公司的MC33035，其只对逆变器的下侧桥进行调制，因此无法由该芯片直接实现双极性控制，可通过外加双极性控制电路来实现。

该方案是在原有电路基础上加入双极性控制电路和驱动电路，逆变器部分的原理如图4-17所示。

$Q_1 \sim Q_6$ 进行电机自同步换相，VT_1 和 VT_2 加入双极性控制信号，QU和QD进行双极性PWM，产生双极性控制信号的控制电路与功放的双极性电路相似。

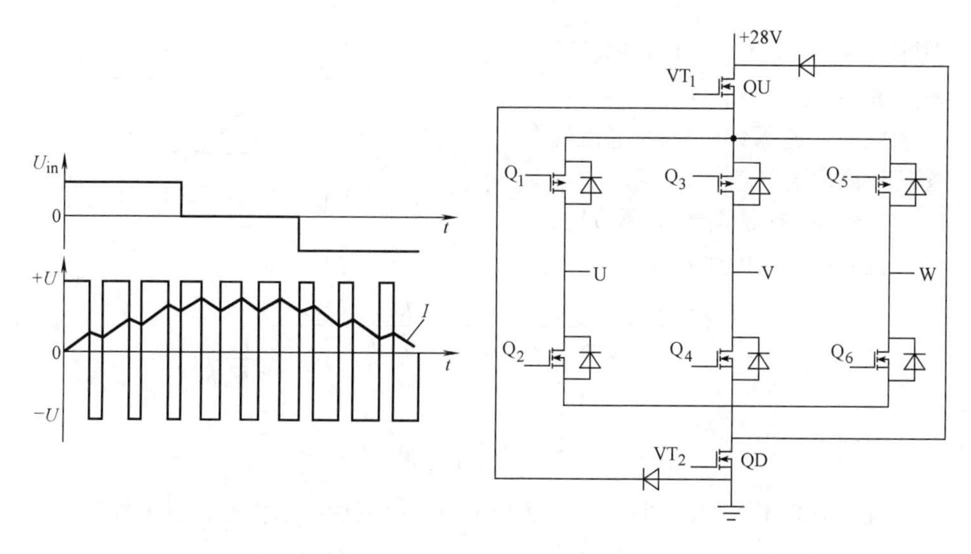

图 4-16　PWM 功放工作波形

图 4-17　无刷直流电机双极性逆变器原理图

4.4.2　控制系统组成

双极性控制系统的实现，是在双模速度控制系统的基础上附加双极性控制信号产生电路。无刷直流电机绕组的自同步换相仍然由 MC33035 完成，但不再使用 MC33035 的 PWM 电路，通过将其 Ein 端接 4.1V 以上电压可使其输出占空比为 100%。向 QU 和 QD 输出双极性控制信号的双极性控制电路原理框图如图 4-18 所示。

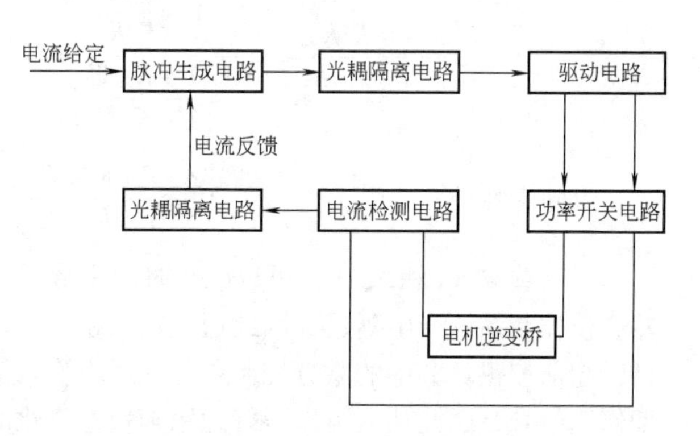

图 4-18　双极性控制电路原理框图

其中脉冲生成电路主要由 TL494 构成，驱动电路使用的是 IR2110，光耦隔离电路使用的是高速单路光耦芯片 6N137，电流检测电路则使用的是响应速度更快更精确的霍尔电流传感器 LA28-NP。为提高双极性功放电路的响应速度，在控制回路中加入 PD（比例微分）环节，它的作用相当于在电流闭环控制系统中加入一个超前校正环节。通过在电流闭环控制回路中加上一个超前校正环节，可以改善由于惯性环节对控制系统的影响，从而提高控制系统的性能。图 4-19 所示为加入 PD 超前校正环节的 PWM 开关功放。

其中，(K_p+K_Ds) 为PD超前校正环节的传递函数；$K/(1+Ts)$ 为功放的传递函数；K_{ui} 为电流互感器的比例增益。

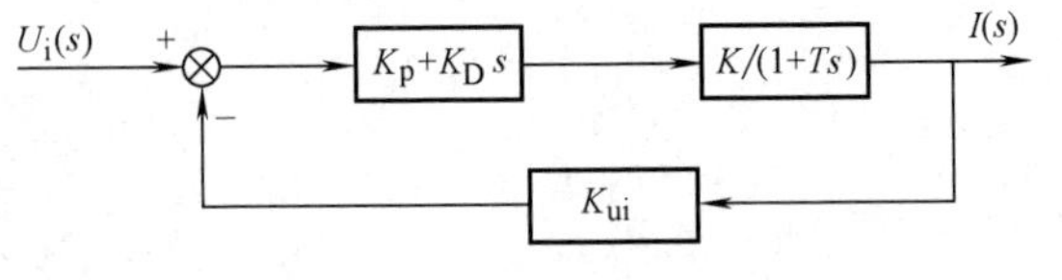

图4-19　加入PD超前校正环节的PWM开关功放

在不加PD超前校正环节时，电流控制系统的传递函数为

$$\frac{I(s)}{U_i(s)}=\frac{K}{(1+K_{ui}K)+Ts}=\frac{K}{1+K_{ui}K}\cdot\frac{1}{1+\dfrac{T}{1+K_{ui}K}s} \tag{4-14}$$

时间常数为
$$T_1=\frac{T}{1+K_{ui}K}$$

在控制系统中加入PD超前校正环节时，电流控制系统的传递函数为

$$\frac{I(s)}{U_i(s)}=\frac{(K_p+K_Ds)K}{1+Ts+K_{ui}K(K_p+K_Ds)}=\frac{K_pK+K_DKs}{1+K_{ui}KK_p+(T+K_{ui}KK_D)s}$$
$$=\frac{K_pK}{1+K_{ui}KK_p}\cdot\frac{1+\dfrac{K_DK}{K_pK}s}{1+\dfrac{T+K_{ui}KK_D}{1+K_{ui}KK_p}s} \tag{4-15}$$

时间常数为
$$T_2=\frac{T+K_{ui}KK_D}{1+K_{ui}KK_p}$$

适当选取 K_D 和 K_p，就可以减小时间常数 T_2，使 $T_2\ll T_1$。时间常数大，必然会使控制系统产生延迟，因此通过加入超前校正环节，可以解决这个问题。另外，超前校正环节中的微分控制项能够反应输入信号的变化趋势，产生有效的早期修正信号，因此功放可以很好地跟随快速变化的交流信号，反映在功放性能指标上就是延迟时间短。

4.4.3　实验结果及分析

下面分别采用双极性控制系统和原双模速度控制系统在磁悬浮飞轮电机系统上进行20000r/min的稳速功耗对比实验，实验数据如表4-3所示，实验波形分别如图4-20和图4-21所示。

表4-3　实验数据

驱动方式	转速/(r/min)	直流侧电流/A	功耗/W	定子温度/℃	真空度/Pa
双极性驱动	20000	0.56	15.89	59	13
三相桥驱动	20000	0.53	15.04	50	13

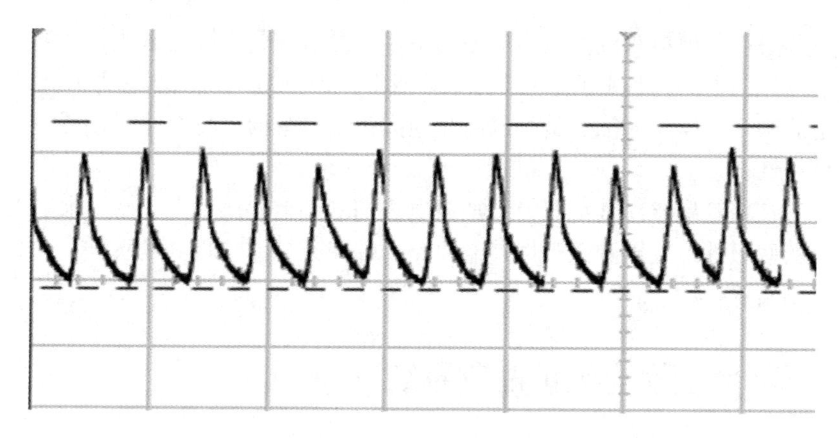

图 4-20　双极性驱动的定子绕组中的电流波形

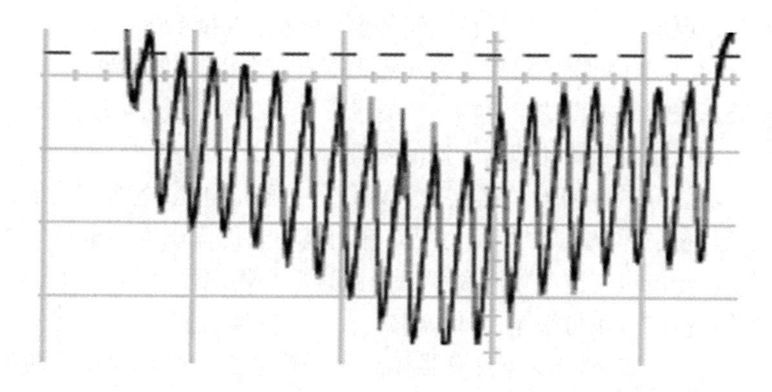

图 4-21　原电路板驱动的定子绕组中的电流波形

与原来的电机控制方式相比，采用双极性控制系统的电机电枢电流波形有所改善，但十分有限，而总体功耗却高于原来的控制电路。其原因如下：

1. MOSFET 数量增多并套接使用

为了在模拟电路上实现有相位差的 PWM，使用了 8 个 MOSFET 构成图 4-17 所示结构的逆变器，并且在工作时有 4 个开关管串联，由此给自举带来困难，使得 MOSFET 的工作波形变差。

2. 硬件电路过于复杂

双极性控制电路除了具有原电机驱动板的所有器件外，还增加了 2 片 TL494、3 片光耦、IR2110 和大量运放电路。这不仅加大了电路板损耗，也使得可靠性降低。

3. 调制波动较大

由于是用模拟器件来对调制信号进行精确的相位控制，使得两路调制信号的输出相位波动较大，由此带来电流波动加大，加大了电机稳速控制难度。

要解决以上模拟双极性控制电路的不足，可搭建具有换相驱动和完善保护功能的电机控制电路，其中 PWM 部分采用双极性调制方法。虽然这种方案实施具有一定的困难，但它的优点是可以简化逆变桥拓扑结构，减少外围元器件，提高系统灵活性。

本节在借鉴磁悬浮轴承双极性功放电路的基础上，设计出了用于永磁无刷直流电机的双极性逆变器和双极性控制电路，并在磁悬浮飞轮电机系统上进行了双极性控制实验。

4.5　Buck 变换器电机控制系统

前面介绍了变压控制系统和变极控制系统抑制高速永磁无刷直流电机铁耗的原理和方法，但这两种方法对硬件电路的要求较高，系统结构也较复杂。下面将介绍基于 DC-DC Buck 变换器的高速永磁无刷直流电机铁耗抑制方法，并以大中型航天器姿态控制的关键执行机构——磁悬浮控制力矩陀螺用高速永磁无刷直流电机系统为例，来说明铁耗抑制方法的实现过程和试验结果[27]。

按变换功能分，DC-DC 变换器分为两种：一种是电压-电压变换器；另一种是电流-电流变换器。磁悬浮控制力矩陀螺用高速永磁无刷直流电机的调速要求是直流侧电压随电机转速变化而改变，因此这里采用电压-电压的 Buck 变换器。若需扩展调速范围，则可采用 Buck-Boost 或 Cuk 变换器。

Buck 变换器、Buck-Boost 变换器和 Cuk 变换器工作中都存在着两种导电模式，即连续导电模式和不连续导电模式。连续导电模式是指在一个周期中能量传递电感电流或能量传递电容电压总是大于零，即电感电流或电容电压是连续导电的；不连续导电模式是指在一个周期中电感电流或电容电压有一段时间为零，即它们在一个周期中导电是不连续的。本节在后续的介绍中只讨论电感电流连续导电的情况。

Buck 变换器是 PWM 型 DC-DC 变换器中最简单，也是最基本的一种，其电路拓扑如图 4-22 所示。

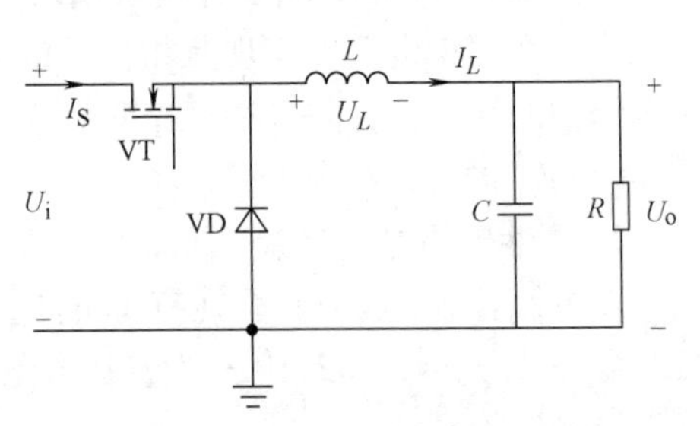

图 4-22　Buck 变换器拓扑结构图

其工作原理是当 VT 导通时，二极管 VD 截止，其等效电路如图 4-23 所示。电源 U_i 通过能量传递电感 L 向负载 R 送入能量，同时使电感 L 能量增加；当 VT 截止时，电感释放能量使续流二极管 VD 导通，其等效电路如图 4-24 所示，在此阶段，电感 L 把前一阶段增加的能量向负载放出，使负载电压极性不变并且比较平直。C 是滤波电容，它使输出电压的纹波进一步减小。从原理上说，此电容可去掉，只要电感 L 足够大，输出电压就可较为平直，但加上不大的电容，既可使纹波显著减小，又可减小电感量。

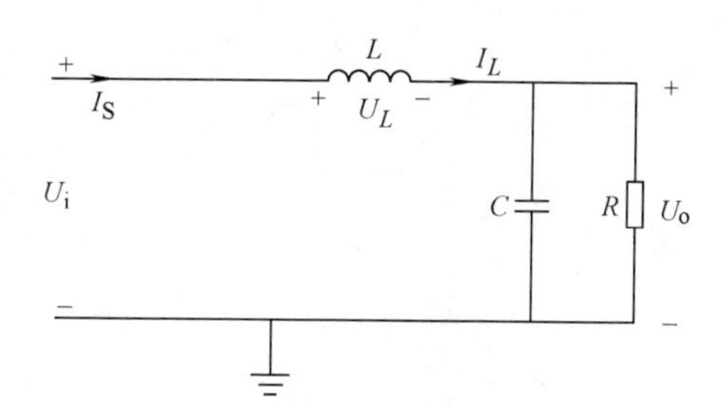

图 4-23 VT 导通、VD 截止时 Buck 变换器等效电路

下面对 Buck 变换器控制系统进行稳态分析，从而求出该变换器的输入输出稳态电压比、电流变比和电感电流纹波等特性。

为分析稳态特性、简化推导公式的过程，做如下几点假定：

1）开关管、二极管均是理想器件，也就是指它们导通时电压为零，截止时电流为零，导通与截止的转换是瞬时完成的。

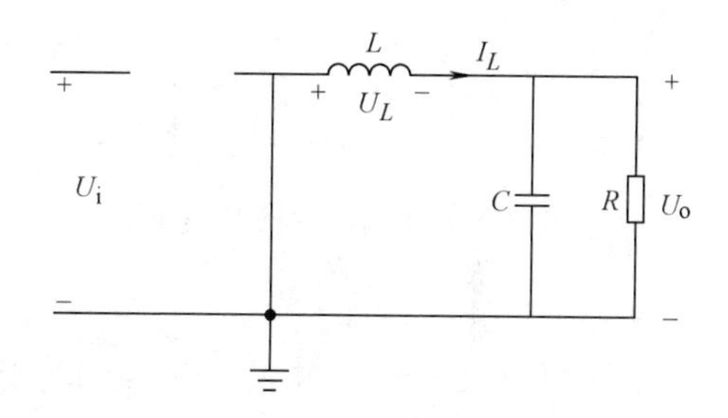

图 4-24 VT 截止、VD 导通时 Buck 变换器等效电路

2）电感、电容均为理想的，即电感工作在线性区而未饱和，寄生电阻为零，而电容的等效串联电阻为零。

3）输出电压中的纹波电压与输出电压的比值小到允许忽略。

1. 连续导电模式

在连续导电模式下，斩波器电感电流连续，电路分为两个状态，电路波形如图 4-25 所示。

当开关管开通时，连续导电模式下电感中电流为

$$i_L(t) = i_L(0) + \frac{1}{L}\int_0^t u_L(t)\mathrm{d}t = i_L(0) + \frac{1}{L}(U_i - U_o)t \tag{4-16}$$

当开关管关断时，电路中的主二极管、滤波电容、滤波电感组成回路。此时的电感电流为

$$i_L(t) = i_L(DT_s) + \frac{1}{L}\int_{DT_s}^t u_L(t)\mathrm{d}t = i_L(DT_s) + \frac{1}{L}(-U_o)(t - DT_s) \tag{4-17}$$

2. 不连续导电模式

Buck 开关电路每次开通和关断时刻，电路电流正好为零，此时即为不连续导电模式，其电路波形如图 4-26 所示。

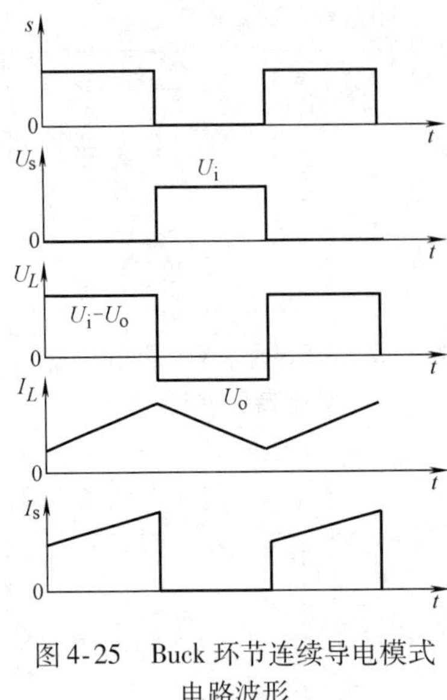

图4-25　Buck环节连续导电模式电路波形

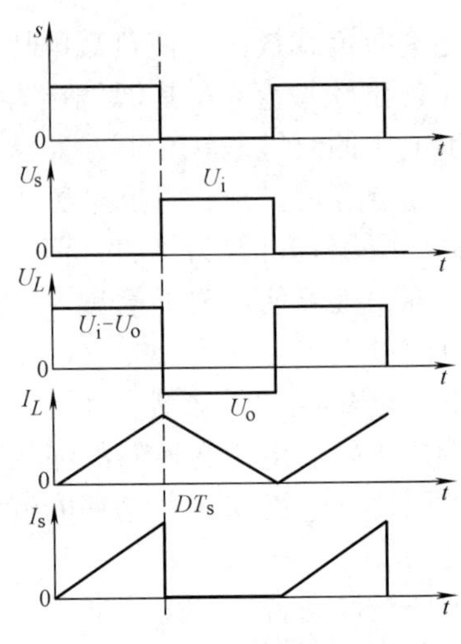

图4-26　Buck环节不连续导电模式电路波形

连续模式和断续模式是指流过电感中的电流有无中断。在断续模式变换器中，一个周期的某些时刻，流过电感的电流将为零。两种模式的电路状态也不相同，在连续模式下，最轻负载在所有时间段里，电路中一直都有电流流过。

$$I_{\text{LOAD,MIN}} \geqslant \frac{V_{\text{OUT}}T(1-D)}{L} \tag{4-18}$$

式（4-18）为电路断续与连续的判别基本公式。其中，T为开关周期；D为占空比；L为滤波电感；V_{OUT}为输出电压；$I_{\text{LOAD, MIN}}$为最小输出电流，并假设整流器的正向压降要比输出电压小得多。

无论电路工作在连续模式还是断续模式下，关键是不要让变换器总处在负载变化的电路中，使其一会儿工作在连续模式，一会儿工作在断续模式，这样会使电路的稳定性变得较差。由式（4-18），其相类似的解释为负载中的电流平均值大于电感中的电流平均值，即

$$I_o \geqslant \frac{1}{2}VI_L \tag{4-19}$$

$$VI_L = i(DT_s) - i(0) = \frac{U_i - U_o}{L}DT_s = \frac{1-D}{L}U_oT_s \tag{4-20}$$

由式（4-19）和式（4-20）可知，基本Buck变换器连续导电与不连续导电模式的临界条件为

$$f_s L/R \geqslant (1-D)/2 \tag{4-21}$$

式中，D 为占空比；f_s 为开关频率；R 为负载电阻。因此，变换器若要工作在连续导电模式下，必须满足式（4-21），则 L 的最小值为

$$L_{f\min} = (1-D)R/(2f_s) \tag{4-22}$$

对于 LC 滤波而言，负载与滤波电容 C 并联，高频状况下电感中大部分谐波电流都被 C 吸收了；L 不能选的太小，否则会使电感电流脉动急剧增大，流过开关管的最大电流也会增加，导致开关管的工作状态恶化。由此可知，L 除了起滤波作用外，还有限制开关电流的作用。稳态时，L 的值决定了电感电流峰-峰值（也即电感电流脉动）。假设允许的最大电感电流脉动为 Δi，则有

$$L \geqslant (U_i - U_o)D/(\Delta i f_s) \tag{4-23}$$

因此，L 的值不仅要满足变换器工作在连续导电模式的要求，还要满足设计指标中的电感电流脉动。

3. 输出滤波电容 C 的基本计算

根据输出电压纹波分量 ΔU_o 和其他给定的设计数据，C 的容量可以由下式求出：

$$C \geqslant U_o(1-D)/(8Lf_s^2\Delta U_o) \tag{4-24}$$

开关电源的输出滤波器是针对开关频率设计的，截止频率一般取开关频率的1/10～1/100。由于对高速电机稳速在30000r/min时，要求有高精度和快响应速度，这就对Buck环节输出电压提出了很高的要求，但对Buck环节输出电压的控制受其截止频率的限制，因此希望其有较高的截止频率。

$$f = \frac{1}{2\pi\sqrt{LC}} \tag{4-25}$$

式中，f 为截止频率；L 为Buck环节滤波电感；C 为Buck环节电容。

由式（4-25）可知为满足截止频率要求，电容、电感本应尽量减小，但由于本文所述电机电感量很小（仅有十几微亨），如果Buck环节电感过小，绕组中波形振荡将较为严重。综合以上各式的计算与实际调试，并且希望整个电机系统能够有较快的响应速度，因此对于不同的电路参数，运用动态分析仪求其相应的传递函数。

当电机控制系统的Buck电路中，电感 L 取值1.2mH、电容 C 取值5.7μF时，利用动态分析仪得到相应的响应曲线，经过拟合后的波形如图4-27所示。

在进行高速电机系统的运动控制时，如果能够建立系统的相关模型，将对控制律设计控制参数选取提供有力依据，这也是系统设计的重要步骤之一。

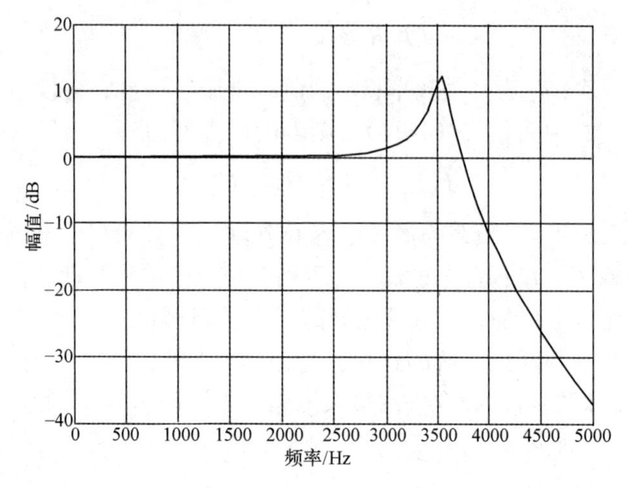

图4-27　$L=1.2\mathrm{mH}$、$C=5.7\mu\mathrm{F}$，单Buck环节响应曲线

Buck变换器的优点是：电路简单，动态特性好。缺点是：输入电流是脉动的，将会对输入电源产生电磁干扰；稳态电压比小于1，只能降压不能升压；开关晶体管发射极不接地，增加了驱动电路设计的难度（驱动电路的设计请参见本书第3章）。

4.5.1　Buck变换器电机控制系统设计与仿真

基于Buck变换器的磁悬浮控制力矩陀螺用高速永磁无刷直流电机控制系统拓扑如图4-28所示。

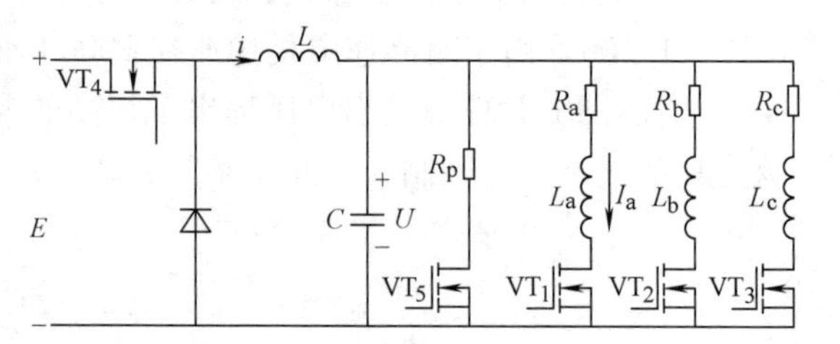

图4-28　基于Buck变换器的电机控制系统拓扑

在MATLAB/Simulink中对基于Buck变换器的磁悬浮控制力矩陀螺用高速永磁无刷直流电机控制系统进行仿真建模。本系统仿真模型主要为验证高速电机系统的相关特性，而并不是为验证系统的相关参数，仿真模型如图4-29所示。由于磁悬浮控制力矩陀螺的电机系统与磁轴承系统存在复杂的电磁关系，因此在高速电机系统稳定在额定转速时，电机系统

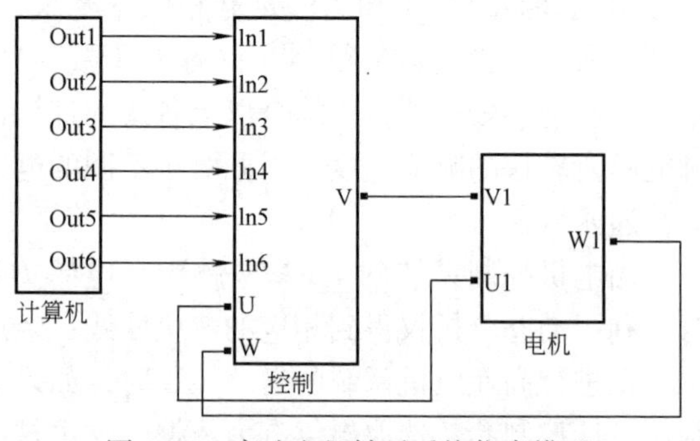

图4-29　高速电机转子系统仿真模型

功耗与磁轴承系统有很大关系，并且两者互相的功耗影响难以分离。

图4-30所示为高速电机系统在Simulink中建立的总体仿真模型，模拟高速转子系统在30000r/min稳速运行时电机的相关特性。

图4-30所示为高速电机系统的逆变桥模块。其中，6路MOSFET通态电阻取23mΩ，其他相关特性均模拟真实的元器件特性。由于前向Buck环节负责电机电压控制，所以此逆变桥只负责电机的换相控制，其开关频率由电机当前的转速来控制。

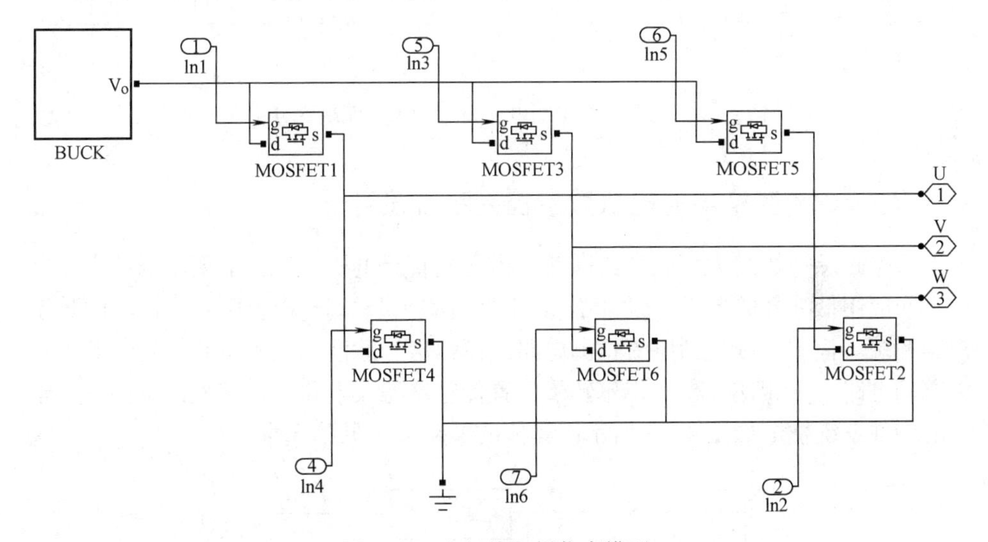

图4-30　电机换相桥仿真模型

图4-31所示为Buck变换器的仿真模型，其滤波电感值取2mH，滤波电容取值4.7uF。

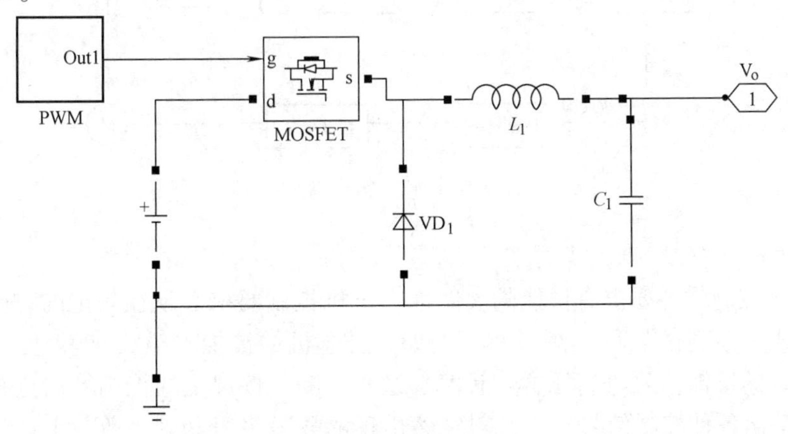

图4-31　Buck变换器仿真模型

图4-32所示为仿真绕组中的电流波形。从图中可以看出，此时电机绕组中电流波形已经较为平滑，这也为改善或抑制电机高速运行的换相转矩脉动打下了良好的基础。

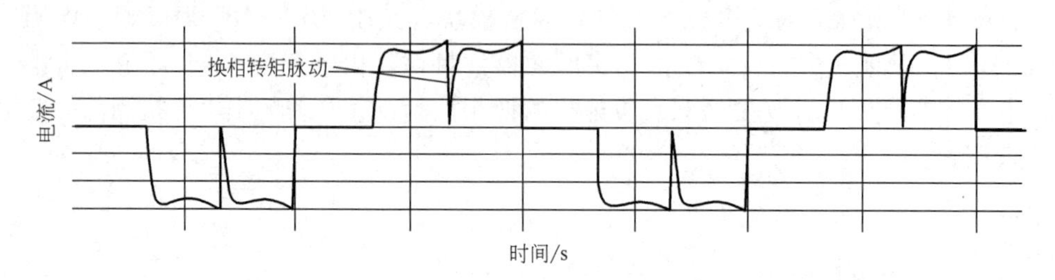

图4-32　仿真绕组中的电流波形（无电流跳变分量）

4.5.2　Buck变换器的电机数字控制系统设计

根据磁悬浮控制力矩陀螺用高速永磁无刷直流电机系统性能要求的特点，考虑空间应用低功耗的要求，设计了以TI公司的TMS320F2812 DSP为核心的数字控制系统。控制系统包括电流检测电路、模拟信号滤波和放大电路、功率开关器件驱动电路、三相逆变桥、霍尔转子位置传感器滤波电路、转速检测电路等。整个的硬件系统框图如图4-33所示，具体的电路可参见第3章。

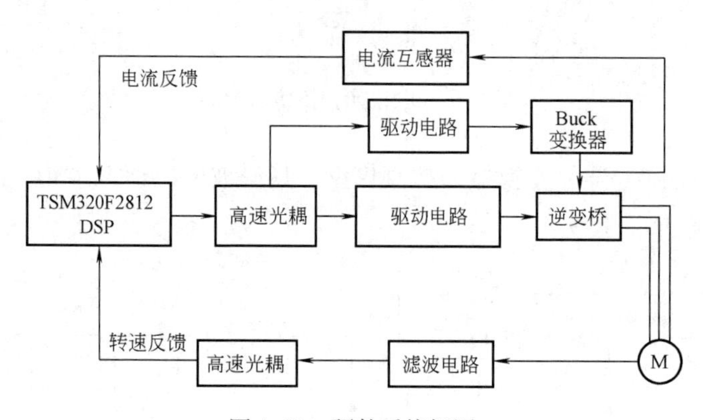

图4-33　硬件系统框图

软件设计有以下基本要求：

（1）控制软件要求有快速的实时性　电机控制要求必须在一定的时间限制内，完成一系列的软件处理过程。例如，对电机的被控参数（如转速、电流、电压等）的反馈信号进行采样、计算、逻辑判断，按规定的控制算法进行数值计算，输出各种控制信号，以及对突然出现的故障报警和处理等。上述各种处理，若超过一定的时间，就失去了实时的意义。电机的控制一般都是快速过程，为了满足实时性要求，需要对控制软件的指令执行时间进行精确计算。

（2）控制软件要有很高的可靠性　软件的可靠性是指软件在运行过程中避免发生故障的能力，以及一旦发生故障后的解脱和排除故障的能力。软件设计时应考虑电机在运行时可能出现的一切非正常情况，以提高软件的可靠性。

（3）控制软件要有易修改性　一个好的完整的控制软件常常是经过很多次的修改才完善，最终才满足所要求的功能和特性的。好的控制程序必须有良好的结构设计，以有利于提高软件在反复调试、修改和补充过程中的效率。

控制系统中，中断程序往往用于处理实时性较强的各种输入、输出事件。中断源的充分利用和合理分配，往往决定了整个控制软件的实时性和可靠性的优劣。TMS320F2812A DSP 具有强大的中断处理能力，充分利用其强大的中断处理能力处理电流采样、位置捕获及 PWM 波形输出等异步事件是整个控制软件的主要工作内容。软件由主程序和各中断子程序组成。主程序负责系统初始化及电机初始位置检测，等待中断；捕获中断负责监测转子位置及计算即时速度等。

1. ADC 中断完成电流的采集与转换

在控制系统工作之前需要对寄存器等相关参数进行设置，这就是系统初始化。

```
InitSysCtrl();              // 初始化系统寄存器、锁相环、看门狗、时钟
InitGpio();                 // 设置 GPIO 工作模式
DINT;                       // 禁止和清除 CPU 中断
IER = 0x0000;
IFR = 0x0000;
InitPieCtrl();              // 初始化 PIE 寄存器
InitPieVectTable();         // 初始化中断向量表
InitCpuTimers();            // 初始化 Timer0
StartCpuTimer0();
Initperipheral;
IER | = 0x0015;
EINT;                       // 全局中断使能
ERTM;
```

2. 换相、测速中断

捕获中断主要是为了获得电流的换相控制字并计算电机速度值。在捕获中断时，需要将 CAP 对应引脚由捕获状态设置成通用 I/O 状态，获得 3 个霍尔信号值后，将其转化为相应数值，以此寻找相应电机转向控制字，来控制电机换相。在退出中断前需恢复捕获功能设置。

三相六状态控制方式下的永磁无刷直流电机每旋转 360°电角度，3 个霍尔共

会产生6个上升沿与下降沿的电平转换信号。

3. 电流采样中断

电流闭环控制的好坏与电流采样的精度有很大关系。本系统采用Timer0定时器触发A/D采样中断，并根据前向滤波电路截止频率，选择A/D采样频率为10kHz。为了提高A/D采样精度，采用8次加权滤波求平均的控制算法。

4.5.3　基于Buck变换器的高速电机试验

本节介绍的实验对象为磁悬浮控制力矩陀螺用高速永磁无刷直流电机，给出了高速转子驱动系统进行相关实验。由于磁悬浮控制力矩陀螺是空间飞行器的姿态执行机构，而在太空中的飞行器需要较低的功耗，因此，研究工作为高速永磁无刷直流电机的低功耗控制技术。

高速转子系统原采用H_PWM_L_ON控制方式，这样在导通绕组电流中会产生高频跳变电流分量。按照Bertotti分立铁耗计算模型，铁磁材料的损耗（W/kg）可以分为磁滞损耗、经典涡流损耗和异常涡流损耗，如不考虑局部磁滞环则可以写成

$$\begin{cases}P_{fe}=P_h+P_{cl}+P_{ex}\\P_h=K_h fB_m^{\alpha}\\P_{cl}=2\pi K_{cl}f^2\int_0^{2\pi}\left[\dfrac{dB(\theta)}{d\theta}\right]^2 d\theta\\P_{ex}=\sqrt{2\pi}K_{ex}f^{1.5}\int_0^{2\pi}\left[\dfrac{dB(\theta)}{d\theta}\right]^{1.5}d\theta\end{cases}\tag{4-26}$$

式中，P_{fe}为铁耗；P_h为磁滞损耗；P_{cl}为经典涡流损耗；P_{ex}为异常涡流损耗；K_h和α为磁滞损耗系数；f为交变磁场波的频率；B_m为磁场波的幅值；K_{cl}为经典涡流损耗系数，$K_{cl}=\sigma d^2/12m_v$，其中σ、d、m_v分别为硅钢片的电导率、厚度和密度；$B(\theta)$为硅钢片的磁通密度波；K_{ex}为异常涡流损耗系数。由于交变磁场波的频率与交变电流成正比，因此可以认为铁磁材料的涡流损耗与交变电流跳变频率成二次方关系，磁滞损耗与交变电流跳变频率成正比关系。因为跳变电流会产生跳变磁场，所以跳变磁场会在定子、转子中产生大量涡流损耗。消除导通绕组中高频跳变电流主要有两种方式，其一为提高电感值，其二为提高开关管PWM频率。但电机电感值不可改变，所以应在电机接入电路中串入较大电感，并提高开关频率。

根据以上的思路，新的电机控制系统采用了降压斩波的控制方式。这样原逆变桥只负责电机换相，而不再对电机给定电压进行调制，电机的电压给定值由前向降压斩波电路通过PWM波进行控制。

原电机系统采用H_PWM_L_ON的控制方式稳速在30000r/min，其绕组电流

波形如图4-34所示。该控制方式，只对逆变桥导通绕组的上管进行PWM，下管恒通，开关频率选择20kHz。

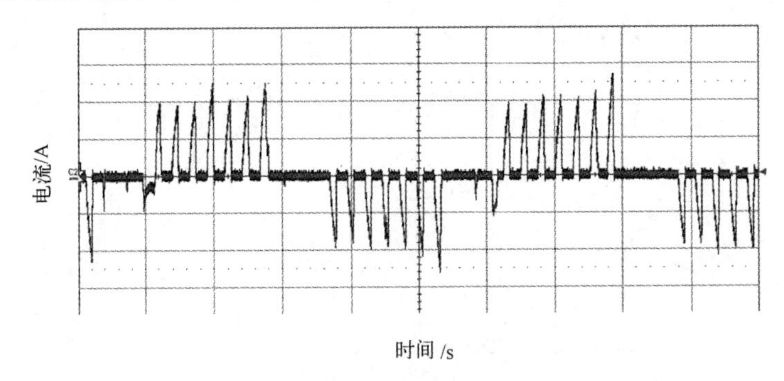

图4-34　PWM方式绕组电流波形

由图4-34可以看出，采用这种控制方式，绕组在120°导通时间内电流波形有高频PWM跳变分量，由前述可知这会给电机带来大量涡流损耗。

从图4-35可以看出，采用Buck控制方式后绕组中电流波形在120°导通时间内变得较为平直，这样涡流损耗会大大降低，从而降低电机功耗（由33.6W降低至29.0W）。

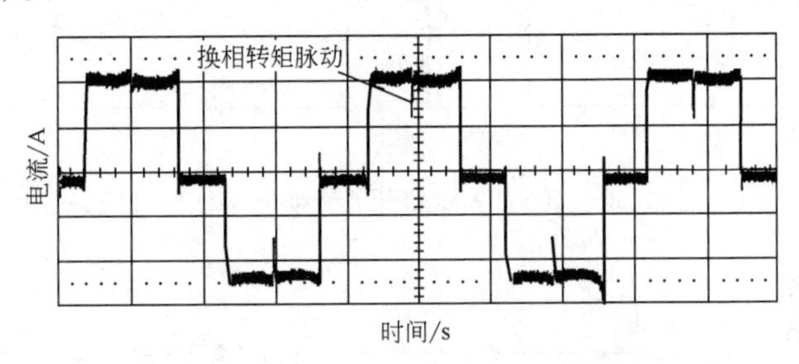

图4-35　采用Buck控制方式后绕组中电流波形

本节对基于Buck变换器的永磁无刷直流电机控制系统建立了模型，并在仿真中检验了相关特性，在最终的电机实验中采用新的控制方式比原控制方式在电机功耗方面也有所降低，实现了预期的结果。

4.5.4　Buck变换器软开关电路分析与设计

采用Buck控制方式能够有效降低高速永磁无刷直流电机的功耗，但也仍然存在一些问题：Buck变换器的功率MOSFET开关应力较大，因此元器件稳定性较差；由于开关频率过高，又给系统带来很大的开关损耗，需要设计风冷散热装置。因此，为提高整个系统的稳定性、降低功耗，开展了软开关技术的实验工作。

对比几种软开关特性和实现难易程度后，本节介绍的系统选择了 ZCS_PWM 软开关变换器（见图 4-36）进行实验。假设输出滤波电感足够大，输出电流 I_o 为定值，电路工作原理如图 4-37 所示。

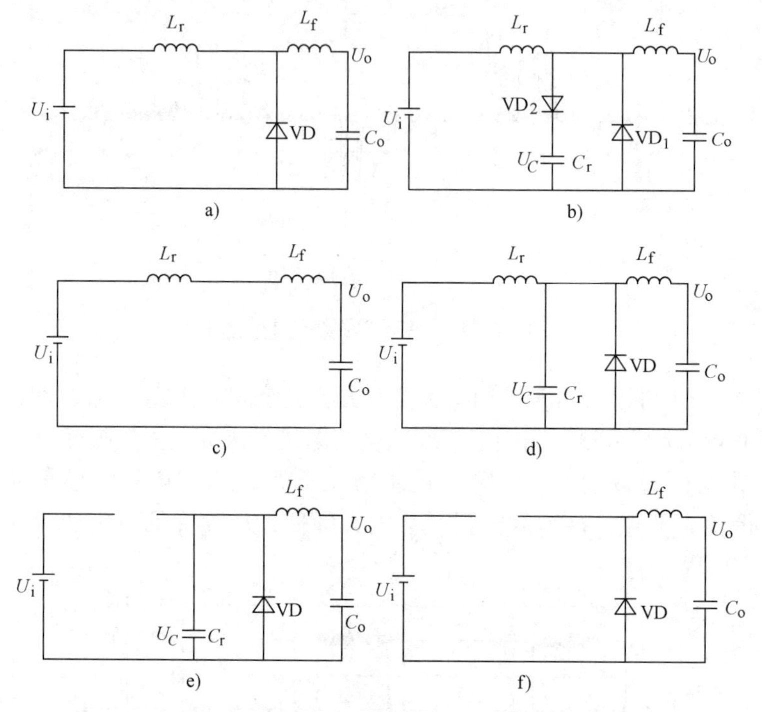

图 4-36　ZCS_PWM 软开关变换器工作原理图

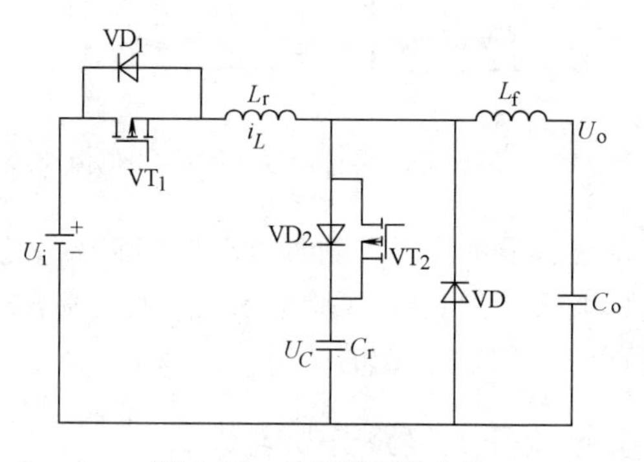

图 4-37　软开关拓扑电路

$t_0 \sim t_1$，谐振电感电流处于上升阶段，如图 4-38 所示。

t_0 时刻开通 VT_1，由于 L_r 中电流不能突变，而且开通瞬间主二极管 VD 续流，且输出电流不变，所以可以认为 VT_1 零电流开通。$i_L = U_i t/L_r$ 线性上升，到 t_1 时刻达到 I_o，VD 零电压关断。

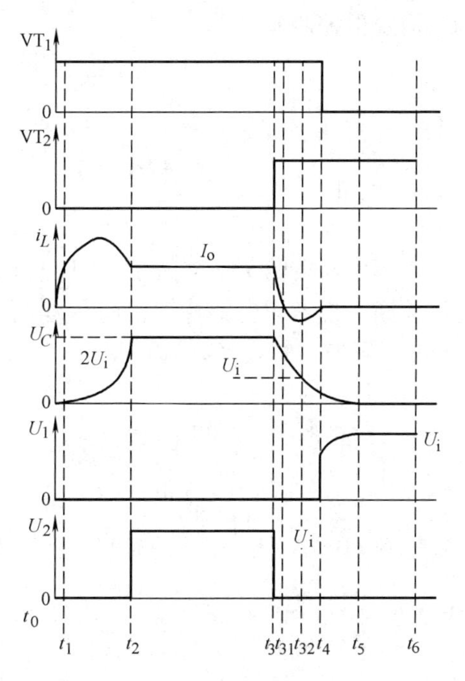

图 4-38　软开关电路工作波形

$$t_1 = \frac{I_o L_r}{U_i} = K\sqrt{L_r C_r} \tag{4-27}$$

$t_1 \sim t_2$，L_r、C_r 谐振阶段。谐振方程如下：

$$\begin{cases} U_i = L_r \dfrac{di_L}{dt} + U_C \\ i_L = C \dfrac{dU_C}{dt} \end{cases}, \ i_{L0} = 0, U_{C0} = 0 \tag{4-28}$$

i_L 在 t_1 时刻为 I_o，其为负载输出电流，因此认为在 t_1 时刻谐振初始电流为零，$\omega = 1/\sqrt{L_r C_r}$。到 t_2 时刻，$i_L = I_o$，VD_2、C_r 支路电流下降为零，U_C 正好谐振到 $2U_i$。解式（4-28）得

$$\begin{cases} i_L = I_o + \dfrac{U_i}{\omega L_r}\sin\omega(t - t_1) \\ U_C = U_i[1 - \cos\omega(t - t_1)] \end{cases} \tag{4-29}$$

$$t_2 = t_1 + \frac{\pi}{\omega} = (K + \pi)\sqrt{L_r C_r} \tag{4-30}$$

1. $t_2 \sim t_3$ 恒流阶段

进入 PWM 工作方式，$i_L = I_o$。

2. $t_3 \sim t_4$，L_r、C_r 再次谐振阶段

谐振方程如下：

$$\begin{cases} U_i = L_r \dfrac{di_L}{dt} + U_C \\ i_L = C \dfrac{dU_C}{dt} \end{cases}, \ i_{L0} = 0, \ U_{C0} = 2U_i \tag{4-31}$$

在 $t_3 \sim t_4$ 阶段，有3点可以实现 VT_1 软关断。VT_1 可以在 t_{31}零电流关断，t_{32}零电压关断，t_4 零电流关断。但考虑电路特性，选在 t_4 时刻零电流关断 VT_1。t_3 时刻开通 VT_2。VT_2 零电流开通，解式（4-31）得

$$\begin{cases} i_L = I_o - \dfrac{U_i}{\omega L_r}\sin\omega(t - t_3) \\ U_C = U_i[1 + \cos\omega(t - t_3)] \end{cases} \tag{4-32}$$

VT_1 零电流关断，t_4 时刻 $i_L = 0$，Δt 为 $i_L = 0$ 的时间，此时 V_t 与 t_4 值为

$$\begin{cases} V_t = \dfrac{\arcsin \dfrac{I_o \omega L_r}{U_i}}{\omega} = (\arcsin K)\sqrt{L_r C_r} \\ t_4 = t_3 + \dfrac{T}{2} - V_t = t_3 + \pi\sqrt{L_r C_r} - (\arcsin K)\sqrt{L_r C_r} \\ \qquad = t_3 + (\pi - \arcsin K)\sqrt{L_r C_r} \end{cases} \tag{4-33}$$

3. $t_4 \sim t_5$，C_r 放电阶段

t_4 时刻后 U_C 电压以 $-I_o/C_r$ 下降。到 t_5 时刻下降到零，续流二极管 VD 零电压开通。

$$t_5 = t_4 + \frac{C_r U_i}{I_o} = t_4 + \frac{\sqrt{L_r C_r}}{K} \tag{4-34}$$

4. $t_5 \sim t_6$，二极管续流阶段

此阶段任意时刻关断 VT_2，VT_2 零电压关断。

为确保任何时候 VT_1 都可以零电流关断，谐振电感电流必须能够回零。由式（4-32）得

$$i_L = I_o - \frac{U_i}{\omega L_r}\sin\omega\ (t - t_3)\ \leqslant 0,\ Z_r \leqslant \frac{U_i}{I_{OMAX}};\ Z_r = K\frac{U_i}{I},\ K < 1$$

为减小谐振电容、电感工作时对 PWM 控制的影响，需要将谐振频率尽量缩短，即提高谐振频率。设谐振频率 f_r 与开关频率 f_s 关系为 $f_{sr} = Nf_s$，N 取值为 $4 \sim 10$。

$$
\begin{cases}
f_r = \dfrac{1}{2\pi\sqrt{L_r C_r}} \\
C_r = \dfrac{1}{2\pi f_r} = \dfrac{I_o}{2\pi K N f_s U_i} \\
L_r = \dfrac{Z_r}{2\pi f_r} = \dfrac{K U_i}{2\pi N f_s I_o}
\end{cases}
\tag{4-35}
$$

式（4-35）中相关参数为：$K = 0.8$，$N = 4$，$f_s = 150\text{kHz}$（$6.67 \times 10^{-6}\text{s}$），$U_i = 28\text{V}$，$I_o = 0.7\text{A}$。$C_o = 5.7\mu\text{F}$，$L_f = 1 \times 10^{-3}\text{H}$。$C_r = 8.29 \times 10^{-9}\text{F}$，$L_r = 8.49 \times 10^{-6}\text{H}$，$\sqrt{L_r C_r} = 2.65 \times 10^{-7}$，$\omega = 3.77 \times 10^6 \text{rad/s}$。

由式（4-33）计算出对应的时间节点

$$
\begin{cases}
t_1 = 0.212\text{e}-6\text{s} \\
t_2 = 1.04\text{e}-6\text{s} \\
t_3 = 3.41\text{e}-6\text{s} \\
t_4 = 4\text{e}-6\text{s} \\
t_5 = 4.331\text{e}-6\text{s} \\
t_6 = 6.67\text{e}-6\text{s}
\end{cases}
\tag{4-36}
$$

4.6　本章小结

本章首先综合介绍了转矩脉动产生的原因和各种抑制转矩脉动的方法，并重点分析了换相转矩脉动产生的原因。之后，在对使用的特殊永磁无刷直流电机本体的功耗及其来源进行仔细分析后，提出了降低功耗的方法和途径，并通过变压控制实验证实了理论分析的正确性和通过减小电流脉动幅值来降低损耗的可行性。经过对变压控制实验结果的分析后，发现其在航天领域应用的可行性差，因此进一步提出了双极性控制方法，介绍了双极性控制的原理及系统组成，并用该系统在飞轮系统上进行了实验，结果并不理想。最后，分析并设计了基于 Buck 变换器的高速永磁无刷直流电机控制系统，从根本上消除了导通区 PWM 引起的电机铁耗。

参 考 文 献

[1] 王兴华，励庆孚，王曙鸿，等．永磁无刷直流电机换相转矩波动的分析研究［J］．西安交通大学学报，2003，37（6）：612-616.

［2］王京锋，马瑞卿，孙纯祥．无刷直流电动机换相转矩波动的分析研究［J］．微电机，2006，39（6）：52-55.
［3］王兴华，励庆孚，王曙鸿．永磁无刷直流电机磁阻转矩的解析计算方法［J］．中国电机工程学报，2002，22（10）：104-108.
［4］王兴华，励庆孚，王曙鸿．永磁无刷直流电机空载气隙磁场和相反电势的解析计算［J］．中国电机工程学报，2003，23（3）：126-130.
［5］王兴华，励庆孚，王曙鸿．永磁无刷直流电机负载气隙磁场和电磁转矩的解析计算［J］．中国电机工程学报，2003，23（4）：140-144.
［6］LIU Y，ZHU Z Q，HOWE D. Direct torque control of brushless DC drives with reduced torque ripple［J］. IEEE Transactions on industry applications，2005，4，41（2）：599-608.
［7］SONG J H，CHOY I. Commutation torque ripple reduction in brushless DC motor drives using a single DC current sensor［J］. IEEE Transactions on power electronics，2004，19（2）：312-319.
［8］NAM K Y，LEE W T，LEE C M，et al. Reducing torque ripple of brushless DC motor by varying input voltage［J］. IEEE Transactions on Magnetics，2006，42（4）：1307-1310.
［9］SU G J，ADAMS D J. Multilevel DC link inverter for brushless permanent magnet motors with very low inductance［C］//Proceeding of 36th IEEE-IAS Meeting，Chicago，USA，2001：829-834.
［10］徐衍亮，刘刚，房建成．控制力矩陀螺用高性能永磁无刷直流电机研究［J］．中国惯性技术学报，2003，11（2）：16-20.
［11］房建成，王志强，刘刚，等．小电枢电感永磁无刷直流电动机低功耗控制系统：ZL 200510011973．6［P］．2005.
［12］LAI Y S，MERBER S. Novel loss reduction PWM technique for brushless DC motor drives fed by MOSFET inverter［J］. IEEE Transaction on Power Electronic，2004，19（6）：1646-1652.
［13］房建成，孙津济，马善振，等．一种无定子铁心无刷直流电动机：ZL200410101898.8［P］．2004.
［14］房建成，孙津济，马善振．一种Halbach磁体结构无刷直流电动机：ZL 200510011242.1［P］．2005.
［15］王大方，卜德明，朱成，等．一种减小无刷直流电机换相转矩脉动的调制方法［J］．电工技术学报，2014，29（5）：160-166.
［16］李珍国，章松发，周生海，等．考虑转矩脉动最小化的无刷直流电机直接转矩控制系统［J］．电工技术学报，2014，29（1）：139-146.
［17］周美兰，高肇明，吴晓刚，等．五种PWM方式对直流无刷电机系统换相转矩脉动的影响［J］．电机与控制学报，2013，17（7）：15-21.
［18］夏长亮，方红伟．永磁无刷直流电机及其控制［J］．电工技术学报，2012，27（3）：25-34.
［19］王晓远，田亮，冯华．无刷直流电机直接转矩模糊控制研究［J］．中国电机工程学报，

2006（15）：134-138.

[20] 林平，韦鲲，张仲超．新型无刷直流电机换相转矩脉动的抑制控制方法［J］．中国电机工程学报，2006（3）：153-158.

[21] 张晓峰，胡庆波，吕征宇．基于 BUCK 变换器的无刷直流电机转矩脉动抑制方法［J］．电工技术学报，2005（9）：72-76，81.

[22] 韦鲲，胡长生，张仲超．一种新的消除无刷直流电机非导通相续流的 PWM 调制方式［J］．中国电机工程学报，2005（7）：104-108.

[23] 张相军，陈伯时．无刷直流电机控制系统中 PWM 调制方式对换相转矩脉动的影响［J］．电机与控制学报，2003（2）：87-91.

[24] 郑吉，王学普．无刷直流电机控制技术综述［J］．微特电机，2002（3）：11-13.

[25] SHYU K K, LIN J K, PHAM V T, et al. Global minimum torque ripple design for direct torque control of induction motor drives [J]. IEEE Transactions on Industrial Electronics, 2010, 57 (9): 3148-3156.

[26] SHI T, GUO Y, SONG P, et al. A new approach of minimizing commutation torque ripple for brushless DC motor based on DC-DC converter [J]. IEEE Transactions on Industrial Electronics, 2010, 57 (10): 3483-3490.

[27] ZHU H, XIAO X, LI Y D. Torque ripple reduction of the torque predictive control scheme for permanent-magnet synchronous motors [J]. IEEE Transactions on Industrial Electronics, 2012, 59 (2): 871-877.

[28] KIM I, NAKAZAWA N, KIM S, et al. Compensation of torque ripple in high performance BLDC motor drives [J]. Control Engineering Practice, 2010, 18 (10): 1166-1172.

[29] JING G U, MINGGAO O, JIANQIU L I, et al. Driving and braking control of PM synchronous motor based on low-resolution hall sensor for battery electric vehicle [J]. 中国机械工程学报（英文版），2013, 26: 1-10.

[30] XIA Y Y, FLETCHER J E, FINNEY S J, et al. Torque ripple analysis and reduction for wind energy conversion systems using uncontrolled rectifier and boost converter [J]. IET Renewable Power Generation, 2011, 5 (5): 377-386.

[31] DOWLATSHAHI M, et al. Copper loss and torque ripple minimization in switched reluctance motors considering nonlinear and magnetic saturation effects [J]. Journal of Power Electronics, 2014, 14 (2): 351-361

[32] NICOLA M, NICOLA C, IONETE C, et al. Improved performance for PMSM sensorless control based on robust-type controller, ESO-type observer, multiple neural networks, and RL-TD3 agent [J]. Sensors (Basel, Switzerland), 2023, 23. DOI: 10.3390/s23135799.

[33] PARK H, KIM T, SUH Y. Fault-tolerant control methods for reduced torque ripple of multiphase BLDC motor drive system under open-circuit faults [J]. IEEE Transactions on Industry Applications, 2022. DOI: 10.1109/TIA.2022.3191633.

[34] PARK J H, LEE D H. Simple commutation torque ripple reduction using PWM with compensation voltage [J]. IEEE Transactions on Industry Applications, 2020 (99): 1. DOI: 10.1109/

TIA. 2020. 2968412.
[35] VAFAIE M H, DEHKORDI B M . Minimising power losses and torque ripples of permanent-magnet synchronous motor by parallel execution of a two-stage predictive control system [J]. IET Power Electronics, 2020, 13 (16) . DOI: 10. 1049/iet-pel. 2020. 0583.

第5章

永磁无刷直流电机锁相环速度控制技术

锁相环（PLL）技术也称自动相位控制技术，出现于20世纪30年代，最早的应用是20世纪40年代电视接收机的行扫描电路和供色度信号调节的负载波振荡电路。直到20世纪70年代初期，随着低成本高性能集成锁相环电路的出现，锁相环技术才在工业领域，特别是电机速度控制、无线电，如无线寻呼、无绳电话、移动卫星通信、彩色电视、调制解调器和信号探测器等方面得到广泛应用，成为整个通信和电子领域的一个重要技术。

将锁相环技术引入电机控制最早开始于20世纪60年代初期，美国Kollmorgen公司制造的“The S-1 Servo”永磁直流电机伺服系统就体现了“参考信号和反馈信号锁定”的思想，但由于当时没有合适的鉴相器，该产品在实际控制时是用数字逻辑电路在PI控制的基础上对速度的2次积分进行相位调节，并没有检测实际相位误差，因而不是真正意义上的锁相控制。随着20世纪70年代初期集成锁相环的出现，使锁相环器件成本降低、性能提高，特别是数字鉴相器，可以方便地进行相位检测，这才实现了真正意义上的锁相控制。虽然锁相环技术在电机控制领域首先是用于同步电机，但随后却大量用于直流电机。

早期的锁相环控制系统的共同特点是采用单一的锁相控制，方案简单，用模拟电路实现。Moore首先给出了采用MC4044鉴频鉴相器（PFD）的直流电机控制基本方案，并分析了达到0.02%稳态精度的可能性。Tal首先建立了电压泵PFD的线性离散模型，并从稳定性分析入手得到了存在低速极限及其与环路参数的关系。20世纪80年代以来，随着电力电子技术、微电子技术和控制技术的发展，对电机的调速系统性能的要求越来越高，主要表现在稳速转速精度高、动态调速性能好、抗干扰能力强等方面。锁相调速在稳态精度方便有独特的优势，但在动态性能和抗干扰能力方面有明显的缺陷，因此后来的研究主要针对这两方面进行改善。现代的电机锁相控制已发展到一个包括软硬件的控制系统，锁相环技术作为一种相位检测的手段，与其他先进的控制技术相集成，共同提高了调速系统的综合性能。

锁相环技术在电机调速系统中已经获得了广泛的应用，在进一步提高鉴相技术本身的基础上，其发展趋势是锁相环技术与其他先进控制技术相集成，通过发挥各自的优势，共同提高控制系统的性能。

5.1　锁相环速度控制原理

锁相环主要是使反馈信号与给定基准信号同步，将这个思想引入电机的速度控制系统中，能够实现稳态精度很高的速度控制，这一点在20世纪60年代初期就已经被意识到，但直到集成锁相电路的普及才真正实现。锁相环系统根据参考转速和反馈转速间频率或相位的任意差异来校正电机转速。因此，只要使基准信号频率精度较高，其稳定精度就可达到很高。对于电机锁相环来说，一般由鉴频鉴相器（PFD）、低通滤波器（LPF）和压控振荡器（VCO）组成，如图5-1所示。

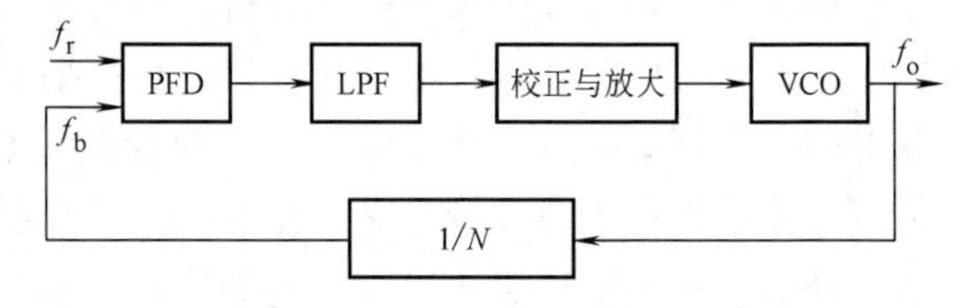

图5-1　锁相环内部结构框图

频率发生器（FG）产生输出频率f_o，经$1/N$分频得到反馈频率f_b，在PFD中与参考频率进行频率和相位比较后，产生差值信号。此信号经LPF后得到与之成正比的电压信号V_o，再经放大与校正后，作用于FG，控制输出频率f_o。锁相环其实就是一个闭环控制系统，在闭环负反馈作用下，系统使f_r和f_b的频差和相差朝着减小的方向变化，最后，系统“锁住”，两个信号频率达到了同频和接近于同相。

锁相控制系统可以获得高稳态精度的根本原因在于锁相环将相位作为控制信号，传递相位信息的光电码盘或旋转变压器只存在瞬时的信号抖动，每周的平均误差为零，能够准确地传递相位信息。由于相位是转速的积分，对于转速阶跃，即使稳态相位存在误差，对于速度而言是无差的。当速度反馈信号和速度参考信号锁定时，电机的平均速度误差将为零，只存在很小的瞬时高频抖动，稳态精度很高。

5.1.1　电机锁相转速控制系统的鉴相器

鉴相器是电机锁相环速度控制系统的关键部分。按照信号形式，可将鉴相器分为模拟锁相环、模数混合锁相环、数字锁相环和软件锁相环，在电机控制领域目前采用较多的是模数混合锁相环和数字锁相环。随着数字信号处理器运算速度和可编程逻辑器件集成度的大幅提高，使得软件锁相环计算周期足够短，促进了电机软件锁相环速度控制的应用。在电子锁相环中，由于VCO没有惯性，存在频率误差时可以通过鉴相器产生的瞬时频差电压使环路入锁。对于小惯量电机的转速控制，可以采用鉴相器使系统入锁；但对于惯性较大的电机，由于受系统带宽的限制，将可能导致谐波锁定、极限环或混沌现象。

PFD 用数字相位比较器得到宽度与相位误差成正比的脉冲序列，然后再将脉冲宽度转化为控制部分可接受的模拟或数字信号。由于 PFD 的鉴相范围宽，且有鉴频功能，能保证环路有足够的捕捉范围，在电机控制领域应用较广泛。通用锁相环集成芯片 MC4044 和 MC4046 都是采用泵电路和滤波器将脉冲形式的相位误差转换为模拟信号。

泵电路分为电压泵和电流泵两种，在电机转速控制领域一般采用电压泵电路。Margaris 等人解释了电压泵 PFD 在不同应用中表现出不同特性的原因，说明了鉴相特性与滤波器形式之间的关系：采用有源滤波器时，鉴相特性在[-2π, 2π]范围内为线性，控制结果存在稳态相位误差；采用无源滤波器时，鉴相特性在[-2π, 2π]内为一条折线，转折点的位置与滤波器的参数有关，无源滤波器电路具有积分的性质，稳态时相位误差为零。但电压泵 PFD 通过电容充放电的方式将表示相位误差的脉冲宽度转换为模拟信号，存在非线性关系，而且采用无源滤波器时的非线性鉴相特性会导致电机转速的上下不对称脉动以及不同转速阶跃的动态性能不同。针对这一问题，Hsieh 提出了自适应数字泵控制器。自适应数字泵控制器在相位误差脉冲的有效时间内，用加减计数器对基准脉冲计数，以量化误差为代价将表示相位误差的脉冲宽度转换为数字量。此外，采用可以直接输出与相位误差成正比的直流电压信号的采样保持鉴相器，也可以替代电压泵和滤波器。但是当采样保持鉴相器工作时，其鉴相特性并不是线性的，从而导致了电机稳定运行的最低转速变高，必须增加补偿网络来解决这一问题。

理论上，PFD 捕捉带为无限大，但由于 PFD 的饱和鉴频特性，单纯依靠 PFD 进行调速，电机的动态响应并不理想。早期采用相位误差的比例、微分、二次微分控制来改善系统的动态性能，用目标函数最小化的方法抑制动态的相位波动。采用双模速度控制是改善动态响应、扩大调速范围的有效方法。双模控制器包括两种控制器，在大速度误差范围内采用其他控制方法（如常规 PID 控制、滑模控制、智能控制等）使转速误差迅速减小，一旦转速误差进入预先设置的误差带，则转入锁相环转速控制。双模控制既获得了良好的动态性能，又有高的稳态精度，但如何实现两种模式的平稳的无扰动切换是关键问题。在常规速度控制时，用硬件对锁相控制器的输出初始化，强迫使两种控制器的输出在切换时相等，消除了切换时的不稳定现象。但由于没有考虑切换瞬间鉴相器的初始相位，因此切换后还需要几个周期的相位捕捉才能使环路入锁，电机转速有时会出现短暂波动。对于具有三角波鉴相特性的鉴相器，在切换瞬间初始相位误差必须满足特定的条件才能保证切换后环路能在单周期内入锁。双模控制避免了鉴相器的非线性工作区，捕捉带的分析已不重要，而为了在切换时环路能够迅速入锁，设置的误差带必须小于锁相系统的快捕带。由于电机存在较大惯性，它的快捕带分析和通常的电子锁相环有本质区别。

5.1.2　电机的转矩控制

对于电机控制系统，锁相环是作为速度环工作的，还有转矩控制问题尚待解决。电机转速控制系统的抗干扰能力取决于系统带宽，带宽越大，抗干扰的能力就越强。锁相环系统的带宽与通常的速度控制系统相比要小得多。采用超前校正环节对抗干扰能力有一些改善，当干扰较小，引起的相位误差尚未超过鉴相器的线性范围时，校正环节能使系统快速入锁。但如果干扰较大，动态的相位误差超过鉴相器的线性相位跟踪范围，则会导致系统短暂失锁，需要重新捕获，转速需要较长时间才能恢复。此外，还可采用自适应控制、鲁棒性强的模糊控制或滑模控制方法作为动态的速度控制，当环路因干扰而失锁时，能快速地将转速拉回误差带内。

为了使锁相系统尽快锁定，除采用有效的转矩控制策略外，还必须保证干扰引起的相位误差不超过鉴相器的线性范围，主要的途径有：扩大鉴相器的鉴相范围，减小干扰转矩引起的相位误差变化，采用扰动观测器来观测并补偿扰动转矩等。

锁相技术早期大部分是用于直流电机，主要是由于直流电机的转矩容易控制，而且转矩响应快。随着交流传动技术的飞速发展，锁相技术在电机控制领域的应用也逐渐扩展到异步电机、同步电机、开关磁阻电机和无刷直流电机等。锁相技术在电机转速控制系统中已经获得了广泛的应用，在进一步提高鉴相技术本身的基础上，可将锁相技术与各种先进控制方法相结合，发挥各自优势，提高控制系统的性能。

5.2　电机专用锁相环控制器

TC9242是日本东芝公司生产的电机控制专用锁相环集成电路，主要应用于数字型电唱机、复印机、软盘驱动器（FDD）、硬盘驱动器（HDD）和光盘驱动，它的集成度高、功能稳定，通过简单的设计外围电路即可实现电机的高精度稳速。具体来说有如下特点：

1）供电电压低（$V_{DD}=5V$），易于提供；

2）当电机极对数为4时，外接20MHz晶振，转子最高转速可达39062.5r/min，满足系统要求；

3）拥有两个8bit DAC（数/模转换器）分别用作F/V和P/V变换；

4）石英晶体的分频系数可选两组：$K=1/3$、$1/4$ 和 $1/5$，$N=1/20$ 或 $1/27$。

5.2.1　TC9242 的引脚功能和主要参数介绍

TC9242 是 C2MOS 结构电路，采用 DIP16 封装形式，其内部原理框图如图 5-2所示。

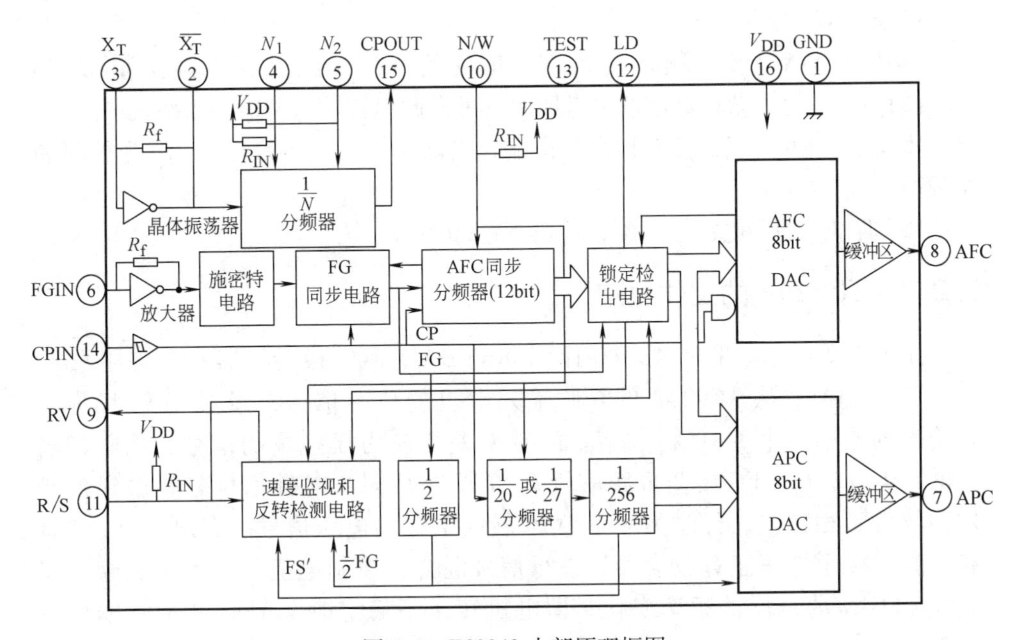

图 5-2　TC9242 内部原理框图

其主要性能参数和引脚功能如下：

1）电源电压：5V。

2）最大晶体振荡器频率 f_x：20MHz。

3）最大电机反馈速度输入信号 FGIN：4kHz。

1 脚：接地端。

2、3 脚：外部晶振连接端。

4、5 脚：N_1 端和 N_2 端。N_1、N_2 端电平决定分频系数 N 的大小，具体选取如下：$N_1N_2=\text{HH}$ 时，$N=1/5$；$N_1N_2=\text{LH}$ 时，$N=1/4$；$N_1N_2=\text{HL}$ 时，$N=1/3$。

6 脚：FGIN 端，电机反馈速度输入端。

7 脚：APC 端，自动相位控制输出端。

8 脚：AFC 端，自动频率控制输出端。

9 脚：RV 端，判断电机反转后给出信号输出端。

10 脚：N/W 端，此引脚决定分频系数 K 的大小，从而控制电机的锁相范围。当此引脚为高电平或悬空时，$K=1/20$，此时电机锁相范围为($0.947f_0$，$1.046f_0$)；当此引脚为低电平时，$K=1/27$，此时电机锁相范围为（$0.961f_0$，$1.034f_0$)。

11脚：R/S端，运转/停机端，低电平运转，高电平或悬空时停机。

12脚：LD端，此端为高电平时，表示电机已进入锁相范围。

13脚：TEST端。

14脚：CPIN，参考频率输入端。正常情况下，此引脚应连接至15脚(CPOUT端)，为了获得灵活的参考频率，可向此引脚输入所需的频率。

15脚：CPOUT端，参考频率输出端，输出频率为f_{ref}/N，其中f_{ref}为外部晶振频率。

16脚：V_{DD}端，电源输入端，$V_{DD}=5V\pm0.5V$。

5.2.2　TC9242的工作原理

如图5-2所示，TC9242采用两个8bit DAC（数/模转换器）分别用作F/V和P/V变换。从TC9242的6脚输入电机的位置信号，经过TC9242从8脚输出的是第一个DAC将数字量的频率差变换为模拟量的信号。从7脚输出的是FG/2（是FG的2分频信号）和FS（从同步时钟信号分频得到）相位比较得到相位差，经过另一个DAC转换的输出电压信号。在使用时，7脚和8脚连接至加法运算放大器，进行信号混合，控制电机的功率开关管。当6脚（FGIN端）反馈频率变化，即电机转速不稳定时，AFC和APC输出变化如下：

1）FGIN在锁定范围以下时，AFC和APC为高电平（H）；

2）FGIN在锁定范围以上时，AFC和APC为低电平（L）；

3）FGIN在锁定范围之内时，AFC线性输出，AFC随着转速信号FGIN的增大而减小。

APC输出锯齿波，当反馈转速信号FGIN小于设定频率信号f_0时，APC输出斜率为正的锯齿波，如图5-3所示；当反馈转速信号FGIN大于设定频率信号f_0时，APC输出斜率为负的锯齿波，如图5-4所示。图5-5给出了整个过程中F/V和P/V变换的输出特性，从中可知，锁相后，AFC和APC均为直流电压，并接近2.5V。

晶体振荡器频率f_x的计算公式为：$f_x=128Kn_0aN/60$。其中，K为分频系数，可选20或27；N为分频系数，可选3、4或5；a为每转脉冲数（对应于换相信号，即极对数p，本节介绍的永磁无刷直流电机的极对数$a=4$)；n_0为锁定转速(r/min)。

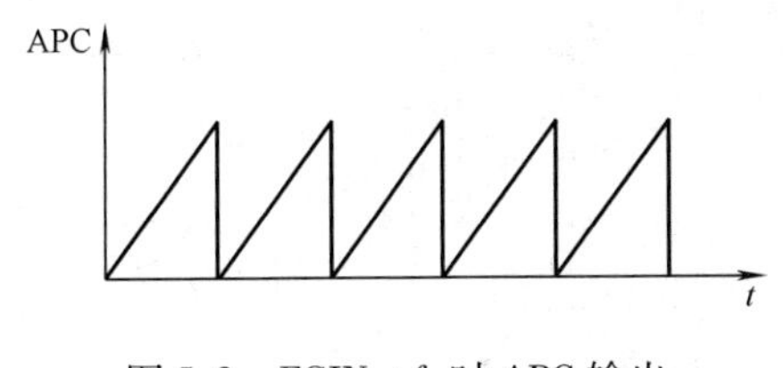

图 5-3　FGIN < f_0 时 APC 输出

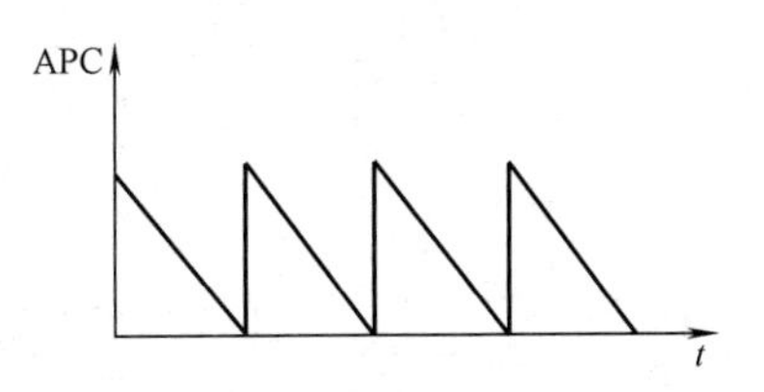

图 5-4　FGIN > f_0 时 APC 输出

对于有位置传感器高速电机来说，当 $n_0 = 30000\text{r/min}$ 时，若取的分频系数均最小，即 $K = 20$，$N = 3$，$a = 4$，则晶体振荡器频率为 $f_x = (128 \times 20 \times 30000 \times 3 \times 4)/60\text{Hz} = 15.36\text{MHz}$，其速度反馈输入信号，也即霍尔信号频率最大为 $(30000 \times 4/60)\text{Hz} = 2\text{kHz}$，显然它们均满足 TC9242 的工作条件。因此，对于有位置传感器的永磁无刷直流电机来说，可直接将霍尔信号输入 TC9242 的速度反馈端 FGIN。

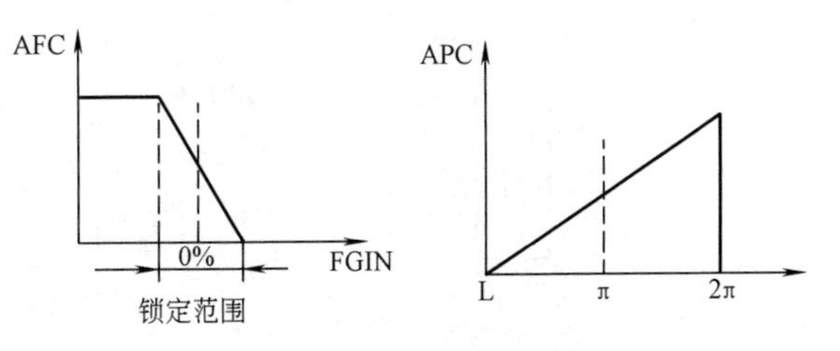

图 5-5　F/V 和 P/V 变换的输出特性

5.3　模拟电路锁相环速度控制系统

基于有位置传感器实现的永磁无刷直流电机驱动控制，是目前最常用也是最成熟的驱动控制技术，它易于实现，控制方便可靠。本节将对有位置传感器永磁无刷直流电机的锁相速度控制系统的设计进行详细介绍。

有位置传感器的永磁无刷直流电机系统由电机本体、控制器、位置传感器和直流电源四部分组成。永磁无刷直流电机的本体与永磁同步电机相似，其转子上装配有稀土永磁体；定子结构与普通的同步电机及异步电机相同，铁心中嵌放对称多相绕组，绕组可接成星形或三角形，并分别与逆变器中各开关管相连接。

本节以 MOTOROLA 公司生产的 MC33035 集成控制芯片作为有位置传感器永磁无刷直流电机的控制器。MC33035 的功能、主要参数和外围电路的设计可参见前文。

虽然整个锁相环稳速控制系统属于闭环控制系统，但误差放大器（EA）仍连成跟随器，锁相环电路输出直接与误差放大器同相端相连，通过锁相环自身的调节改变 PWM 反相端电压，进而改变 PWM 占空比，控制转速。图 5-6 所示即为锁相环 TC9242 与 MC33035 接口电路框图。

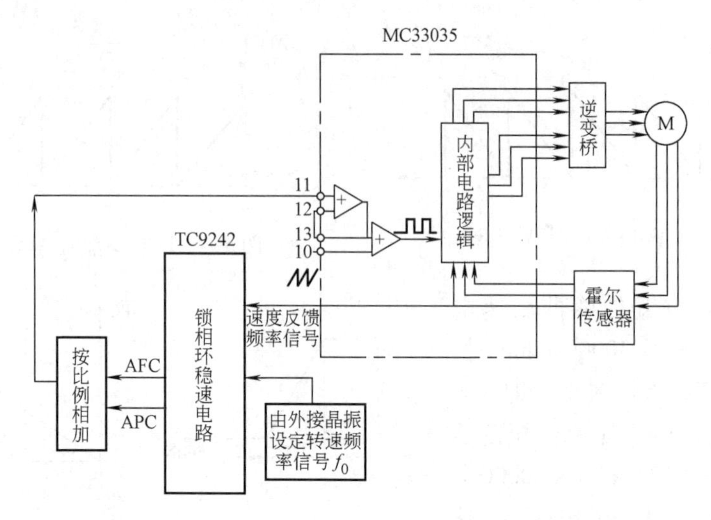

图5-6 锁相环TC9242与MC33035接口电路框图

当电机转速低于设定锁相频率时，锁相环控制电路给MC33035的11脚电压为高电平，经与10脚（即PWM比较器的同相输入端）的锯齿波比较后，产生PWM波形，使电机加速运转；当电机转速高于设定锁相频率时，MC33035的11脚为低电平，与10脚的锯齿波比较后，关断PWM波形，从而使电机减速；当电机转速在锁相范围内时，锁相环电路输出锯齿波波形，锁相环通过对信号的相位跟踪，达到电机精确稳速。此时，其输出信号如下：若反馈转速信号FG小于设定频率信号f_0，锁相稳速电路输出斜率为正的锯齿波；反之，若反馈转速信号FG大于设定频率信号f_0，锁相稳速电路输出斜率为负的锯齿波；当电机锁定在设定的转速频率后，锁相稳速电路输出频率为零点几毫赫兹的正斜率信号，可近似看为恒压信号。假设锁相频率范围为（f_1，f_2），则锁相稳速电路输出电压u可表示为

$$u=\begin{cases}5 & \mathrm{FG}<f_1\\ \dfrac{5(f_2-\mathrm{FG})}{f_2-f_1}\cdot k & f_1\leqslant \mathrm{FG}\leqslant f_2\\ 0 & \mathrm{FG}>f_2\end{cases}\tag{5-1}$$

增益k是由系统本身确定，对于不同的电机和功率逆变桥，其大小也不相同。锁相环在不同的阶段，其APC和AFC波形如图5-5所示。

总之，锁相环根据转速信号的不同，输出不同的电压信号，进而产生可变PWM信号，以响应速度信号的变化，使电机实现高精度的稳速控制。由于锁相环的速度敏感性由外接晶振频率决定，因此电机的稳速精度可以做得很高，本系统电机运行在2000r/min时的稳速精度可以达到2×10^{-4}。

电机最低锁相工作速度 $\Omega_{\min}=\dfrac{Nf_{\min}}{n}=N\sqrt{\dfrac{KV_{\mathrm{s}}}{8\pi n\tau}}$。其中，$\Omega_{\min}$ 为最低锁相工作速度（r/s）；N 为分频系数；$f_{\min}$ 为最低锁相工作参考频率（Hz）；n 为编码器刻线数；K 为放大器和电机联合增益［rad/（s·V）］；V_{s} 为相位比较器最大输出电压（V）；τ 为电机机械时间常数。

对于本实验的电机，其 $\Omega_{\min}>200\mathrm{r/min}$，也即低速时总锁不住，总是在进入锁定范围之前徘徊，此时锁相环输给 MC33035 的 11 脚的输出电压如图5-7所示。

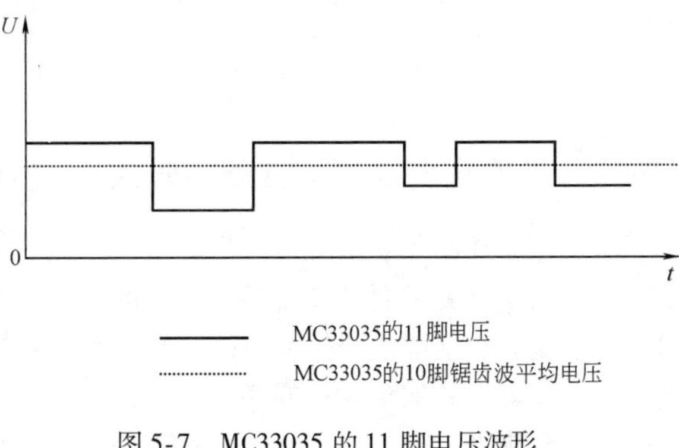

图 5-7　MC33035 的 11 脚电压波形

从图 5-7 可知，PWM 比较器有时有 PWM 信号输出，有时没有 PWM 信号输出，因此电机突然加速，突然又减速，结果即电机未被稳速，锁相环的指示灯忽亮忽灭，未能实现稳速要求。

5.3.1　基于电流环和锁相环的电机双模速度控制系统

根据负反馈闭环控制原理，现代自动调速系统广泛采用转速环、电流环的双闭环控制系统，它可以有接近最佳过渡过程的动态过程。但是对于双闭环系统，扰动对系统的影响与扰动的作用处有关：扰动作用于内环的主通道中，将不会明显地影响转速；扰动作用于外环主通道中，则必须通过转速调节器调节才能克服扰动引起的误差；扰动如果作用于反馈通道中，调节系统是无法克服它引起的误差的。显然，常规的转速环和电流环组成的双闭环系统不能满足磁悬浮飞轮对永磁无刷直流电机高速高精度的运转要求；另外，对于电能有限的航天应用场合，对能量的合理充分利用也是至关重要的。为此，应设计出基于电流环和高精度锁相环的双模速度控制系统，以实现电机的转矩运行和转速的高精度锁定。

稀土永磁无刷直流电机双模速度控制系统原理如图 5-8 所示。

首先设定一基准偏差值，当速度设定值与速度反馈值之差大于基准偏差值时，电机在电流环控制器的作用下，按要求进行相应的加速或者减速，实现快速向要求的速度锁定值靠拢；当速度给定值与速度反馈值之差小于基准偏差值时，在工作方式选择模块的作用下，将电机切换到锁相环工作模式下，实现永磁无刷直流电机转速的精确稳速，并且通过相应模块电路，增强系统抗干扰性能，提高系统的可靠性。

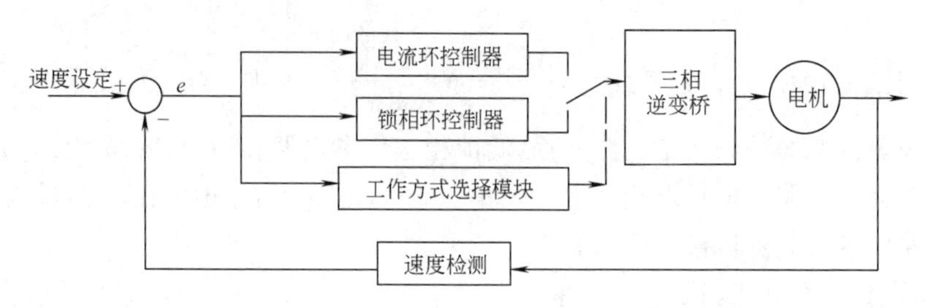

图5-8　稀土永磁无刷直流电机双模速度控制系统原理框图

5.3.2　无刷直流电机恒流驱动研究

引入电流环使控制系统对电机转子产生恒定的加速力矩，这对高转速、大惯量的电机来说至关重要。随着转子转速的大范围升高，在越来越大的反电动势作用下，电机的驱动电流会迅速下降，从而很大程度上降低了系统的控制效率。电流环的设计可有效解决这一问题。

系统采用霍尔效应磁场补偿式电流传感器，检测电源母线电流，为电流环提供电流反馈。采用的霍尔电流传感器0A电流时对应2.5V的输出电压，且每增加1A电流，霍尔电流传感器对应的输出电压只增加零点几伏。为了精确灵敏地响应母线电流的瞬时变化，应用时霍尔电流传感器检测输出先减去2.5V的基准电压，再把差值电压放大，以使电流环快速地修正电流的变化，进而输出恒定的电流值。

5.3.3　高转速电机稳速控制器设计

如前所述，将锁相环技术引入电机的速度控制系统中，能够实现高稳态精度的速度控制。如图5-9所示，锁相环稳速模块实现电子锁相环中鉴相器和低通滤波器的功能，而永磁无刷直流电机、电机控制器、逆变器和转子位置检测装置共同组成带有惯性的压控振荡器（VCO）。

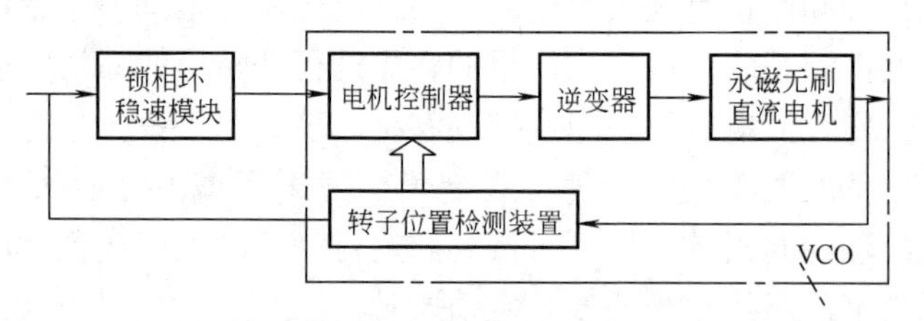

图5-9　锁相环在电机控制中的原理框图

虽然整个锁相环稳速控制系统属于闭环控制系统，但误差放大器仍可连成跟随器，锁相环电路输出直接与误差放大器的同相端相连，通过锁相环自身的调节改变 PWM 反相端电压，进而改变 PWM 占空比，控制转速。锁相环 TC9242 与 MC33035 接口电路框图如图 5-6 所示。

锁相环稳速模块原理框图如图 5-10 所示。

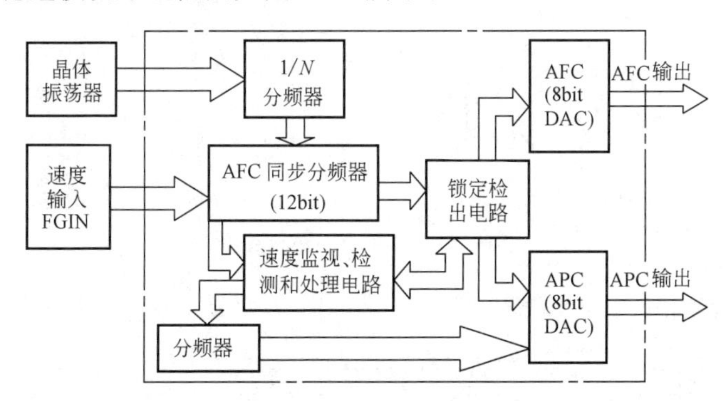

图 5-10　锁相环稳速模块原理框图

锁相环稳速模块由晶体振荡器和可变系数的分频器、反馈信号处理电路、F/V 变换和 P/V 变换等几部分组成。晶体振荡器（频率精度以百万分数计）和可变系数的分频器提供高精度的频率基准信号，这是锁相环模块最终实现高精度稳速的前提保证；锁相环模块的最大特点是用两个 8bit DAC 分别用作 F/V 变换和 P/V 变换。根据 FGIN 输入的电机实际转频信号，从 AFC（自动频率控制）输出的是第一个 DAC 将数字量的频率差变换为模拟量的信号；从 APC（自动相位控制）输出的是电机实际转频信号和从同步时钟信号分频信号比较得到的相位差，经过另一个 DAC 转换的输出电压信号。使用时，将 AFC 输出和 APC 输出连接至加法运算放大器，进行信号混合，通过调节控制器的控制电压输入 V_{in}，控制电机的功率开关管。当从 FGIN 来的反馈频率变化即电机转速不稳定时，AFC 和 APC 输出遵循以下规律：

1）FGIN 在锁定范围以下时，AFC 和 APC 为高电平“1”，如图 5-11 所示；

2）FGIN 在锁定范围以上时，AFC 和 APC 为低电平“0”，如图 5-11 所示；

3）FGIN 在锁定范围之内时，AFC 线性输出，随着转速信号 FGIN 的增大而减小，如图 5-11 所示。

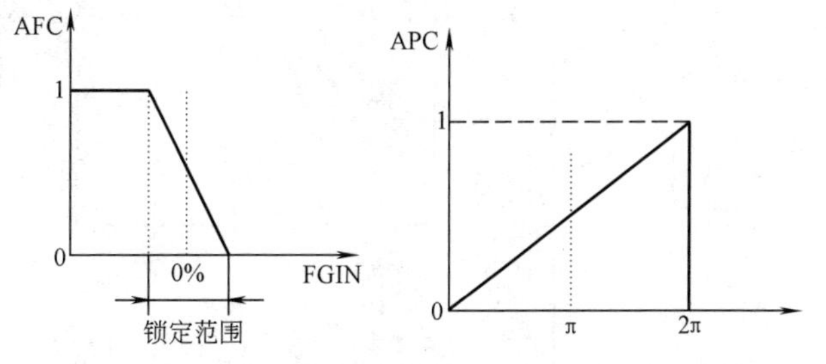

图 5-11　AFC 输出和 APC 输出

APC 输出锯齿波，若反馈转速信号 FGIN 小于设定频率信号 f_0，APC 输出斜率为正的锯齿波，如图5-12a所示；若反馈转速信号FGIN大于设定频率信号f_0，APC输出斜率为负的锯齿波，如图5-12b所示。

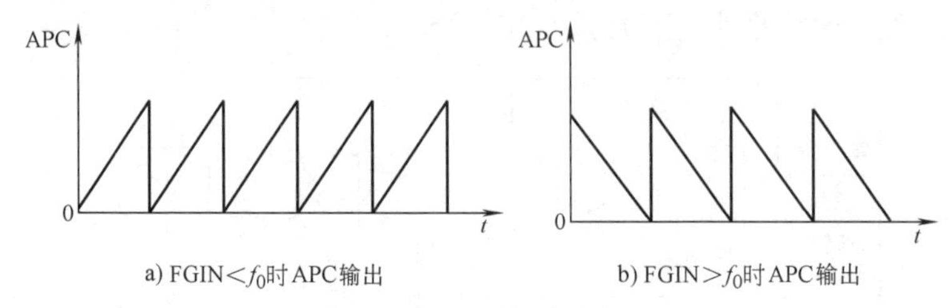

图5-12　APC输出的波形

不同反馈频率时，AFC输出和APC输出分别如图5-13和图5-14所示。

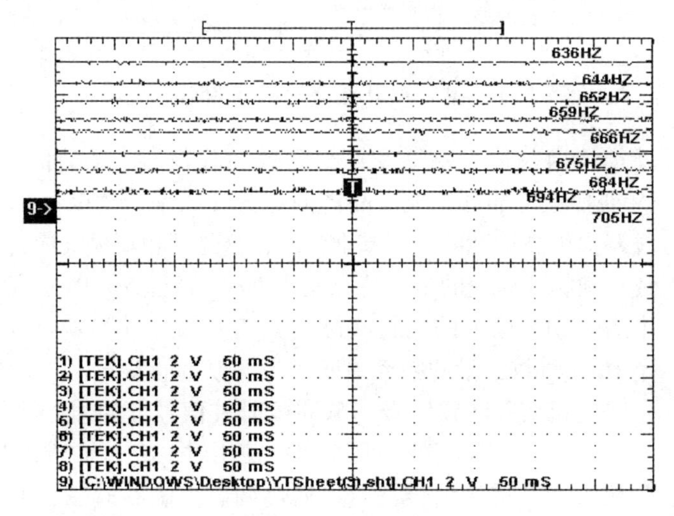

图5-13　AFC输出

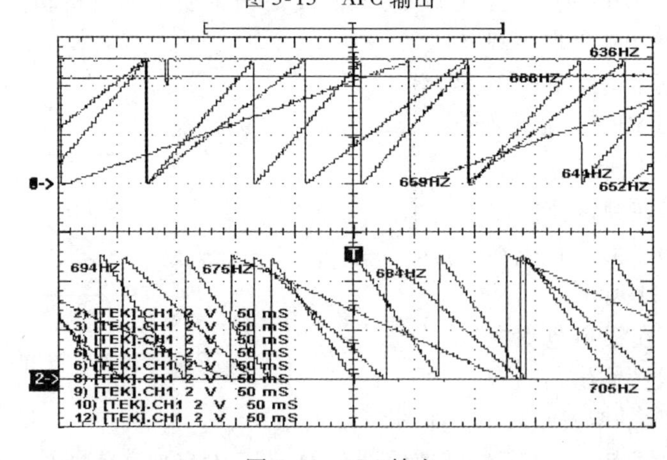

图5-14　APC输出

其中，锁定频率范围下限为 636Hz，上限为 705Hz，锁定频率为 666Hz。

由图 5-13 可以看出，当反馈频率小于锁定频率时，AFC 输出三角波形的斜率方向为正；当反馈频率大于锁定频率时，AFC 输出三角波形的斜率方向为负；而其转折点即是锁定频率 666Hz 时的波形，为一直线。

APC 输出是一直角三角波，三角波的平均值和最大值不变，频率为锁相频率与反馈频率之差；对 AFC 输出，在锁定范围内，随反馈频率的增加，频率变换输出由最大值线性降为零。

由图 5-14 可知，当电机转速低于设定的稳定转速时，锁相环模块输出较高电平，经电机驱动控制模块后，产生 PWM 信号，经过逆变桥放大后，对电机进行加速；当电机转速高于设定的稳定转速时，锁相环模块则输出为低电平，经过控制模块后，关闭 PWM 信号，从而使电机减速。通过这种交替加减速，最终使电机稳定在精确的锁定范围之内。锁相环模块在整个稳速过程中起着极为关键的作用，直接决定了系统最终稳态性能的好坏。

5.3.4　模块间自动切换电路的实现

由以上分析可知，电流环控制器和锁相环控制器的输出均可以与前述电机控制器的控制电压输入端直接相连，通过改变 V_{in} 的电压值，分别实现电机的恒功率运行和速度的高精度锁定。根据系统要求，设定一速度基准偏差值，当电机速度与参考速度之差大于基准偏差值时，系统工作于电流环控制器模式；当电机速度与参考速度之差小于基准偏差值时，系统工作于锁相环控制器模式。工作方式选择模块的设计成为了双模控制器与电机驱动控制器接口中的关键。

工作方式选择模块由频/压（F/V）变换器、电压比较器和压控切换开关三部分组成，其示意图如图 5-15 所示。

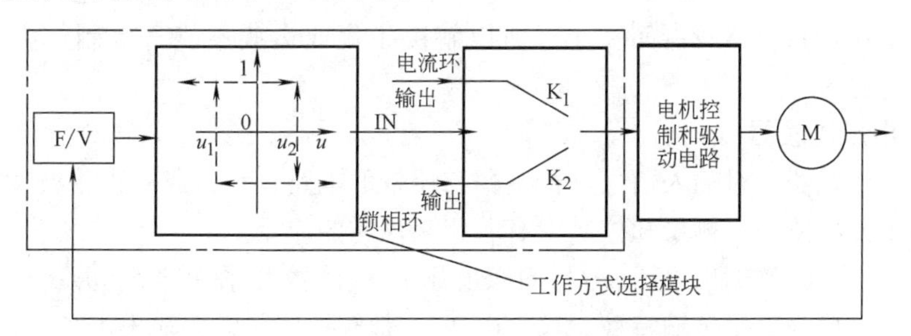

图 5-15　双模控制器与 MC33035 接口电路示意图

1. 开关电容电路构成的频/压变换器

开关电容电路由受时钟脉冲信号控制的模拟开关、电容器和运算放大电路三部分组成。这种电路的特性与电容器的精度无关，而仅与各电容器电容量之比的准确性有关。在集成电路中，可以通过均匀地控制硅片上氧化层的介电常数及其厚度，使电容量之比主要取决于各个电容电极的面积，从而获得准确性很高的电容比。自20世纪80年代以来，开关电容电路广泛地应用于滤波器、振荡器、平衡调制器和自适应均衡器等各种模拟信号处理电路之中。由于开关电容电路应用MOS工艺，故尺寸小、功耗低，工艺过程较简单，且易于制成大规模集成电路。

图5-16所示为开关电容单元电路，两相时钟脉冲 ϕ_1 和 ϕ_2 互补，即 ϕ_1 为高电平时 ϕ_2 为低电平，ϕ_1 为低电平时 ϕ_2 为高电平，它们分别控制电子开关 S_1 和 S_2，因此两个开关不可能同时闭合和断开。当 S_1 闭合时，S_2 必然断开，U_1 对电容 C 充电，充电电荷 $Q_1=Cu_1$；而 S_1 断开时，S_2 必然闭合，电容 C 放电，放电电荷 $Q_2=Cu_2$。设开关的周期为 T，节点从左到右传输的总电荷为

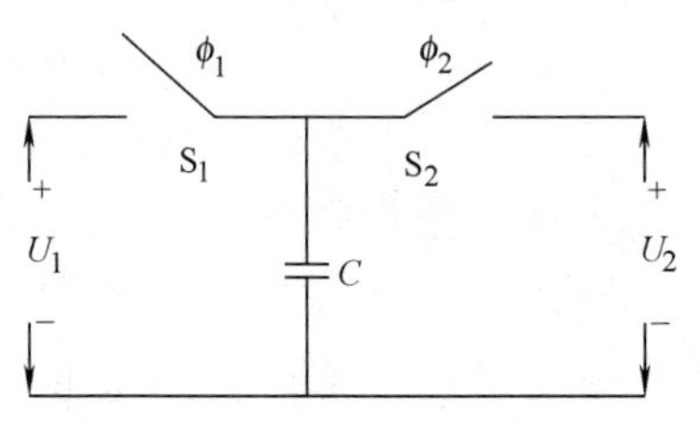

图5-16　开关电容单元电路

$$\Delta Q = C\Delta u = C(u_1 - u_2) \tag{5-2}$$

等效电流

$$i = \frac{\Delta Q}{T} = \frac{C}{T}(u_1 - u_2) \tag{5-3}$$

如果脉冲的频率 f 始终足够高，以至于可以认为在一个时钟周期内两个端口的电压基本不变，则基本开关电容单元即可以等效为电阻，其阻值为

$$R = \frac{u_1 - u_2}{i} = \frac{T}{C} \tag{5-4}$$

若 $C=1\text{pF}$，$f=100\text{kHz}$，则等效电阻 $R=10\text{M}\Omega$。利用MOS工艺，电容只需硅片面积 0.01mm^2，所占面积小，所以解决了集成运放不能直接制作大电阻的问题。

2. 电压比较器

电压比较器是对输入信号进行鉴幅与比较的电路，是组成非正弦波发生电路的基本单元电路，在测量和控制中有着相当广泛的应用。

电压比较器的输出电压 u_O 与输入电压 u_I 的函数关系 $u_O=f(u_I)$ 一般用曲线来描述，称为电压传输特性。输入电压 u_I 是模拟信号，而输出电压 u_O 只有两种可能的状态，不是高电平 U_{OH}，就是低电平 U_{OL}，用以表示比较的结果。使 u_O 从 U_{OH} 跃变为 U_{OL}，或者从 U_{OL} 跃变为 U_{OH} 的输入电压称为阈值电压，或称转折电压，记作 U_T。

3. 电压滞回比较器

电路有两个阈值电压，输入电压 u_I 从小变大过程中使输出电压 u_O 产生跃变的阈值电压 U_{T1}，不等于 u_I 从大变小过程中使输出电压 u_O 产生跃变的阈值电压 U_{T2}，电路具有滞回特性。它与单限比较器的相同之处在于：单输入电压向单一方向变化时，输出电压只跃变一次。图 5-17 所示是某滞回比较器的电压传输特性。

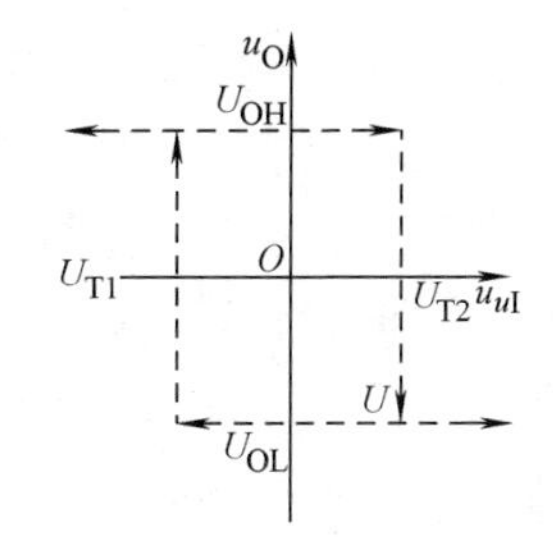

图 5-17　滞回比较器电压传输特性举例

在单限比较器中，输入电压在阈值电压附近的任何微小变化，都将引起输出电压的跃变，不管这种微小变化是来源于输入信号还是外部干扰。因此，虽然单限比较器很灵敏，但是抗干扰能力差。而滞回比较器具有滞回特性，即具有惯性，因此也就具有一定的抗干扰能力。从反向输入端输入的滞回比较器电路如图 5-18a 所示，滞回比较器电路中引入了正反馈。

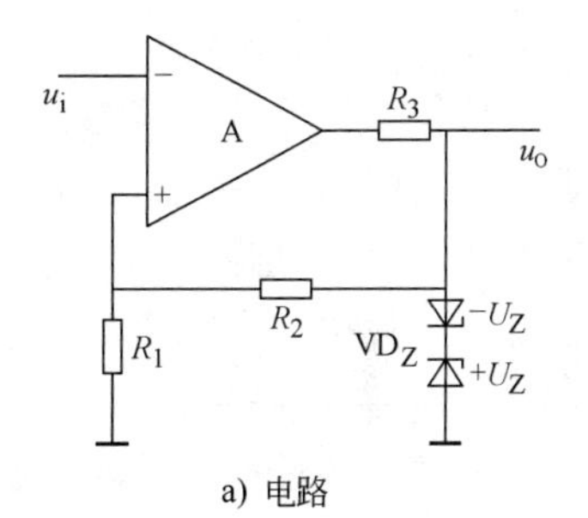

a) 电路

b) 电压传输特性

图 5-18　滞回比较器电路及其电压传输特性

从集成运放输出端的限幅电路可以看出，$u_O = \pm U_Z$。集成运放反相输入端电位 $u_N = u_I$，同相输入端电位

$$u_P = \pm \frac{R_1}{R_1 + R_2} U_Z \tag{5-5}$$

令 $u_N = u_P$，求出的 u_I 就是阈值电压，因此得出

$$\pm U_T = \pm \frac{R_1}{R_1 + R_2} U_Z \tag{5-6}$$

输出电压在输入电压 u_I 等于阈值电压时是如何变化的呢？假设 $u_I < -U_T$，那么 u_N 一定小于 u_P，因而 $u_O = +U_Z$，所以 $u_P = +U_T$。只有当输入电压 u_I 增大到 $+U_T$，再增大一个无穷小量时，输出电压 u_O 才会从 $+U_T$ 跃变为 $-U_T$。同理，假设 $u_I > +U_T$，那么 u_N 一定大于 u_P，因而 $u_O = -U_Z$，所以 $u_P = -U_T$。只有当输入电压 u_I 减小到 $-U_T$，再减小一个无穷小量时，输出电压 u_O 才会从 $-U_T$ 跃变为 $+U_T$。可见，u_O 从 $+U_T$ 跃变为 $-U_T$ 和从 $-U_T$ 跃变为 $+U_T$ 的阈值电压是不同的，电压传输特性如图 5-18b 所示。

从电压传输特性可以看出，当 $-U_T < u_I < +U_T$ 时，u_O 可能是 $-U_T$，也可能是 $+U_T$。如果 u_I 是从小于 $-U_T$ 的值逐渐增大到 $-U_T < u_I < +U_T$，那么 u_O 应为

$+U_T$；如果 u_I 是从大于 $+U_T$ 的值逐渐减小到 $-U_T < u_I < +U_T$，那么 u_O 应为 $-U_T$。曲线具有方向性，如图5-18b所示。

实际上，由于集成运放的开环差模增益不是无穷大，只有当它的差模输入电压足够大时，输出电压 u_O 才为 $\pm U_Z$。u_O 在从 $+U_T$ 变为 $-U_T$ 或从 $-U_T$ 变为 $+U_T$ 的过程中，随着 u_I 的变化，将经过线性区，并需要一定的时间。滞回比较器中引入了正反馈，加快了 u_O 的转换速度。例如，当 $u_O = +U_Z$、$u_P = +U_T$ 时，只要 u_I 略大于 $+U_T$ 足以引起 u_O 的下降，即会产生如下的正反馈过程：u_O 的下降导致 u_P 下降，而 u_P 的下降又使得 u_O 进一步下降，反馈的结果使 u_O 迅速变为 $-U_T$，从而获得较为理想的电压传输特性。

4. 压控切换开关

压控切换开关设定为：IN为高电平“1”时，开关 K_1 闭合，K_2 断开；IN为低电平“0”时，开关 K_2 闭合，K_1 断开。由此，在电机升速过程中，当电机转速经频/压变换后到达 u_2 时，系统由电流环模式切换到锁相环模式下工作；在电机降速过程中，当电机转速经频/压变换后到达或低于 u_1 时，系统由锁相环模式切换到电流环模式下工作。

系统失锁情况下此接口成功提供了双重保护作用：其一，系统受扰后若转速仍在锁相范围内，可由锁相环实现转速的重新锁定；其二，若扰动过大致使转速降到锁相范围外，系统可由上述切换电路实现由锁相环模式切换到电流环模式的转换，重新进行加速、入锁和锁定。此接口在实现系统工作方式选择的同时，增强了系统的抗干扰性能，提高了系统的可靠性。

5.4　永磁无刷直流电机锁相试验

5.4.1　永磁无刷直流电机升降速试验

本节所介绍的实验对象为北京航空航天大学研制的磁悬浮控制力矩陀螺（GYRO-Ⅰ），如图5-19所示，其转子采用两个永磁无刷直流电机驱动。磁悬浮控制力矩陀螺的每侧电机定子均采用三相星形联结，如图5-20所示，额定电压为45V，极对数为4，电枢相电阻 $R_S = 0.4\Omega$。图5-21所示为磁悬浮控制力矩陀螺电机在双侧电机驱动（电流均为3.8A），真空度为9Pa情况下，电机升速特性曲线。图5-22所示为电机在真空度为9Pa情况下，电机降速特性曲线。从加速特性曲线图可知，磁悬浮控制力矩陀螺转子在75min内，转速可上升至25000r/min，电机加速特性良好；从降速特性曲线图可知，电机需要近120min从25000r/min降到5000r/min，可见电机总体损耗较小。

图 5-19　GYRO-Ⅰ试验平台

图 5-20　永磁无刷直流电机定子

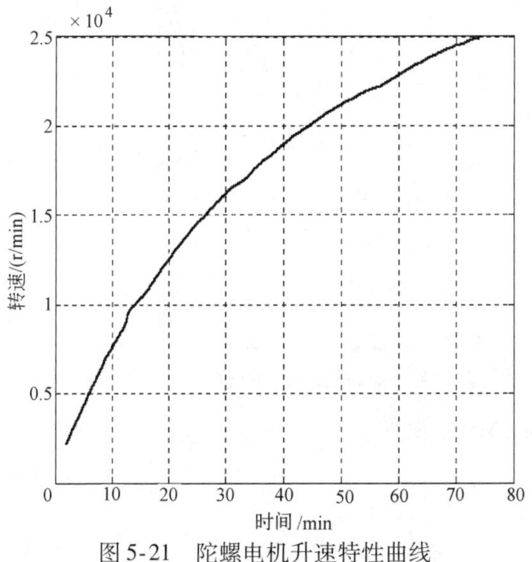

图 5-21　陀螺电机升速特性曲线

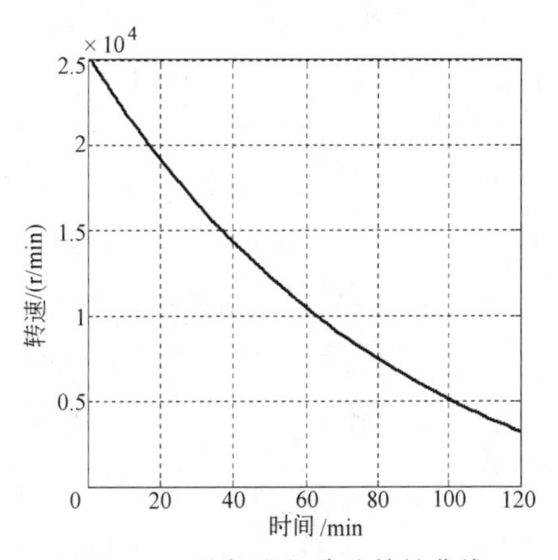

图 5-22　陀螺电机降速特性曲线

5.4.2　永磁无刷直流电机锁相稳速试验

本实验对象为北京航空航天大学第五研究室研制的磁悬浮控制力矩陀螺（GYRO-Ⅱ），如图 5-23 所示，其转子采用双侧两个永磁无刷直流电机驱动，每侧电机均采用三相星形联结，额定电压为 45V，4 极对稀土钴永磁转子，电枢相电阻 $R_S=0.2\Omega$。图 5-24 所示为设定转速 10000r/min（锁定频率为 666.7Hz）时，整个锁相环电路在不同频率下的总输出波形，从中可知其电压与频率的关系与式（5-1）完全符合。图 5-25 所示为系统锁定在 20000r/min 时，电机转速随时间变化波形，永磁无刷直流电机锁定在 20000r/min 以后，稳速精度高达 2×10^{-4}。

图5-23　GYRO－Ⅱ试验平台

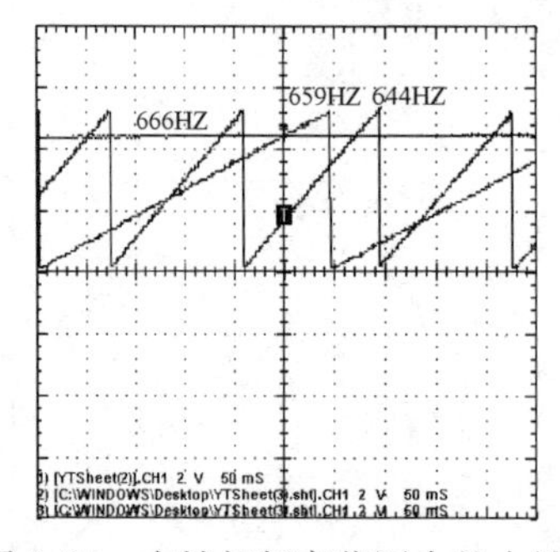

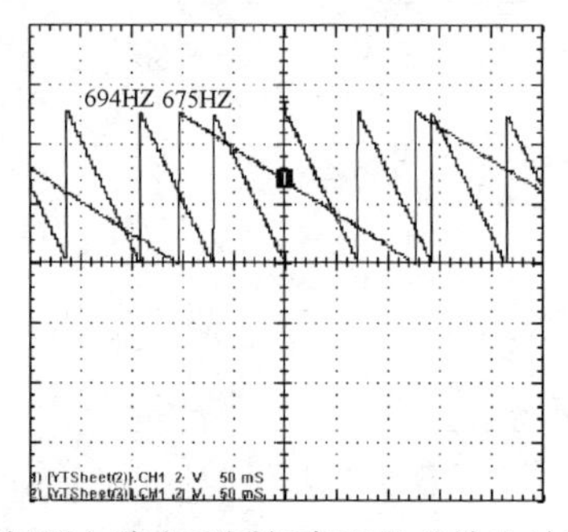

图5-24　在锁相频率范围内整个锁相环电路在不同频率下的总输出波形

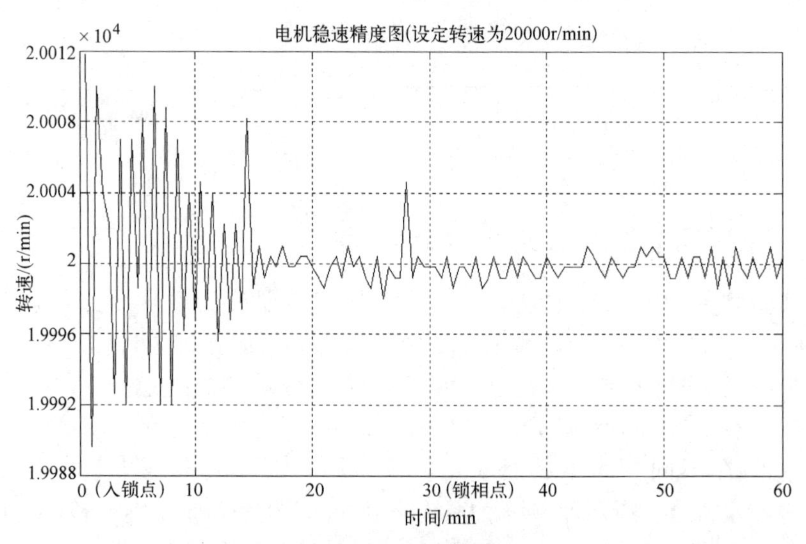

图5-25　锁相稳速曲线

5.5 快速锁相稳速控制

在电机控制环路中，电机和负载的惯性妨碍了电机瞬时地跟随差频的变化，由于检测器输出电压的平均值为零，因而不会运动到锁定状态，只有当差额落在伺服系统带宽（通常小于100Hz）之内，才有可能被锁定。显然，不论是有位置传感器电机的锁相稳速，还是无位置传感器电机的锁相稳速，它们的锁相稳速电路只是最基本的锁相环稳速控制电路。实验中，必须使电机加速至锁相稳速范围，并在锁相范围内把电机由电流环或双闭环控制切换至锁相环，以使电机正确锁相，其调节过程不仅复杂，而且电机进入锁相稳速点很慢。因此，对于应用于航天领域的磁悬浮控制力矩陀螺电机来说，这种锁相稳速是不适合的。为此，本节将对高速高精度无刷直流电机的快速自动稳速系统进行重点介绍，由于有位置电机控制器MC33035和无位置电机控制器ML4425的自动锁相稳速原理相同，所以下面将以ML4425为例进行说明。

实验中，若直接用锁相环控制电机稳速，则锁相环刚开始时输出电流将很大；而且由于控制力矩陀螺的惯性量很大，在进入锁相范围以后，锁相环调节速度较慢，若不使用其他方法，一般很难真正锁住，更不用说实现电机快速和精确的锁相稳速。为解决上述问题，本节设计了电流环和快速锁相稳速环双闭环系统。电流环用于保证系统在起制动或突然加载时具有良好的机械特性，快速锁相稳速环则使电机快速而精确地进入锁相稳速点，具体原理如图5-26所示。

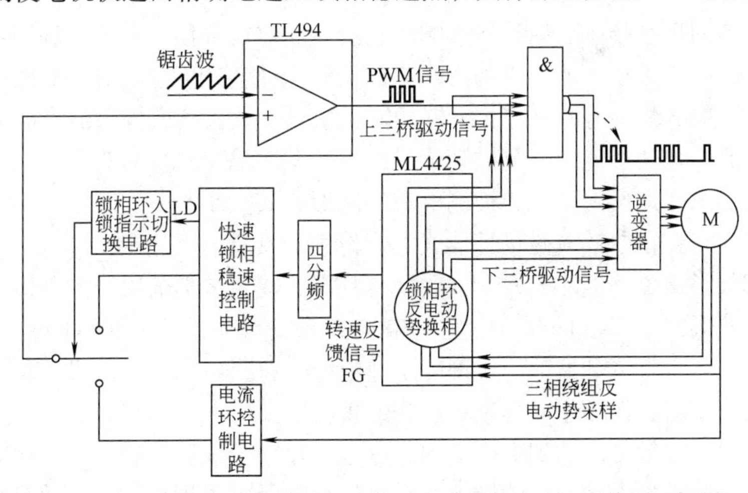

图5-26 高速高精度无刷直流电机的自动锁相环稳速系统原理框图

如图5-26所示，整个系统可分为三大模块：ML4425驱动换相模块、快速锁相稳速控制模块和电流环控制模块。整个系统运行过程如下：先采用电流环加速电机，当锁相环电路指示转速反馈信号FG已进入锁相稳速范围后，锁相环入锁指示切换电路就把电流环接口切换至快速锁相稳速控制电路的接口，再由锁相环电路对设定频率进行精确的相位跟踪，最终使电机转速锁定在设定的频率上。对于有位置电机来说，其原理与ML4425相同，只需把ML4425模块换成MC33035模块即可，在此不再阐述。以下将分别对电流环、快速锁相环电路和锁相稳速切换电路进行分析。

5.5.1 电流环

电流环是使电机以恒定的电流运转，以产生恒定的加速力矩。这对于转动惯量大的电机来说比较重要，它可以使电机一直以固定的电流驱动电机运转，驱动电流不会因为转速的升高而下降。

要进行电流控制，首先必须时刻监控电机的工作电流，因此电流传感器是伺服系统中的一个重要元件，它的精度和动态性能直接影响着系统的稳定性和快速性。电流检测的方法有电阻检测、光耦检测等各种不同的检测方法，本系统采用磁平衡原理实现的霍尔元件检测电流的方法，检测电源母线电路电流。采用的元器件为霍尔效应磁场补偿式电流传感器，此器件被国际上推荐为电力电子线路中的关键电流检测器件。它把磁放大器、互感器、霍尔元件和电子线路的思想集成一体，具有测量、反馈、保护的三重功能；实际上是有源电流互感器，它最巧妙的构思是“磁场补偿”。被测量的原边磁场同测量绕组里的测量磁动势，时时补偿为零，即铁心里面实际没有磁通，因而其体积可以做得很小，而不用担心铁心饱和，也不用担心频率、谐波的影响。它的磁动势能补偿原理就是利用霍尔效应的作用，当两者磁动势能不平衡时，霍尔元件上就会产生磁动势，此磁动势作为以±15V外加电源供电的差分放大器的输入信号，放大器的输出电流即为传感器的测量电流，自动迅速地恢复磁动势平衡，即霍尔输出总保持为零。这样，测量电流的波形忠实地反映了原边被测电流的波形，其大小与匝比相关。

具体说来，霍尔效应磁场补偿式电流传感器具有以下优点：

它克服了传统的电流采样元件受规定频率、规定波形的限制，不适应功率变频发展，波形常不标准的缺点。它的响应频率的带宽为0～100kHz，对任何波形，特别是含有直流分量的信号都能迅速响应，符合电力电子技术，包括变频调速、斩波调速等工作频率向高频化前进的现实需要。

它的响应速度可以达到1μs以内，这是采用电子线路，特别是采用高迁移率半导体材料制成的霍尔元件的结果。它巧妙地利用电磁耦合，而磁动势平衡又不靠电磁感应来实现，因此彻底甩开电磁元件时间常数以若干毫秒计的响应障碍，从而取得了成功。

继承了互感器原副边可靠绝缘的优点，提供了模/数转换的机会。测量信号既忠实反映了被测信号，又与之完全隔离。这个被测信号既可以输入模拟式仪表，又可以转化为数字显示。经过两次处理，还可以作为反馈信号输给自动化装置进行自动控制，又可以以数字形式同计算机接口。

通过磁场补偿，铁心内的磁通保持为零，致使传感器的尺寸、质量显著减少，使用方便。另一方面，它也就具备了很强的电流过载能力。通过输入电流在传感器上的绕圈的方法，还可以提高更小电流的测量精度。

本系统的电流环主要采用PD控制，具体框图如图5-27所示。

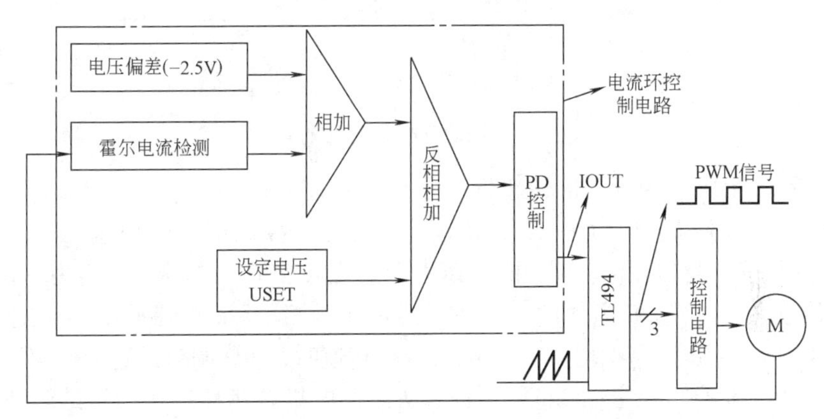

图5-27　电流环控制原理框图

通过调节设定电压，而调节输出固定电流，不同的设定电压输出不同的电流。由于本节采用的霍尔电流传感器LTS25NP对应的电压输出最小为2.5V，也即零安培电流对应2.5V输出电压，且每增加1A电流，霍尔对应的输出电压只增加零点几伏，因此霍尔检测输出先得减去2.5V的基准电压，再把差值电压放大，才能精确地敏感电流的瞬时变化，以使电流环快速地修正电流的变化，进而输出恒定的电流值。其传递函数为

$$U_{o} = [-(\mathrm{Herout}-2.5)k_1 + U_{set}]k_2(k_3 + k_4 S) \tag{5-7}$$

控制电路用于把ML4425的下三桥与上三桥相与，进而产生可调的PWM换相逻辑信号，控制逆变桥正确导通，驱动电机运转。

5.5.2　快速锁相环电路

本节所介绍的电路主要是借鉴“BangBang控制”的思想，采用全通和全关的方法，对电机逆变桥进行控制。由于TC9242最终稳速后，APC和AFC的理想输出应为2.5V，因此，整个系统相当于一个闭环反馈系统，先给定一个参考电压（2.5V），然后使锁相环输出APC和AFC快速收敛于参考电压（2.5V），以使系统锁相稳速，电路的具体实现框图如图5-28所示。

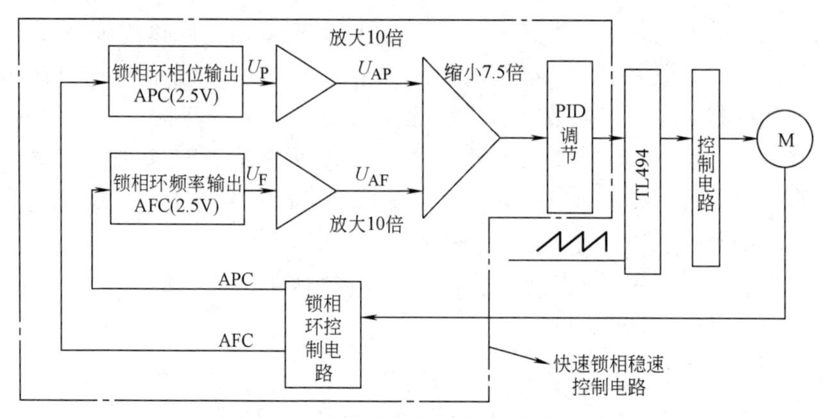

图5-28　电机快速锁相稳速电路实现框图

如图5-28所示，当电机转速低于锁定转速时，U_P 和 U_F 均为2.5V，经10倍放大后，U_{AP}和 U_{AF}均为+15V，经过比例缩小，控制电机全加速运转（此时PID调节几乎不起作用）。当电机转速大于锁定转速时，U_P 和 U_F 均为 -2.5V，经10倍放大后，U_{AP}和 U_{AF}均为 -15V，经过比例缩小后，控制电机全减速运转（此时PID调节几乎不起作用）。当电机接近转速时，PID调节开始起作用，通过反馈使APC和AFC稳定在2.5V左右，从而使电机转速稳定在锁定的转速，使电机快速高精度稳速运转。图5-29所示为具体的电路原理图。

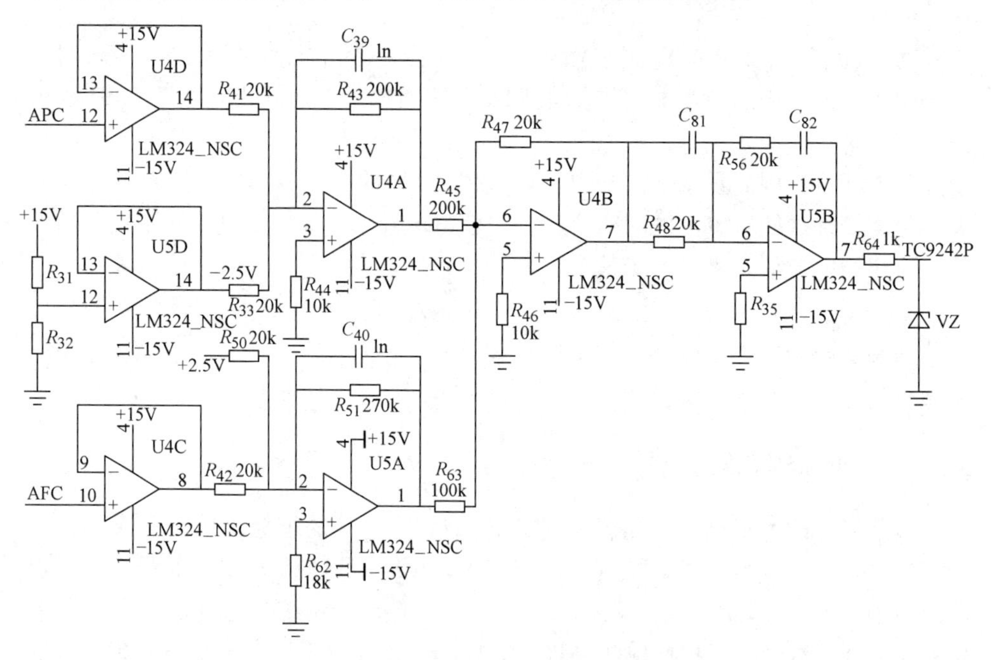

图5-29　电机快速锁相稳速电路原理图

5.5.3　锁相稳速切换电路

锁相环切换电路主要是在电机进入锁相范围之后，闭环控制系统由电流环切换至锁相环控制系统，为了使系统平稳运行，切换之后，电流环需维持一段时间。以下将对图 5-30 进行详细解释。

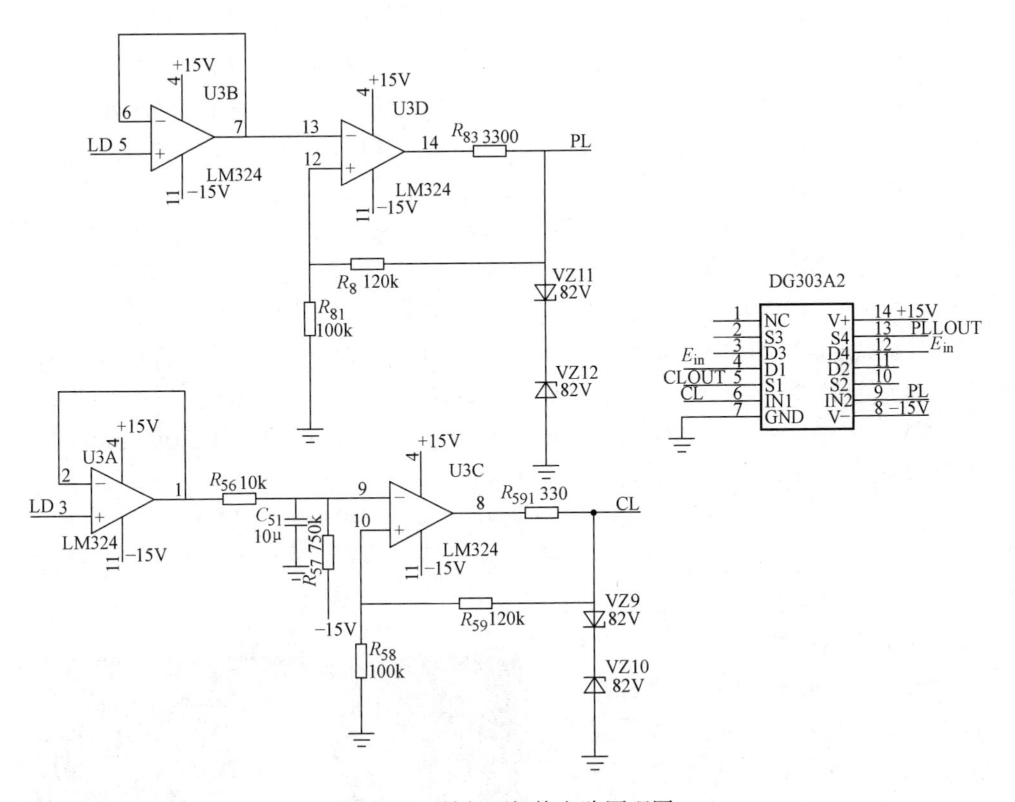

图 5-30　锁相环切换电路原理图

如图 5-30 所示，E_{in} 为控制电路中的锯齿波比较器的正相输入端，它的大小直接决定了 PWM 占空比的大小。这里所说的切换，就是把电流环输出 CL 或者锁相环输出 PL 切换到 E_{in} 端上，进而控制 PWM 占空比的大小。LD 为锁相指示端，当电机进入锁相范围之后，LD 将由低电平变为高电平，由此可利用 LD 作为原始控制信号，控制多路开关运作。由于电流环在切换之后还需维持一段时间，因此锁相环的控制信号 PL 和电流控制信号 CL 不同。其中，PL 直接由 LD 的跟随信号经滞环比较而来；CL 则多经过一阻容延时电路，之所以 CL 在经过一阻容延时电路之后，用 −15V 下拉，主要是为了对后续的滞环比较器初始化输入电压，以使 CL 获得正确的下降沿信号。

5.6　无位置传感器永磁无刷直流电机锁相环速度控制系统

如前所述，ML4425内置的锁相环可实现无位置电机的精确换相，但其PWM稳速控制只是一种开环PWM速度控制系统，即电机是由固定占空比的PWM信号控制，系统本身无法响应速度的变化。因此，对于稳速精度要求很高的场所，ML4425是无法满足要求的。基于锁相环具有的频率信号跟踪功能，本节提出了基于ML4425的锁相稳速法。此方法的中心思想是利用专用无刷直流电机控制芯片实现电机的锁相环逻辑换相，再配合外部的速度锁相环控制电路，通过对设定的速度频率信号的跟踪，实现对电机高速高精度的稳速控制。

ML4425在加速状态下，上三桥HA、HB、HC和下三桥LA、LB、LC按照固定的逻辑换相顺序发出驱动信号，在此阶段，上桥和下桥的占空比均为100%，即单纯的逻辑换相信号。因此，在此阶段引入锁相环电路是较理想的。由于ML4425加速状态完成以后即进入PWM调速阶段，并产生固定的PWM信号控制电机运转，因此为了使锁相环不受此影响，必须设法使ML4425一直工作在加速状态下，不进入PWM调速阶段，根据ML4425本身的特性，只需保证ML4425的速度设定电压大于参考电压，即可使电机一直工作在加速状态下。为达到上述目的，本节使设定电压与参考电压相等。由于电机运行在30000r/min时，速度输出信号$F_G=12kHz$，因此，必须经过四分频以使输入TC9242的频率小于4kHz。在上述条件满足后，即可引入锁相环电路，具体接口电路框图如图5-26所示。

锁相环稳速控制电路根据转速信号的不同，输出不同的电压信号，进而产生可变PWM信号，以响应速度信号的变化，使电机实现高精度的稳速控制。其锁相原理与有位置传感器MC33035锁相稳速一样，详细内容参见本章5.3节所述。

图5-31　三相星形联结永磁无刷直流电机

本实验对象为三相星形联结永磁无刷直流电机，额定电压为100V，极对数为4，电枢回路电阻$R_S=0.1\Omega$，如图5-31所示。图5-32所示为电机运行在20000r/min情况下，ML4425速度输出信号F_G波形；图5-33所示为系统锁定在20000r/min时电机转速随时间变化图，从波形可知，电机锁相以后，稳速精度高达2×10^{-4}。

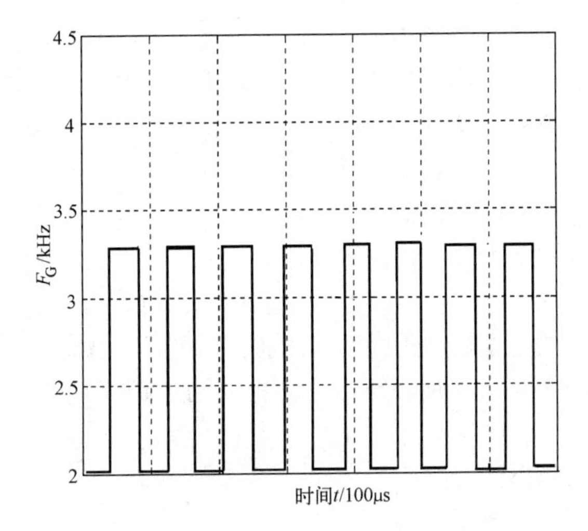

图 5-32　ML4425 速度输出信号 F_G 波形

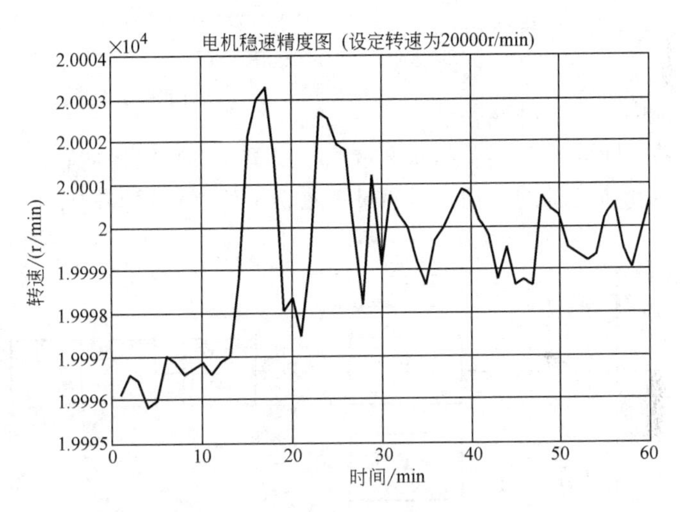

图 5-33　实验电机锁相稳速图

5.7　软件锁相环速度控制参数优化设计

本节介绍一种用于高速无刷直流电机的锁相速度控制器设计和参数优化方法。对锁相控制器的积分环节采用了梯形公式数字积分器，与可逆计数器构成的数字积分器相比，梯形公式数字积分器具有实现简单、动态响应快、入锁范围广、抗扰动能力强等优点。在以 DSP 为核心的电机数字控制系统上实现了锁相稳速控制算法，并将该方法用于磁悬浮控制力矩陀螺高速无刷直流电机的稳速控制。实验结果表明，该方法改善了动态响应，获得了较高的稳速精度。

软件锁相方法通过低精度的霍尔转子位置传感器获得转速反馈，并在高速惯性动量轮上实现了高精度速度控制。但是其环路参数依靠经验公式选取，对不同的控制对象缺乏适应性；其数字积分环节采用16位可逆计数器实现，使得算法复杂、频率锁定所需时间较长，并且入锁范围较窄。为此，本节将向读者介绍一种速度控制锁相环路的设计和控制器参数优化方法，并采用梯形公式数字积分器代替可逆计数器，简化了算法，改善了动态响应，增大了入锁范围，增强了系统的鲁棒性，并对锁相速度控制系统的相位捕获带进行了分析。

电机速度控制中应用的锁相环与通信中应用的锁相环之间存在着本质的差别。在电机控制中，电机-测速器可以被看作是带有惯性的电压控制振荡器。电机锁相速度控制系统的结构如图5-34所示。

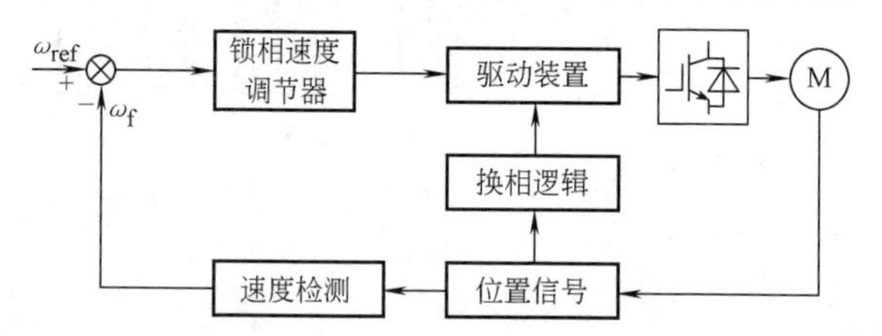

图5-34　电机锁相速度控制系统结构

图5-35给出了用于分析的无刷直流电机锁相控制系统数学模型。该系统中产生3种误差信号：速度误差、速度积分误差和速度重积分误差，将它们相加后经过低通滤波和放大，由电机变换为轴的转动，再通过霍尔转子位置传感器构成反馈。

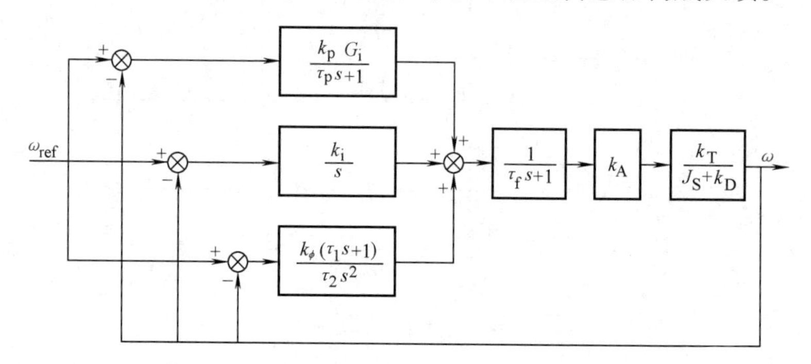

图5-35　无刷直流电机锁相控制系统数学模型

在电机的软件锁相环控制中，数字积分器是将速度的频差进行积分，用以生成控制量和检测电机转速的频率锁定。频率锁定后重积分环节开始起作用，进行相位锁定。

相位锁定并不是要求转速的给定与反馈信号完全同相，而是使两信号之间的相位差恒定即是完成了相位锁定。

对于图5-35的控制系统，其开环传递函数为

$$G(s) = \left(\frac{k_p G_i}{\tau_p s + 1} + \frac{k_i}{s} + \frac{\tau_1 s + 1}{\tau_2 s^2} k_\phi\right) \cdot \frac{k_A}{\tau_f s + 1} \cdot \frac{k_T}{J_S + k_D} \tag{5-8}$$

式中，k_p 为比例增益；G_i 为压/频变换器增益；τ_p 为压/频变换器滤波时间常数；k_i 为积分系数；τ_1、τ_2 为重积分器的时间常数；k_ϕ 为重积分器的相位增益；τ_f 为滤波时间常数；k_A 为功率放大增益；k_T 为转矩常数；J_S 为转动惯量；k_D 为阻尼常数。

1. 锁相稳速控制器的参数优化设计

在工程应用中，常常需要设计一个对惯性负载不敏感的速度控制锁相环路，在不必去调整任何参数的情况下，系统都能够稳定的工作。

令$\tau_J = J_S/k_D$ 和 $\omega_J = 1/\tau_J$，将式（5-8）分子中的 s^2 项提出，从而把分子转化成二阶方程的标准型。

$$G(s) = K\left[\frac{s^2 + 2\xi'\omega_y s + \omega_y^2}{s^2(\tau_p s + 1)(\tau_f s + 1)(\tau_J s + 1)}\right] \tag{5-9}$$

式中，$K = \dfrac{k_A k_T}{k_D}$；$\omega_y^2 = \dfrac{(k_\phi/\tau_2)}{D}$；$2\xi'\omega_y = \dfrac{k_i + (\tau_1 + \tau_p)\dfrac{k_\phi}{\tau_2}}{D}$；$D = k_p G_i + k_i\tau_p + \tau_p\tau_1\left(\dfrac{k_\phi}{\tau_2}\right)$。

在设计中，需要把分子项的转折频率 ω_y 放在使相位裕量具有合适数值的位置上，从频域设计实践中可知，相位裕量应在 40°~75°之间，并且其值的大小取决于所允许的超调量的大小。

图 5-36 中用虚线示出的两种情况表示当 ω_J 变化到某个数值时，可能出现的不稳定边界。由图可知，ω_J 允许的变化范围为 $\omega_{JH} \leqslant \omega_J \leqslant \omega_{JL}$，此时系统能够稳定的工作。尽管如此，系统的相位裕量和带宽则是随惯性负载的变化而变化。

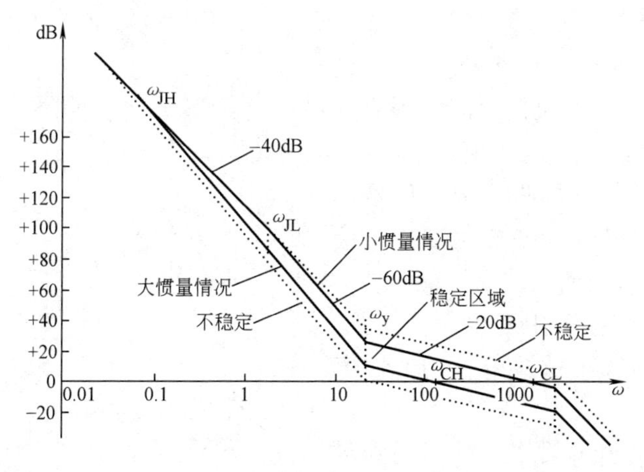

图 5-36　控制系统的伯德图

锁相速度控制器设计的关键是在满足系统性能指标的要求下，根据所选定的永磁无刷直流电机的参数确定 ω_{JH}、ω_{JL}、ω_y、ω_C、ω_f、ω_M 的值。

永磁无刷直流电机速度控制锁相环路的参数优化设计步骤为：

1）根据永磁无刷直流电机和惯性负载选择 J_S、K_D、K_T；

2）计算 ω_J 和 k_p；

3）计算 ω_y、ω_f 和 ω_M；

4）由方程 $K=\sqrt{\left(\frac{\omega_C}{\omega_f}\right)^2+1}$ 计算 K 值；

5）由方程 $D=\frac{Kk_D}{k_A k_T}$ 求解 D；

6）由方程 $\frac{k_\phi}{\tau_2}=\left(\frac{\omega_C^2}{\omega_M}\right)^2 D$ 求解 $\frac{k_\phi}{\tau_2}$；

7）求压/频变换器增益

$$G_i=\frac{D-k_i/\omega_M-(k_\phi/\tau_2)/\omega_C^2}{k_M}$$

2. 数字积分器性能分析

由可逆计数器数字积分器构成的锁相环速度控制器的入锁范围窄，在扰动力矩作用下容易失锁，这种情况是由其积分器的结构和工作模式决定的。因此，选择一个适当的数字积分器，对于增大入锁范围、增强系统的鲁棒性是十分必要的。

通常数字积分器的实现可以采用两种形式：压/频变换器、双向计数器及数字信号处理器实现的数字积分器；另一种是由模/数转换器和数字信号处理器或现场可编程门阵列实现的数字积分器。

本书中霍尔转子位置传感器的速度反馈信号是通过数字信号处理器的捕获单元获得的，其方法是捕获间隔 360°机械角度的两个上升沿之间时间间隔取倒数得到转速反馈。不需使用频/压变换器后再经模/数转换器进入数字信号处理器的方法，即转速反馈信号可以直接由数字信号处理器的捕获单元获得。

因此，可直接采用复化矩形公式、梯形公式、Simpson 公式等常用的数值积分方法。

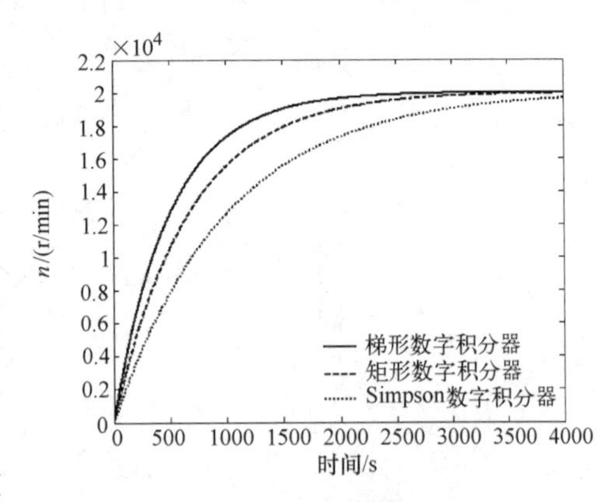

图 5-37 数字积分器对电机转速的响应特性曲线

图 5-37 给出了采用 3 种不同的数字积分器的锁相环速度控制系统的阶跃响应特性，从响应特性来看，梯形数字

积分器具有更好的动态特性。

对 $1/s$ 进行双线性变换即可得到 z 传递函数的梯形公式的数字积分器：$2(z-1)/T(z+1)$，对 $G(s)$ 进行双线性变换得到电机锁相控制系统的 z 传递函数

$$G(z)=G(s)\Big|_{s=\frac{2(z-1)}{T(z+1)}}=K\left[\frac{s^2+2\xi'\omega_y s+\omega_y^2}{s^2(\tau_p s+1)(\tau_f s+1)(\tau_J s+1)}\right]\Big|_{s=\frac{2(z-1)}{T(z+1)}}$$

3. 相位捕获带分析

相位捕获带对应于锁相环在相位捕获过程中，相位误差不超过鉴相器线性跟踪范围即能够入锁的参考频率最大阶跃值。

在误差带大于捕获带时，采用电流闭环升速；当误差带小于捕获带时，进入锁相模式。对相位捕获带的分析将对误差带的设置提供理论依据。

假设无刷直流电机处于稳定运行状态，霍尔转子位置传感器的速度反馈信号频率为 ω_1，相位误差为 θ_{err}。

假设参考频率为 $\omega_2=\omega_1+\Delta\omega$，则随后的相位误差为 $\theta_e(t)=\theta_{err}+\Delta\omega t$。

由于鉴相器输出的平均值是相位误差的锯齿形函数，则鉴相器输出的平均值也是时间 t 的锯齿波函数，峰值为 $2\pi k_d$，频率为 $\Delta\omega$。该信号经低通滤波后输出增量的峰值为 $k_d\cdot|G_{LF}(\Delta\omega)|\cdot(2\pi-\theta_{err})$，该值是一个正的直流信号，将使电机的转速上升。

当霍尔转子位置传感器的速度反馈信号增量的峰值小于 $\Delta\omega$ 时，锁相环不会立刻入锁。

如果适当选择 $\Delta\omega$，使其与速度反馈信号增量的峰值相等，则锁相环将会在一个相位跟踪周期内入锁，此时的 $\Delta\omega$ 是锁相环在相位跟踪过程中相位误差不超过 2π 的最大参考频率阶跃值。

对于大惯量无刷直流电机，快速捕获带可由 $\sqrt{k\tau_d(2\pi-\theta_{err})/(T_m\tau_f)}$ 来确定。

通信用锁相环的压控振荡器不存在惯性，而电机锁相稳速控制系统的压控振荡器存在一个离原点较近的极点 $-1/T_m$，使得两者的相位捕获带的分析有很大差别。对于电机锁相稳速控制系统来说，机械惯性越大，相位捕获带越窄。

4. 试验

在控制系统中，高速电机驱动的磁悬浮控制力矩陀螺要求的稳速精度为0.1%。根据这一稳速精度指标的要求，按照上述方法设计锁相环速度控制器。

在本试验中，磁悬浮控制力矩陀螺用高速无铁空心杯永磁无刷直流电机的转动惯量 $J=0.1\text{kg}\cdot\text{m}^2$，$k_D=0.01\text{N}\cdot\text{m}/(1000\text{r/min})$，$k_T=0.0011783\text{N}\cdot\text{m/A}$，$k_M=0.0014\text{V}/(\text{r/min})$。按照上述设计步骤得到软件锁相环路的参数：$k_i=0.0042$，$k_\phi/\tau_2=0.15$，$G_i=0.0157$。

在以 DSP 为核心构建的电机数字控制系统上用软件实现锁相控制算法，锁相控制器的速度反馈信号由霍尔转子位置传感器提供。图 5-38 所示为进入频率锁定后，磁悬浮控制力矩陀螺用高速永磁无刷直流电机额定转速 20000r/min 时的稳速曲线。

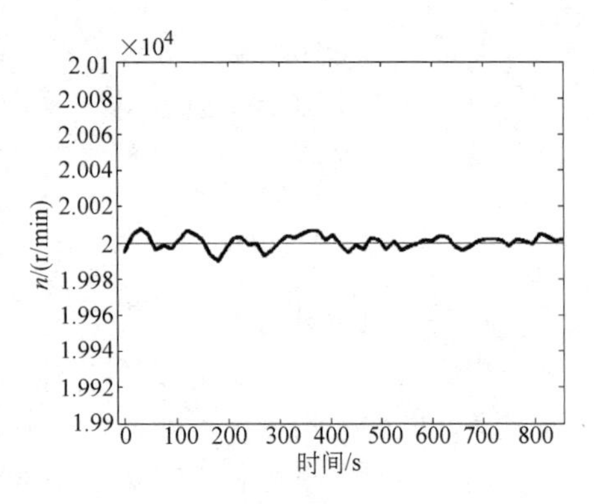

图 5-38 磁悬浮控制力矩陀螺 20000r/min 时的稳速曲线

本节重点介绍了速度控制锁相环路及其参数优化设计方法，并分析了系统的相位捕获范围，对所采用的梯形公式数字积分器的动态特性进行了研究，并用其代替传统的可逆计数数字积分器，使控制算法的实现得到简化，同时改善了动态响应性能，实验验证了锁相稳速控制系统设计方法的有效性。

5.8 本章小结

本章主要分为 5 个部分，分别为锁相环控制技术模块、有位置传感器电机控制模块、无位置传感器电机控制模块、高速高精度无刷直流电机的自动稳速系统模块和软件锁相环参数优化设计方法。采用了各种锁相控制方法，当控制电机运行在 20000r/min 下，稳速精度均达到了 2×10^{-4}。

参 考 文 献

[1] 王志强，房建成，刘刚. 一种磁悬浮 CMG 用高速 BLDCM 锁相高精度稳速控制系统设计方法［J］. 微电机，2007，40（5）：2-6.

[2] 张利，房建成，刘刚. 有位置传感器无刷直流电机双模速度控制系统［J］. 微电机，2004，37（3）：33-36.

[3] WANG Z Q，FANG J C，LIU G. Adaptation software phase-lock speed control of high speed brushless dc motor for magnetically suspended CMG［J］. IET Informatics and control technology in Proc. 6th，December，2006.

[4] 房建成，王志强，刘刚，等. 一种高速永磁无刷直流电机锁相稳速控制系统：200610113987.3［P］. 2006.

[5] BEST R E. Phase-locked Loops［M］. 3rd ed. New York：McGraw-Hill，1997.

[6] MOORE A W. Phase-locked loops for motor-speed control［J］. IEEE Spect rum，1973，61-67.

[7] 马会来，符东，刘刚，等. 软件锁相环在惯性动量轮转速控制中的应用研究［J］. 中国

惯性技术学报，2003，11（6）：98-102.

[8] PAN C T，FANG E . A phase-locked-loop-assisted internal model adjustable-speed controller for BLDC motors [J] . IEEE Transactions on Industrial Electronics，2008，55（9）：3415-3425. DOI：10. 1109/TIE. 2008. 922600.

[9] WANG J F，SUN C X. Study on the software phase-locked loop in the steady speed control system of the sensorless BLDCM [J]. Micromotors Servo Technique，2006.

[10] CHENG K Y，WANG C Y，TZOU Y Y . ASIC implementation of a programmable servo control IC with digital phase-locked loop [C] //Power Electronics Specialists Conference，2002. pesc 02. 2002 IEEE 33rd Annual. IEEE，2002. DOI：10. 1109/PSEC. 2002. 1022512.

[11] SHEN J X，IWASAKI S . Sensorless control of ultrahigh-speed PM brushless motor using PLL and third harmonic back EMF [J] . IEEE Transactions on Industrial Electronics，2006（2）：53.

[12] WANG J F . Study on the steady speed control system of the BLDCM in gyro based on the software phase-locked loop [J]. Electronics Instrumentation Customer，2005.

[13] MA J，SUN C X，LIN H Y. Analysis of the dynamic performance of a constant speed system for BLDC gyro motor [J]. Micromotors Servo Technique，2005.

[14] MOHAMMED M F，ISHAK D . Improved BLDC motor performance with digitally filtering back-EMF using dsPIC30F microcontroller [C] //Research & Development. IEEE，2010. DOI：10. 1109/SCORED. 2009. 5442957.

[15] FAEQ M，ISHAK D . Anew scheme sensorless control of BLDC motor using software PLL and third harmonic back-emf [C] //2009 IEEE Symposium on Industrial Electronics & Applications. IEEE，2009. DOI：10. 1109/ISIEA. 2009. 5356344.

[16] CHANG T Y，PAN C T，FANG E . A novel high performance variable speed PM BLDC motor drive system [C] //2010 Asia-Pacific Power and Energy Engineering Conference. 0 [2023-12-29]. DOI：10. 1109/APPEEC. 2010. 5449072.

[17] LEE S J，YOON Y H，WON C Y . Precise speed control of the PM brushless DC motor for sensorless drives [C] //Eighth International Conference on Electrical Machines & Systems，2005. DOI：10. 1109/ICEMS，2005. 202532.

[18] 沈建新，陈永校 . 永磁无刷直流电动机基于反电势的无传感器控制技术综述 [J]. 微特电机，2006，34（7）：5.

[19] 林益平 . 基于EKF相位增益校正的无传感器BLDCM速度控制 [J]. 电气传动，2007，37（6）：4.

[20] 龚金国，任海鹏，刘丁 . 带负载转矩补偿的无刷直流电动机速度控制 [J]. 电机与控制学报，2005，9（6）：4.

[21] 张会林，胡爱军，李静，等 . 直流无刷电机的模糊PI速度控制 [J]. 昆明理工大学学报（自然科学版），2007，32（2）：52-55.

[22] 钟灶生 . 无刷直流电机的模糊神经网络滑模速度控制器设计 [J]. 中国科技论文在线，2010.

[23] 徐蕾，马瑞卿，孙银川，等. 无刷直流电机锁相环稳速系统建模与仿真 [J]. 计算机仿真, 2010, 27 (2): 339-342.
[24] 王灿，刘刚，王志强. 一种永磁无刷直流电机自抗扰-锁相环双模控制方法 [J]. 微电机, 2010 (1): 33-37.
[25] 吴改燕. 基于反电势观测器和锁相环的无刷直流电机霍尔位置误差补偿方法研究 [J]. 电子器件, 2018, 41 (3): 5.
[26] 吕广焱，郭继宁，于占东，等. 基于锁相环的无刷直流电机稳速控制系统 [J]. 工业技术创新, 2021, 8 (2): 6.
[27] 马会来，房建成，刘刚. 磁悬浮飞轮用永磁无刷直流电机数字控制系统 [J]. 微特电机, 2003, 31 (4): 24-26, 28.
[28] 房建成，王志强，刘刚，等. 一种高速永磁无刷直流电机锁相稳速控制系统: CN200610113987.3 [P]. 2006.
[29] 尹逊青，郭薇，廖林炜. 基于软件锁相环的无刷直流电机速度控制器设计 [J]. 舰船电子工程, 2012, 32 (7): 2.
[30] 邓钧君，马瑞卿，王翔. 基于软件锁相环的无刷直流电机高精度速度控制系统 [J]. 测控技术, 2010, 29 (6): 5.

第 6 章

永磁无刷直流电机无位置传感器控制

永磁无刷直流电机无位置传感器控制，可以采用许多方法。根据电机的不同性能、运行的各自特点及设计时的特定参数，可相应地采用不同的控制方法。在采用不同的控制方法时，需要考虑所设计的系统能否达到各类技术指标，以改变系统实现的手段。本章将根据小电枢电感稀土永磁无刷直流电机的特点，分析无位置传感器控制方法的适用性与合理性，并详细说明无位置传感器控制系统的设计与实现。

6.1 常用无位置传感器检测原理

永磁无刷直流电机大多以霍尔元件、光电码盘或其他位置检测元件作为位置传感器，但当电机的尺寸小到一定程度时，使用位置传感器的弊病就比较明显。因此，在小型和轻载起动条件下，无位置传感器的无刷直流电机成为理想的选择。

除了在电机上安装霍尔元件、光电码盘、旋转变压器等装置直接检测电机转子的位置外，还可以通过检测电机的磁链、电流和电压等物理量，再经过相应的处理间接地求得电机的转子位置。由于不是直接检测电机转子的位置，因此这种通过检测磁链、电流和电压等物理量来得到转子位置的直流电机也被称为无位置传感器的无刷直流电机。无位置传感器检测电机转子位置的方法有：反电动势过零点的检测方法、反电动势 3 次谐波检测方法、阈值比较检测方法、续流二极管导通检测方法、固定电压的检测方法、预测反电动势过零点的检测方法等。下面简要阐述这些方法的基本原理。

6.1.1 反电动势过零点的检测方法

一般的永磁无刷直流电机是由三相逆变桥来驱动的，根据转子位置的不同，为了产生最大的平均转矩，在 1 个电角度周期中，具有 6 个换相状态。在任意一个时间段中，电机三相中都只有两相导通，每相的导通时间间隔为120°电角度。例如，当A相和B相已经持续60°电角度时，C相不导通。这个换相状态将持续60°电角度，而从B相不导通，到C相开始导通的过程，称为换相。换相的时刻取决于转子的位置，也可以通过判断不导通相过零点的时刻来决定。通过判断不导通相反电动势过零点，是最为常用也最为适合的无位置传感器控制方法。

反电动势过零点的检测方法是，通过测量不导通相的端电压，与电机的绕组中点电压进行比较，以得到反电动势的过零点。但对于小电枢电感的永磁无刷直流电机，在许多情况下，绕组中点电压难以获取，并且需要使用电阻分压和进行低通滤波，这样会导致反电动势信号大幅地衰减，与电机的速度不成比例，信噪比太低，另外也会给过零点带来更大的相移。

文献［1］提出了基于电机中性点的反电动势过零点的检测方法，通过检测非导通相反电动势过零信号并移相30°电角度获得换相信号。由于电机中性点一般不单独引出，此时需要构造中性点，文献［2］将三个星形联结的电阻网络的中点作为虚拟中性点，实现反电动势过零点检测。为了解决低速段反电动势幅值较小的问题，文献［3］提出了一种基于直流链中点电压的过零点检测方法，直流链中点电压提供虚拟中性点电压信号。上述3种方法统称为反电动势过零点的检测方法。由于电机的最佳换相点为换相前后导通的两相反电动势交点，线反电动势过零点即为两相反电动势交点，此种方法因具有无须移相且能直接获得电机换相点的优点，受到了广泛的关注。文献［4，5］利用端电压作差得到线电压，检测过零信号作为换相点，此种方法无须构造电机中性点或延迟30°电角度，然而该方法因低通滤波及绕组压降等延迟因素，而产生新的转子位置检测误差。文献［6］提出了一种线电压差过零点的无位置传感器换相控制方法，线电压差可视作对反电动势的放大，为低速段运行提供思路。反电动势过零点的检测方法原理简单、应用可靠、易于实现，但是容易受到调制噪声或电磁干扰的影响，产生换相信号误触发，因此需要使用滤波器消除各种干扰。

6.1.2　反电动势3次谐波检测方法

假设三相永磁无刷直流电机的定子绕组为星形接法，逆变器采用120°两两导通方式，则三相定子绕组每相的反电动势可以分解为基波和各次谐波之和，如图6-1所示。

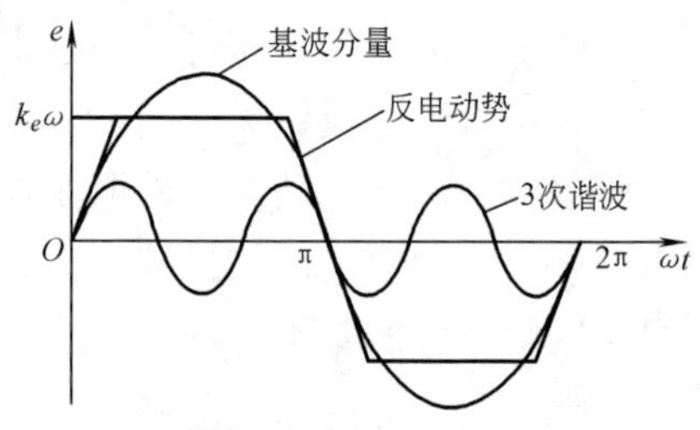

图6-1　梯形反电动势及其基波与3次谐波

以A相为例，其反电动势可以表示为

$$e_A = E(\cos\omega t + k_3\cos3\omega t + k_5\cos5\omega t + k_7\cos7\omega t + \cdots) \tag{6-1}$$

同理B、C相反电动势可以表示为

$$\begin{aligned} e_B = E[&\cos(\omega t - 120°) + k_3\cos3(\omega t - 120°) + \\ &k_5\cos5(\omega t - 120°) + k_7\cos7(\omega t - 120°) + \cdots] \end{aligned} \tag{6-2}$$

$$\begin{aligned} e_C = E[&\cos(\omega t + 120°) + k_3\cos3(\omega t + 120°) + \\ &k_5\cos5(\omega t + 120°) + k_7\cos7(\omega t + 120°) + \cdots] \end{aligned} \tag{6-3}$$

将式（6-1）~式（6-3）相加可得

$$e_A + e_B + e_C = 3Ek_3\cos3\omega t + e_{HIGHFREQ} \tag{6-4}$$

式中，$3Ek_3\cos3\omega t$是三相定子绕组反电动势的3次谐波之和；$e_{HIGHFREQ}$是三相定子绕组反电动势的3的奇数倍次谐波之和，$e_{HIGHFREQ} = \sum_{i=2}^{\infty} 3Ek_{3(2i-1)}\cos[3(2i-1)\omega t]$，在此简称为高频谐波和。

根据无刷直流电机的相电压方程式，又由于$i_A + i_B + i_C = 0$，则三相相电压之和为

$$u_{AN} + u_{BN} + u_{CN} = e_A + e_B + e_C = e_3 + e_{HIGHFREQ} \tag{6-5}$$

从式（6-5）可以看出，定子绕组采用星形接法的无刷直流电机，其定子三相相电压之和就等于定子绕组中反电动势之和，而且可以分解为3次谐波和3的奇数倍次谐波之和。由于高次谐波的幅值较小、频率较高，因此可以通过低通滤波器把高次谐波滤掉，只留下3次谐波。3次谐波在基波的1个周期内有6个过零点，而且每个过零点都和反电动势的过零点一一对应。如图6-2所示，只要检测到3次谐波的过零点就可以知道转子的位置，从而确定换相时间。

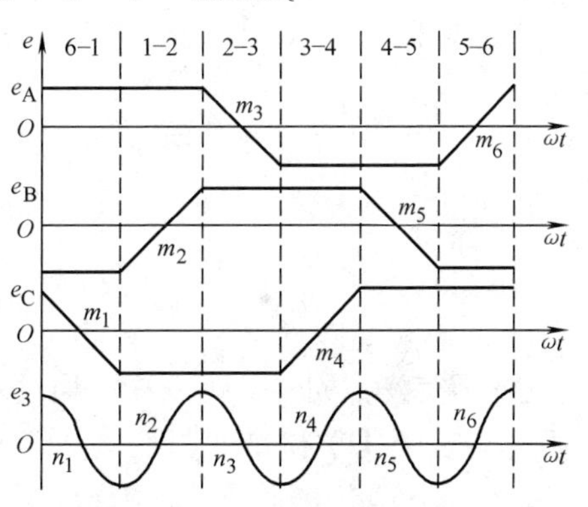

图6-2　无刷直流电机反电动势及其3次谐波

采用上述位置检测方法时，只需把三相定子绕组的相电压相加，再经过滤波就可以得到用来换相的3次谐波，这决定了这种方法的一个特点：因为是把相电压相加的，所以必须引出定子绕组的中性点，否则没有办法测量相电压。而在很多情况下，是没有办法引出电机的中性点的。

下面将对这种方法进行改进，使其能够在没有引出中性点的情况下同样可以工作。

如图6-3所示，无刷直流电机的定子绕组外接对称的电阻线路，其中性点标为S点，那么可以得到中性点S对中性点N的电压如下：

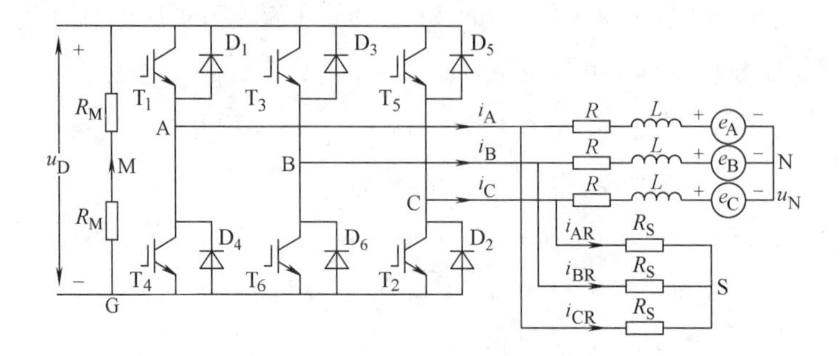

图6-3　定子绕组外接三相对称电阻检测反电动势3次谐波

$$u_{SN}=\frac{1}{2}(u_{AN}+u_{BN}+u_{CN}) \tag{6-6}$$

同时引进直流母线负极的G点，可得

$$u_{AG}+u_{GS}+u_{SN}+u_{NA}=0 \tag{6-7}$$

$$u_{BG}+u_{GS}+u_{SN}+u_{NB}=0 \tag{6-8}$$

$$u_{CG}+u_{GS}+u_{SN}+u_{NC}=0 \tag{6-9}$$

当逆变器采用120°两两导通方式时，假设T_1和T_2导通，则

$$u_{AG}=u_D,\ u_{CG}=0,\ u_{NC}=\frac{u_D}{2},\ u_{NA}=-\frac{u_D}{2} \tag{6-10}$$

将式（6-6）~式（6-9）代入式（6-10），可得

$$u_{GS}=-u_{SN}-\frac{u_D}{2}=-\frac{1}{3}(e_3+e_{HIGHFREQ})-\frac{u_D}{2} \tag{6-11}$$

这里源参考点M在图6-3中是通过两个电阻R_M串联获得直流电，$u_{MG}=u_D/2$，将其代入式（6-11）得

$$u_{GS}+u_{MG}=-\frac{1}{3}(e_3+e_{HIGHFREQ}) \tag{6-12}$$

即

$$u_{MG}=-\frac{1}{3}(e_3+e_{HIGHFREQ}) \tag{6-13}$$

同理，当逆变器的功率器件为其他开关组合时，仍可以经过推导得到上述结果。由式（6-13）可知，在引进直流电源参考点M和对称电阻电路的中性点S之后，测量这两点之间的电压，同样得到了3次谐波信号和高频谐波信号之和，经过滤波后就可以得到3次谐波的过零点，从而检测到转子的位置。

文献［7］利用反电动势3次谐波及锁相环技术检测换相时刻；文献［8］将

反电动势 3 次谐波检测法与 BEPF-SEE 联合用于无位置传感器驱动控制。反电动势 3 次谐波检测法通过敏感相反电动势内包含的 3 次谐波来检测转子位置，3 次谐波的高频特性对滤波电路带来的时间延迟影响小于其他基于基频的方法，因此该方法对调制噪声和参数不确定性较不敏感。但是反电动势 3 次谐波检测法在硬件上需要中性点或者直流侧中点电压。此外，相比于基频成分，反电动势的 3 次谐波由于含量较低，其幅值少于基频幅值的 1/3，导致 3 次谐波在低速时更加难测，因此其低速性能很差[9, 10]。文献［11－13］分析了反电动势的 3 次谐波与换相点的关系，将 3 次谐波信号与零电位比较，进而得到转子位置信号，实现了电机无位置传感器换相。文献［6］提出了一种基于三相线电压差的换相信号检测方法，文中所构造的线电压差与反电动势的过零点位置相同，该线电压差与零电位比较和延迟后，即可得到换相点，并且该信号幅值是反电动势的 2 倍，更有利于在低速范围内的电机换相信号检测。此外，非导通相端电压到母线电压中点之间电压的过零点位置也可以替代相电压用于过零点检测，以实现电机换相[14, 15]。

6.1.3　阈值比较检测方法

电机旋转时，定子线圈切割永磁转子的磁场，其感应的磁链量仅与永磁转子位置有关，并不随转速变化，所以借助对磁链的实时计算，并与预先设定的阈值比较，就可以得到换相点，这种换相点检测的方式即为阈值比较检测方法。用于比较的阈值主要有两种形式：磁链阈值和 G 函数阈值。磁链阈值是最为常用的转子位置检测参考量，由于非导通相反电动势过零点后的 30°范围积分值固定不变，即在该 30°区间内的非导通相感应的磁链为恒定值，当检测到磁链值达到设置的恒定值时触发换相逻辑，从而实现电机无位置传感器换相[16－18]。为了避免比较阈值太大以至于丢失换相点，文献［19］出了一种新型的磁链函数方法，将两相反电动势进行除法运算后构造磁链函数，然后利用磁链函数穿过零点来获取电机换相点，同时也从根本上解决了反电动势在电机低速时导致的换相点误判的问题。在实际应用中，为保证换相准确，基于磁链阈值比较的无刷直流电机无位置传感器驱动芯片中有专门用于微调阈值的引脚，通过调整电位器即可手动校正误差。除直接采用定子绕组感应的磁链外，基于无刷直流电机无位置传感器驱动芯片，沈建新等人采用 3 次谐波取代反电动势进行积分，由于该积分在本质上为三相绕组所感应磁链的组合，所以同样设置了磁链阈值，实现了对换相点的判断[11]。与磁链阈值相似，用于无位置传感器换相的 G 函数阈值是通过线反电动势的微分得到的，当 G 函数的幅值达到设定的阈值时就触发换相逻辑，从而实现电机换相[20－22]。但是 G 函数的计算方法较为复杂，不少学者对 G 函数的设计进行了优化，如文献［22－24］提出了一种不受转速变化影响的 G 函数，通过对表达式的近似与简化，使得 G 函数的在线计算速度大大提升，但是简化后的 G 函数也会导致一定的换相误差。

6.2　TDA5142T无位置传感器永磁无刷直流电机专用控制器

前面讨论了以霍尔元件作为位置传感器的电机控制系统，但一旦霍尔元件失效，电机的控制系统将无法工作，这对可靠性要求比较苛刻的航天领域是绝不允许的。无刷直流电机无位置传感器控制系统采用反电动势法检测转子位置，可实现无刷直流电机的无位置传感器换相控制，因此基于无位置传感器的控制系统在可靠性方面比有位置传感器的控制系统高。下面将对无位置传感器控制系统进行详细研究。

本节的无位置传感器控制前后采用了两种方法：一种是以Philips公司生产的TDA5142T无刷直流电机专用集成电路为核心的无位置电机控制电路；一种是以MicroLinear公司推出的用ML4425智能型无位置电机控制芯片设计而成的控制电路。TDA5142T本身只能驱动18V以下的电机。TDA5142T是Philips公司生产的无位置传感器无刷直流电机专用控制芯片，该芯片内含起动电路、全波换相电路和保护电路，可方便地实现无位置传感器无刷直流电机的起动和控制。MP6403是东芝公司生产的一种高功率逆变桥模块，专用于三相电机和双极脉冲电机的驱动，最大的额定漏极电流$I_D = 5A$。MP6403与TDA5142T两者的结合可大大简化无位置传感器无刷直流电机的起动和控制。

以下将介绍TDA5142T在无位置传感器调速系统中的应用，并着重介绍TDA5142T的换相、起动和速度控制技术。

6.2.1　TDA5142T的调速原理

TDA5142T是一种用于驱动三相全波无位置传感器无刷直流电机的双极型集成电路，采用24脚双列表面SOL封装。TDA5142T主要由起动振荡器、三个反电动势比较器、自适应换相时延电路、运算跨导放大器（OTA）和换相逻辑电路组成。

起动振荡器可方便地解决无位置传感器无刷直流电机的起动问题；三个反电动势比较器和自适应换相时延电路主要用于获取电机转子的精确的位置信号；位置信号送给换相逻辑电路后，被转换成6路驱动输出信号，即3路上侧驱动输出信号（OUT-PA、OUT-PB、OUT-PC）和3路下侧驱动输出信号（OUT-NA、OUT-NB、OUT-NC）。这6路信号均具有0.2A的驱动电流，可直接带动外接功率MOSFET或双极型晶体管，驱动电机运转。TDA5142T的调速主要由OTA和外搭的放大电路实现，通过调节电位器R_9，改变MOSFET的电源电压V_{MOT}，进而改变电机的转速。图6-4所示为系统调速原理图。

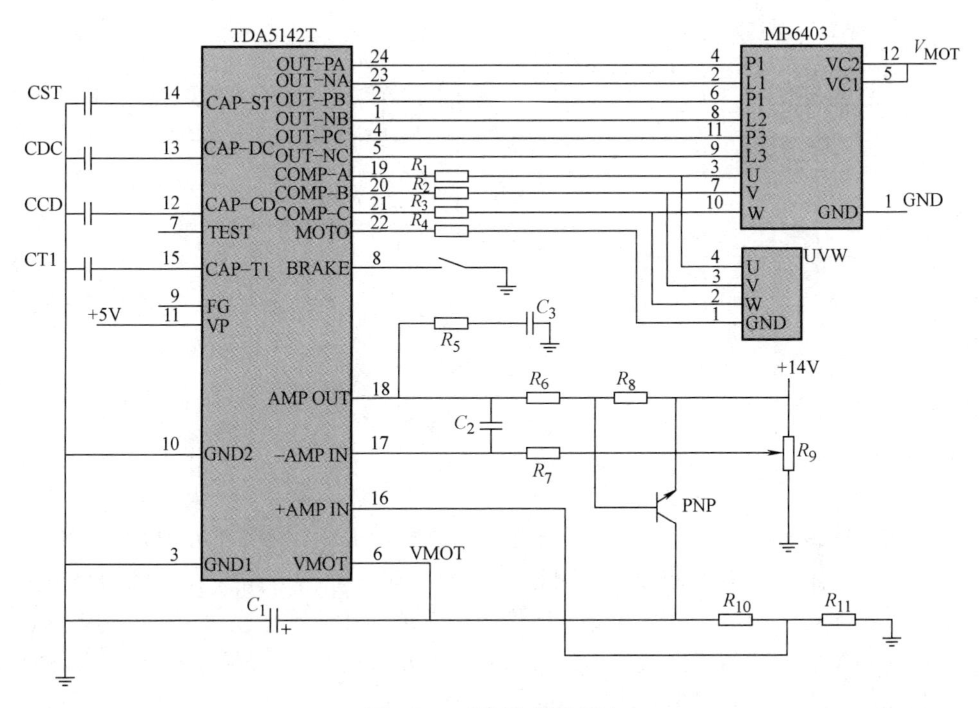

图6-4　系统调速原理图

6.2.2　TDA5142T的换相技术

换相是通过改变定子绕组电流方向，使得转子一直朝某一固定的方向运转(顺时针或逆时针)。TDA5142T的换相时刻主要通过三个反电动势比较器检测三相绕组的反电动势来实现，在任一周期，三个绕组中必有两个绕组分别处于高压（H）态或低压（L）态，只有一个绕组处于高阻（F）态。F态的反电动势过零点既可提供电机的转速信息FG，又可控制绕组的换相。理论上，换相时刻与F态的过零点时刻相差30°电角度；实际上，正确的换相时刻还得由自适应换相时延电路电容CAP-CD、CAP-DC进行修正，两个电容的值决定了电机的最佳换相时刻。在任一换相周期CAP-CD电容先被充电，后被放电，电压范围为（0.9V，2.7V)，充电电流为$I_C=8.1\mu A$，放电电流为$I_F=16.2\mu A$。CAP-DC电容则用于重复CAP-CD充放电过程，只是$I_C=I_F=15.5\mu A$。图6-5所示为电机换相波形，实验中CAP-CD电容值可以等于CAP-DC电容值，此值决定了电机的换相频率，即电机的转速，其与换相频率的关系为

$$\text{CAP-DC}=\text{CAP-CD}=\frac{8.1\times10^{-6}}{f_C\times1.3}=\frac{6231}{f_C}\text{nF}$$

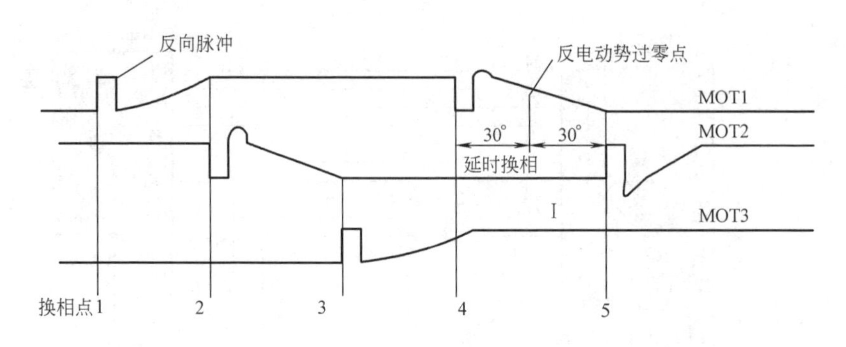

图6-5　电机换相波形示意图

6.2.3　TDA5142T的起动技术

无位置传感器无刷直流电机在静止及低速转动时，反电动势为零或近似为零，H、L、F态三者无法通过检测区别。如果通过外搭电路实现电机的平滑起动、电流换相和速度检测，系统设计将十分繁琐，即使设计成功，系统的效率也很难得到保证。采用TDA5142T芯片，则可大大简化上述设计问题，只需选定一个起动电容CAP-ST，即可实现电机的平滑起动，而且系统响应速度快、起动电流小。

TDA5142T主要采用起动振荡器换相脉冲的激励方法进行起动，振荡器只在电机刚起动时工作。一旦反电动势足够大，振荡器立即停止工作，电机起动完成。刚起动时，从振荡器产生的每个脉冲都引起TDA5142T的6个输出脚从一种状态转换到另一种状态，从而激励电机运转。如果反电动势不够大，电机将再转一步，并在新的位置下振荡。为防止脉冲在错误的振荡相位到达，振荡幅值必须在下个脉冲到达之前有足够大的衰减。电机起动振荡频率f和起动电容的选取如下：$f=\frac{0.5}{\pi}\sqrt{\frac{k_t Ip}{J}}$，其中$k_t$为电机转矩常数，$I$为电流，$p$为电机极对数，$J$为转子转动惯量，则CAP-ST可按下式选取：

$$\text{CAP-ST}=t_{\text{start}}/2.15\mu\text{F}$$

如果不知道电机转矩常数和转动惯量，则可以按以下方法选定起动电容：

1）先使CAP-ST=1μF，如果电机转子不动，则说明起动电容过小，增大1倍的起动电容值，即使CAP-ST=2μF；

2）如果电机运转良好，减少1/2的起动电容值，即使CAP-ST=0.5μF；

3）按照上述的1/2增减法，增大或减少CAP-ST的大小，直至电机由静止变为转动或由转动变为静止，则最后一次换电容之前的值即为最佳起动电容值。

需要注意的是，起动电容过大，电机也能正常运转，但起动时间将拉长，起动时效率降低。

6.2.4　TDA5142T 电机速度控制电路

TDA5142T 可以通过两种方式改变电机的工作转速：

一种方式是在电压一定时，通过改变自适应换相时延电路电容 CAP-CD、CAP-DC 来改变换相频率，进而改变电机的转速，它们与速度的关系式如下：

$$\text{CAP-DC} = \text{CAP-CD} = \frac{62310}{np}\text{nF}$$

另一种方式是利用 TDA5142T 内部的独立运算跨导放大器（OTA）进行模拟方式或数字（PWM）方式控制，以下简称 OTA 控制。

前者是在额定电压下通过改变最佳换相时刻，而直接改变电机的换相频率 f_C，进而改变电机的转速 n；后者是通过改变驱动输出级的电源电压 V_{MOT} 而实现无级调速。图 6-6 所示为 OTA 控制电路原理图。

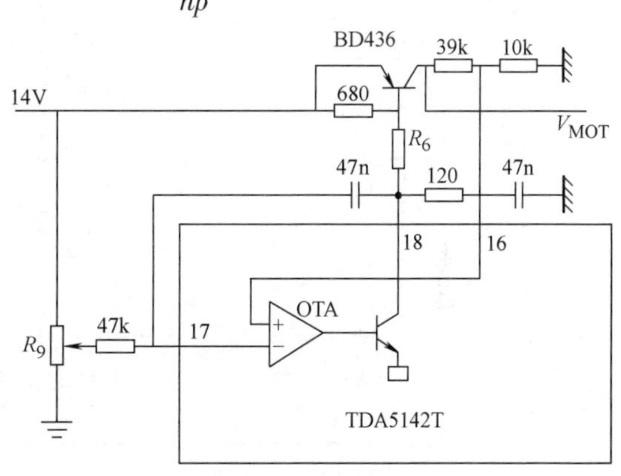

图 6-6　OTA 控制电路原理图

此电路属典型的模拟分压电路，所有的晶体管均工作在放大状态，R_6 和 680Ω 电阻为 BD436 晶体管提供基极电流。对于不同的晶体管，R_6 的取值应不同，但最重要的是保证 BD436 工作在线性放大状态。实验时，若 TDA5142T 的 17 脚电压与 V_{MOT} 电压之比为 1∶5，则说明工作正常，否则 R_6 选取不当。

6.2.5　实验结果

实验所采用的是三相星形无刷直流电机，额定的直流供电电压为 14V，最大工作电流为 5A，额定转速为 15000r/min，4 对极，电枢回路电阻 $R_S = 0.04\Omega$。图 6-7 所示是在 CAP-DC = 0.01μF、CAP-CD = 0.34μF、$C_{T_1} = 10\text{nF}$ 下测得的波形。其中，图 6-7a 所示为电机工作在 14000r/min 时电机的一相绕组电压波形，从波形可知，系统在高速运转的情况下工作稳定；图 6-7b 所示为空载时电机的调速特性曲线，从中可知，利用此驱动系统较好地实现了电机的驱动与控制。总的实验结果表明：系统工作平稳可靠，很好地实现了无位置传感器无刷直流电机的起动和控制。

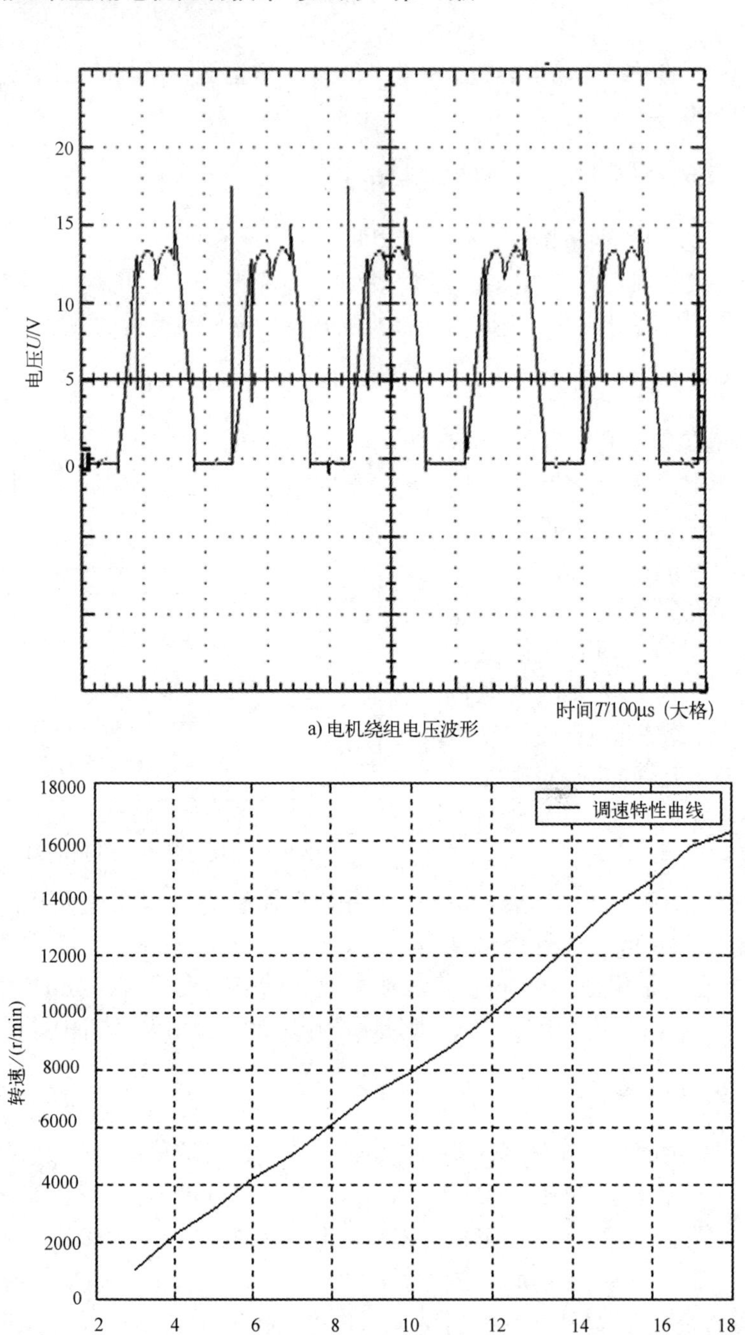

a) 电机绕组电压波形

b）电机调速特性曲线

图6-7 电机实验波形

6.3　ML4425 无位置传感器永磁无刷直流电机专用控制器

6.3.1　控制器的选用

由于 TDA5142T 只能驱动额定电压 18V 以下的无位置传感器电机，对于以 TDA5142T 为控制器的永磁无刷直流电机控制系统不适合额定电压 18V，所以本节以 ML44255 作为无位置传感器永磁无刷直流电机的主控制芯片。ML4425 是 MicroLinear 公司推出的一种智能型无位置传感器永磁无刷电机控制器专用电路。该电路内置起动电路、锁相环逻辑换相电路、PWM 速度控制电路和过电流保护电路。该芯片集成度高，应用范围广，适合各种负载和电压的三角形或星形绕组的无刷直流电机控制系统。

ML4425 还具有以下特点：

1）通过采用锁相环换相技术，防止了 PWM 尖峰脉冲的噪声干扰，可实现电机精确的换相控制；

2）具有专门的反电动势采样电路，可方便无位置传感器电机的位置信号检测；

3）具有过电流、限流保护功能；

4）非常灵活的集成化电路，对于不同无位置传感器永磁无刷直流电机来说，只需对 ML4425 外围电容、电阻进行相应的改变，即可满足各自系统的要求；

5）频率可设定的锯齿波振荡器和 PWM 比较器为电机速度反馈提供了输入端，使电机锁相稳速成为可能；

6）所需电压为 10 ~ 30V，本节所介绍的系统工作电压为 28V。

从上面的介绍可知，ML4425 集成度高、性能强大、使用方便，不仅可满足无刷直流电机的驱动要求，还可与锁相环控制电路结合实现电机的高速高精度稳速控制。因此，ML4425 是永磁无刷直流电机控制器较为理想的选择。

6.3.2　ML4425 引脚功能

ML4425 采用 28 脚 PDIP 和 SOIC 两种封装形式。图 6-8 所示为其内部原理框图。

1. 各引脚的功能

1 脚（I_{SENSE}）：电机电流检测输入端，此引脚连接外接逆变桥下桥公共端，以检测电机绕组电流，当此脚电压超过 0.2V 时，逆变桥的下三桥臂 LA、LB、LC 关断，关断时间为 $2.4V \times C_{IOS}/50\mu A$。

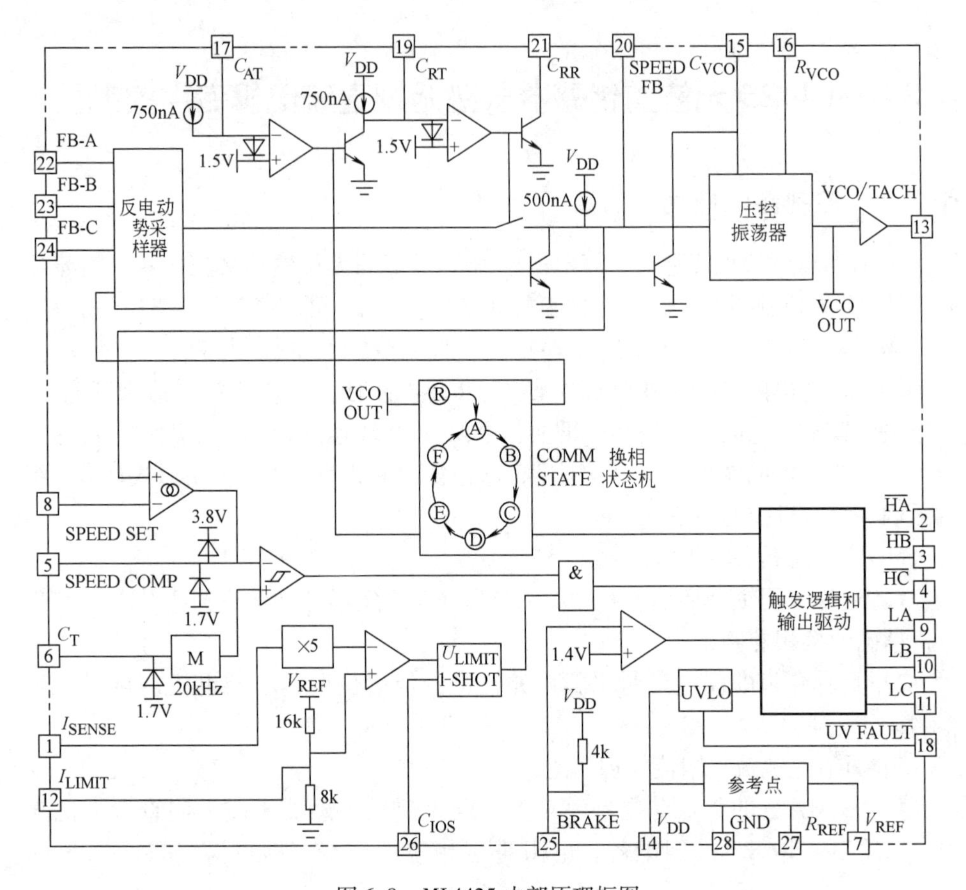

图6-8　ML4425内部原理框图

2～4脚（$\overline{HA}$、$\overline{HB}$、$\overline{HC}$）：分别用于驱动外部逆变桥P通道功率器件，低电平时，相应的P通道功率器件导通。

5脚（SPEED COMP）：内接超导比较器的输出端，此引脚连接的阻容元件可对速度环进行电压补偿，并与其他部件一起决定速度回路的零极点。

6脚（C_T）：PWM振荡器定时电容连接端，此引脚所连接电容决定PWM振荡器的频率。$f_{PWM}=50\mu A/2.4V\times C_T$，当$C_T=1nF$时，PWM振荡器的振荡频率$f_{PWM}=25kHz$。

7脚（V_{REF}）：参考电压输出端（6.9V）。

8脚（SPEED SET）：速度控制输入端，电压范围为$0\sim V_{REF}$。

9～11脚（LA、LB、LC）：分别用于驱动外部逆变桥N通道功率器件，高电平时，相应的N通道功率器件导通。

12脚（I_{LIMIT}）：过电流检测阈值电压端。此引脚悬空时，12脚电压为0.2V，当外接分压电路时，可改变12脚的阈值，进而提高电路的抗干扰能力。

13 脚（VCO/TACH）：压控振荡器（VCO）输出端，也即速度信号输出端。当电机进入反电动势锁相环换相后，此脚输出的信号频率正比于电机的当前转速。

14 脚（V_{DD}）：12V 电源输入端。

15 脚（C_{VCO}）：VCO 电容连接端，此电容大小决定了 VCO 电压与频率的转换系数。

16 脚（R_{VCO}）：VCO 电流设置端。

17 脚（C_{AT}）：复位校准电容接地端，此电容的大小决定了电机处在复位校准状态下的时间。当此脚为地电位时，器件处于复位状态，电容越大，时间越长。

18 脚（$\overline{\text{UV FAULT}}$）：电源状态显示输出端，此引脚为地电平时，表示 $V_{DD}<12V$，此时所有的输出驱动端关闭。

19 脚（C_{RT}）：加速时间电容端，此电容的大小决定电机由复位校准状态加速到 PWM 稳定控制状态下的时间，电容越大，时间越长。

20 脚（SPEED FB）：反电动势采样输出端，此引脚也是 VCO 的接入端，其外接的阻容网络用于补偿反电动势锁相环换相电路。

21 脚（C_{RR}）：加速率电容端，此电容的大小决定电机由复位校准状态加速到 PWM 稳定控制状态下的加速度，电容越大，加速度越小。

22 ~ 24 脚（FB-A、FB-B、FB-C）：电机绕组 A、B、C 的连接端。

25 脚（$\overline{\text{BRAKE}}$）：制动状态控制端。此引脚为地电平时，通过关断上三桥臂$\overline{\text{HA}}$、$\overline{\text{HB}}$、$\overline{\text{HC}}$和导通下三桥臂 LA、LB、LC，电机处于制动状态。

26 脚（C_{IOS}）：斩波电容端，此电容大小决定了过电流保护后，下三桥臂输出的保持时间。

27 脚（R_{REF}）：外接 137kΩ 电阻端，设定内部基本偏置电流（VCO 除外）。

28 脚（GND）：信号及电源地端。

2. ML4425 的工作原理

ML4425 的整个运行状态可分为三种。第一种为复位校准状态，复位校准的时间由外接的起动电容 C_{AT}决定。复位校准时刻，上桥臂$\overline{\text{HA}}$、$\overline{\text{HC}}$和下桥臂 LB 导通，电机转子在磁力线的作用下慢慢转动，使得磁极中心线与 B 相绕组中心线重合；复位校准状态完成后，起动脚 C_{AT}由低电平慢慢变为高电平 2. 01V，同时片内 VCO 开始起振，系统进入开环升速状态。电机转速升至可产生足够大的反电动势后，系统进入闭环换相状态。当 20 脚小于 8 脚设定电压时，电机处于加速状态。在此期间，电机受到 12 脚的控制，控制下桥 N 通道的功率驱动，占空比为 100%。当 20 脚接近 8 脚设定电压时，电机进入 PWM 稳定控制状态。此时 6 脚外接电容 C_T 开始充电，产生频率为 $50\mu A/2.4V\times C_T$ 的 PWM 锯齿波。此锯齿波通过与8脚设定电压相比较，产生PWM波形，控制下桥N通道的功率驱动，进而对电机进行速度控制。根据ML4425的工作特性，以下将分别对ML4425的反电动势锁相环换相控制技术、过电流保护电路、外围电路的参数选取以及应用于高速电机的起动技术进行重点讨论。

6.3.3　ML4425关键技术分析

1. ML4425反电动势锁相环换相控制技术

对于三相无刷直流电机来说，为使电机朝同一方向运转，必须按一定顺序导通三相逆变桥一相的N极和另一相的P极。对于ML4425来说，它采用锁相环技术达到精确的换相，其原理电路如图6-9所示。

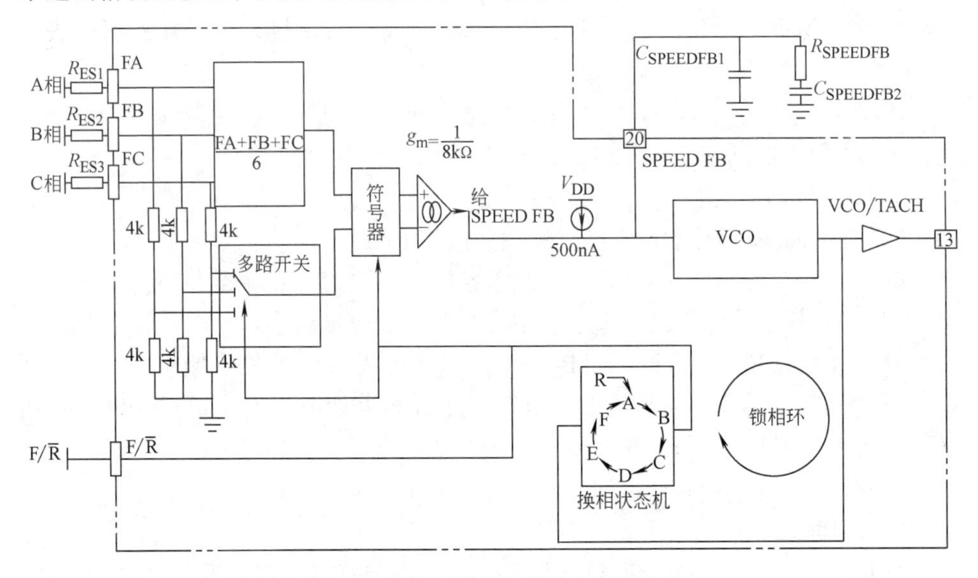

图6-9　反电动势锁相环换相原理电路

ML4425反电动势锁相环换相电路由反电动势采样电路、压控振荡器（VCO）、环路滤波器及换相状态机组成。整个电路是根据电机不导通相绕组的反电动势与中线电位相交点是该时刻的换相点的原理设计而成。反电动势采样电路由多路开关、中点模拟电路、符号变换电路组成，目的是获取每时刻高阻态绕组反电动势与中线电压的换相误差信号。VCO则用于把换相误差信号转变为频率信号，以控制多路开关和换相状态机运行，从而获得准确的换相时序信号。换相状态机内置7种确定的换相逻辑，其中R状态只在复位校准时起作用，其他6种（A、B、C、D、E、F）状态在VCO输出频率信号激励下按确定的顺序轮流输出。换相状态机在每输入一个脉冲激励下，即输出一种换相信号，同时选出高阻态的绕组，以控制多路开关正确动作。整个反电动势锁相环换相过程如下：高阻态绕组反电动势与中线电压相减后，得到换相误差信号，该误差信号通过跨导放大器加在环路滤波器（$C_{SPEEDFB1}$、$R_{SPEEDFB}$、$C_{SPEEDFB2}$）上，落后的换相经跨导放大器向 20 脚滤波器充电，从而增大 VCO 输入电压，使 VCO 输出频率增加。相反，过早的换相将会引起 20 脚上电容放电，使 VCO 输入电压减少，VCO 输出频率减小，由此获得精确的换相频率信号，控制电机正确换相。表 6-1 为 ML4425 换相状态真值表；图 6-10 所示为逆变桥上三桥臂（$\overline{HA}$、$\overline{HB}$、$\overline{HC}$）和下三桥臂（LA、LB、LC）的导通波形。超前滞后网络 $C_{SPEEDFB1}$、$R_{SPEEDFB}$、$C_{SPEEDFB2}$ 是为了把 VCO 频率信号从锁相环换相中过滤掉，并为闭环换相提供相位补偿，以保持系统的稳定。

表 6-1　ML4425 换相状态真值表

状　态	输　出						输入采样
	LA	LB	LC	$\overline{HA}$	$\overline{HB}$	$\overline{HC}$	
R	OFF	ON	OFF	ON	OFF	ON	N/A
A	OFF	OFF	ON	ON	OFF	OFF	FBB
B	OFF	OFF	ON	OFF	ON	OFF	FBA
C	ON	OFF	OFF	OFF	ON	OFF	FBC
D	ON	OFF	OFF	OFF	OFF	ON	FBB
E	OFF	ON	ON	OFF	OFF	ON	FBA
F	OFF	ON	OFF	ON	OFF	OFF	FBC

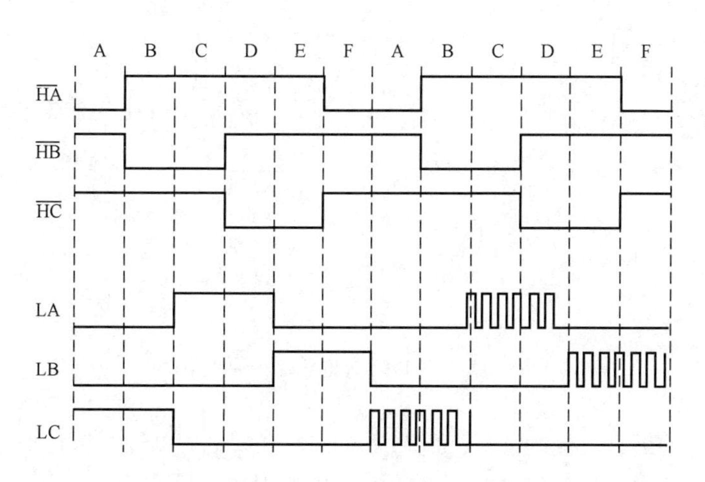

图 6-10　ML4425 上、下三桥臂换相时序

2. ML4425 过电流保护电路

ML4425 通过内设的 PWM 电流比较器来控制过电流保护，其原理电路如图 6-11所示。外接逆变桥经一电阻 R_{SENSE} 接地，作电流采样，输入比较器的负端 I_{SENSE}。比较器的正端相当于接有 460mV 的基准电压，作为电流限制基准。$I_{SENSE}\times 5>\dfrac{V_{REF}}{16\mathrm{k}\Omega+8\mathrm{k}\Omega}\times 8\mathrm{k}\Omega=460\mathrm{mV}$ 时，比较器即翻转，PWM 信号关闭，此基准电压也可以通过外接电路而改变。ML4425 过电流保护工作原理如下：在 C_{IOS}产生的锯齿波上升沿时间内，若电流过大，PWM 比较器将输出低电平，使 RS 触发器重置，将 PWM 信号关闭；在 C_{IOS}产生的锯齿波下降沿时间内，RS 触发器将重新复位，使驱动信号输出，利用这样的逐次比较，实现了限流。因此，通过改变 C_{IOS} 的大小，可以设定 PWM 关断时间 T_{OFF}，它们的关系为 $C_{OS}=T_{OFF}\times 50\mu\mathrm{A}/2.4\mathrm{V}$。对于 25kHz 的 PWM 频率，$T_{OFF}=20\sim 40\mu\mathrm{s}$，因此 C_{OS}可写为 $C_{OS}=(20\sim 40)\mu\mathrm{s}\times 50\mu\mathrm{A}/2.4\mathrm{V}$。

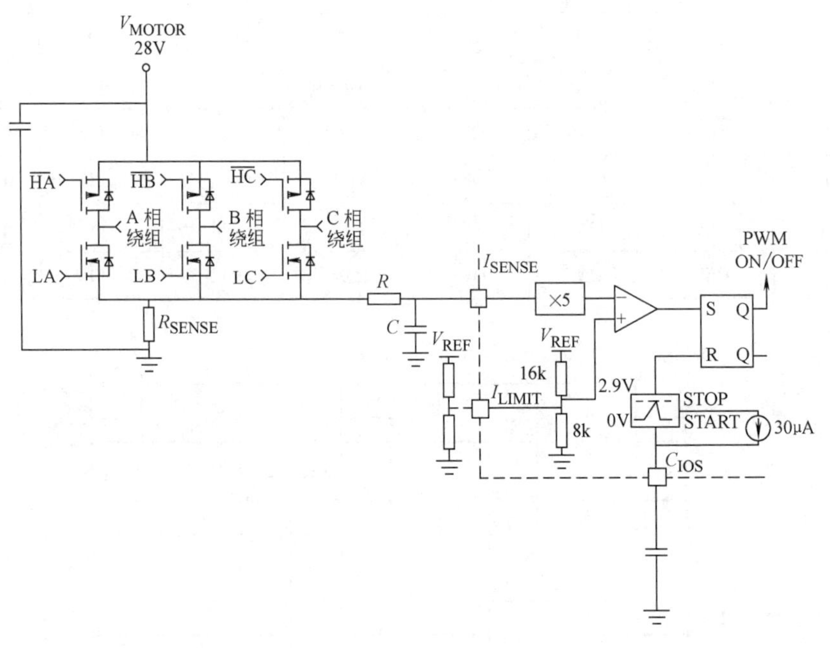

图 6-11　ML4425 过电流保护原理电路

若允许的最大电流为 I_{max}，则 $I_{max}=0.46/R_{SENSE}$（单位为 A）。

为了避免由换相尖峰脉冲引起的电流检测误操作，在 R_{SENSE}和 I_{SENSE}之间应接 RC 低通滤波器，以除去 MOSFET 中二极管的反向击穿电流。图 6-12 所示即为检测电阻电压在滤波前后的变化，一般推荐 $R=1\mathrm{k}\Omega$，$C=330\mathrm{pF}$。

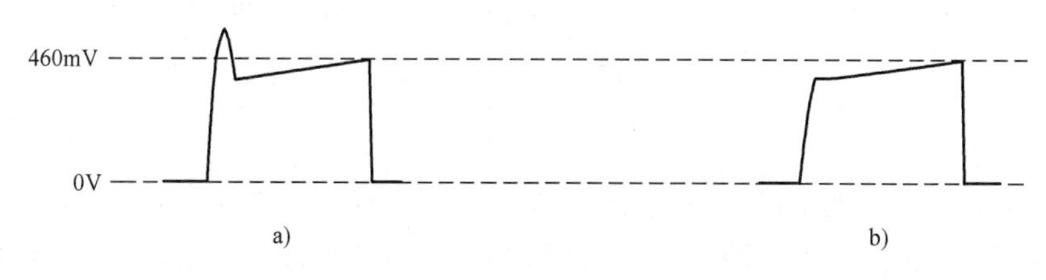

图6-12　检测电阻电压在滤波前后的变化

6.3.4　ML4425外围电路的参数选取

ML4425是一种非常灵活的集成电路，对于不同无位置传感器永磁无刷直流电机来说，只需对ML4425外围电容、电阻进行相应的改变，即可满足各自系统的要求。以下将重点对起动参数、VCO滤波电路参数和速度闭环补偿参数进行介绍，这些参数选取的好坏，直接关系到ML4425的正常运行。若起动参数选取不当，则系统无法正常起动；若VCO滤波电路参数选取不当，系统一进入加速状态即停机；若速度闭环补偿参数选取不当，系统进入PWM速度控制状态下，将会出现停转或堵转的现象。因此，为了实现对无位置传感器永磁无刷直流电机很好的控制，正确选取以上三种参数是非常重要的。

1. 起动参数的选取

ML4425起动过程分为三个阶段：校准、加速、运转。校准是为了使电机处于复位状态，在校准阶段，通过导通上桥$\overline{\text{HA}}$、$\overline{\text{HC}}$和下桥LB使转子向前移动30°电角度，如表6-1中的R状态所示。对于不同的电机和负载，电机达到上述R状态所需的校准时间也不同，校准时间的长短由17脚的起动电容决定。

具体来说，校准时间与电机、负载、摩擦、涡流损耗有关。如果磁场产生的回原位力矩$\tau=-k\theta$（k为回原位力矩斜率常数，单位为N·M/rad；θ为角位移），根据角速度方程$F=MA$，可知$J\dfrac{\mathrm{d}^2}{\mathrm{d}t^2}\theta=\tau=-k\theta$，考虑阻尼的影响，可得系统的微分方程为

$$J\frac{\mathrm{d}^2}{\mathrm{d}t^2}\theta+r\frac{\mathrm{d}}{\mathrm{d}t}\theta+k\theta=0 \tag{6-14}$$

式中，J为转子和负载的总转动惯量；r为涡流损耗和黏性摩擦因子。

系统为典型的二阶系统，其传递函数为

$$G(s)=\frac{\omega_{\mathrm{n}}^2}{s^2+2\xi\omega_{\mathrm{n}}+\omega_{\mathrm{n}}^2}$$

式中，$\xi=\dfrac{r}{2k}$；$\omega_{\mathrm{n}}=\sqrt{\dfrac{k}{J}}$。$\xi$为阻尼因子，对于非常小的阻尼系统可取为0.1，对

于很大的阻尼系统可取为0.9。根据自控原理可知，此系统的调节时间为

$$t_s = \frac{3}{\xi\omega_n} = \frac{3}{\frac{r}{2k}\sqrt{\frac{k}{J}}} \tag{6-15}$$

对于极数为N的电机，每转过$2\pi/N$时，都会有一个空载转矩；每转过π/N时，转矩从0变为最大，即$\tau_{max}=K\pi/N$，而最大转矩$\tau_{max}=k_t I_{max}$（k_t为电机转矩常数，单位为N·m/A；I_{max}由I_{LIMIT}决定），因此可知$k=Nk_t I_{max}/\pi$，代入式（6-15），即可得t_s的值。由于17脚电容的作用就是在0.75μA的电流充电下，在t_s时间内从0充电到1.5V，因此充电方程为

$$Q = It_s = 0.75\mu A \times t_s = C_{rst}u = C_{rst} \times (1.5-0)$$

所以

$$C_{rst} = \frac{t_s \times 0.75}{1.5}\mu F \tag{6-16}$$

把式（6-15）代入式（6-16）即可求得起动电容C_{rst}的值。

先按式（6-16）计算，如果电机在加速前仍不能校准，则可增加C_{rst}的值，直到电机不动为止；如果对电机的起动时间要求较短，并且C_{rst}的值过大，则应减小C_{rst}的值，以满足快速起动的要求。如果不知道电机的性能参数，可以按以下经验方法选定起动电容C_{rst}：

1）先使$C_{rst}=1\mu F$，如果电机转子不动，则说明起动电容过小，增大1倍的起动电容值，即使$C_{rst}=2\mu F$；

2）如果电机运转良好，减少1/2的起动电容值，即使$C_{rst}=0.5\mu F$；

3）按照上述的1/2增减法，增大或减少C_{rst}的值，直至电机由静止变为转动或由转动变为静止，则最后一次换电容之前的值即为最佳起动电容值。

需注意的是，起动电容过大，电机也能正常运转，但起动时间拉长，起动时效率降低。

2. VCO滤波电路参数的选取

VCO滤波电路是整个反电动势锁相环换相电路的重要组成部分，它用于滤除鉴相器输出电流中的最大组合频率和其他干扰分量，并保持锁相环换相电路的稳定。反电动势锁相环换相电路主要由反电动势采样电路、VCO滤波电路和压控振荡器（VCO）组成。图6-9所示为ML4425的反电动势锁相环换相内部电路。为分析方便，以下假设$R_{VCO}=80k\Omega$。图6-13所示为整个锁相环换相电路的传递函数。

VCO滤波电路由R、C_1、C_2组成（C_1去掉，电机仍能运转），滤波电路接在相位检测电路和VCO中间。相位检测电路由电机采样器和跨导放大器组成，其传递函数与速度成正比关系，可以写成$k_e\times\omega\times \mathrm{Atten}\times g_m/2\pi$；VCO可以看作

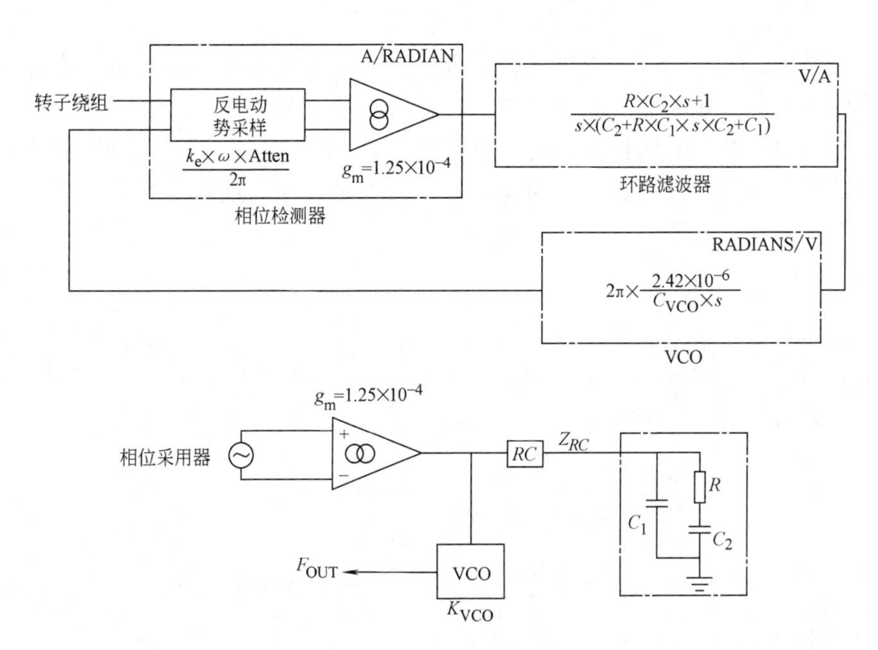

图 6-13　ML4425 的反电动势锁相环换相内部电路传递函数

积分器，它接收电压信号而输出频率信号，其传递函数可以写成$2\pi \times \frac{2.42 \times 10^{-6}}{C_{VCO} \times s}$；$RC$ 滤波电路的传递函数为$\frac{R \times C_2 \times s+1}{s \times (C_2+R \times C_1 \times s \times C_2+C_1)}$，因此整个滤波电路的传递函数可以写成

$$A_{OL}=k_e \times \frac{k_v}{2\pi} \times \omega \times \text{Atten} \times g_m \times \frac{R \times C_2 \times s+1}{s^2(C_2+R \times C_1 \times s \times C_2+C_1)} \qquad (6\text{-}17)$$

式中，k_e 为反电动势常数[V/(rad/s)]；k_v 为 VCO 的增益；Atten 为采样时的阻尼分压系数，$\text{Atten}=\frac{4\text{k}\Omega}{4\text{k}\Omega+4\text{k}\Omega+R_{ES}}$，采样电阻 $R_{ES}=670 \times (V_{MOTOR}-10)=670 \times (28-10)\Omega=12\text{k}\Omega$，Atten 为 0.2。

若令 $K_o=k_e \times \frac{k_v}{2\pi} \times \omega \times \text{Atten} \times g_m$，且有

$$\omega_z=\frac{1}{R \times C_2},\ \omega_p=\frac{C_2+C_1}{R(C_1+C_2)}$$

则此滤波电路的传递函数可简写为

$$A_{OL}=K_o \times \frac{s+\omega_z}{s^2 \times C_1(s+\omega_p)} \qquad (6\text{-}18)$$

很显然，A_{OL}含有两个零极点。为了使系统稳定且有充足的裕度，当传递函数幅值为1时，零点 ω_z 必须对应正的相移；而且极点 ω_p 必须足够小，以把VCO频率从闭环中过滤出去；同时也必须足够大，以使零点有较大的相位裕度，以保证系统稳定。若假设 $\omega_p = M \times \omega_z$，则最大的相位超前角应发生在零极点的几何平均值上，也即

$$\omega_{\text{MAXLEAD}} = \sqrt{\omega_p \times \omega_z} = \sqrt{M} \times \omega_z \tag{6-19}$$

由于极点在单位增益频率的后面，因此，此三阶系统可近似看成二阶系统。根据自控理论，当系统的阻尼系数为0.707时，超调量为最小。设超调量为 $d\%$ 时的超调时间为 t_s，则有

$$t_s = \frac{-\ln\left(\frac{d}{100}\right)}{\xi \times \omega_n} \tag{6-20}$$

式中，ξ 为阻尼系数；ω_n 为自然频率。如果锁相环必须在 N_s 周期内稳定，则稳定时间 T_{ACQ} 为

$$T_{ACQ} = \frac{N_s}{F_{VCO}} = t_s \tag{6-21}$$

注意：N_s 的选取在满足能够把VCO频率从环路滤波器过滤掉的情况下，应越小越好。当然，过小（比如 $N_s = 1$、2）也不行，因为环路滤波器就无法响应VCO的频率，使得滤波效果不充足；当然也不能过大，否则会产生错误的换相，并失锁。推荐 N_s 取为20。设系统的带宽为 ω_o，代入式（6-20）和式（6-21）得

$$\omega_o = 2 \times \xi \times \omega_n = -2 \times \ln\left(\frac{d}{100}\right) \times \frac{F_{VCO}}{N_s} \tag{6-22}$$

为了得到最大相位裕度，系统必须在开环增益为1时产生最大的相位超前角。然而开环增益与系统的速度有关，因此最大相位超前角最好取在起动转速和最大转速的几何平均值上。假设起动转速为STARPM，则此时的 F_{VCO} 为

$$F_{VCO} = 0.05 \times N_s \times \sqrt{\text{STARPM} \times \text{MAXRPM}}$$

根据式（6-19）可得

$$\sqrt{M} \times \omega_z = -2 \times \ln\left(\frac{d}{100}\right) \times \frac{F_{VCO}}{N_s}$$

因此

$$\omega_z = -2 \times \ln\left(\frac{d}{100}\right) \times \frac{F_{VCO}}{N_s \times \sqrt{M}} \tag{6-23}$$

在 $\omega = \omega_{\text{MAXLEAD}}$ 时，开环增益为1，即

$$k_o \times \frac{\left| j \times 2 \times E \times \frac{F_{VCO}}{N_s \sqrt{M}} \right|}{\left(\left| j \times 2 \times E \times \frac{F_{VCO}}{N_s} \right| \right)^2 \times C_1 \times \left| j \times 2 \times E \times \frac{F_{VCO}}{N_s} + 2 \times E \times \sqrt{M} \times \frac{F_{VCO}}{N_s} \right|} = 1 \tag{6-24}$$

式中，$E = -\ln\ (d/100)$，解上述方程可得

$$C_1 = \frac{1}{4} \times \frac{k_o}{\sqrt{M}} \times \frac{N_s^2}{\left(\ln\left(\frac{d}{100}\right)^2 \times F_{VCO}{}^2 \right)}$$

$C_2 = C_1 \times\ (M-1)$，把 C_1、C_2 代入 ω_z 方程可得

$$2 \times E \times \frac{F_{VCO}}{(N_s \times \sqrt{M})} = \frac{1}{\frac{1}{4} \times \frac{k_o}{\sqrt{M}} \times \frac{N_s^2}{(E^2 \times F_{VCO}{}^2)} \times (M-1) \times R} \tag{6-25}$$

解上述方程得

$$R = 2 \times M \times \ln\left(\frac{d}{100}\right) \times \frac{F_{VCO}}{N_s \times K_o (1-M)} \tag{6-26}$$

相位裕度为 $\Phi_m = a\ \tan\left(\sqrt{M} - a\ \tan\left(\frac{1}{\sqrt{M}}\right)\right)$，当 $M = 10$ 时，最大相位裕度为 55°，完全可以满足系统的稳定性要求。

3. 速度闭环补偿参数的选取

R_{SC}、C_{SC}是设定速度闭环补偿参数，用于给电机的速度补偿以使系统运行稳定，以下将简单介绍其选取方法。

设电机的机械常数为τ_m，则

$$\tau_m = \frac{J \times R_w}{k_e^2} \tag{6-27}$$

式中，J 为转子和负载惯量；R_w 为绕组电阻；k_e 为反电动势常数。

系统极点处在较低频率时，将限制闭环系统响应速度，R_{SC}、C_{SC}的作用就是为闭环调速系统提供相位超前角，使系统响应速度加快。设系统理想的速度闭环带宽为f_{SB}，为了得到足够的相位裕度，f_{SB}应小于锁相环的带宽，由于机械时间常数τ_m 必须远小于换相响应时间，通常这比较容易满足。为了能在单位增益点 f_c 上获得最大的相位超前角，可使补偿的零点频率$f_{SC} = f_c/10$，据此 R_{SC}、C_{SC}可选为

$$C_{SC}=\frac{26.9\times V_{MOTOR}\times C_{VCO}\times N}{f_{SB}\times k_e\times\sqrt{2.5+98.696\times\tau_m^2\times f_{SB}^2}}\tag{6-28}$$

$$R_{SC}=\frac{10}{2\pi\times C_{SC}\times f_{SB}}\tag{6-29}$$

上两式中，N 为极对数；f_{SB}为速度闭环带宽；V_{MOTOR}为28V。

如果闭环速度控制不稳定，很可能是f_{SB}取得过大，减小f_{SB}的值即可使系统稳定。

4. VCO 电压频率比电容 C_{VCO}的选取

图6-14所示即为ML4425 的 VCO 外部元器件连接图。ML4425 的 VCO 的输入电压为20 脚 SPEED FB 电压 V_{RC}，输出信号是与 TTL 电平兼容的时钟频率信号 F_{VCO}，此信号与V_{RC}成正比，具体关系为

$$F_{VCO}=K_{VCO}\times V_{RC}=0.05\times N\times \text{RPM}\tag{6-30}$$

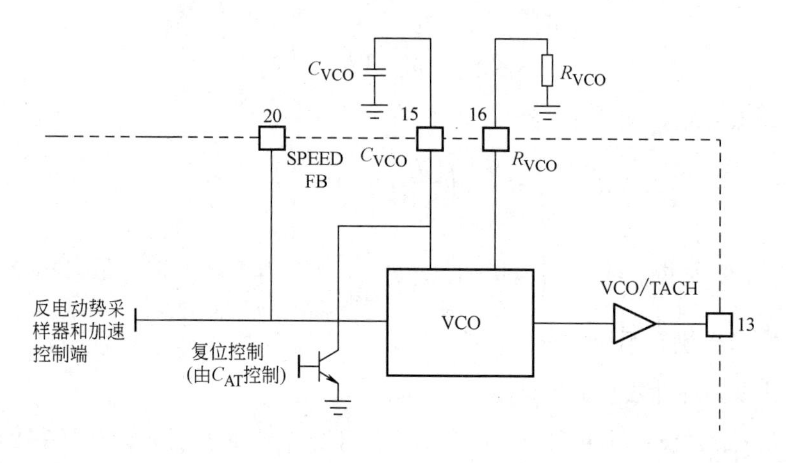

图6-14　VCO 外部元器件连接图

比例系数K_{VCO}由15 脚电容C_{VCO}和16 脚电阻R_{VCO}决定，R_{VCO}用于设定 VCO 的输入电流I_o，此电流与V_{RC}成正比，即$I_o=K_I\times\frac{V_{RC}}{R_{VCO}}$。从2.3V 到4.3V 之间，电流$I_o$对$C_{VCO}$进行充放电，产生与 VCO 时钟信号相对应的三角波，因此C_{VCO}的电压$u(t)$为

$$u(t)=u(t_0)+\int_0^t\frac{I_0(\xi)}{C_{VCO}}d\xi=2.3+K_I\times\frac{V_{RC}}{R_{VCO}}\times\frac{t}{C_{VCO}}\tag{6-31}$$

它们的具体波形如图6-15 所示。

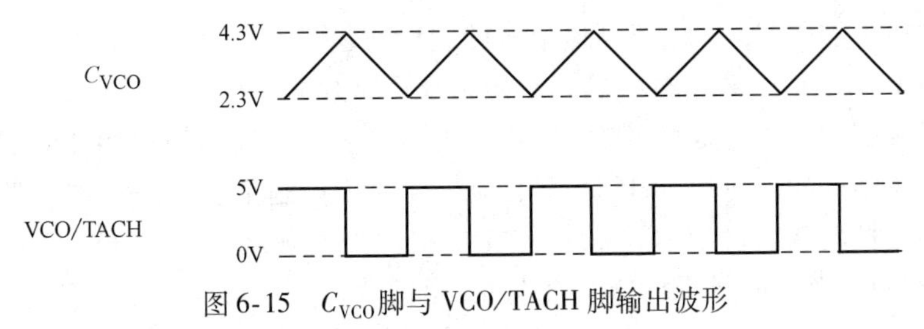

图6-15　C_{VCO}脚与VCO/TACH脚输出波形

从图6-15可知，$t=\frac{T}{2}=\frac{1}{2\times F_{VCO}}$时，$u(t)=4.3$，代入式（6-31）可得

$$4.3=2.3+K_I\times\frac{V_{RC}}{R_{VCO}\times C_{VCO}}\times\frac{1}{2\times F_{VCO}} \tag{6-32}$$

把式（6-30）代入上式得

$$K_{VCO}=\frac{K_I}{4\times R_{VCO}\times C_{VCO}} \tag{6-33}$$

当$R_{VCO}=80.5\text{k}\Omega$时，$K_{VCO}=\frac{2.42\times10^{-6}}{C_{VCO}}$，代入式（6-33）得$K_I=0.78$，把$K_I$分别代入式（6-32）和式（6-33）可得

$$K_{VCO}=\frac{0.195}{R_{VCO}\times C_{VCO}} \tag{6-34}$$

$$5.13=\frac{V_{RC}}{R_{VCO}\times C_{VCO}\times F_{VCO}} \tag{6-35}$$

由于V_{RC}最大电压为$V_{REF}=7\text{V}$时电机达最大转速RPM_{MAX}，根据式（6-30）和式（6-35）可得

$$C_{VCO}=\frac{27.3}{R_{VCO}\times N\times \text{RPM}_{MAX}} \tag{6-36}$$

当$R_{VCO}=80.5\text{k}\Omega$时，有

$$C_{VCO}=\frac{3.39\times10^{-4}}{N\times \text{RPM}_{MAX}} \tag{6-37}$$

6.3.5　ML4425应用于高速电机的起动技术

当ML4425用于驱动高速电机时，由于起动前后，输入VCO的电压变化范围较广，VCO无法正常响应，使得系统对于高速电机来说，无法正常起动。根据ML4425的工作特性，本节提出了一种新型起动技术，实验结果表明，该方法

很好地解决了 ML4425 应用于高速电机的起动问题。

1. ML4425 用于高速电机的起动问题及解决方案

由于 ML4425 采用锁相环换相，因此电机能否成功起动与锁相环内部元器件有很大的关系。如前所述，ML4425 的锁相环换相控制主要由采样器、环路低通滤波器、压控振荡器（VCO）和相位交换机组成。ML4425 的 VCO 敏感的最低输入电压为0.5V，但对于高速电机来说，由于其起动校准时，给 VCO 输入的电压低于 0.5V，因此高速电机不易直接起动。以下将以 4 对极、$\mathrm{RPM_{max}}=30000\mathrm{r/min}$电机进行说明。

对于上述电机，根据前文所述，当电机在 $V_{\mathrm{RC}}=7\mathrm{V}$ 时，$n=30000\mathrm{r/min}$。当 $R_{\mathrm{VCO}}=80.5\mathrm{k\Omega}$ 时，VCO 电容 C_{VCO}、VCO 增益 K_{VCO}和 VCO 频率 F_{VCO}分别为

$$C_{\mathrm{VCO}}=\frac{3.39\times10^{-4}}{p\times\mathrm{RPM_{max}}}=\frac{3.39\times10^{-4}}{8\times30000}=1.4\mathrm{nF}$$

$$K_{\mathrm{VCO}}=\frac{0.195}{R_{\mathrm{VCO}}\times C_{\mathrm{VCO}}}=\frac{0.195}{80.5\times10^{3}\times1.4\times10^{-9}}=1730.3$$

$$F_{\mathrm{VCO}}\bigg|_{\mathrm{RPM}=30000}=0.05\times p\times\mathrm{RPM}=0.05\times8\times30000=12\mathrm{kHz}$$

当 C_{VCO}选定后，K_{VCO}即为固定值，因此当转速 RPM 为其他值时，V_{RC}可表示为

$$V_{\mathrm{RC}}=\frac{F_{\mathrm{VCO}}}{K_{\mathrm{VCO}}}=\frac{0.05\times p\times\mathrm{RPM}}{K_{\mathrm{VCO}}}=\frac{0.4\times\mathrm{RPM}}{1730.3}=2.31\times10^{-4}\times\mathrm{RPM}$$

把 $V_{\mathrm{RC}}=0.5\mathrm{V}$ 代入上式，可得

$$\mathrm{RPM}=\frac{V_{\mathrm{RC}}}{2.31\times10^{-4}}=\frac{0.5}{2.31\times10^{-4}}=2165\mathrm{r/min}$$

很显然，对于任何电机，在刚起动校准完后是不可能达到此转速的，即无法使 VCO 正常起振。因此，对于高速电机来说，若 VCO 直接接一小电容是无法起动的，必须采用其他方法使电机正常起动。

理论上，可以采用电容切换法使高速电机起动。所谓电容切换法，是指先采用大的 VCO 电容使高速电机起动，当电机起动完以后再切换至所要求的小的 VCO 电容，以保证电机顺利转到预定最大转速。但实际中发现，采用电容切换法并不成功，因为电容是一种充放电元件，其状态与其初始状态有关。在切换过程中，两个 VCO 电容的初始状态是不一样的，因此对 VCO 的冲击较大，使得 VCO 在切换过程中容易失振，导致电机在切换过程中停转。

根据式（6-34）可知，K_{VCO}不仅与 C_{VCO}有关，而且也与 R_{VCO}有关。因此，当 C_{VCO}一定时，VCO 的增益也与 R_{VCO}成反比，也即 C_{VCO}与 R_{VCO}对 VCO 来说其实是等效的。因此，既然可通过改变 C_{VCO}的大小来改变电机的最大速度，当然

也可以通过改变 R_{VCO} 的大小来改变电机的最大速度，两者其实是等效的。

故可假设可采用电阻切换法使高速电机起动，而所谓电阻切换法，是指先采用大的 R_{VCO} 电容使高速电机起动，当电机起动完以后再切换至所要求的小 R_{VCO} 电阻。由于电阻元件与初始状态无关，因此这种切换对 VCO 并不会产生过大的冲击。但在实验中，若单独采用“电阻切换法”，电机并不能顺利起动，这是因为切换前后，VCO 的输出频率变化过大，由式（6-35）可知 $F_{VCO}=\dfrac{1}{5.13\times R_{VCO}\times C_{VCO}}\times V_{RC}$。因此，ML4425 在电路切换前后：

$$\frac{F_{VCO}|_2}{F_{VCO}|_1}=\frac{C_{VCO}|_1}{C_{VCO}|_2}\times\frac{V_{RC}|_2}{V_{RC}|_1}=\frac{R_{VCO}|_1}{R_{VCO}|_2}\times\frac{V_{RC}|_2}{V_{RC}|_1}$$

式中，“2”表示切换后状态；“1”表示切换前状态。

显然，不管是电容切换法还是电阻切换法，电路切换前后，$\dfrac{F_{VCO}|_2}{F_{VCO}|_1}$ 变化结果都一样，两者均超过 VCO 响应突变，因此，两种方法都不能使电机正常起动。

为了解决上述矛盾，笔者提供了以下方案，简称瞬时变压电阻切换法，其主要工作原理是切换时，在 R_{VCO} 改变时，同时改变 V_{RC} 的大小，以使 $\dfrac{F_{VCO}|_2}{F_{VCO}|_1}$ 接近1。具体实验切换步骤如下：

1）初设 $C_{VCO}=1.5\text{nF}$，$R_{VCO}=320\text{k}\Omega$。

2）当 $V_{RC}=6.5\text{V}$ 后，V_{RC} 和 R_{VCO} 同时变化。其中，R_{VCO} 由 320kΩ 切换至 80.5kΩ，同时 V_{RC} “瞬时切换”至 2V 的二极管。所谓瞬时切换，是指切换至 2V 的二极管后，延时 t 秒（$t<1\text{s}$）后，立即断开，其具体框图如图6-16所示。

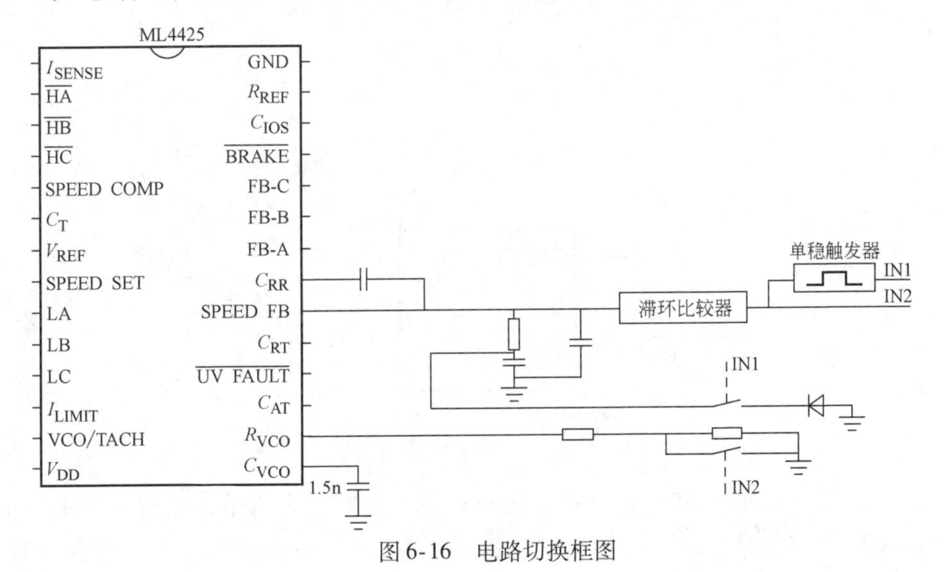

图6-16 电路切换框图

上述参数设定原因如下：

1）R_{VCO}初始设定为320kΩ 是为了使电机正常起动，小于此值，则 ML4425 在 $C_{VCO}=1.5nF$ 情况下，电机无法正常起动。

2）$V_{RC}=6.5V$ 才切换，主要是考虑到后级滞环比较器容易触发，不易受杂波干扰。

3）V_{RC}瞬时切换至2V 的稳压管，主要是保证切换前后$\frac{F_{VCO}|_2}{F_{VCO}|_1}$接近1，这里$\frac{F_{VCO}|_2}{F_{VCO}|_1}=\frac{320}{80.5}\times\frac{2}{6.5}\approx1.2$。

4）采用单稳态触发器主要是为了在切换的瞬时后，系统又回到正常的运行状态。

2. 电路切换几个关键技术的电路实现

（1）滞环电路的实现　滞环电路的目的就是保证速度电压一达到设定电压值，系统即输出下降沿信号给单稳态电路，具体的电路原理图如图6-17 所示。U_i 为 ML4425 的20 脚电压，也即原始速度电压信号，先经过跟随器后经滞环比较器后输出 +15V→-15V 的阶跃信号 U_{oz}。由于 SN74LS123 输入电压必须小于5V，因此 U_{oz}必须把 +15V→-15V 的阶跃信号转变为5V→0V 的阶跃信号，本例主要采用 LM311 进行电压变换。图6-17 所示为其工作原理图。

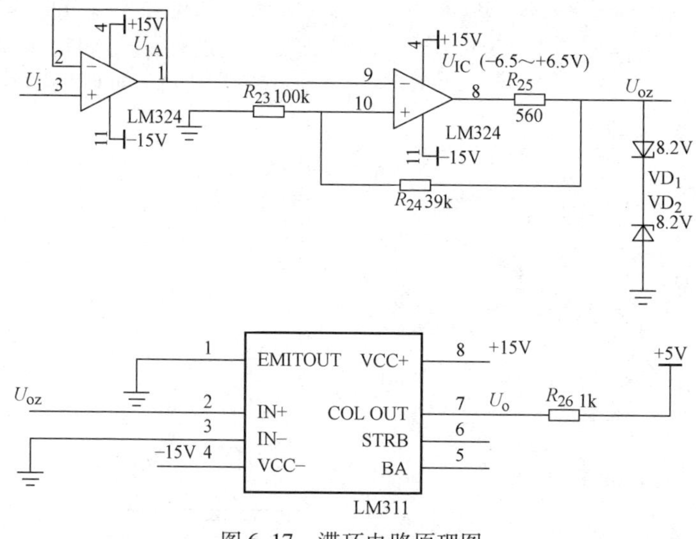

图6-17　滞环电路原理图

（2）单稳态电路的实现　在介绍单稳态电路前，先简单介绍双可重触发单稳态触发器 SN74LS123。SN74LS123 是一种具有两个可重触发的单稳态触发器，其内部结构如图 6-18 所示；真值表如表 6-2 所示。SN74LS123 的输出脉冲宽度 t_W 可由三种方式控制：一种是通过选择外定时元件 C_{ext} 和 R_{ext} 值确定 t_w；二是通过正触发端（TR +）或负触发端（TR −）的重触发延长 t_W；三是通过清除端 CLR 使 t_W 缩小。本例中采用的是第一种方式。

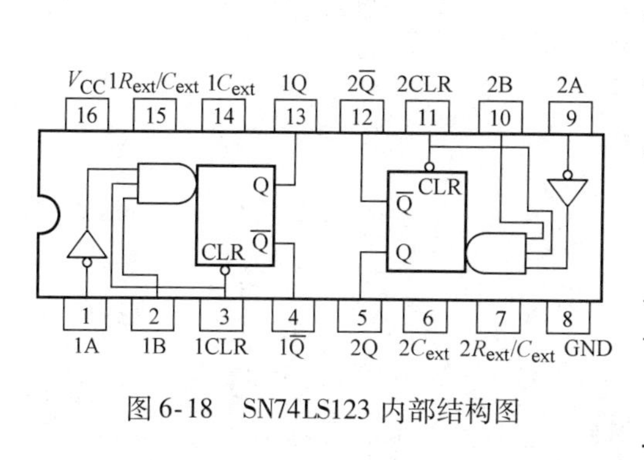

图 6-18　SN74LS123 内部结构图

表6-2　SN74LS123真值表

输入			输出	
CLEAR	A	B	Q	Q
L	X	X	L	H
X	H	X	L	H
X	X	L	L	H
H	L	↑	⊓	⊔
H	↓	H	⊓	⊔
↑	L	H	⊓	⊔

为了产生本例所需要的波形，本例采用的是表 6-2 中所框的一组真值状态，t_W 的值可由图 6-19 查找出来。图 6-20 所示为具体的电路原理图。

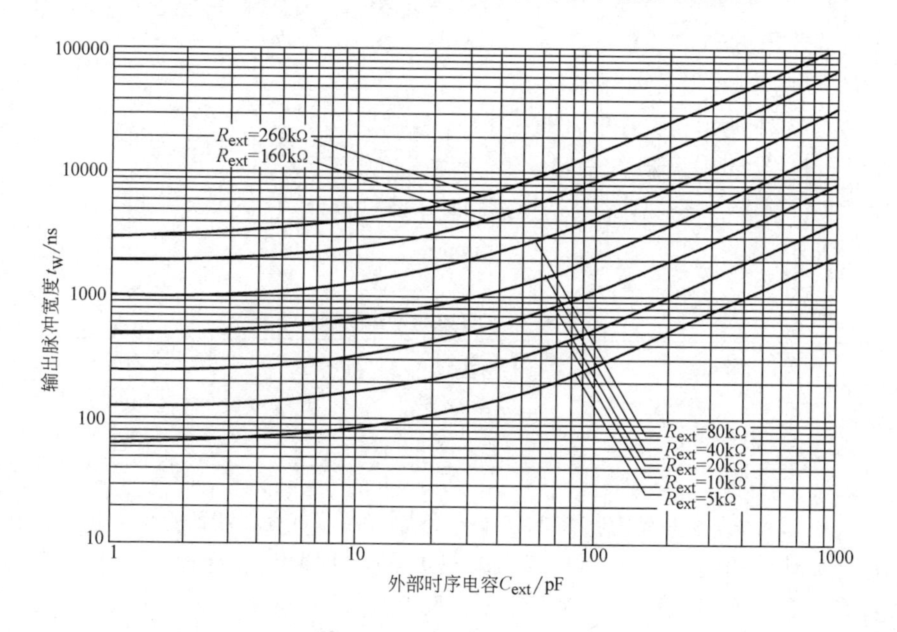

图 6-19　t_W 与 C_{ext} 和 R_{ext} 关系图

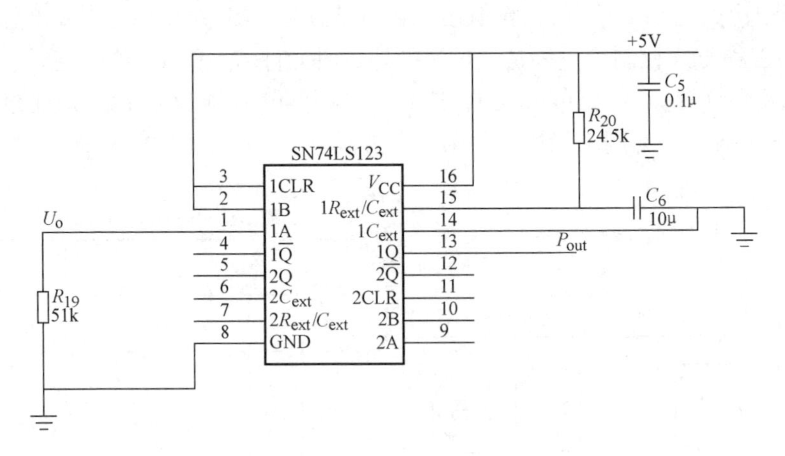

图6-20　单稳态电路原理图

如图6-20所示，当从SN74LS123一检测到U_o（滞环比较器输出的信号）的下降沿后，它就输出单稳态脉冲信号P_{out}，也即短暂的输出高电平（大约20ms），然后一直输出低电平。

（3）切换电路的实现　本系统的切换电路是采用模拟开关DG303A来实现。图6-21所示为DG303A引脚排列及内部原理图。

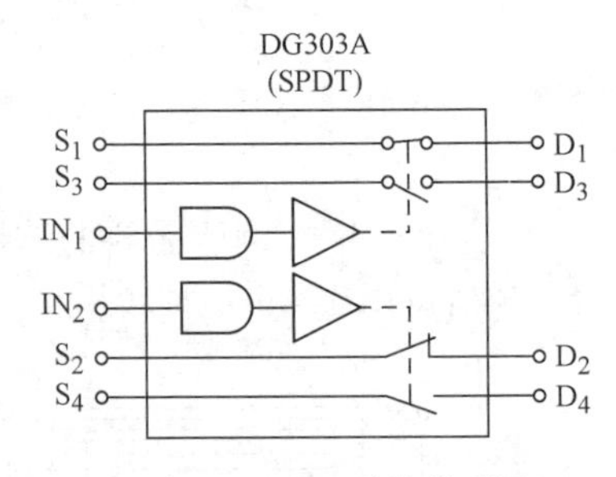

图6-21　DG303A引脚排列及内部原理图

如图6-21所示，S_1和S_3开关由IN_1控制，S_2和S_4开关由IN_2控制。S_1和S_3、S_2和S_4为异动开关，两者一开一闭，其切换逻辑如表6-3所示（“逻辑”为对应的控制端IN_1或IN_2）。

表6-3　DG303A切换逻辑

逻　辑	S_1和S_2	S_3和S_4
0	OFF	ON
1	ON	OFF

图6-22所示为实验中具体的切换电路原理图。如图6-22所示，由滞环电路的输出U_o控制电阻切换，由单稳态输出P_{out}控制VCO输入电压U_v的切换。当速度信号电压U_v上升到6.5V后，V_{RC}和R_{VCO}同时变化。其中，R_{VCO}由320kΩ切换至80.5kΩ，同时U_v“瞬时切换”2V的稳压管。所谓瞬时切换，是指切换至2V的稳压管后，延时t秒（$t \approx 25$ms）后，立即断开。

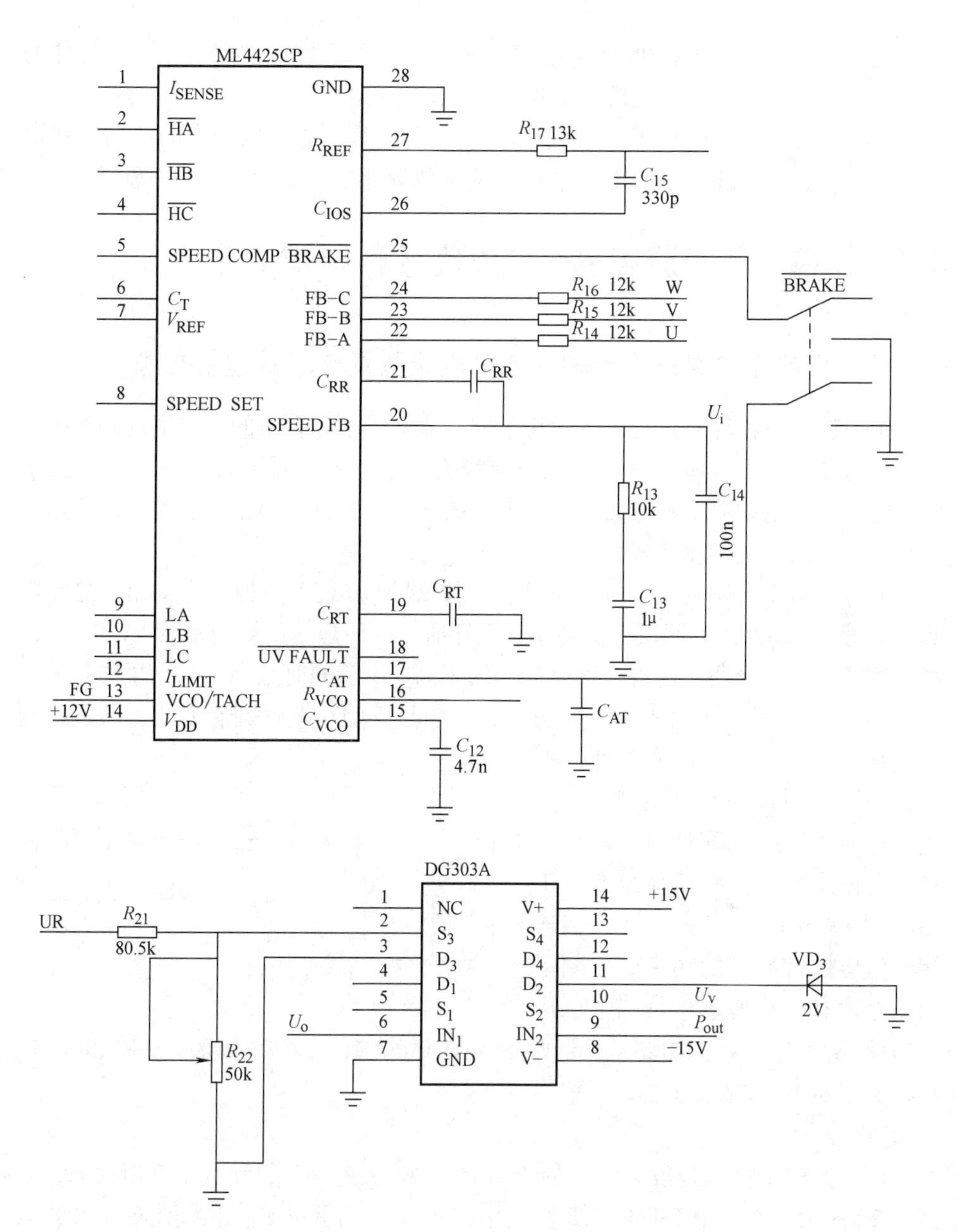

图 6-22　ML4425 应用于高速电机的切换电路原理图

3. 高速电机最高转速的分析

高速电机最高转速的表达式为

$$n=\frac{U-\Delta U-I_a(2r_a+r_{up}+r_{down})}{C_e\Phi_\delta} \tag{6-38}$$

式中，C_e为电动势常数；$\Phi_\delta = B_\delta a_i \tau L$，$a_i$ 为计算极弧数，τ为极距，L 为导体的有效长度；r_{up}、r_{down}为逆变桥上下功率管导通电阻。

从上式可知，当电机定子和工作电压 U 确定后，电机能达到的最高转速取决于 r_{up}、r_{down}，因此在选用逆变桥时，应选取导通电阻尽量小的功率管。

6.4　永磁无刷直流电机无位置传感器 DSP 控制系统

6.4.1　小电枢电感永磁无刷直流电机无位置传感器控制方法

本节提出一种针对磁悬浮飞轮用无刷直流电机十分有效的无位置传感器控制方法，这种方法可以避免使用中点电压作为比较信号。对于特定的 PWM 方式，不导通相的反电动势能够直接从不导通相的端电压中测量出来。这种方法适用于三相六状态的电机换相方式。

通常，对于无刷直流电机来说，有三种 PWM 方式：一种较为常用，是高压侧功率管 PWM 方式，而低压侧功率管常导通；一种是低压侧功率管 PWM 方式，高压侧功率管常导通；还有一种是高、低压侧功率管同时采用 PWM 的方式。

本节所采用的 PWM 是第一种方式，采用高压侧功率管调制方式，而低压侧只是在电机换相时导通或关断，不导通相的反电动势可以在 PWM 高电平和相电流续流阶段中被检测出来。在任意时刻，一相绕组连接于高压侧 PWM 的功率管，另一相连接于低压侧常开通的功率管。剩下的一相没有电流通过，其端电压用于检测出反电动势。如图 6-23 所示，A 相和 B 相两相导通，C 相不导通。

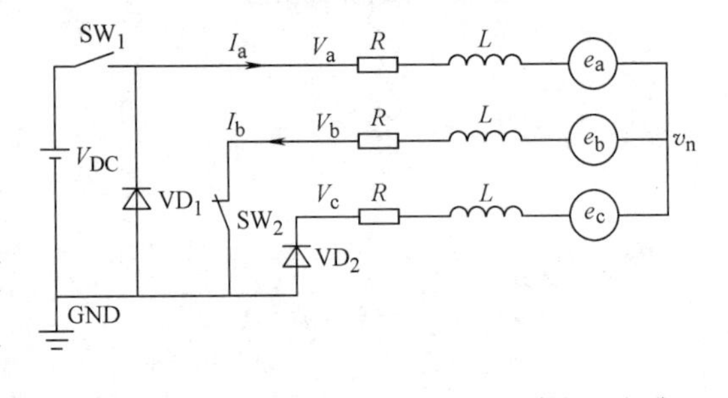

图 6-23　无刷直流电机运行时的三相端电压电路

假设某一个换相阶段，电机处于 A 和 B 相导通，C 相为不导通相状态，如图 6-23 所示。在一个 PWM 周期中，当 PWM 信号为低电平，相电流处于续流状态时，高压侧功率管 SW_1 关断，相电流经由功率管中集成的续流二极管 VD_1，在 A 相和 B 相绕组中续流。在这个续流阶段中，不导通相端电压同样可以检测出反电动势的过零点，具体如下：

对于 A 相绕组有

$$v_n = 0 - ri - L\frac{di}{dt} - e_a \tag{6-39}$$

对于 B 相绕组有

$$v_n = ri + L\frac{di}{dt} - e_b \tag{6-40}$$

将式（6-39）和式（6-40）相加有

$$v_n = -\frac{e_a + e_b}{2} \tag{6-41}$$

根据无刷直流电机三相绕组对称的关系，有

$$e_a + e_b + e_c = 0 \tag{6-42}$$

根据式（6-41）和式（6-42）有

$$v_n = \frac{e_c}{2} \tag{6-43}$$

因此，在无刷直流电机相电流处于续流状态时，有

$$v_c = \frac{3e_c}{2} \tag{6-44}$$

由式（6-39）~式（6-44）可知，当相电流在功率管的集成二极管中续流时，不导通相的端电压直接和反电动势成正比，而此时由于不存在功率管的开关状态，因此不会有大量的开关噪声。将此时刻的端电压和固定的参考电压进行比较，可以非常精确地得到不导通相反电动势的过零点，在过零点时刻再延时 30°电角度，即是无刷直流电机的换相点。

和常用的无位置传感器控制方法相比，这种方法有较高的灵敏度。由于不用对端电压分压检测，因此所检测到的端电压不会有衰减。尤其在无刷直流电机低速阶段，拥有很高的检测精度，因此拓宽了这种方法的转速适用范围，也加快了电机开环起动的过程。另外，由于不导通相的反电动势只在 PWM 关断状态时被检测，因此能够避免高频的 PWM 开关噪声。这种同步的检测方法能够很方便地去除开关噪声带来的过零点精度问题；由于不需要低通滤波，因此不会带来所检测到的反电动势过零点发生的过大相移；最后，便于在数字控制系统的基础上进行方法实现。

以上方法是在 PWM 在关断、相电流处于续流状态下实现的。对于磁悬浮飞轮用无刷直流电机运用的整个过程中，也存在一定的方法局限性。当转速不断提高时，反电动势逐渐增加，导致绕组中续流时间缩短。当相电流从续流状态向断流状态突变时，三相逆变桥中功率管的寄生电容与电枢绕组中的电感和电阻相互作用，不导通相的端电压会存在二阶阻尼振荡过程。在振荡过程中，将检测到的电枢绕组端电压应用于无位置传感器的换相控制中，会得到不正确的结果。

针对这种情况，可以在 PWM 高电平时将不导通相端电压与电源电压的一半值进行比较，每次当比较产生的信号发生电平跳变时，即是不导通相反电动势的

过零时刻，此时根据当前转速延时30°电角度也是无刷直流电机的换相点。

如图6-23所示，相电流从电源正极出发，经过高压侧功率管SW_1，经过A相和B相绕组，再由低压侧的功率管SW_2流回电源。相电流在绕组电感的作用下不断上升，此时，C相绕组中没有相电流流过，根据无刷直流电机电路可以计算出此时C相端电压。通过A相绕组可以计算两相导通时电机的中点电压v_n为

$$v_n = v_{DC} - ri - L\frac{di}{dt} - e_a \tag{6-45}$$

对于B相绕组有

$$v_n = ri + L\frac{di}{dt} - e_b \tag{6-46}$$

将式（6-44）和式（6-45）相加有

$$v_n = \frac{v_{DC}}{2} - \frac{e_a + e_b}{2} \tag{6-47}$$

根据式（6-46）和式（6-42）有

$$v_n = \frac{v_{DC}}{2} + \frac{e_c}{2} \tag{6-48}$$

因此，对于不导通相端电压v_c有

$$v_c = \frac{v_{DC}}{2} + \frac{3e_c}{2} \tag{6-49}$$

因此，将不导通相端电压与无刷直流电机电源电压的一半值进行比较，可以得到反电动势的过零信息。

综上所述，当PWM占空比较大时，将不导通相的端电压与电源电压的一半值进行比较，限幅多路切换器将不导通相的端电压限幅后与电源电压参考值通过程控放大比较器进行比较，输出无位置传感器控制系统的换相信号；在电机进行速度控制导致PWM占空比很小时，可在一个PWM周期中绕组相电流处于断续状态时，将不导通相的端电压与电源地电位进行比较，输出换相信号。

6.4.2 无位置传感器检测硬件系统的实现

图6-24所示为所设计的无位置传感器控制系统总体结构。其中，电流传感器检测电源母线电流，将传感器信号送入滤波电路进行低通滤波和去除PWM斩波频率干扰，经过滤波后的信号送入DSP进行采样。电流采样值用于无刷直流电机速度控制，经过DSP内部控制算法后输出6路PWM信号给三相逆变桥，对

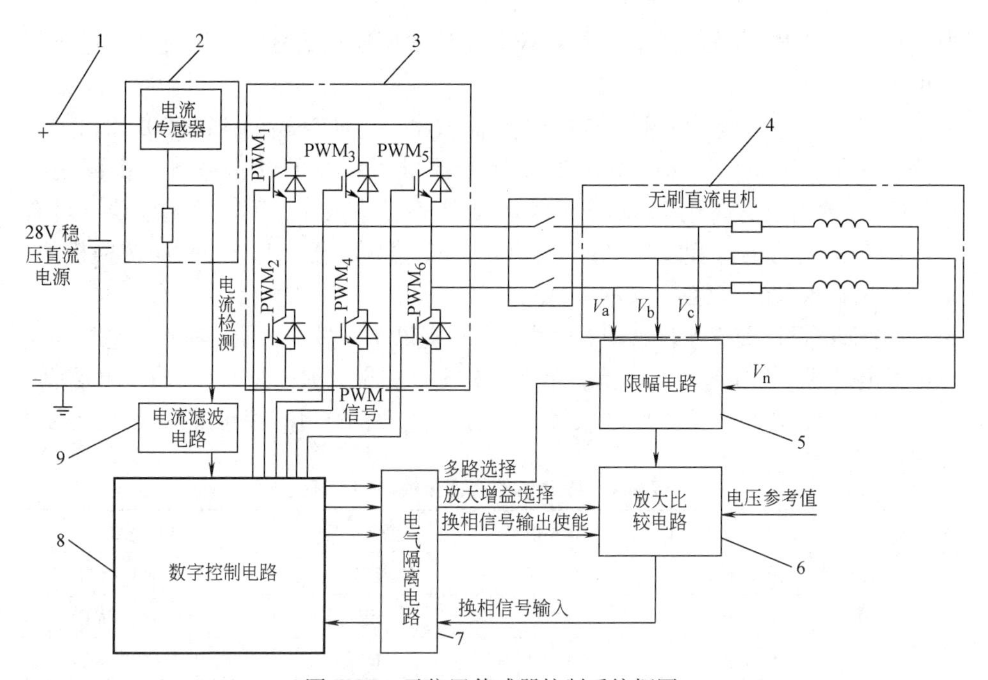

图 6-24　无位置传感器控制系统框图

1—稳压直流电源　2—电流传感器　3—三相逆变器　4—电机三相绕组　5—限幅电路　6—放大比较电路　7—电气隔离电路　8—数字控制电路　9—电流滤波电路

无刷直流电机进行换相和调速，限幅多路切换器将不导通相端电压限幅后输出。程控放大比较器将端电压与参考电压进行比较，当输出的信号发生电平跳变时，即是反电动势的过零点，从而可以进行相应的换相控制。

1. TMS320F2812 DSP 系统与应用

如图 6-25 所示，数字控制器采用 DSP 芯片作为主控制器，硬件上由 CPU、存储器、控制器电源、数字 I/O 口、PWM 模块和 A/D 转换模块组成。A/D 转换模块对电枢绕组电流进行采样；PWM 模块产生 6 路 PWM 信号用于无刷直流电机的换相；数字 I/O 口有 6 路信号输出，其中 2 路用作限幅多路切换器的不导通相选择，2 路用作程控放大比较器的放大倍数选择，2 路用作换相信号输出使能。数字 I/O 口还有 2 路信号输入，是程控放大比较器给数字控制电路的换相信号。转速计算模块根据换相信号计算出电机的转速值；速度控制模块根据调速

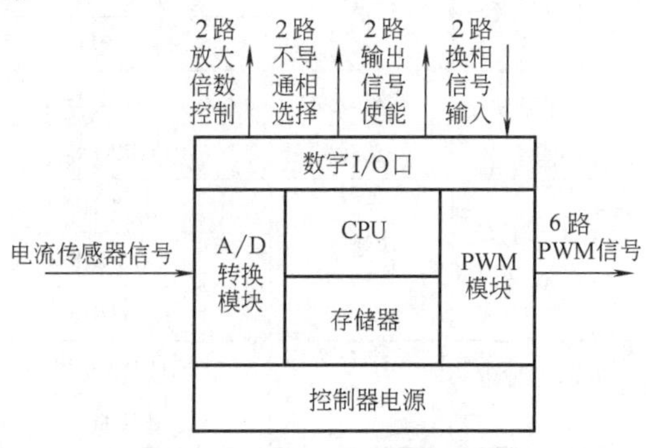

图 6-25　DSP 功能组成结构

要求计算输出 PWM 的占空比；换相控制模块根据换相信号的电平跳变，进行相应的换相。

为实现上述功能，采用了专用的控制芯片——TI 公司的 TMS320F2812 DSP 作为控制器。TMS320F2812 DSP 给设计者提供了整套的片上系统，主频高达 150MHz，片内具有高达 128K 字的编程 FLASH，集成了 PWM 发生模块，带有 CAP 捕获模块的事件管理器（EV）模块，32 位定时器，12 位 A/D 转换模块，多个复用输入/输出可自定义的 I/O 口。

TMS320F2812 DSP 事件管理器模块为用户提供了许多的功能与特点，包括通用（GP）定时器、全比较单元、捕获单元（CAP）和正交编码脉冲（QEP）电路等。这些功能对无位置传感器控制系统都有极其重要的作用，其功能特点如表 6-4 所示。

表 6-4　DSP 事件管理器模块功能表

<table>
<tr><th></th><th>EVA 模块</th><th>EVA 信号</th><th>EVB 模块</th><th>EVB 信号</th></tr>
<tr><td rowspan="2">通用（GP）定时器</td><td>定时器 1</td><td>T1PWM/T1CMP</td><td>定时器 3</td><td>T3PWM/T3CMP</td></tr>
<tr><td>定时器 2</td><td>T2PWM/T2CMP</td><td>定时器 4</td><td>T4PWM/T4CMP</td></tr>
<tr><td rowspan="3">全比较单元</td><td>比较器 1</td><td>PWM1/PWM2</td><td>比较器 4</td><td>PWM7/PWM8</td></tr>
<tr><td>比较器 2</td><td>PWM3/PWM4</td><td>比较器 5</td><td>PWM9/PWM10</td></tr>
<tr><td>比较器 3</td><td>PWM5/PWM6</td><td>比较器 6</td><td>PWM11/PWM12</td></tr>
<tr><td rowspan="3">捕获单元</td><td>捕获器 1</td><td>CAP1</td><td>捕获器 4</td><td>CAP4</td></tr>
<tr><td>捕获器 2</td><td>CAP2</td><td>捕获器 5</td><td>CAP5</td></tr>
<tr><td>捕获器 3</td><td>CAP3</td><td>捕获器 6</td><td>CAP6</td></tr>
<tr><td rowspan="3">正交编码脉冲电路</td><td rowspan="3">QEP</td><td>QEP1</td><td rowspan="3">QEP</td><td>QEP3</td></tr>
<tr><td>QEP2</td><td>QEP4</td></tr>
<tr><td>QEP11</td><td>QEP12</td></tr>
<tr><td rowspan="2">外部定时器输入</td><td>计数方向</td><td>TDIRA</td><td>计数方向</td><td>TDIRB</td></tr>
<tr><td>外部时钟</td><td>TCLKINA</td><td>外部时钟</td><td>TCLKINB</td></tr>
<tr><td rowspan="3">外部比较输出</td><td rowspan="3">比较输入端口</td><td>C1TRIP</td><td rowspan="3">比较输入端口</td><td>C4TRIP</td></tr>
<tr><td>C2TRIP</td><td>C5TRIP</td></tr>
<tr><td>C3TRIP</td><td>C6TRIP</td></tr>
<tr><td rowspan="2">外部定时器比较输入</td><td rowspan="2"></td><td>T1CTRIP/PDPINTA</td><td rowspan="2"></td><td>T3CTRIP/ PDPINTB</td></tr>
<tr><td>T2CTRIP</td><td>T4CTRIP</td></tr>
<tr><td>外部功率保护输入</td><td>功率驱动保护</td><td>T1CTRIP/PDPINTA</td><td>功率驱动保护</td><td>T3CTRIP/PDPINTB</td></tr>
<tr><td>外部 ADC SOC 触发</td><td colspan="3">EVASOC</td><td>EVBSOC</td></tr>
</table>

各个功能部分说明如下：

（1）通用（GP）定时器　事件管理器各有两组GP定时器。GP定时器x（$x=1$或2对应EVA；$x=3$或4对应EVB）包括：

1）1个16位定时器TxCNT，为增/减计数器，可以读/写。

2）1个16位定时器比较寄存器TxCMPR（带影子的双缓冲寄存器），可以读/写。

3）1个16位定时器周期寄存器TxPR（带影子的双缓冲寄存器），可以读/写。

4）1个16位定时器控制寄存器TxCON，可以读/写。

5）可选择的内部或外部输入时钟。

6）一个对于内部或外部输入时钟可编程的预定标因子。

7）控制和中断逻辑，用于4种可屏蔽中断：定时器周期中断、定时器比较中断、上溢中断和下溢中断。

8）1个输入方向选择引脚（TDIRx）（当选择为定向增/减计数模式后，进行增计数或减计数）。

GP定时器可以进行单独操作，也可与其他定时器同步操作。每个GP定时器所具有的比较寄存器可以用作比较功能和PWM波形的产生。对于每一个GP定时器，在增或增/减计数模式下都有3种连续操作模式。通过预定标因子，每个GP定时器可以使用内部或外部时钟。GP定时器可以为事件管理器的其他子模块提供时基：GP定时器1可以为所有的比较和PWM电路提供时基，而GP定时器1和GP定时器2都可以为捕获电路和正交脉冲计数操作提供时基。双缓冲的周期和比较寄存器通过可编程的变化定时器（PWM）的周期，可以得到比较/PWM脉冲的期望占空比。

（2）全比较单元　每个事件管理器有3个比较单元，当该比较单元使用定时器1为其提供时钟基准时，通过使用可编程的死区电路产生6个比较输出或PWM波形输出，而6个输出中的任何一个输出状态都可以单独设置。比较单元中的比较寄存器是双缓冲的，允许可编程地变换比较/PWM脉冲的占空比。EV模块中具有全比较单元，可以输出PWM信号。比较单元都能产生相关的PWM信号输出，它是一个比较匹配信号，比较单元的时基由通用定时器提供。此项功能用于产生对无刷直流电机进行调制的PWM信号，而PWM信号的占空比和周期由比较寄存器和周期寄存器来决定，并根据控制寄存器输出所要求的PWM波形。

（3）可编程的死区发生器　死区发生器电路包括3个8位计数器和8位比较寄存器，它们可以将需要的死区幅值通过编程写入比较寄存器，计数器与比较寄存器比较后由比较单元输出。通过每个比较单元的输出，可以单独使能或禁止死区的产生。死区发生器电路可以为每个比较寄存器的输出信号产生 2 个输出（带有或不带有死区地带）。通过双缓冲 ACTRx 寄存器，可以根据需要设置或更改死区发生器的输出状态。

（4）PWM 波形的产生　每个事件管理器在同一时刻可产生多达 8 个 PWM 波形输出，通过带有可编程死区的 3 个全比较单元可单独产生 3 对（6 路）输出，通过 GP 定时器的比较功能可产生 2 个单独的 PWM 波形。

TMS320F2812 DSP 中的事件管理器（EV）模块中有特定功能的外设寄存器，包括定时器寄存器，用于产生 PWM 波形的比较单元寄存器，以及捕获单元寄存器。通过对这些寄存器的设置和读取，可以控制 DSP 的工作状态以及输入和输出功能。EV 模块可以产生中断事件，根据被设置的中断标志、中断使能寄存器和一些外设事件向 CPU 发出中断请求。当外设中断请求信号被 CPU 接受时，进入相应的中断服务子程序（ISR），以执行相应的中断操作。

（5）捕获单元　捕获单元为用户提供了对不同事件和变化进行记录的功能。当捕获输入引脚 CAN（$x=1$、2 或 3 属于 EVA；$x=4$、5 或 6 属于 EVB）检测到变化时，它会捕获到所选择的 GP 定时器的当前计数值，并把该计数值存储在两级深度的 FIFO 堆栈中。捕获单元由 3 个捕获电路组成，捕获单元的特点如下：

1）1 个 16 位的捕获控制寄存器 CAPCONx（读/写）。

2）1 个 16 位的捕获 FIFO 状态寄存器 CAPFIFOx。

3）可以选择 GP 定时器 1、2（为 EVA）或 GP 定时器 3、4（为 EVB）作为时基。

4）3 个 16 位的两级深度 FIFO 堆栈，为每个捕获单元配备 1 个。

5）6 个捕获输入引脚（CAP 1/2/3 为 EVA 所用，CAP4/5/6 为 EVB 所用），而每个捕获单元都有 1 个捕获引脚，所有捕获引脚的输入都与器件的 CPU 时钟同步。为了能正确地捕获到引脚上的变化，输入引脚的信号电平须保持两个时钟的上升沿。其中，输入引脚 CAP1/2 和 CAP4/5 也可以作为正交编码脉冲电路的输入引脚。

6）用户可指定侦测变化的方式（上升沿、下降沿或两个边沿）。

7）3 个可屏蔽中断标志，每个捕获单元各具有 1 个。

DSP 的性能和速度完全可以保证对反电动势过零点的检测及对无刷直流电机的控制。将无位置检测所产生的过零信号经过光电隔离电路输入 DSP 的 CAP 捕获端口，以使 DSP 对比较信号跳变沿进行响应，以进入 DSP 的捕获中断进行换相。当 CAP 输入引脚上的信号发生跳变时，根据使用 CAP 模块所采用的定时器所运行的数值会被捕获进入存储器中，此捕获值可以作为换相时间的参考。与此同时，相应的中断标志位被置位，于是过零点比较信号可以产生一个中断请求。DSP 的这个功能实现了对过零点比较信号的检测。

（6）A/D 转换模块　DSP 的 A/D 转换模块（ADC）包括带内置采样保持的 12 位 A/D 转换模块，多达 16 个的模拟输入可切换通道。DSP 内部具有 A/D 采样排序寄存器，能够决定模拟通道转换的顺序，并能够将采样得到的值存放在 A/D 采样结果寄存器中，在程序操作时可以实时地将采样值读出。灵活的中断控制允许在不同的 A/D 操作阶段产生中断请求。

（7）数字复用 I/O 口　DSP 可以根据当前的位置信号状态输出 6 路 PWM 信号，经过隔离放大可作用在功率管逆变桥上，对无刷直流电机进行驱动。另外，DSP2812 具有大量的通用、双向的数字 I/O（GPIO）口，可通过修改 DSP 内部的I/O配置寄存器将具有基本功能的端口复用成为数字 I/O 端口，以作为无位置传感器检测电路的触发、使能信号以及不导通相的选择信号。

2. 硬件组成及其工作原理

无位置传感器检测电路系统框图如图 6-26 所示。将无刷直流电机三相绕组端电压取出，经过限幅后，送入模拟多路开关。电机运行过程中，DSP 通过数字 I/O 口输出模拟多路开关的选通信号。选出不导通相端电压经过电压缓冲器，以保证端电压信号不会衰减。在相电流续流时刻，DSP 输出一个 D 触发器使能信号，将端电压与电源地电位经电压比较器进行比较，产生一个方波信号。每当此方波信号发生电平跳变时，即是不导通相反电动势的过零点，延时 30°电角度就是无刷直流电机的换相点。由于无刷直流电机定子绕组电阻电感较小，当转速较高时，反电动势相应变大，会使得相电流续流时间变得太短。此时，就不能选择在相电流续流时触发输出比较信号，而应当将端电压与电源电压的一半值进行比较，以获取准确的不导通相反电动势过零点时刻。

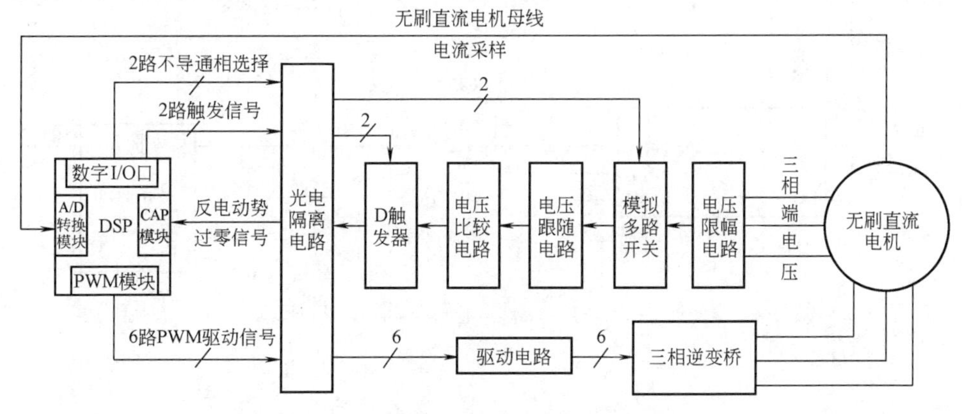

图 6-26　无位置传感器检测电路系统框图

如图 6-27 所示，电压限幅电路包括检测电阻、限幅电路、模拟多路开关和运算放大器。精密检测电阻将三相电枢绕组的端电压 V_A、V_B、V_C 分别输出到限

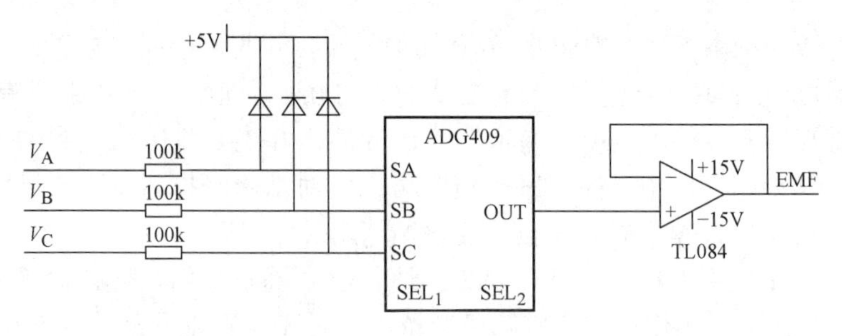

图6-27　电压限幅电路

幅电路上，以保证它们的上限不超过工作电压范围，从而保证模拟多路开关的正常工作。输出到模拟多路开关上，由DSP输出的通道选择信号SEL_1和SEL_2，将不导通相的端电压选出，经过电压跟随器与电压参考值进行比较。为保证较小的输出阻抗和不导通电压端电压输出的最小衰减，在模拟多路开关输出后，加一级电压跟随电路。当无刷直流电机需要进行换相时，DSP通过改变控制信号选出新的不导通相端电压继续进行电压比较。

如图6-28所示，放大比较器包括仪用放大器、电压比较器和上升沿D触发器。仪用放大器将不导通相端电压与电压参考值进行比较，输出两者的电压差值，其值能够反映此时刻不导通相反电动势的状态。将此电压差值送入电压比较器与零电压值进行比较，得到的电压比较信号加载到上升沿D触发器上。每当无刷直流电机相电流处于续流状态时，控制上升沿D触发器将比较信号输出到光电隔离电路上，而上升沿D触发器的上升沿使能信号由DSP的通用I/O口输出。

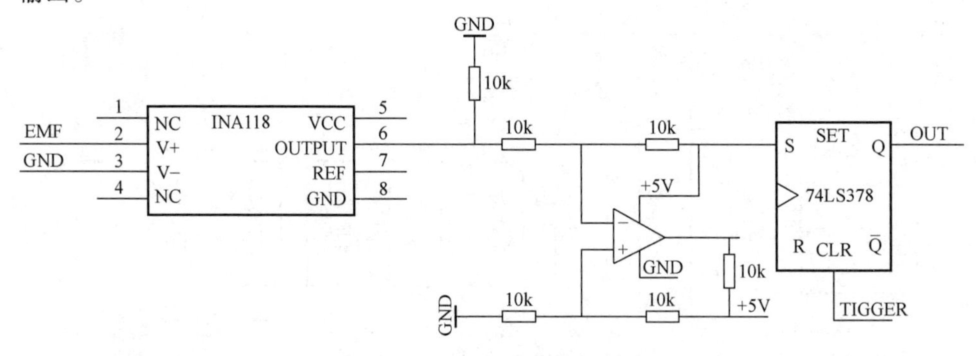

图6-28　过零点放大比较器

图6-29所示即是实际所制作的无位置传感器控制电路板。电路板左方是基于TMS320F2812 DSP的数字控制电路，包括电源供电电路、DSP与上位机通信的串行接口电路，将DSP的输入与输出端口与光电耦合电路相接。电路板右上

方为三相逆变电路和母线电流检测传感器接口电路，电路板右下方为反电动势过零点模拟检测电路。整个印制电路板布局分为不同的功能电路。

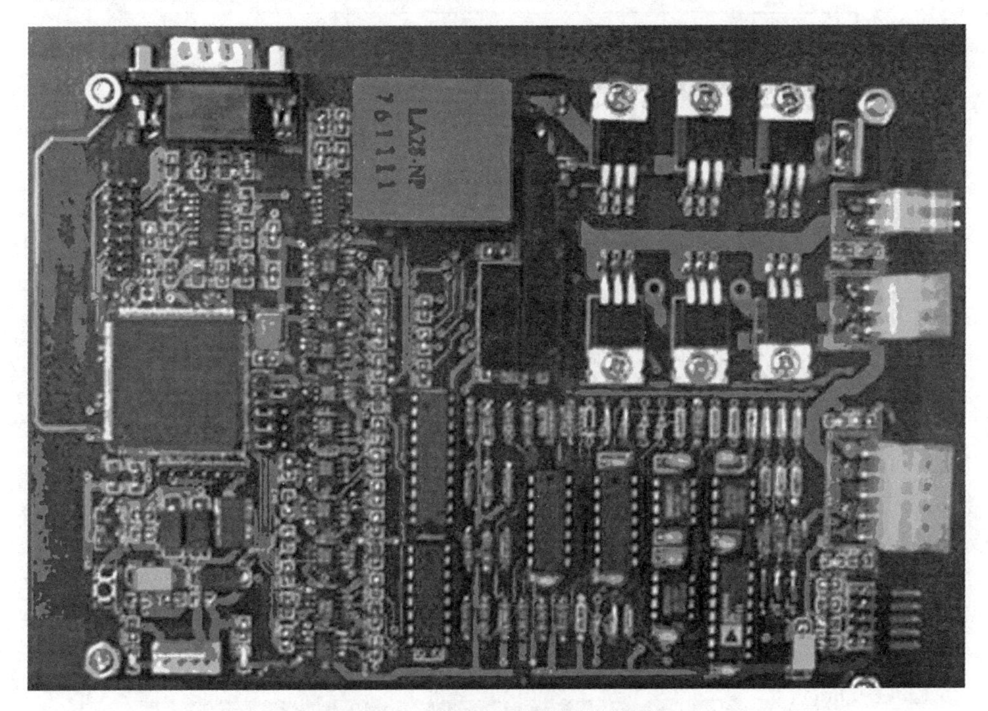

图 6-29　无位置传感器控制电路板

3. 硬件抗干扰设计

无刷直流电机无位置传感器控制系统，包括功率驱动电路、反电动势过零点模拟检测系统和 DSP 部分。为了提高模拟检测电路的精度，获得最为精确的反电动势过零点信息，进行正确的换相，需要将这三部分电路合理地进行模块化，从而避免不同功能电路之间的元器件相互混接，并采用正确的接地和布局方式。否则，不同电路间会存在相互干扰与耦合，如图 6-30 所示。

按干扰的传播路径，可分为由于共同阻抗产生的传导干扰和辐射干扰两类。所谓传导干扰，是指通过导线传播到敏感器件的干扰。高频干扰噪声和有用信号的频带不同，可以通过在导线上增加滤波器的方法切断高频干扰噪声的传播，也可以通过增加光电隔离电路来解决。电源噪声的危害最大，要特别注意处理。所谓辐射干扰，是指通过空间辐射传播到敏感器件的干扰。一般的解决方法是增加干扰源与敏感器件的距离，用地线把它们隔离或在敏感器件上加屏蔽罩。

电机功率驱动电路每次进行 PWM 斩波调制时，都会产生很大的开关噪声和电磁干扰，这样功率器件会通过电路间的共模阻抗和耦合电容对模拟检测电路产生干扰，功率电路中的瞬态电流也会在信号回路上建立起电压；同时作为发射源，

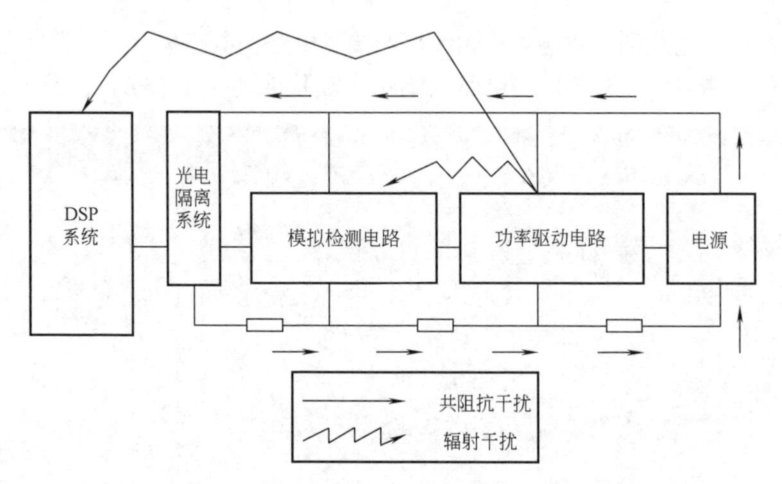

图6-30　无位置传感器控制系统的干扰耦合方式

也会对以DSP为主的数字控制电路产生不良的辐射干扰。模拟检测电路如存在较大的共模干扰，会给不导通相端电压带来不准确的干扰，以至于会产生错误的比较信号，这就无法再采用本节所提出的无位置传感器控制方法，如图6-31所示。因此，必须解决不同电路间的共模干扰问题。DSP主控制器的正常工作如受到较大的电磁干扰，可能致使在DSP中运行的程序跑飞，会导致电机换相失误、停止运行等后果。

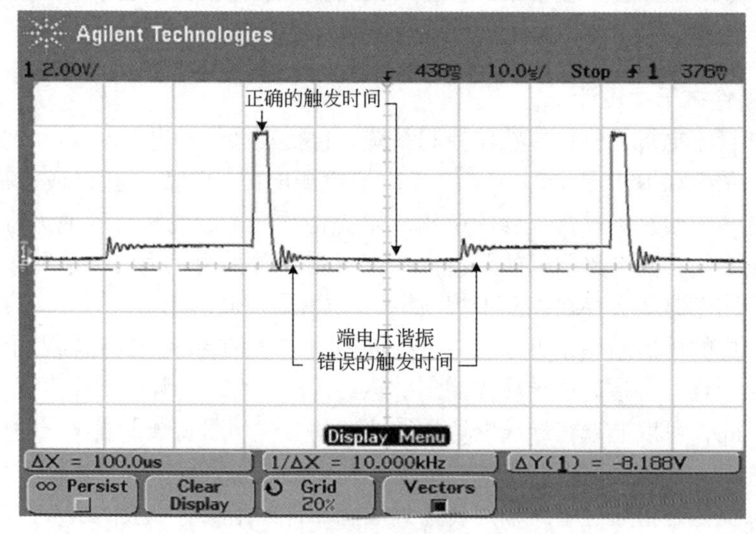

图6-31　不导通相端电压瞬态波形

为保证无位置传感器控制方法能够有效实现，必须采用硬件抗干扰措施。抗干扰设计主要应当从三个方面考虑：抑制干扰源，切断干扰传播路径，提高敏感器件的抗干扰性能。

首先，在无刷直流电机的一个 PWM 斩波调制过程中，电机两相绕组中电流上升时，由于系统地线共阻抗的存在，会产生一个附加的共模噪声加载在模拟检测电路上。因此，如果要将电源电压的一半值与不导通相端电压进行比较，进而获得反电动势的过零信号，应当在电机速度较快时进行。这是因为此时反电动势很大，频率很高，且上升速度很快，会使得这个共模噪声对过零点检测的影响减小到最低。同时，应当将功率电路地与模拟检测电路地单点共地，并在印制电路板上尽量增大接地面积以减少地线阻抗。加大电路板元器件之间的距离，模拟检测电路之间进行铺地操作，以减小地线阻抗。数字地与模拟地之间应当通过磁珠来连接。

为了抑制干扰源，还要尽可能地减小干扰源的 du/dt 和 di/dt，这是抗干扰设计中最优先考虑和最基本的原则。减小干扰源的 du/dt 主要是通过在干扰源两端并联电容来实现的，而减小干扰源的 di/dt 则是在干扰源电路回路中串联电感或电阻以及增加续流二极管来实现的。

在实际电路设计中，有许多抑制干扰源的噪声，可以在电路板上的每个芯片上并接高频电容，一方面减小芯片对电源的影响，另一方面小电容也起到了稳压的作用。在布线过程中，要求高频电容的连线尽量靠近电源端并尽量粗短，否则等于增大了电容的等效串联电阻，会影响滤波效果。布线时避免 90°的折线，以减少高频噪声发射。

其次，针对数字控制系统的辐射干扰，可以使用屏蔽金属罩，与功率电路地相接以屏蔽功率管开关对外产生的电磁干扰，并且功率电路要单独接地；针对高频工作的数字控制系统，应当适当增加去耦电容；制作芯片电路引线时，避免形成天线接收回路，布线时尽量减少回路环的面积，以降低感应噪声；电源线和地线要尽量粗。除减小压降外，更重要的是降低耦合噪声。

对于与模拟检测电路相关的 DSP 输入与输出信号，可以通过光电隔离元件加载到模拟检测电路上去；对于 DSP 闲置的 I/O 口，不要悬空，要接地或接电源；使用 DSP 内部的看门狗模块电路，可大幅度提高整个系统的抗干扰性能；充分考虑 DSP 供电电源对各芯片的影响，DSP 供电电路的电源加滤波电路，以减小电源噪声对 DSP 或其他数字控制系统芯片的干扰。注意晶振布线，晶振与 DSP 引脚尽量靠近，用地线网格把时钟区隔离起来，晶振外壳接地并固定。将电路板的数字控制电路、模拟检测电路以及功率驱动电路合理分区，如强信号与弱信号以及数字信号与模拟信号都要尽量分开布局。尽可能将干扰源远离 DSP 控制芯片。大功率器件的地线要单独接地，以减小相互干扰。

最后，由于功率开关管寄生电容与无刷直流电机绕组发生作用，会使得不导通相端电压在开关瞬间产生谐振现象。因此，上升沿 D 触发器和模拟多路开关的使能选通信号应当避开谐振时间，在PWM由高变低时刻之前或之后输出过零比较信号的触发使能信号。

6.4.3　无位置传感器控制系统软件设计

1. 软件开发环境

在DSP开发系统中，开发软件环境应当满足界面友好、图形显示、调速方便、对程序问题能快速定位等要求。

对于基于TMS320F2812 DSP的目标系统，采用的是基于Windows操作系统的Code Composer Studio开发环境。经过正确的驱动安装和端口设置后，基于计算机的软件集成开发环境就能够开发目标DSP系统。

基于Code Composer Studio环境采用C语言开发无位置传感器控制系统，一个工程包括以下4种类型的文件：C语言文件、汇编语言文件、头文件和命令文件。C语言实现程序灵活，便于调试；头文件则定义DSP内部寄存器的地址分配，书写一次后可被其他程序反复使用；命令文件主要定义堆栈、程序空间分配和数据空间分配等。将所有文件联合编译后生成可执行文件，就可以下载到目标系统中。

2. 软件总体设计

为了便于DSP程序的编写、查错、调试和维护，无位置传感器控制程序采用了模块化设计。控制系统软件设计框图如图6-32所示，软件上包括DSP初始化模块、起动加速模块、换相控制模块、速度计算模块、I/O控制模块。

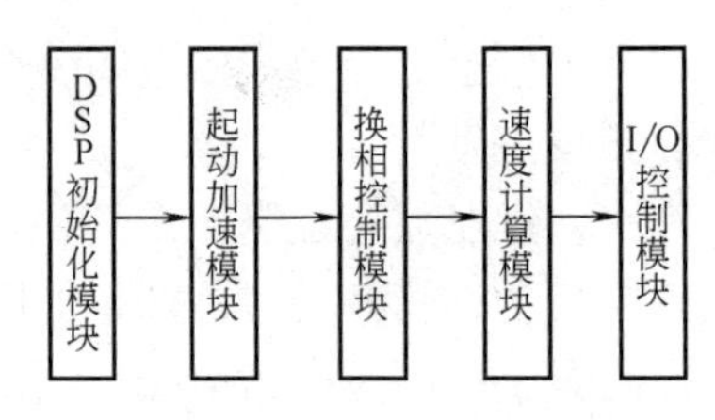

图6-32　控制系统软件设计框图

DSP初始化模块分配存储器空间和各个程序变量，主要完成DSP的一些基本配置、时间管理器模块参数的设定、A/D采样参数的设置、电机换相表数组设置等，尤为关键的是为无刷直流电机制定起动阶段的换相时间表。图6-33所示为初始化模块的主要内容。根据仿真和实验的计算结果，将电机从固定相位起动过程中每次换相的时间间隔计算转变成DSP中CPUTimer0的计数值，存进一个开环起动的时间数组。

起动加速模块把起动时间数组中的值，作为DSP中定时器CPUTimer0的计数值，每次在DSP换相之前将值存入定时器。当定时器计时到一定时间后，进入CPUTimer0的中断程序内进行无刷直流电机的换相，使得电机能够逐步加速到一个较高的速度，以便于切换至闭环控制状态。

换相控制模块是在电机运行过程中，根据起动起始位置以及不导通相的比较信号，进入CAP中断后，延时进行换相的程序模块。

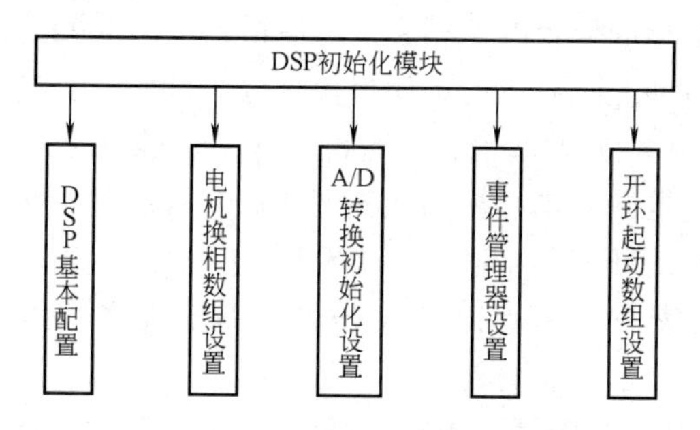

图6-33　初始化模块的主要内容

速度计算模块是对由无位置传感器模拟检测电路产生的反电动势信号进行检测，从而得到当前电机转速的程序模块。由于比较信号是方波，随着转速的增加，可以通过CAP端口计算出当前电机的速度，以作为延时30°电角度进行换相的依据，并可以将所测定的电机转速作为速度控制环的输入。

I/O控制模块根据当前的电机换相状态，通过内部DSP的换相标志位情况来决定输出6路占空比受到调制的PWM电机逆变桥驱动信号，2路不导通绕组的多路模拟开关选择的GPIO信号，以及用于使能过零点比较信号输出的D触发器的上升沿GPIO信号。

以上4个软件模块在DSP主程序中实现，基于如图6-34所示的软件模块结构，形成了整个无位置传感器的控制程序。

3. 软件流程

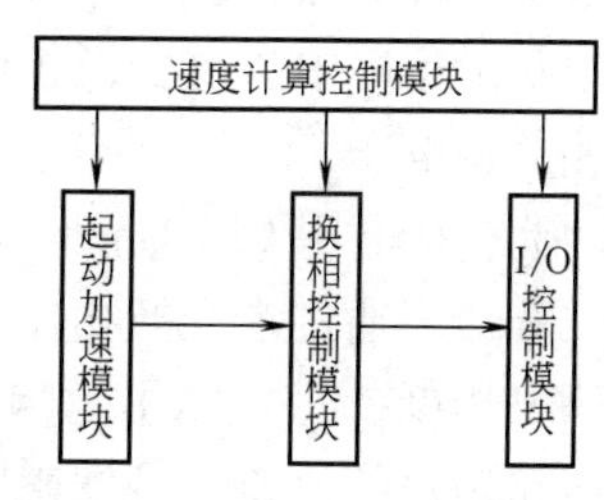

图6-34　DSP主程序软件模块结构

主程序main（）中，首先进行DSP内核时钟、各功能模块预定标器、A/D采样时钟、各类外设中断以及PWM、GPIO等各个重要参数的初始化，用以设置PWM占空比、不导通相选择、D上升沿触发器触发信号周期。另外，还包括使用无刷直流电机模型仿真得到的开环起动时间、换相标志、电机驱动PWM换相表数组以及不导通相选择数组的初始化。设定一个关键的换相标志Flag，以循环更替无刷直流电机的6个换相状态，因此这个换相标志Flag会在0～5之间变化。程序初始化时设定一个换相数组Phase，以及不导通相端电压选择数组FloatSelect。换相数组中记录着6个不同的换相状态，所对应的6路PWM驱动信号行为寄存器（ACTR）的数值。端电压选择表的数值代表着6个不同的换相状态时，应当加载在模拟多路开关ADG409上的不导通相端电压选择信号。

通过读取电机换相表，先将电机固定在某一特定的位置上。需要注意的是，这一过程输出PWM的占空比应当很小，以保证电机绕组中电流很小。通过设定好换相标志位，读取相应位置的换相表，然后进行一定时间的延时，以防止电机在固定过程中发生抖动。延时之后，使得换相标志加1，读取换相表数组的下一个值进入ACTR，使电机开始起动，此时再进入一个软件循环中，以等待中断事件的发生。利用定时器中断进行换相从固定相位开始启动后，当反电动势足够大时，开始准备切换到闭环控制状态，在DSP程序中开启CAP中断，准备检测第一个不导通相反电动势的过零点以进入CAP中断子程序。具体主函数初始化程序如附录所示。

无位置传感器电机控制程序中断事件主要包括CPUTimer0定时中断以及CAP捕获中断，通过中断子程序的编制，可以实现开环起动加速、闭环切换以及转速计算和换相等诸多系统功能。

CPUTimer0中断的主要作用是在电机开环过程中，读取开环起动时间表中的计数值开始计数。当计数完成后，即是一定时间过后，进入中断后，更改换相标志，读取换相表的下一个数值，送入ACTR，以改变6路PWM的驱动信号。

CPUTimer0中断的另一个作用是用于电机闭环过程中，在检测到不导通相反电动势过零点之后，延时30°电角度之后进行换相。根据过零点比较信号，将当前转速计算出电机延时30°所需要的时间，换算成CPUTimer0的计数值，写入定时寄存器，以作为延时换相的参数。当在DSP的CAP端口发现反电动势过零比较信号发生跳变后，就启动CPUTimer0开始计数，直到再次进入定时中断。在定时中断子程序中，改变换相标志位，读取换相表中的下一个数值，以及选通不导通相的端电压。

因此，DSP中CPUTimer0实现了电机开环起动功能以及闭环之后的延时换相功能，并最终通过改变换相标志，进行电机的换相与不导通相的选择操作。

CAP中断的重要作用是响应过零点比较信号，并计算电机转速。每次模拟检测电路输出的比较信号发生跳变，即不导通相反电动势过零时，DSP能够相应地进入CAP中断子程序。使用CAP中断的定时器捕获功能可以得到两次过零点之间的定时器计数值，而两次过零点之间的时间对电机来说是运行了60°电角度，因此可以很容易得知延时30°电角度的时间。

CPUTimer0定时中断以及CAP捕获中断子程序实现如附录所示。

另外，当无刷直流电机在每次换相和不导通相端电压切换时，由于电机相电流续流以及电子开关的作用，不导通相端电压会发生振荡，有噪声和干扰出现，可能会导致模拟检测电路产生虚假的过零点。因此，在换相标志每次发生改变时，可以在软件执行上对上述干扰采取避免措施，是无位置传感器控制系统提高过零点检测精度的关键。依据CAP中断子程序中捕获到的电机当前运行60°电角度CPUTimer0的计数值，通过计算可以得到运行15°电角度的计数值。每次进行换相和切换不导通相之后，进行 10°电角度运行时间的延时，通过使用CPUTimer0定时器以实现延时。

整个初始化起动程序流程如图 6-35所示。

无位置传感器进入 CAP 中断，对不导通相反电动势过零点进行响应，计算当前电机转速，并且进行延时换相的程序流程如图 6-36 所示。

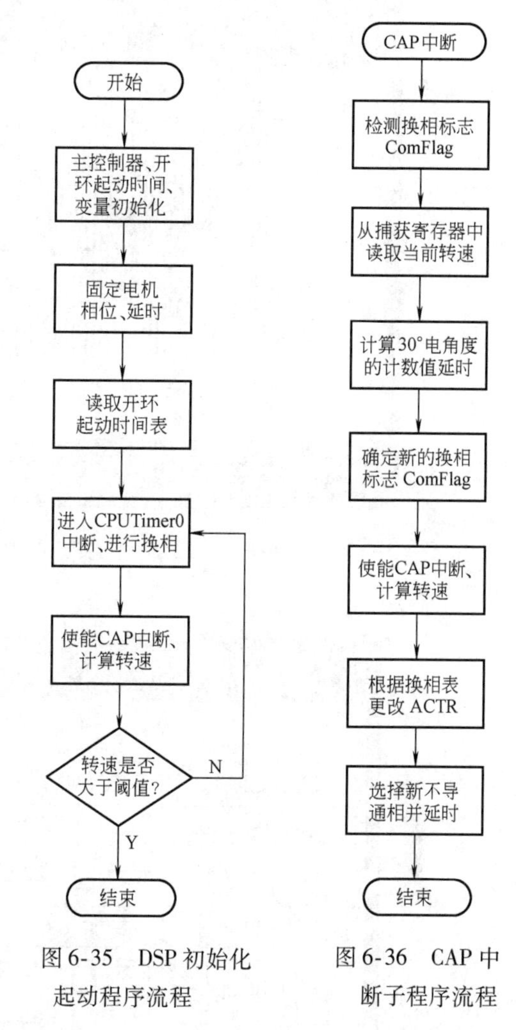

图 6-35 DSP 初始化起动程序流程

图 6-36 CAP 中断子程序流程

6.4.4 实验结果与结论

为验证本节所提出的无位置传感器软硬件控制系统，下面进行无刷直流电机的实验研究。

图 6-37 显示出了电机由模拟比较电路检测的某一相端电压信号，图中所指出的地方是不导通相反电动势过零时刻。当 PWM 处于高电平，电机两相绕组电流呈上升状态时，会有与 PWM 相同斩波频率的共模噪声出现。因此，为避免此种干扰对反电动势过零点准确检测的影响，应在电机转速较高时，绕组反电动势频率和峰值较大的情况下，当 PWM 处于高电平时进行模拟检测。这样，图 6-37 中所示大约有 200mV 的共模噪声，对于反电动势干扰较小。

由于功率 MOSFET 中集成续流二极管的存在，电机绕组端电压会被钳制在较小的负电压上，这正是一个续流二极管的压降，如图 6-37 所示。因此，相对于模拟检测电路的地电位来说，当不导通相端电压从这个负压降向正电压转变的时刻，即是反电动势过零点时刻。

图 6-38 所示为无位置传感器模拟检测电路所得到的反电动势过零点检测信号与安装在定子中相隔 120°电角度的三相霍尔信号。每个霍尔信号的跳变沿正好对应于过零点检测信号延时 30°电角度的时刻，这说明检测到的反电动势过零点信号能够十分精确地反映无刷直流电机的位置信息。以此作为电机换相的依

据，在闭环阶段可以取得和有霍尔位置传感器相同的结果。

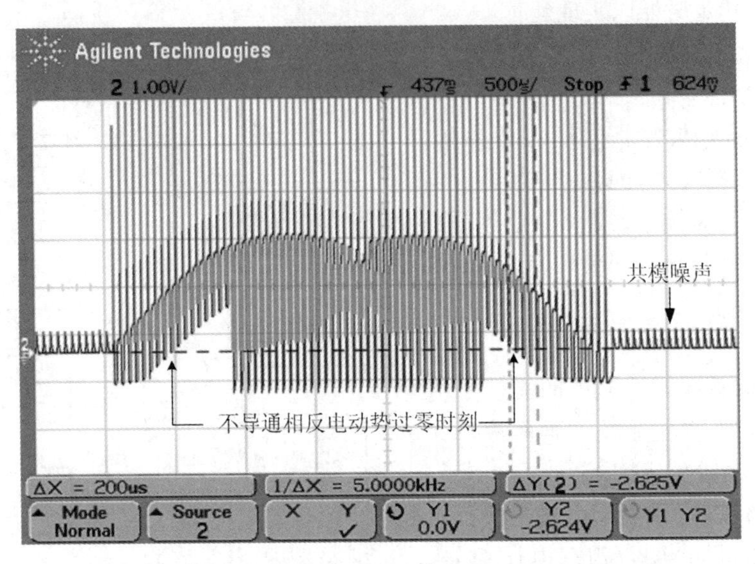

图 6-37　用于检测过零点的无刷直流电机端电压波形

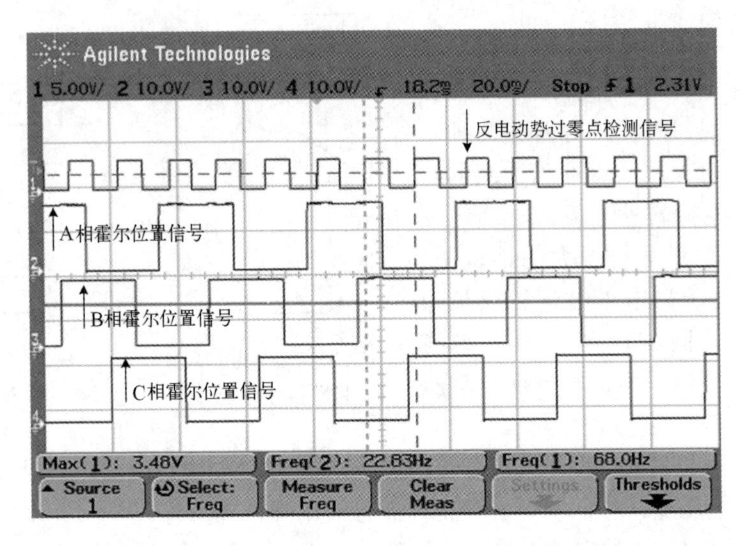

图 6-38　反电动势过零点检测信号以及对应的三相霍尔信号

由实验结果可以看出，本节提出的无位置传感器控制方法能够有效地进行无刷直流电机的换相控制，与实际安装的霍尔信号进行对比，证明具有很高的精确度，使得无刷直流电机能够脱离位置信号系统而运行，大大提高了磁悬浮飞轮运行的可靠性和安全性。

本节根据提出的无位置传感器控制方法，采用具有高性能运动控制TMS320F2812 DSP作为主控制器，基于DSP的硬件结构和开发环境设计了整个软硬件控制系统，并分析了应当注意的问题。对软硬件分别进行了调试与实验，通过实验波形可以得知，所设计的无位置传感器控制系统能够有效地检测到不导通相反电动势的过零点，证明了所设计的控制系统的实用性和正确性。

6.5　本章小结

磁悬浮飞轮作为卫星的姿态控制执行机构，已在航天领域被广泛地研究和应用。为满足磁悬浮飞轮用无刷直流电机高可靠和高精度的要求，须采用基于无位置传感器的控制技术。本章提出了磁悬浮飞轮用无刷直流电机无位置传感器的控制方法。

本章的主要研究内容如下：

1）分析了无刷直流电机无位置传感器的国内外研究现状、水平、发展趋势，对需要解决的重难点问题进行了概括。

2）简要介绍了磁悬浮飞轮的基本组成结构，对各组成部分的主要功能进行了简要的介绍，并重点分析了磁悬浮飞轮用无刷直流电机的工作原理和特点。

3）对磁悬浮飞轮用无刷直流电机在MATLAB/Simulink中进行了建模，介绍了建模方法，并对各部分功能模块进行了介绍。

4）对磁悬浮飞轮用无刷直流电机工作特性进行了分析，给出了相应的数学模型，并根据模型对要采用的电机无位置传感器控制方法进行了分析和说明。

5）分析了磁悬浮飞轮用无刷直流电机无位置传感器控制系统的设计和实现，介绍了控制系统的硬件组成和软件设计，并对所采用的软件环境、控制算法以及流程进行了详细的分析。

基于磁悬浮飞轮用无刷直流电机的特点，本章采用了不同于普通无刷直流电机的控制方法，基于提出的新方法，实现了软硬件系统，能够满足电机起动、切换和加速的各项功能指标，能够提高电机运行的可靠性。

本章所设计的无位置传感器控制系统虽能满足基本要求，但在转速调节方面与实际要求仍有较大差距，表现在当速度提高时，相电流续流时间变短，导致检测精度下降，可能会导致换相失败，故下一步的改进工作应重点放在基于现在的控制系统平台提高转速调节范围方面。

参考文献

[1] WANG Y, ZHANG X, YUAN X, et al. Position-sensorless hybrid sliding-mode control of electric vehicles with brushless DC motor [J]. IEEE Transactions on Vehicular Technology, 2011, 60 (2): 421-432.

[2] CAO J B, CAO B G. Fuzzy-logic-based sliding-mode controller design for position-sensorless electric vehicle [J]. IEEE Transactions on Power Electronics, 2009, 24 (10): 2368-2378.

[3] ZHOU X, ZHOU Y, PENG C, et al. Sensorless BLDC motor commutation point detection and phase deviation correction method [J]. IEEE Transactions on Power Electronics, 2019, 34 (6): 5880-5892.

[4] KIM T Y, LYOU J. Commutation instant detector for sensorless drive of BLDC motor [J]. Electronics Letters, 2011, 47 (23): 1269-1270.

[5] ZHOU X, ZHOU B, YANG L. Position sensorless control for doubly salient electro-magnetic motor based on line-to-line voltage [J]. IET Electric Power Applications, 2017, 12 (1): 81-90.

[6] DAMODHARAN P, VASUDEVAN K. Sensorless brushless DC motor drive based on the zero-crossing detection of back electromotive force (EMF) from the line voltage difference [J]. IEEE Transactions on Energy Conversion, 2010, 25 (3): 661-668.

[7] YOON Y, KIM J. Precision control of a sensorless PM BLDC motor using PLL control algorithm [J]. Electrical Engineering, 2018, 100 (2): 1097-1111.

[8] SONG X, HAN B, WANG K. Sensorless drive of high-speed BLDC motors based on virtual third-harmonic back EMF and high-precision compensation [J]. IEEE Transactions on Power Electronics, 2018, 34 (9): 8787-8796.

[9] SHEN J X, IWASAKI S. Sensorless control of ultrahigh-speed PM brushless motor using PLL and third harmonic back EMF [J]. IEEE Transactions on Industrial Electronics, 2006, 53 (2): 421-428.

[10] SONG X, HAN B, ZHENG S, et al. High-precision sensorless drive for high-speed BLDC motors based on the virtual third harmonic back-EMF [J]. IEEE transactions on Power Electronics, 2017, 33 (2): 1528-1540.

[11] LIU J M, ZHU Z Q. Improved sensorless control of permanent-magnet synchronous machine based on third-harmonic back EMF [J]. IEEE Transactions on Industry Applications, 2013, 50 (3): 1861-1870.

[12] 陈剑，陆云波，鱼振民. 无刷直流电机驱动控制的3次谐波检测法 [J]. 微电机，2002，35 (5): 23-25.

[13] 韦鲲，任军军，张仲超. 三次谐波检测无刷直流电机转子位置的研究 [J]. 中国电机工程学报，2004，24 (5): 163-167.

[14] 郝玲玲，瞿成明，戴俊. 无刷直流电机反电势过零法无传感器控制 [J]. 重庆工商大学

学报（自然科学版），2014，31（7）：56-62.

[15] TSOTOULIDIS S, SAFACAS A. A sensorless commutation technique of a brushless DC motor drive system using two terminal voltages in respect to a virtual neutral potential [C]. IEEE, 2012.

[16] 李声晋，马晖，卢刚，等. 基于反电势积分补偿法的无刷直流电动机控制 [J]. 微特电机，2008，36（6）：37-39.

[17] JUNG S, KIM Y, JAE J, et al. Commutation control for the low-commutation torque ripple in the position sensorless drive of the low-voltage brushless DC motor [J]. IEEE Transactions on Power Electronics, 2014, 29 (11): 5983-5994.

[18] 张磊，瞿文龙，陆海峰，等. 一种新颖的无刷直流电机无位置传感器控制系统 [J]. 电工技术学报，2006，21（10）：26-30.

[19] 武紫玉，黄元峰，王海峰，等. 基于磁链函数的 BLDCM 无位置传感器控制方法研究 [J]. 导航与控制，2021，20（5）：80-88.

[20] CHEN W, LIU Z, CAO Y, et al. A position sensorless control strategy for the BLDCM based on a flux-linkage function [J]. IEEE Transactions on Industrial Electronics, 2018, 66 (4): 2570-2579.

[21] JUNG D, HA I. Low-cost sensorless control of brushless DC motors using a frequency-independent phase shifter [J]. IEEE Transactions on Power Electronics, 2000, 15 (4): 744-752.

[22] KIM T, EHSANI M. Sensorless control of the BLDC motors from near-zero to high speeds [J]. IEEE transactions on power electronics, 2004, 19 (6): 1635-1645.

[23] CHEN S, ZHOU X, BAI G, et al. Adaptive commutation error compensation strategy based on a flux linkage function for sensorless brushless DC motor drives in a wide speed range [J]. IEEE Transactions on Power Electronics, 2017, 33 (5): 3752-3764.

[24] YAZDANI D, BAKHSHAI A, JAIN P K. A three-phase adaptive notch filter-based approach to harmonic/reactive current extraction and harmonic decomposition [J]. IEEE Transactions on Power electronics, 2009, 25 (4): 914-923.

第 7 章

永磁无刷直流电机换相误差校正

永磁无刷直流电机从无位置传感器控制起动切换到自同步阶段后，随着转速的逐渐升高，定子绕组上的反电动势越来越高，基于反电动势过零点检测得到的转子位置将更加接近于实际转子位置。然而，电机驱动系统的调制干扰会对无位置传感器控制检测信号产生影响，特别对于低电感电机，调制噪声尤为明显，严重时会导致过零点误检测引起换相序列失真。尽管可以采用低通滤波器来消除噪声，但由此引入的相位延迟不可避免，特别是对于中高转速应用。另外，除了由低通滤波器引起的相位延迟之外，还存在各种其他相位误差源，如计算延迟、电子器件延迟、测量噪声等。这些延迟会引起电机换相误差，降低换相精度，影响电机效率。

目前，国内外已经提出了多种补偿或校正换相误差的方法，取得了一定的补偿效果。本章首先介绍换相误差校正方法的分类，然后对换相误差产生的原因进行分析，最后结合最新的换相误差校正方法的研究，给出了四种典型的换相误差校正方法。

7.1 换相误差校正方法分类

为了实现换相误差的校正，实现永磁无刷直流电机的高效运行，众多学者从不同角度提出了换相误差的校正方法，从控制角度可以将误差校正方法分为开环校正方法和闭环校正方法。

7.1.1 换相误差开环校正方法

换相误差开环校正方法是通过在线解算、查表的方式得到校正角度，再利用移相模块实现换相误差的直接补偿。虽然该方法实现起来较为简单，但是也存在一些问题。如电机在高速旋转时，滤波器造成的换相延迟角会超过60°，甚至接近90°，此时换相误差角度大于换相周期角度，这会导致电机失步。针对这一问题，文献［1，2］提出了一种基于滞环切换控制的 $60° - \alpha$ 的换相误差校正方法，在中高速进行换相切换，使换相逻辑超前60°，从而保证电机在正确的相位换相。此外，大功率无刷直流电机的工作电流大，产生的电磁干扰也较为严重，为了精准获取换相信号，崔臣君等采用深度滤波器消除噪声，同时为避免深度滤波带来过大的相位延迟，提出了 $60° - \alpha$ 和 $150° - \alpha$ 的误差补偿方法[3]。文献[4]采用相电压进行反电动势过零点的检测，然后依据低通滤波器的传递函数，对换相误差的校正量进行在线计算与补偿，最后又利用测得的续流宽度对换相点进行超前校正。为了避免转速测量精度对换相点检测的影响，文献[5]提出了一种基于换相信号组合的高精度的转速测量方法，实现换相误差的补偿。同样为了避免转速对换相精度的影响，文献[6]提出一种变截止频率的数字低通滤波器用于相电压噪声处理，由于该滤波器截止频率与转速存在固定增益，因此在全转速范围内，换相误差的校正量在时域上是相同的，采用相同的补偿时间就可以保证电机在不同速度下实现准确换相。除了采用变截止频率的滤波器保证校正角在时域上不变，文献[7]采用具有群延迟特性的贝塞尔滤波器对电机信号进行过滤，由于在通带内的滤波群延迟时间是相同的，在不同的电机转速下，无须调整换相误差校正量，大大简化了误差校正的过程。文献[8]提出采用 Adaline 滤波器获得电机的相电压与相电流基波，然后在定子坐标系中将电流矢量与反电动势矢量之间的角度作为换相信号的校正角度，实现了换相误差的前馈校正。文献[9]采用扩张状态观测器估计导通相的反电动势，然后根据反电动势与换相误差之间的数学关系在线计算换相的校正量，由于观测器响应速度较快，换相误差能够在一个换相周期内得到快速校正。文献[10]根据换相点前后的相电流差值与误差的关系，在线解算高阶方程得到校正角，实现了对换相误差的补偿。文献[11]首先分析了电机的端电压到虚拟中性点的电压构成，由于该电压只包含奇次谐波，而 5 次及以上的谐波分量可以忽略不计，所以借助泰勒展开原理将采样电压在 3 次谐波内展开，然后在线求解 3 次方程获得校正角。文献[12]采用同频提取算法得到虚拟中性点电压的基波，然后再根据二阶广义积分器与锁相环算得换相误差，消除了换相续流的影响。文献[13]提出了用同频提取算法获取母线电流的基波成分，根据换相误差与基波的数学关系，在线计算换相误差并进行校正。文献[14]分析了相电流谐波成分与换相误差之间的数学关系，采用离散傅里叶变换获取不同阶次的谐波成分，最后在线解算含有谐波的多项式补偿误差角。文献[15]详细分析了多源干扰下的换相误差构成，指出换相误差角即为内功率因数角，然后基于该结论，提出了一种基于正交锁相环的换相信号校正方法，通过在线解算的方式补偿换相误差。

通过以上分析可以发现，开环校正方法多基于直接解算换相误差的方式而提出，虽然实现过程简单，但是对低通滤波器的设计要求较高，并且对电机参数敏感、抗干扰能力较差；相比之下，闭环校正方法是基于闭环控制原理实现的，具有实时校正、抗干扰的优点，是永磁无刷直流电机换相误差校正的理想方法。

7.1.2 换相误差闭环校正方法

换相误差闭环校正方法是基于换相误差导致电机信号不对称这一机理而实现的[16,17]。通过构造电路，将不对称的电机信号（相电压、电流等）转化为换相误差表征量，然后将其作为反馈量输入控制器，并以表征量收敛于零为目标、闭环控制器的输出为误差补偿量，换相误差即可随着表征量收敛于零而被校正，根据误差较表征量形式的不同，换相误差闭环校正方法可分为模拟量表征法和积分量表征法。

在采用模拟量表征的换相误差校正方法中，电机模拟信号在指定位置被采样后，在数字处理器中进行表征量构建，然后通过闭环控制算法获取校正量。文献[18－20]提出了基于相电压的误差表征与校正方法，在某一相导通前后分别采样相电压，以两次的采样电压差为表征量，然后通过比例积分控制算法使表征量收敛至零，在这个过程中，相电压变到对称状态，所以换相误差也会得到校正。在文献[21，22]中，电机一相端子到虚拟中性点之间的电压在该相导通的120°前后被采样，并以前后两次采样的模拟电压差值为误差表征量，然后建立闭环控制系统校正换相信号。在文献[23]中，在电机端电压与母线电压相等时间段的前后位置，分别对端电压采样，并将该电压差用作表征量发送至上位机，在上位机系统中，根据该表征量在线计算闭环校正换相误差；此外，文中还提出了一种线性估计的方法，用以消除换相续流和开关噪声的影响。类似的，如果在非导通区间的起始和终止位置分别采样相电压，将两次采样电压之和作为换相误差表征量输入比例积分控制器中，同样可以使得换相误差随着表征量收敛于零而得到校正[24]。文献[25]采用换相失准引起的相电流续流为表征量，建立了误差闭环校正系统，当续流电流等于零时，换相信号收敛至准确相位。文献[26，27]采用相电流在换相点前后采样的电流差为表征量，然后通过符号函数保证了表征量与换相误差关系的一致性，最后引入比例积分控制算法，实现了换相误差的闭环补偿。文献[28]利用母线电流在换相点前后的电流差建立表征量，并以表征量趋近于零为控制目标，实现了换相误差的闭环补偿。为了提高换相误差的校正速度，文献[29]以母线电流差为表征量，采用无模型控制算法取代比例积分控制，实现了换相误差的快速收敛，换相误差校正系统的动态性能得到显著提高。

以上换相误差模拟表征量一般借助相邻两次采样信号求和或求差来构造，为避免误差表征量相位滞后和畸变，没有采用低通滤波器对电机信号进行过滤。对于高频干扰较严重的电机，如采用三相电流脉冲宽度调制控制时，其开关噪声较大，通过以上方式构造的表征量将会失准，从而导致换相误差。由于积分环节具有衰减高频噪声的优点，并且其输出幅值更高，可以更为精确地反映电机换相误差的变化，所以通过积分表征量来校正换相误差具有更大的优势。

在采用积分量表征的换相误差闭环校正策略中，误差的表征量可基于电压和电流两种信号来构造。对于电压信号构造方式，陈少华等在某相导通的前后60°内对线电压采样，然后在数字控制器内计算这两个区间的积分差值作为误差的表征量，最后利用比例积分控制器使得表征量收敛于零，实现换相误差的校正[30]。类似的，崔臣君等利用虚拟中性点的电压在相邻换相周期内的积分差值构造了积分型表征量，再结合闭环控制器获得换相信号的角度偏移量，保证虚拟中性点电压对称，从而校正换相点[31]。此外，宋欣达等采用基波提取算法消除了换相续流对虚拟中性点电压采样的影响，并以基波在相邻换相周期内积分差构造误差表征量，实现了电机换相误差的闭环校正[32]。文献[33]将换相前后30°范围内的相电流积分之差表征换相误差，采用闭环控制策略使电流积分差收敛于零，从而优化换相信号。文献[34]利用相电流在相邻换相周期内的积分差值构造换相误差的表征量，为了提高校正精度，换相续流在积分运算时被抵扣掉。

在上述换相误差的积分表征量构造过程中，需要在每个换相周期内采样充足的离散信号后，再在数字处理器中进行积分运算，因此这种数字式积分表征量的精度取决于单个换相周期内的采样密度。然而在电机高速旋转时，在每个换相周期内对电机信号采样的密度较低，会导致积分表征量精度下降，从而引起换相误差。

7.2 换相误差分析

7.2.1 过零点检测引起的换相误差

基于反电动势的无位置传感器控制方法通过检测反电动势相关信号的过零点提供换相信息，当驱动系统通过高频调制导通和关断功率开关管时，将会在所测信号上引入噪声干扰，噪声干扰会造成过零点误检测，触发错误的换相逻辑，降低系统可靠性。实际应用中，在待测信号进行过零点检测之前往往需接入低通滤波器来过滤高频干扰。此外，由于电机绕组中线引线困难，无位置传感器控制检测采用如图7-1所示的基于虚拟中性点的过零点检测电路实现转子换相点检测。

基于虚拟中性点的过零点检测电路由电阻分压网络、低通滤波器和电压比较器构成，用于提取处于非导通状态的相反电动势信号中的过零点。首先，电阻分压网络处理三相绕组的端电压以匹配输入电压要求，并通过电阻电容滤波器进行低通滤波，滤波后的信号传输到电压比较器进行过零点检测。其次，电压比较器输出的高低电平信号经过施密特触发器进行整形和滤波。最后，整形后的数字信号生成原始过零点信号输入控制系统。

在反电动势过零点的提取过程中，低通滤波器、电压比较器和施密特触发器

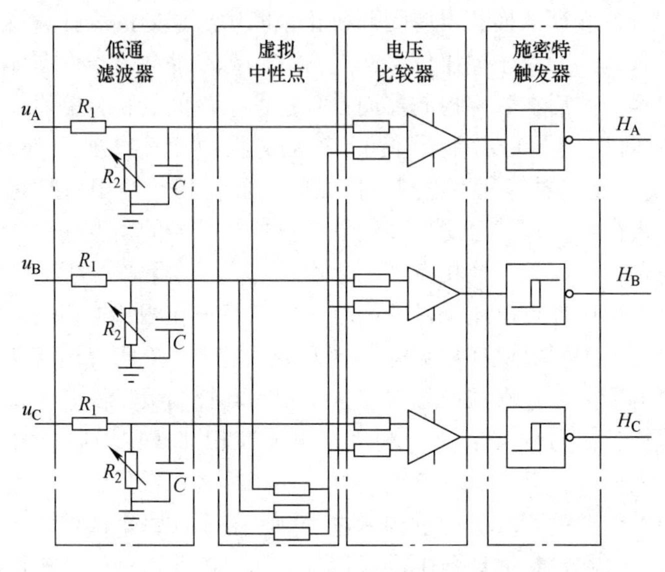

图7-1 基于虚拟中性点的过零点检测电路

均会引入延迟，其中低通滤波器引入的延迟占主导。电阻分压网络和低通滤波器的传递函数可以表示为

$$G_L(s)=\frac{R_2}{R_1R_2Cs+R_1+R_2}=\frac{1/R_1C}{s+(R_1+R_2)/R_1R_2C}\tag{7-1}$$

式中，R_1和R_2是分压电阻；C是滤波器电容。低通滤波器相应的幅频特性$|H_L(\omega_e)|$和相频特性$\varphi_L(\omega_e)$为

$$\begin{cases}|H_L(\omega_e)|=\dfrac{1}{\sqrt{(R_1C\omega_e)^2+(1+R_1/R_2)^2}}\\\varphi_L(\omega_e)=-\arctan\left(\dfrac{R_1C\omega_e}{1+R_1/R_2}\right)\end{cases}\tag{7-2}$$

$\omega_{co}=(R_1+R_2)/R_1R_2C$表示低通滤波器的截止频率；$\omega_e$为电机的电角速度。

$$G_L(s)=\frac{R_2}{R_1R_2Cs+R_1+R_2}=\frac{1/R_1C}{s+(R_1+R_2)/R_1R_2C}\tag{7-3}$$

$$\begin{cases}|H_L(\omega_e)|=\dfrac{1}{\sqrt{(R_1C\omega_e)^2+(1+R_1/R_2)^2}}\\\varphi_L(\omega_e)=-\arctan\left(\dfrac{R_1C\omega_e}{1+R_1/R_2}\right)\end{cases}\tag{7-4}$$

为了滤除高频噪声以避免误检测和导通，通常采用深度低通滤波器，其截止频率被设计为相对于工作频率非常低，因此不可避免会带来较大的相位延迟。当$R_1=30\text{k}\Omega$、$R_2=20\text{k}\Omega$、$C=4.7\text{nF}$，在转子电角度频率为1kHz时，最大延迟角约为20°。

图7-1所示检测电路中的电压比较器、施密特触发器以及电机控制驱动系统中的其他器件延迟时间恒定，产生的换相滞后相位将随转速的升高而增大，表7-1给出了部分器件的延迟时间，器件延迟引起的换相滞后相位可以表示为

$$\varphi_Q(\omega_e)=\omega_e t_Q \tag{7-5}$$

式中，t_Q表示所有器件延迟时间之和，在转子电角度频率为1kHz时，最大延迟角约为3.2°。

表7-1　电机控制驱动系统部分器件延迟时间

器件名称	延迟时间	器件名称	延迟时间
电压比较器	1.3μs	功率驱动器件	3.0μs
运算放大器	4.0μs	功率器件	0.1μs

除了低通滤波器和器件延迟引起的滞后相位外，影响因素还包括软件延迟、非导通相续流引起的测量误差、测量噪声引起的误差等。相比于前面两种，后面的影响因素产生的换相误差相对较小。

7.2.2　反电动势非对称引起的换相误差

考虑非理想因素的三相反电动势谐波模型可以表示为

$$\begin{bmatrix} e_A(\theta_e) \\ e_B(\theta_e) \\ e_C(\theta_e) \end{bmatrix}=\omega_m k_e\begin{bmatrix} \sum\limits_{m=1}^{\infty}A_{Am}\sin(m(\theta_e))+D_A \\ \sum\limits_{m=1}^{\infty}A_{Bm}\sin\left(m\left(\theta_e-\dfrac{2\pi}{3}\right)\right)+D_B \\ \sum\limits_{m=1}^{\infty}A_{Cm}\sin\left(m\left(\theta_e+\dfrac{2\pi}{3}\right)\right)+D_C \end{bmatrix} \tag{7-6}$$

式中，ω_m表示机械转速；k_e表示反电动势系数；θ_e表示电角度位置；A_{Xm}表示X相反电动势的第m次谐波系数；D_X表示X相反电动势的直流偏置；e_X表示X相反电动势；X分别为A、B、C。相应的系数可以通过基于傅里叶分解与神经网络拟合的方法根据离线测量的反电动势波形得到[35]。

用于检测相反电动势过零点的常用方法包括绕组端-中性点电压检测方法、绕组端-虚拟中性点电压检测方法和绕组端-直流侧中点电压检测方法等。由于相反电动势过零点超前于换相点30°，通过这些方法获得的过零点必须先延迟30°，然后才用作电机的实际换相点。图7-2给出了三种不同的过零点检测方法的原理示意图。

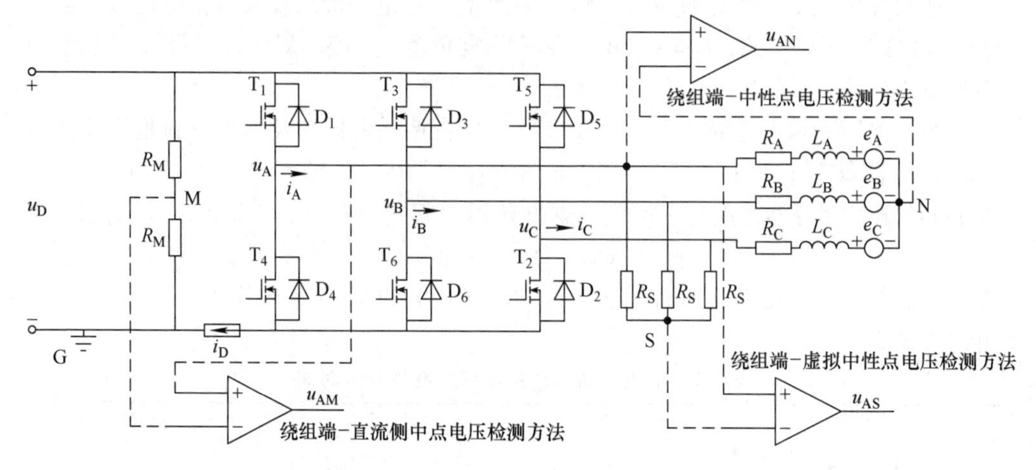

图7-2　三种不同的过零点检测方法原理示意图

应用不同的过零点检测方法时，三相反电动势非对称对检测到的换相点位置的影响也不同。下面分别分析绕组端-中性点电压检测方法、绕组端-虚拟中性点电压检测方法和绕组端-直流侧中点电压检测方法下对换相点的影响。

1. 绕组端-中性点电压检测方法

在绕组端-中性点电压检测方法中，中性点电压信号需要由导线从星形联结的电机定子绕组中性点引出。如图7-2所示，该方法将绕组端电压与中性点电压用电压比较器进行比较以得到无位置传感器控制信号的过零点。当检测相为非导通相时，检测到的信号正好是实际的相反电动势：

$$\begin{cases} u_{AN} = e_A \\ u_{BN} = e_B \\ u_{CN} = e_C \end{cases} \tag{7-7}$$

式中，u_{AN}、u_{BN}、u_{CN}分别表示A、B、C相绕组端与中性点N间的电压。令式（7-7）中的三项均等于零，可以得到该方法应用于非对称反电动势永磁无刷直流电机时理论上实际检测到的过零点位置。由于该方法必须要引出中线，实际工程中应用较少。

2. 绕组端-虚拟中性点电压检测方法

由于一些电机未引出星形联结的绕组中性点，人们改进了绕组端-中性点电压检测方法，用虚拟中性点代替实际中性点，称为绕组端-虚拟中性点电压检测方法。该方法中，三个星形联结的电阻网络用于提供虚拟中性点电压信号。如图7-2所示，绕组端-虚拟中性点电压检测方法将绕组端电压与虚拟中性点电压用电压比较器进行比较以得到无位置传感器控制信号的过零点。

以B和C相导通、A相非导通时为例，该方法实际检测到的过零点是绕组端电压与虚拟中性点电压差的信号过零点，由图7-2的原理示意图可以得到

$$u_{AG} = u_{AS} + u_{SG} = u_{AN} + u_{NG} \tag{7-8}$$

式中，u_{AG}、u_{AS}、u_{SG}、u_{NG}分别表示相应两个下标电位点之间的电压。根据星形联结的约束条件和电路基尔霍夫定律得到

$$\begin{cases} u_{SG} = \dfrac{1}{3}(u_{AG} + u_{BG} + u_{CG}) \\ u_{NG} = \dfrac{1}{3}(u_{AG} + u_{BG} + u_{CG} - e_A - e_B - e_C) \end{cases} \tag{7-9}$$

式中，u_{BG}、u_{CG}分别表示B、C相绕组端与地G间的电压。结合式（7-8）和式（7-9），可以得到

$$u_{AS} = u_{AG} - u_{SG} = \frac{1}{3}(2e_A - e_B - e_C) \tag{7-10}$$

式中，u_{AS}表示A相绕组端与虚拟中性点S间的电压。类似地，对于B和C相，当它们为非导通相时，得到

$$\begin{cases} u_{BS} = u_{BG} - u_{SG} = \dfrac{1}{3}(2e_B - e_C - e_A) \\ u_{CS} = u_{CG} - u_{SG} = \dfrac{1}{3}(2e_C - e_A - e_B) \end{cases} \tag{7-11}$$

式中，u_{BS}、u_{CS}分别表示B、C相绕组端与虚拟中性点S间的电压。由表7-2的三相反电动势测量参数可知，相比于基频成分，反电动势含有的3次及以上高次谐波含量明显较小，为简化计算，可在计算实际无位置传感器控制方法检测到的过零点位置时忽略3次及以上分量较小的谐波。将反电动势非理想模型(7-6)分别代入式（7-10）和式（7-11）可得

$$\begin{aligned} & u_{AS} \approx \frac{k_e\omega_m}{3}\left[A_A\sin\left(\theta_e + \arctan\left(\frac{\sqrt{3}/2(A_{B1} - A_{C1})}{2A_{A1} + 0.5A_{B1} + 0.5A_{C1}}\right)\right) + 2D_A - D_B - D_C\right], \\ & A_A = \sqrt{(2A_{A1} + 0.5A_{B1} + 0.5A_{C1})^2 + 3/4(A_{B1} - A_{C1})^2} \end{aligned} \tag{7-12}$$

$$\begin{aligned} & u_{BS} \approx \frac{k_e\omega_m}{3}\left[A_b\sin\left(\theta_e + \arctan\left(\frac{-\sqrt{3}A_{B1} - \sqrt{3}/2A_{C1}}{-A_{A1} - A_{B1} + 0.5A_{C1}}\right)\right) - D_A + 2D_B - D_C\right], \\ & A_B = \sqrt{(-A_{A1} - A_{B1} + 0.5A_{C1})^2 + (-\sqrt{3}A_{B1} - \sqrt{3}/2A_{C1})^2} \end{aligned} \tag{7-13}$$

$$\begin{aligned} & u_{CS} \approx \frac{k_e\omega_m}{3}\left[A_C\sin\left(\theta_e + \arctan\left(\frac{\sqrt{3}/2A_{B1} + \sqrt{3}A_{C1}}{-A_{A1} + 0.5A_{B1} - A_{C1}}\right)\right) - D_A - D_B + 2D_C\right], \\ & A_C = \sqrt{(-A_{A1} + 0.5A_{B1} - A_{C1})^2 + (\sqrt{3}/2A_{B1} + \sqrt{3}A_{C1})^2} \end{aligned} \tag{7-14}$$

分别令式（7-12）、式（7-13）和式（7-14）等于零，可以得到该方法应用于三相非对称反电动势永磁无刷直流电机时理论上实际检测到的过零点位置。

3. 绕组端-直流侧中点电压检测方法

在绕组端-直流侧中点电压检测方法中，两个相同的分压电阻提供直流侧中点电压，如图7-2所示，电压比较器将绕组端电压与中点电压进行比较以获得无位置传感器控制信号的过零点。

以A相为非导通相、B和C相为导通相时为例，根据电路基尔霍夫定律，有

$$u_{AM} = u_{AN} + u_{NG} + u_{GM} \tag{7-15}$$

式中，u_{AM}表示A相绕组端与直流侧中点M间的电压；u_{GM}表示地G与直流侧中点M间的电压。此时$u_{BG} = u_D, u_{CG} = 0$，其中u_D表示直流侧母线电压，结合式（7-15）得到

$$u_{AM} = \frac{1}{2}(2e_A - e_B - e_C) \tag{7-16}$$

类似地，对于B和C相，当其分别为非导通相时：

$$\begin{cases} u_{BM} = \dfrac{1}{2}(2e_B - e_C - e_A) \\ u_{CM} = \dfrac{1}{2}(2e_C - e_A - e_B) \end{cases} \tag{7-17}$$

式中，u_{BM}、u_{CM}分别表示B、C相绕组端与直流侧中点M间的电压。由式（7-10）和式（7-16）可知，由于绕组端-直流侧中点电压检测方法与绕组端-虚拟中性点电压检测方法实际检测的信号只存在幅值倍数关系，理论上两者检测得到的信号过零点位置一致，故这两种方法所受反电动势非理想因素的影响也将是一致的。

从理论上来看，所谓的永磁无刷直流电机无位置传感器控制的最优换相位置应该是两个相邻的相反电动势的交点，即如使式（7-18）成立的点：

$$\begin{cases} e_C = e_A \\ e_A = e_B \\ e_B = e_C \end{cases} \tag{7-18}$$

在最优换相位置换相，由于换相的反电动势切换平滑，产生的电流毛刺最小。最优换相位置在理想的三相反电动势对称高速电机中滞后于相反电动势过零点30°，称最优换相位置为理想换相点，求解式（7-18）可得理想换相点的位置。

为了便于区分不同换相点，定义忽略任何非理想因素的传统换相点为标准换相点。表7-2给出了一组非理想反电动势的永磁无刷直流电机参数。基于此，将

标准换相点、理想换相点和基于绕组端-虚拟中性点电压检测方法得到的换相点理论测量位置分别列入表 7-3。将检测到的 6 个换相点偏离 6 个理想换相点的相位分别定义为 φ_{Z1}、φ_{Z2}、…、φ_{Z6}。

表 7-2　非理想反电动势的永磁无刷直流电机参数

系数	值	系数	值	系数	值
A_{A1}	1	A_{B3}	0.19	A_{C5}	0.038
A_{B1}	0.95	A_{C3}	0.21	D_A	0
A_{C1}	1	A_{A5}	0.039	D_B	0
A_{A3}	0.21	A_{B5}	0.035	D_C	0.05

表 7-3　不同方法检测换相点位置

序号	标准换相点（°）	理想换相点（°）	检测到的换相点（°）	φ_Z（°）
1	30	31.65	32.65	1
2	90	89.93	90.26	-0.33
3	150	151.74	151.02	-0.72
4	210	208.35	210.71	2.36
5	270	266.59	266.38	-0.21
6	330	331.74	328.98	-2.76

从式（7-12）所示的实际检测信号表达式，可以明显看出，理论上检测信号的过零点位置与转速无关，而仅与反电动势的各项参数相关。此外，检测信号过零点引起误差的原因在于三相反电动势相关系数的不一致性，也就是三相反电动势的非对称性导致了检测到的过零点位置偏移而不是由于反电动势包含谐波项的非标准梯形。检测到的换相点偏离理想换相点的程度主要跟三相非对称程度有关，根据表 7-3 列出的结果，检测到的 6 个换相点偏离 6 个理想换相点的相位通常会在 5°以内。

除了非对称的三相反电动势对过零点检测方法引入的相位误差外，定义由低通滤波器引起的相位延迟为 φ_L。此外，定义由信号处理电路、驱动电路、控制软件等引入难以准确确定和测量的相位延迟为 φ_{other}。在转子电转速频率为 1kHz 时，所有的相位延迟中，φ_{LPF} 占主要部分，约为 71.6%；由非对称三相反电动势引入的过零点测量相位误差 φ_{Z1}、φ_{Z2}、…、φ_{Z6} 通常小于 5°，约占 17.3%；φ_O 分量较小，随着转速的增加，最多能占到 11.1%。

根据对三相非对称反电动势电机换相误差的分析，各种因素引起的总误差可总结为

$$\varphi_D = \varphi_{Z1-6} + \varphi_L + \varphi_O \tag{7-19}$$

与非对称反电动势相关的误差 φ_{Z1}、φ_{Z2}、…、φ_{Z6} 通常较小，并且不会随转速变化而变化，而由滤波器和其他因素延迟引起的误差会随着转速的增加而逐渐增加。所有的误差混叠在一起会导致在中高速出现较大的换相误差。

当电机换相包含由三相反电动势非对称因素引入的相位误差时，相电流和直流母线电流的畸变情况与三相反电动势对称存在换相误差时不完全相同。图 7-3 为三相非对称反电动势永磁无刷直流电机相电流及母线电流，其中图 a 表示正常换相时的电流波形，图 b 表示换相滞后时的电流波形。由图可见，除了具有一些有差换相时的通用特征外，三相非对称反电动势引入的相位误差还将加剧换相点处的电流波动，使得电流过度变得更加不平滑，直流母线电流的峰-峰值也显著增加。

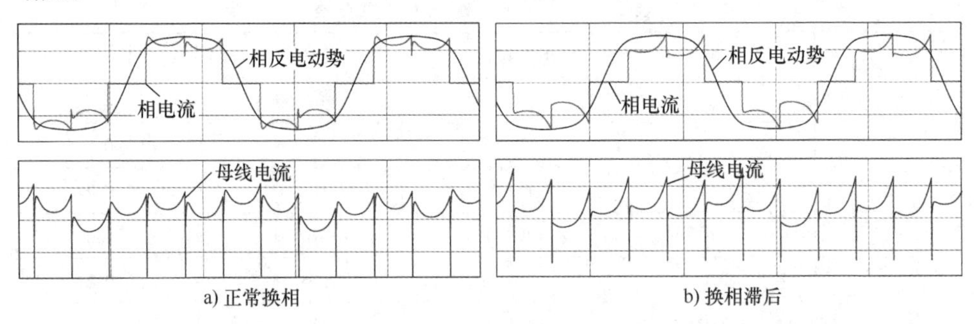

a) 正常换相　　b) 换相滞后

图 7-3　三相非对称反电动势永磁无刷直流电机相电流及母线电流

7.3　基于电流积分偏差的对称反电动势电机的换相误差校正

以电流从 C 相换到 A 相的过程为例进行分析，即 T_3-T_2 导通到 T_3-T_4 导通的换相过程，其他换相过程类似。此换相时刻对应图 7-4 中的 120°时刻，电机换相过程将会先后出现两个阶段：瞬时换流阶段和正常导通阶段。

瞬时换流阶段：由于电感的存在，关断相电流不能立刻关断，将通过对应桥臂的二极管进行续流，且开通相电流不能立刻上升。

正常导通阶段：关断相完全关断，相电流降为 0，开通相完全开通，直至下一次换相之间的过程。下面将对准确换相、超前换相和滞后换相三种情况下两个阶段的电流进行分析。

7.3.1　准确换相时的电流特性分析

1. 准确换相时，瞬时换流阶段电流分析

在电机准确换相时的瞬时换流阶段，C 相电流不能立即消失，将通过与 T_5

反并联的二极管 D_5 续流，所以 T_3、T_4 以及 D_5 同时导通，对应的电路状态如图7-4所示。

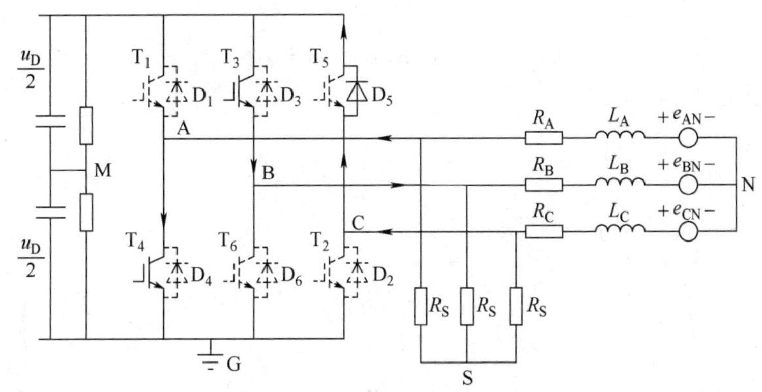

图7-4　准确换相时，瞬时换流阶段电路状态示意图

令 $R=R_A=R_B=R_C$、$L=L_A=L_B=L_C$，此时三相电压方程为

$$\begin{cases} u_D = 2u_{CE0} + i_B R_{CE} + u_{BN} - u_{AN} + i_A R_{CE} \\ u_D = i_C R_{CE} + u_{CN} - u_{AN} + i_A R_{CE} \\ u_{AN} = Ri_A + L\mathrm{d}i_A/\mathrm{d}t + e_{AN} \\ u_{BN} = Ri_B + L\mathrm{d}i_B/\mathrm{d}t + e_{BN} \\ u_{CN} = Ri_C + L\mathrm{d}i_C/\mathrm{d}t + e_{CN} \end{cases} \tag{7-20}$$

结合 $i_A+i_B+i_C=0$ 得到

$$\begin{cases} u_{AN} = (-2u_D + R_{CE}i_A + 2u_{CE0})/3 \\ u_{BN} = (u_D - R_{CE}(2i_A + 3i_B) - 4u_{CE0})/3 \\ u_{CN} = (u_D - R_{CE}(2i_A + 3i_C) + 2u_{CE0})/3 \\ (R - R_{CE}/3)i_A + L\mathrm{d}i_A/\mathrm{d}t = (-2u_D + 2u_{CE0})/3 - e_{AN} \\ (R + R_{CE})i_B + L\mathrm{d}i_B/\mathrm{d}t = (u_D - 2R_{CE}i_A - 4u_{CE0})/3 - e_{BN} \\ (R + R_{CE})i_C + L\mathrm{d}i_C/\mathrm{d}t = (u_D - 2R_{CE}i_A + 2u_{CE0})/3 - e_{CN} \end{cases} \tag{7-21}$$

式中，u_D 为直流电压；u_{CE0} 为与电流无关的功率器件直流压降；u_{AN}、u_{BN}、u_{CN} 分别为三相端电压；$u_{CE}=u_{CE0}+iR_{CE}$ 为功率器件总的压降；R_{CE} 为功率器件的等效电阻；e_{AN}、e_{BN}、e_{CN} 分别为三相相反电势，其值为

$$\begin{cases} e_{AN} = \sqrt{2}E\cos(\omega_e t) \\ e_{BN} = \sqrt{2}E\cos(\omega_e t - 2\pi/3) \\ e_{CN} = \sqrt{2}E\cos(\omega_e t + 2\pi/3) \end{cases} \tag{7-22}$$

式中，E 为相反电动势有效值。

三相线反电动势 e_{AB}、e_{BC}、e_{CA} 可分别表示为

$$\begin{cases} e_{AB} = \sqrt{2}E\cos(\omega_e t + \pi/6) \\ e_{BC} = \sqrt{2}E\cos(\omega_e t - \pi/2) \\ e_{CA} = \sqrt{2}E\cos(\omega_e t + 5\pi/6) \end{cases} \tag{7-23}$$

求解式（7-21），得到

$$\begin{cases} i_A = \dfrac{-2u_D + 2u_{CE0} + \dfrac{3}{\sqrt{2}}E}{3\left(R - \dfrac{R_{CE}}{3}\right)}\left(1 - e^{-\frac{t-\frac{7}{12}T_e}{\tau_1}}\right) \\ i_B \approx I_{B0}e^{-\frac{t-\frac{7}{12}T_e}{\tau_2}} + \dfrac{u_d - 4u_{CE0} - 2R_{CE}i_{A-avg} - 3\sqrt{2}E}{3(R + R_{CE})}\left(1 - e^{-\frac{t-\frac{7}{12}T_e}{\tau_2}}\right) \\ i_C \approx I_{B0}e^{-\frac{t-\frac{7}{12}T_e}{\tau_2}} + \dfrac{u_d - 2u_{CE0} - 2R_{CE}i_{A-avg} + \dfrac{3}{\sqrt{2}}E}{3(R + R_{CE})}\left(1 - e^{-\frac{t-\frac{7}{12}T_e}{\tau_2}}\right) \end{cases} \tag{7-24}$$

$$\Delta t \approx -\tau_2 \ln \frac{\dfrac{u_d + 2u_{CE0} - 2R_{CE}i_{A-avg} + \dfrac{3}{\sqrt{2}}E}{3}}{I_{B0}(R + R_{CE}) + \dfrac{u_d + 2u_{CE0} - 2R_{CE}i_{A-avg} + \dfrac{3}{\sqrt{2}}E}{3}} \tag{7-25}$$

式中，Δt 为过渡时间，即关断相电流降为零的时间；I_{B0} 为换相开始时 B 相初始电流；i_{A-avg} 为换流阶段 A 相（非换相相）绕组的平均电流；$\tau_1 = L/(R - R_{CE}/3)$ 为开通相时间常数；$\tau_2 = L/(R + R_{CE})$ 为关断相和非换相相时间常数；T_e 为电机换相周期。

当电感远小于电阻和功率器件的电阻之和时，时间常数 τ_2 较小，为了便于分析，此处将其忽略。但是需要指出随着负载的加大，τ_2 也将变化。

2. 准确换相时，正常导通阶段电流分析

电机准确换相时，在正常导通阶段，T_3、T_4 导通，此时电路状态如图 7-5 所示。

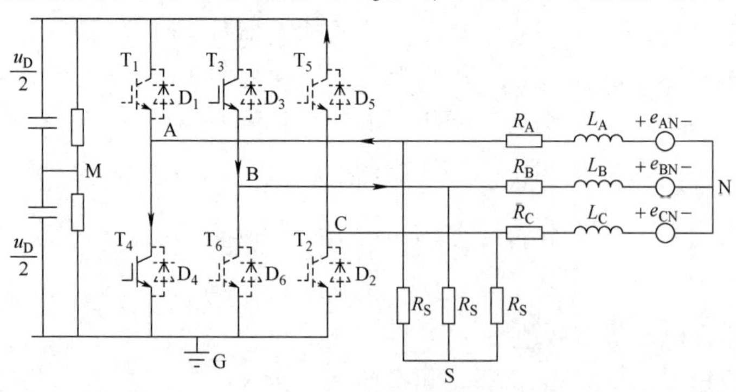

图 7-5　准确换相时，正常导通阶段电路状态示意图

准确换相时，$e_{BA}=\sqrt{6}E\cos(\omega_e t-5\pi/6)$，结合 $i_A+i_B=0$，$i_C=0$，$u_D=2u_{CE0}+u_{BN}-u_{AN}$和式（7-21）得到

$$Ri_B+(L-M)di_B/dt=u_D/2-u_{CE0}-e_{BA}/2=u_D/2-u_{CE0}-\sqrt{6}E\cos(\omega_e t-5\pi/6)/2 \tag{7-26}$$

求解式（7-26）得到

$$i_B=-i_A=I_{B00}e^{-\frac{t-\frac{7}{12}T_e-\Delta t}{\tau}}+\frac{u_d-2u_{CE0}}{2R}\left(1-e^{-\frac{t-\frac{7}{12}T_e-\Delta t}{\tau}}\right)+\frac{\sqrt{6}E}{2\sqrt{R^2+\omega_e^2L^2}}\cos\left(\omega_e\Delta t-\frac{5}{6}\pi-\varphi_S\right)e^{-\frac{t-\frac{7}{12}T_e-\Delta t}{\tau}}-\frac{\sqrt{6}E}{2\sqrt{R^2+\omega_e^2L^2}}\cos\left(\omega_e t-\frac{5}{6}\pi-\varphi_S\right) \tag{7-27}$$

式中，I_{B00}为换流阶段结束后B相的电流；$\tau=L/R$为时间常数；$\varphi_S=\arctan(\omega_e L/R)$为相绕组阻抗角；$\omega_e$为电机电角速度。

由于时间常数τ非常小，由式（7-27）可看出其衰减项衰减很快，所以可简化为

$$i_B\approx\frac{u_d-2u_{CE0}}{2R}-\frac{\sqrt{6}E}{2\sqrt{R^2+\omega_e^2L^2}}\cos\left(\omega_e t-\frac{5}{6}\pi-\varphi_S\right) \tag{7-28}$$

同理：当T_3和T_2导通时，i_B的简化表达式为

$$i_B\approx\frac{u_d-2u_{CE0}}{2R}-\frac{\sqrt{6}E}{2\sqrt{R^2+\omega_e^2L^2}}\cos\left(\omega_e t-\frac{1}{2}\pi-\varphi_S\right) \tag{7-29}$$

准确换相时，i_B的波形如图7-6所示，从中可看出：换相前后30°范围内非换相相电流积分相等。

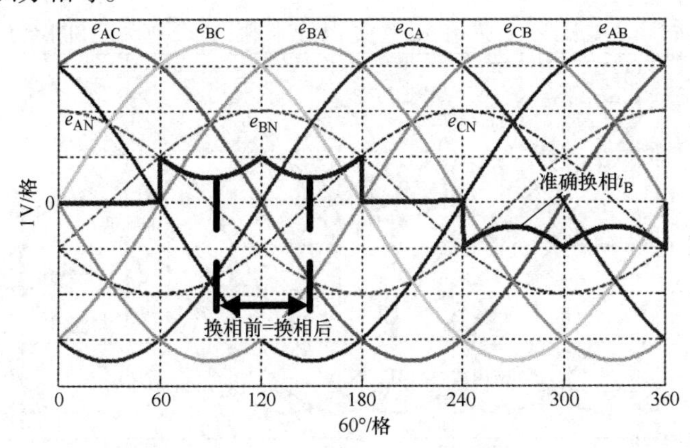

图7-6　准确换相时，正常导通阶段的i_B与线反电动势的关系图

由于过渡时间 $\Delta t \approx 0$，换流阶段持续时间非常短，可以忽略，所以在超前、滞后换相阶段只分析正常导通阶段的电流波形。

7.3.2　超前换相时的电流特性分析

超前 $\psi_2(\psi_2>0)$ 角度换相时，等效于将 e_{BA} 滞后 ψ_2 角度变成 e'_{BA}，如图7-7所示，且 $e'_{BA}=\sqrt{6}E\cos(\omega t-5\pi/6-\psi_2)$，结合 $i_A+i_B=0$，$i_C=0$，$u_D=2u_{CE0}+u_{BA}$ 和式（7-21）得到

$$\begin{aligned} Ri_B+L\mathrm{d}i_B/\mathrm{d}t &= u_D/2-u_{CE0}-e'_{BA}/2 \\ &= u_D/2-u_{CE0}-\sqrt{6}E\cos\left(\omega_e t-5\pi/6-\psi_2\right)/2 \end{aligned} \tag{7-30}$$

通过求解式（7-30）得到

$$\begin{aligned} i_B = -i_A = {} & I_{B00}\mathrm{e}^{-\frac{t-\frac{7}{12}T_e-\Delta t}{\tau}}+\frac{u_d-2u_{CE0}}{2R}\left(1-\mathrm{e}^{-\frac{t-\frac{7}{12}T_e-\Delta t}{\tau}}\right)+ \\ & \frac{\sqrt{6}E}{2\sqrt{R^2+\omega_e^2L^2}}\cos\left(\omega_e\Delta t-\frac{5}{6}\pi-\psi_2-\varphi_S\right)\mathrm{e}^{-\frac{t-\frac{7}{12}T_e-\Delta t}{\tau}}- \\ & \frac{\sqrt{6}E}{2\sqrt{R^2+\omega_e^2L^2}}\cos\left(\omega_e t-\frac{5}{6}\pi-\psi_2-\varphi_S\right) \end{aligned} \tag{7-31}$$

同理，由于时间常数 τ 非常小，式（7-31）可简化为

$$i_B \approx \frac{u_D-2u_{CE0}}{2R}-\frac{\sqrt{6}E}{2\sqrt{R^2+\omega_e^2L^2}}\cos\left(\omega_e t-\frac{5}{6}\pi-\psi_2-\varphi_S\right) \tag{7-32}$$

同理，当 T_3 和 T_2 导通时，i_B 的简化表达式为

$$i_B \approx \frac{u_D-2u_{CE0}}{2R}-\frac{\sqrt{6}E}{2\sqrt{R^2+\omega_e^2L^2}}\cos\left(\omega_e t-\frac{1}{2}\pi-\psi_2-\varphi_S\right) \tag{7-33}$$

超前 ψ_2 角度换相时，i_B 对应的波形图如图7-7所示，从中可以看出：超前换相时，换相前后30°范围内非换相相电流积分不相等，换相之前积分小于换相之

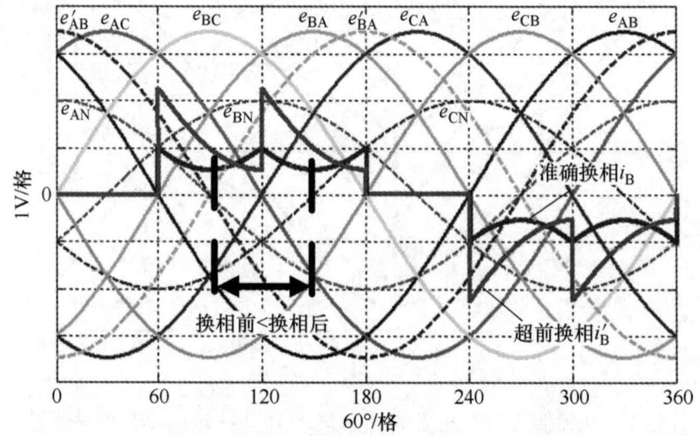

图7-7　超前换相时，导通阶段的 i_B 与线反电动势的关系图

后的积分，并且超前换相角度越大，差值越大。

由图7-7可知，超前换相时，当$0 \leqslant -\psi_2 - \varphi_D \leqslant \pi/3$，非换相相电流逐渐减小，在区间开始时，非换相相电流的幅值最大，超前角度越大，电流波动幅值越大。

7.3.3　滞后换相时的电流特性分析

滞后ψ_2角度换相时，等效于将e_{BA}超前ψ_2角度变成e'_{BA}，如图7-8所示，且$e'_{BA} = \sqrt{6}E\cos(\omega_e t - 5\pi/6 + \psi_2)$，按照与超前换相类似的推导，滞后换相时电流表达式为

$$
\begin{aligned}
i_B = -i_A = {} & I_{B00} e^{-\frac{t - \frac{7}{12}T_e - \Delta t}{\tau}} + \frac{u_D - 2u_{CE0}}{2R}\left(1 - e^{-\frac{t - \frac{7}{12}T_e - \Delta t}{\tau}}\right) + \\
& \frac{\sqrt{6}E}{2\sqrt{R^2 + \omega_e^2 L^2}}\cos\left(\omega_e \Delta t - \frac{2}{3}\pi + \psi_2 - \varphi_S\right) e^{-\frac{t - \frac{7}{12}T_e - \Delta t}{\tau}} - \\
& \frac{\sqrt{6}E}{2\sqrt{R^2 + \omega_e^2 L^2}}\cos\left(\omega_e t - \frac{2}{3}\pi + \psi_2 - \varphi_S\right)
\end{aligned}
\tag{7-34}
$$

同理，当T_3和T_4导通时，式（7-34）可简化为

$$
i_B \approx \frac{u_D - 2u_{CE0}}{2R} - \frac{\sqrt{6}E}{2\sqrt{R^2 + \omega_e^2 L^2}}\cos\left(\omega_e t - \frac{2}{3}\pi + \psi_2 - \varphi_S\right) \tag{7-35}
$$

当T_3和T_2导通时，i_B的简化表达式为

$$
i_B \approx \frac{u_D - 2u_{CE0}}{2R} - \frac{\sqrt{6}E}{2\sqrt{R^2 + \omega_e^2 L^2}}\cos\left(\omega_e t - \frac{1}{3}\pi + \psi_2 - \varphi_S\right) \tag{7-36}
$$

滞后ψ_2角度换相时，i_B对应的波形图如图7-8所示，从中可以看出：滞后换相时，换相前后30°范围内非换相相电流积分不相等，换相之前积分大于换相之后的积分，并且滞后换相角度越大，差值越大。

由图7-8可知，滞后换相时，当$-\pi/3 \leqslant \psi_2 - \varphi_D \leqslant 0$，非换相相电流逐渐增大，在区间结束时，非换相相电流的幅值最大，滞后角度越大，电流波动幅值越大。

7.3.4　换相误差闭环校正方法

由图7-6～图7-8可以看出，准确换相时，非换相相电流在换相前后30°范围内电流积分相等；超前换相时，非换相相电流在换相前30°的积分值小于换相后30°的积分值；滞后换相时，非换相相电流在换相前30°的积分值大于换相后30°的积分值。所以，非换相相在换相前后30°范围内的电流积分差值能够反映换相信号的位置偏差，基于电流积分差值的无位置换相信号误差闭环校正系统如

图7-9所示。该系统主要由速度环、电流环、线反电动势换相信号检测、母线电压调节、换相算法切换等环节构成。

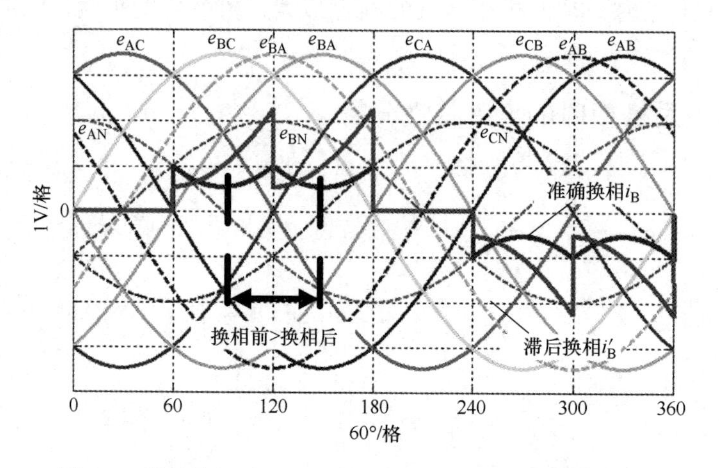

图7-8　滞后换相时，导通阶段的i_B与线反电动势的关系图

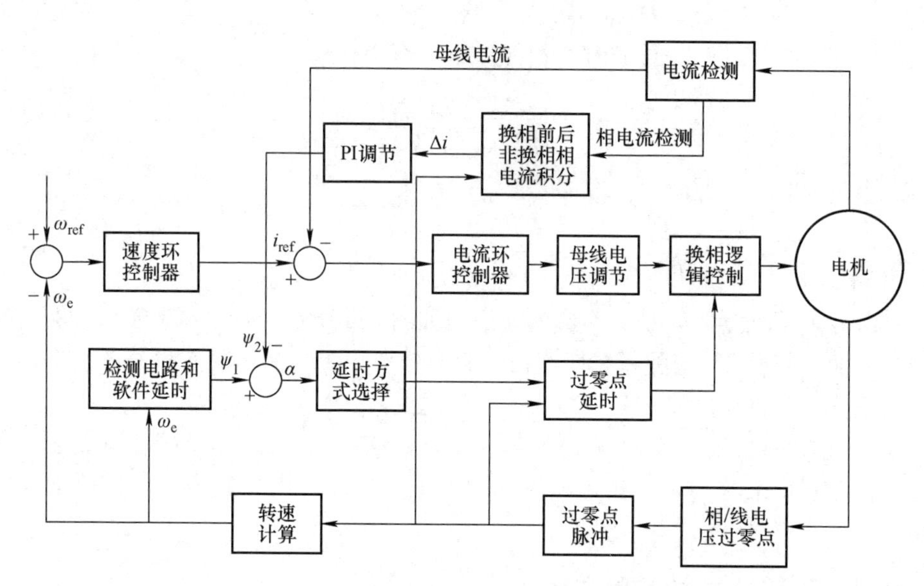

图7-9　基于电流积分差值的无位置换相信号误差闭环校正系统

假设此积分差值为Δi，将Δi作为反馈值输入PI调节器，PI调节器的输出值代表开环补偿之后换相信号的偏差补偿值ψ_2，可由下式得到：

$$\psi_2(k+1)=k_p(\Delta i(k+1)-\Delta i(k))+k_i T_e \Delta i(k+1)+\psi_2(k) \quad (7\text{-}37)$$

式中，k_p为比例系数，负值；k_i为积分系数，负值；$\psi_2(k)$为PI调节器第k次输出；$\psi_2(k+1)$为 PI 调节器第 $k+1$ 次输出；$\Delta i(k+1)$为第 $k+1$ 次电流积分偏差；$\Delta i(k)$为第 k 次电流积分偏差。

当 $\Delta i>0$，即滞后换相时，PI 调节器输出偏差补偿角 ψ_2变小，过零点延迟角度变小，Δi 减小，滞后角度变小，直至 $\Delta i=0$，总的补偿角度不变；当 $\Delta i<0$，即超前换相时，PI 调节器输出偏差补偿角 ψ_2变大，总的补偿角度变大，Δi 增加，超前角度变小，直至 $\Delta i=0$，总的补偿角度不变；当 $\Delta i=0$，即准确换相时，换相信号相位无偏差，PI 调节器输出偏差补偿角 ψ_2不变，总的补偿角度不变。

7.4　基于电压积分偏差的对称反电动势电机的换相误差校正

从上节分析可知，虽然闭环校正方法实现了换相误差的校正，但是要完成闭环校正，需要三路电流信号，并且需要线电压和相电压信号来得到 30°的计算周期，实现起来比较复杂。相电压的检测，是利用虚拟中性点来代替实际中性点，但是这对于反电动势为正弦波的永磁无刷直流电机，可以适用，而对于反电动势波形为标准梯形波或者其他类型的非规则梯形波，则不一定适用。所以本节介绍一种适用于具有任何类型反电势波形的永磁无刷直流电机换相误差闭环校正方法。本节的推导分析以正弦波反电动势为例，但对于其他类型反电动势仍然有效。

根据永磁无刷直流电机的控制系统电路得到

$$\begin{cases} u_{\mathrm{SN}}=\dfrac{e_{\mathrm{AN}}+e_{\mathrm{BN}}+e_{\mathrm{CN}}}{3} \\ u_{\mathrm{SG}}=\dfrac{u_{\mathrm{AG}}+u_{\mathrm{BG}}+u_{\mathrm{CG}}}{3} \\ u_{\mathrm{NG}}=u_{\mathrm{SG}}-u_{\mathrm{SN}}=\dfrac{u_{\mathrm{AG}}+u_{\mathrm{BG}}+u_{\mathrm{CG}}-e_{\mathrm{AN}}-e_{\mathrm{BN}}-e_{\mathrm{CN}}}{3} \\ u_{\mathrm{SM}}=u_{\mathrm{SG}}-\dfrac{1}{2}u_{\mathrm{D}}=\dfrac{u_{\mathrm{AG}}+u_{\mathrm{BG}}+u_{\mathrm{CG}}}{3}-\dfrac{1}{2}u_{\mathrm{D}} \end{cases} \tag{7-38}$$

式中，u_{SN}为虚拟中性点到实际中性点之间的电压；u_{SG}为虚拟中性点到地点之间的电压；u_{NG}为实际中性点到地点之间的电压；u_{AN}、u_{BN}和 u_{CN}分别为三个端点到实际中性点之间的电压；u_{AG}、u_{BG}和 u_{CG}分别为三个端点到地点之间的电压；u_{SM}为虚拟中性点电压。

7.4.1　准确换相时的虚拟中性点电压分析

精确换相时，电机换相过程将会出现两个阶段：瞬时换流阶段和正常导通阶段。本节以电流从 C 相换到 A 相为例进行分析，即由 T_3-T_2导通到 T_3-T_4导通的换相过程，其他换相过程类似。

1. 瞬时换流阶段 $\omega_e t\in(2\pi/3, 2\pi/3+\omega_e t_c]$

此阶段的等效电路如图7-4所示，三个端点到地点之间的电压可表示为

$$u_{AG}=0 \quad u_{BG}=u_D \quad u_{CG}=u_D \tag{7-39}$$

代入式（7-38），u_{SM}可表示为

$$u_{SM}=u_D/6 \tag{7-40}$$

从式（7-40）可以看出，在换流过程，虚拟中性点电压是个正比于直流母线电压的直流量。虽然瞬时换流过程是一个过渡过程，且其持续时间相比于正常导通阶段小很多，但是必须考虑换流过程的影响，因为其影响了虚拟中性点的电压波形。为便于分析，此处将功率器件的导通压降忽略，换流阶段的持续时间 t_c 可简化为

$$t_c=-\tau\cdot\ln\frac{(u_D+3E/\sqrt{2})/3}{I_{B0}R+(u_D+3E/\sqrt{2})/3} \tag{7-41}$$

式中，$\tau=L/R$ 为电机时间常数。

由上式可以看出 t_c 随着负载的增加而变大，虽然高速电机的电感和电阻很小，所以 τ 比低速电机小很多，但是当负载足够大时，上式的第二项（负值）的绝对值越来越大，所以此时 t_c 也需要考虑。

2. 正常导通阶段 $\omega_e t\in(2\pi/3+\omega_e t_c, \pi]$

此阶段的等效电路如图7-5所示，三个端点到地点之间的电压可表示为

$$u_{AG}=0 \quad u_{BG}=u_D \quad u_{CG}=e_C+u_{NG} \tag{7-42}$$

所以，由式（7-22）和式（7-38）可以得到

$$u_{SM}=E_{max}\cos(\omega_e t+2\pi/3)/2 \tag{7-43}$$

由式（7-43）可以看出，在正常导通阶段虚拟中性点电压是个正比于反电动势幅值的交流量，用同样的分析方法，可以得到其他5个换相状态下的虚拟中性点电压。所以一个电周期内的虚拟中性点电压如表7-4所示，对应波形如图7-10所示。

表7-4　6个换相状态下的虚拟中性点电压

工作状态	导通周期	导通相	虚拟中性点电压 u_{SM}	
			瞬时换流阶段	正常导通阶段
1	$(0, \pi/3]$	A+，C-	$u_D/6$	$E_{max}\cos(\omega_e t-2\pi/3)/2$
2	$(\pi/3, 2\pi/3]$	B+，C-	$-u_D/6$	$E_{max}\cos(\omega_e t)/2$
3	$(2\pi/3, \pi]$	B+，A-	$u_D/6$	$E_{max}\cos(\omega_e t+2\pi/3)/2$
4	$(\pi, 4\pi/3]$	C+，A-	$-u_D/6$	$E_{max}\cos(\omega_e t-2\pi/3)/2$
5	$(4\pi/3, 5\pi/3]$	C+，B-	$u_D/6$	$E_{max}\cos(\omega_e t)/2$
6	$(5\pi/3, 2\pi]$	A+，B-	$-u_D/6$	$E_{max}\cos(\omega_e t+2\pi/3)/2$

为方便分析，将 u_{SM} 从负极性穿越零点升到正极性的区间定义为正穿越区间

(positive crossing conduction interval，PCCI)。将 u_{SM} 从正极性穿越零点降到负极性的区间定义为负穿越区间（negative crossing conduction interval，NCCI)。所以，在准确换相时，（π/3，2π/3]、（π，4π/3］和（5π/3，2π］属于 NCCI，而 (0，π/3]、(2π/3，π］和（4π/3，5π/3］属于 PCCI。

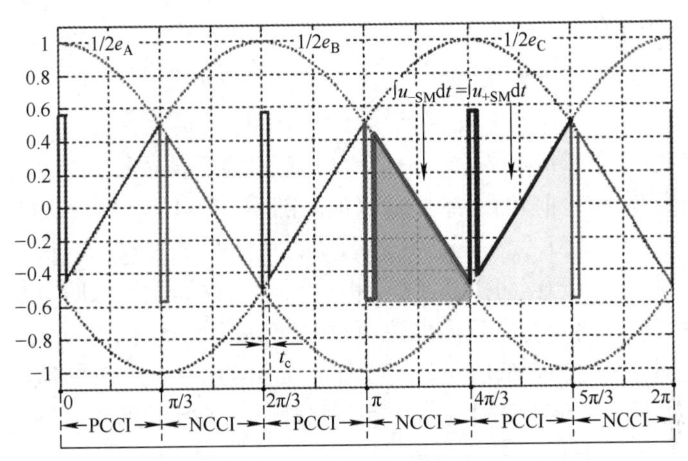

图 7-10　准确换相时，虚拟中性点电压波形

准确换相时，在相邻的导通区间，如果不考虑瞬时换流阶段的影响，u_{SM} 在负穿越区间的积分量等于其在正穿越区间的积分量，即 $\int u_{-SM}\mathrm{d}t=\int u_{+SM}\mathrm{d}t$；如果考虑瞬时换流阶段的影响，$\int u_{-SM}\mathrm{d}t$ 将会减少，$\int u_{+SM}\mathrm{d}t$ 将会增加。其中，$\int u_{-SM}\mathrm{d}t$ 为 u_{SM} 在负穿越区间的积分量；$\int u_{+SM}\mathrm{d}t$ 为 u_{SM} 在正穿越区间的积分量。

7.4.2　超前换相时的虚拟中性点电压分析

与准确换相状态不同，超前换相时，电流将先后出现三个阶段：第一个阶段称为瞬时换流阶段，这个阶段与准确换相时相似，由于电感的存在，关断相电流不能立刻关断，将通过对应桥臂的二极管进行续流，开通相电流不能立刻上升；第二个阶段称为非导通相续流阶段，这是准确换相时没有的过程；第三个阶段为正常导通阶段，非导通相续流消失，开通相完全导通，关断相完全关断，这个阶段与准确换相时相似。

1. 瞬时换流阶段 $\omega_e t\in(\alpha_1,\alpha_1+\omega_e t_c]$

其中，$\alpha_1=2\pi/3-\psi_2\in(\pi/3,2\pi/3]$，$t_c$ 是换流阶段持续时间。

此阶段的 u_{SM} 和 t_c 与准确换相时一样，分别如式（7-40）和式（7-41）所示。

2. 非导通相续流阶段 $\omega_e t \in (\alpha_1 + \omega_e t_c, \alpha_1 + \omega_e t_c + \omega_e t_{z1}]$

其中，t_{z1}是本阶段的持续时间。

要分析这个阶段的电流，首先假设非导通相续流还没有出现，也就是 $i_C = 0$ 且 $i_A + i_B = 0$，此时的三个端电压方程如式（7-42）所示，结合式（7-22）和式（7-38），u_{NG}和 u_{CG}可表示为

$$\begin{cases} u_{NG} = u_D/2 + E_{max}\cos(\omega_e t + 2\pi/3)/2 \\ u_{CG} = u_D/2 + 3E_{max}\cos(\omega_e t + 2\pi/3)/2 \end{cases} \tag{7-44}$$

由于在此区间，$3E_{max}\cos(\omega_e t + 2\pi/3)/2$ 的数值是负数，且小于 $-3E_{max}/4$，而且其绝对值随着超前角的加大而增加。随着转速的升高，反电动势的幅值 E_{max}逐渐增加，所以 $3E_{max}\cos(\omega_e t + 2\pi/3)/2$ 可能小于 $-u_D/2$，从式（7-44）可以看出，u_{CG}将会小于 0，也就是说 C 相的端点电势低于地点的电位，所以在换流阶段结束之后，将会有个反向电流通过 D_2流通。ψ_2越大，α_1（$\alpha_1 = 2\pi/3 - \psi_2$）和$\alpha_1 + \omega t_c$越小，$3E_{max}\cos(\omega_e t + 2\pi/3)/2$ 在 $\omega_e t = \alpha_1 + \omega_e t_c$时的值将会越小，因此导致 u_{CG}越小，非导通相续流越严重。此阶段的等效电路如图 7-11 所示。

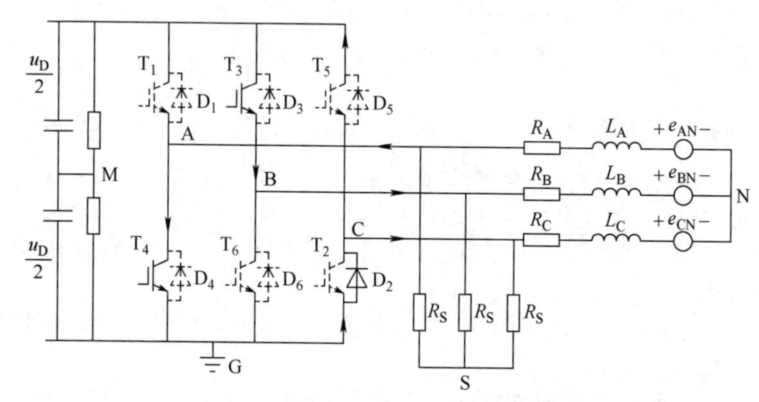

图 7-11 超前换相时，非导通相续流阶段等效电路

三个端点到地点之间的电压可表示为

$$u_{AG} = 0 \quad u_{BG} = u_D \quad u_{CG} = 0 \tag{7-45}$$

所以，由式（7-38）可得到此阶段的 u_{SM}为

$$u_{SM} = -u_D/6 \tag{7-46}$$

此阶段的持续时间 t_{z1}可以根据下面的方程求得

$$3E_{max}\cos(2\pi/3 + \alpha_1 + \omega_e(t_c + t_{z1}))/2 = -u_D/2 \tag{7-47}$$

3. 正常导通阶段 $\omega_e t \in (\alpha_1 + \omega_e t_c + \omega t_{z1}, \alpha_1 + \pi/3]$

此阶段的 u_{SM}与准确换相时的正常导通阶段相同，可表示为式（7-43）。

综上，超前换相时的虚拟中性点电压波形如图 7-12 所示。可以看出，在相

邻的导通区间，如果忽略瞬时换流阶段的影响，u_{SM}在负导通区间的积分值大于其在正导通区间的积分值，即 $\int u_{-SM}dt > \int u_{+SM}dt$，而且 ψ_2越大，差值越大；如果考虑瞬时换流阶段的影响，$\int u_{-SM}dt$ 将会减少，而 $\int u_{+SM}dt$ 将会增加，两者差值减小。所以，从这个角度看，瞬时换流阶段对于超前换相这种情况，在一定程度上减小了超前换相的影响，也就是说，瞬时换流阶段起到一定的滞后换相的效果，一定程度上抵消了超前换相的影响。

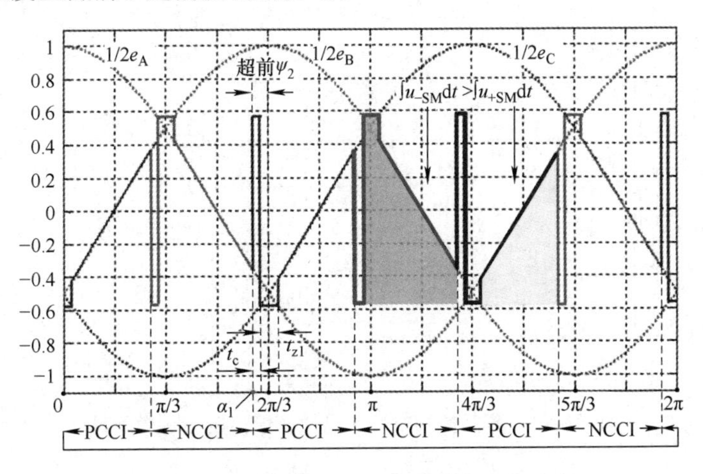

图 7-12　超前换相时，虚拟中性点电压波形

7.4.3　滞后换相时的虚拟中性点电压分析

与超前换相时类似，滞后换相时，电流也将先后出现三个阶段，但是三个阶段出现的顺序与超前换相时不同。第一个阶段为非导通相续流阶段，即在换相开始之前，非导通相先产生续流；第二个阶段为瞬时换流阶段，在这个阶段主要是由于电感的存在导致关断相电流不能立刻关断，将通过对应桥臂的二极管进行续流，开通相电流不能立刻上升；第三个阶段为正常导通阶段，非导通相续流消失，开通相完全导通，关断相完全关断。

1. 非导通相续流阶段 $\omega_e t \in [2\pi/3 + \omega_e t_{z2}, \alpha_2]$

其中，$\alpha_2 \in [2\pi/3, \pi]$，$t_{z2}$是从非换相续流开始出现的时刻与理想换相点之间的时间间隔。

此阶段，u_{NG}与式（7-44）相同，u_{AG}可以表示为

$$u_{AG} = u_D/2 + 3E_{max}\cos(\omega_e t)/2 \tag{7-48}$$

由于在此阶段，$3E_{max}\cos(\omega_e t)/2$ 是负数，且小于 $3E_{max}/4$，并且随着转速的升高，反电动势幅值 E_{max} 增加，所以 $3E_{max}\cos(\omega_e t)/2$ 可能小于 $-u_D/2$，从而

导致u_{AG}小于0，所以在未进行换相之前，A相绕组先通过D_4反向续流。众所周知，ψ_2越大，α_2越小，$3E_{max}\cos(\omega_e t)/2$在这个区间的幅值越小，越容易导致$u_{AG}$小于0，非导通相续流越严重。此阶段的等效电路如图7-13所示。

此时的三个端点到地点之间的电压与式（7-45）相同，且u_{SM}可表示成式(7-46)。

t_{z2}可以通过求解下面方程得到：

$$3E_{max}\cos(\omega_e(2\pi/3+t_{z2}))/2=-u_D/2 \tag{7-49}$$

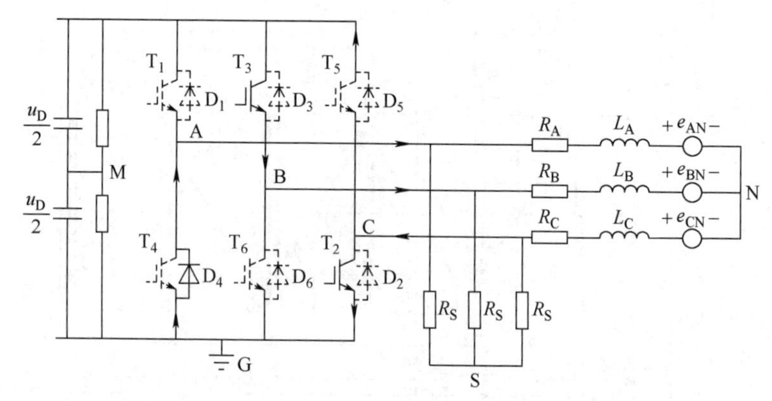

图7-13　滞后换相时，非导通相续流阶段等效电路

2. 瞬时换流阶段 $\omega_e t\in[\alpha_2,\alpha_2+\omega t_c]$

其中，t_c是瞬时换流阶段持续时间。

此阶段的u_{SM}和t_c分别如式（7-40）和式（7-43）所示。

3. 正常导通阶段 $\omega_e t\in[\alpha_2+\omega_e t_c,\pi+\omega_e t_{z2}]$

此阶段的u_{SM}可表示为式（7-43）。

滞后换相时，虚拟中性点电压波形如图7-14所示，可以看出，滞后换相时，在相邻的导通区间，如果忽略换流阶段的影响，u_{SM}在负导通区间的积分值小于其在正导通区间的积分值，即$\int u_{-SM}\mathrm{d}t<\int u_{+SM}\mathrm{d}t$，而且$\psi_2$越大，差值越大；如果考虑瞬时换流阶段的影响，$\int u_{-SM}\mathrm{d}t$将会减少，$\int u_{+SM}\mathrm{d}t$将会增加，两者差值将会增大。从这个角度看，瞬时换流阶段对于滞后换相这种情况，在一定程度上加重了滞后换相的影响，也就是说，瞬时换流阶段起到一定的滞后换相的效果，一定程度上加重了滞后换相的影响。

7.4.4　基于虚拟中性点电压积分差值的换相误差闭环校正方法

虚拟中性点电压在换相点前后的相邻区间内的积分差值能够反映换相误差的

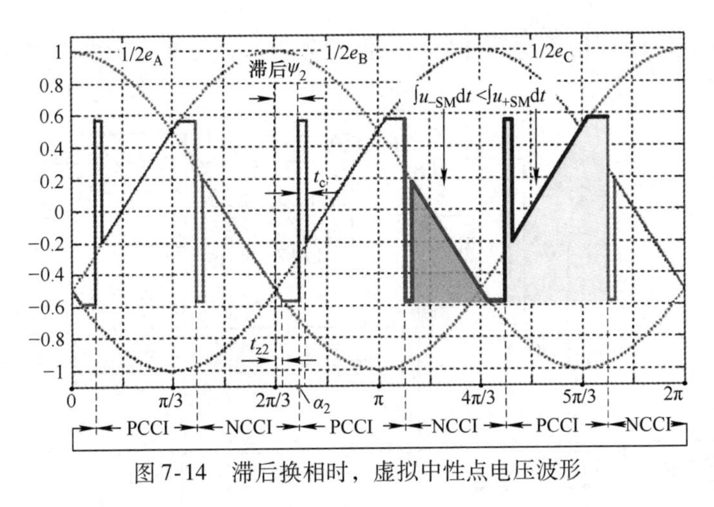

图7-14　滞后换相时，虚拟中性点电压波形

大小。如果不考虑瞬时换流阶段的影响，$\int u_{-\mathrm{SM}}\mathrm{d}t=\int u_{+\mathrm{SM}}\mathrm{d}t$，$\int u_{-\mathrm{SM}}\mathrm{d}t>\int u_{+\mathrm{SM}}\mathrm{d}t$ 和 $\int u_{-\mathrm{SM}}\mathrm{d}t<\int u_{+\mathrm{SM}}\mathrm{d}t$ 分别代表精确换相、超前换相和滞后换相；如果考虑瞬时换流阶段的影响，$\int u_{-\mathrm{SM}}\mathrm{d}t$ 将会有所减少，$\int u_{+\mathrm{SM}}\mathrm{d}t$ 将会有所增加。根据这个结论，基于虚拟中性点电压积分差值的换相误差闭环校正方法完成的目标是 $\int u_{-\mathrm{SM}}\mathrm{d}t=\int u_{+\mathrm{SM}}\mathrm{d}t$。

与之前的基于电流积分差值的闭环校正方法相似，将 Δu 记为积分差值，并将其作为反馈值输入PI调节器，PI调节器的输出值代表开环补偿之后换相信号的偏差补偿值 ψ_2，可由下式得到：

$$\psi_2(k+1)=k_{\mathrm{p}}(\Delta u(k+1)-\Delta u(k))+k_{\mathrm{i}}T_{\mathrm{e}}\Delta u(k+1)+\psi_2(k) \tag{7-50}$$

式中，k_{p}为比例系数；k_{i}为积分系数，$\psi_2(k)$为PI调节器第 k 次输出；$\psi_2(k+1)$为PI调节器第 $k+1$ 次输出；$\Delta u(k+1)$为第 $k+1$ 次电压积分偏差；$\Delta u(k)$为第 k 次电压积分偏差。

当 $\Delta u>0$，即超前换相时，PI调节器输出偏差补偿角 ψ_2变大，过零点延迟角度变大，Δu 减小，超前角度变小，直至 $\Delta u=0$，总的补偿角度不变；当 $\Delta u<0$，即滞后换相时，PI调节器输出偏差补偿角 ψ_2变小，总的补偿角度变小，Δu 增加，滞后角度变小，直至 $\Delta u=0$，总的补偿角度不变；当 $\Delta u=0$，即准确换相时，换相信号相位无偏差，PI调节器输出偏差补偿角 ψ_2不变，总的补偿角度不变。

与之前基于电流积分差值的换相信号误差闭环校正方法相似，带有基于虚拟中性点电压积分差值校正换相信号误差的闭环校正系统如图7-15所示，与之前唯一不同的是将闭环校正这部分由相电流积分差值运算换成了虚拟中性点电压积分差值运算。

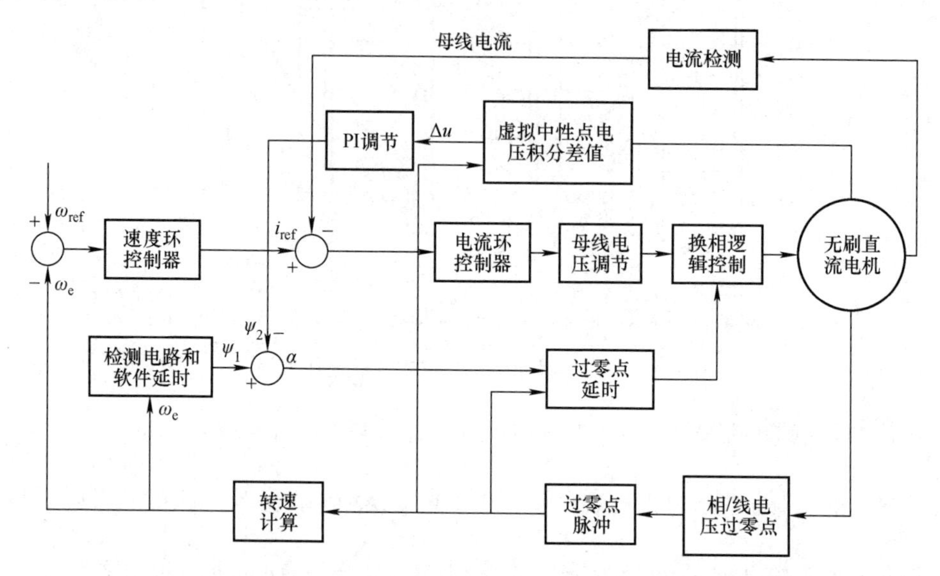

图7-15　带有基于虚拟中性点电压积分差值校正换相信号误差的闭环校正系统

需要指出，在具体实施过程中，瞬时换流阶段的影响无需额外的处理。因为此阶段持续时间很短，频率可能高于A/D采样频率，所以并不能保证每次都采集到瞬时换流阶段的信号。如果没有采集到，那么校正方法只能补偿实际的换相误差；随着负载的加大，换流阶段持续时间加大，如果被采集到，那么不仅补偿了实际的换相误差，而且也能补偿由于瞬时换流阶段带来的小滞后换相的影响。

7.5　基于电流偏差的换相误差校正

7.5.1　换相误差校正原理

图7-16a给出了忽略换相过程绕组电感影响时准确换相的三相反电动势对称永磁无刷直流电机的电流波形，P_1点和P_2点分别代表换相点之前及之后瞬间的点，P_1、P_2点分别与换相点之间没有相位间隔。可以看出，代表换相之前的P_1点处电流值等于代表换相之后P_2点处电流值。实际应用时，换相过程中绕组电感对电流的影响不容忽视。为了避免电流采样时受到电流波动的干扰，将换相点前后的电流采样点P_1、P_2分别向前、向后偏离换相点相同的相位间隔，以避开被电感影响的电流波动区域，如图7-16b所示[11,21]。由于三相反电动势的对称性，在三相绕组阻抗参数一致的情况下，换相前后的电流也保持对称性，偏移后

的电流采样点 P_1 和 P_2 处的电流值仍保持一致性。这种以等距相位偏移换相点进行电流采样的方法是基于电流对称性的传统换相误差校正方法在实际应用中的常用技术。

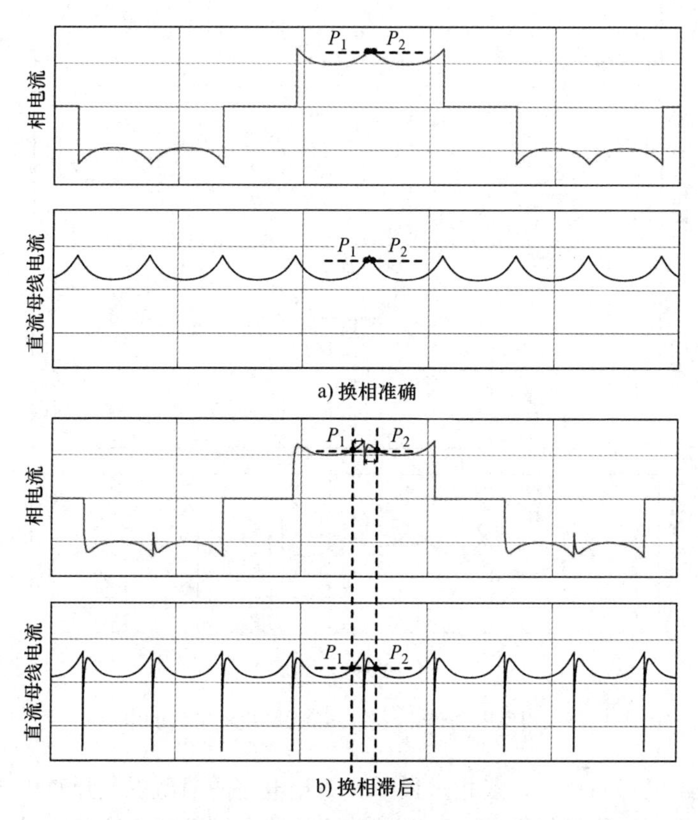

图 7-16　三相反电动势对称永磁无刷直流电机的电流波形

但是，如图 7-17b 所示，当对三相反电动势非对称的永磁无刷直流电机采用这种移相电流采样技术时，采样点 P_1 和 P_2 处的电流值不再相等，这无疑会影响非对称反电动势电机应用基于对称性的移相采样技术进行换相误差校正时的换相精度。通过观察图 7-17a 可以发现，如果电机的三相反电动势是非对称的，当忽略换相过程中绕组电感对电流的影响时，虽然每个导通区间内的电流波形不再保持对称而略有不同，但换相前后瞬间的电流值仍然是一致的而不受非对称性的影响。由于未考虑绕组电感带来的换相过程电流波动影响，图 7-17a 中的 P_1、P_2 两点足以反映换相前后瞬间电流的一致性，而与反电动势中的非对称性无关。如果要对换相点附近的电流进行采样，则换相过程中绕组电感对电流的影响不容忽视。如果使用换相前后瞬间电流的一致性原理来校正非对称反电动势电机的换相误差，则必须分析并消除换相过程中绕组电感对换相瞬间电流采样的影响。

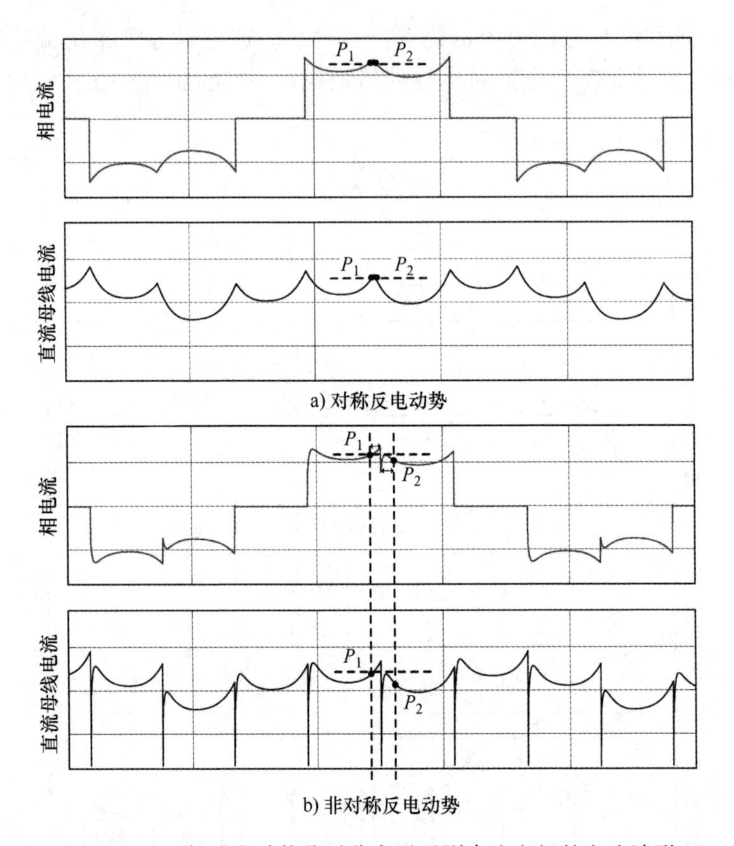

图7-17　三相反电动势非对称永磁无刷直流电机的电流波形

由于绕组电感的存在，换相过程中关断相电流的消逝以及开通相电流的建立不会瞬时完成，关断相的续流及开通相电流的建立导致换相后短暂时间内的电流波形产生波动。针对换相过程中的电流波动影响电压或电流采样的问题，可以利用相移的方法避开波动范围对电流或电压采样，然后再利用反电动势电压或电流的对称性完成换相误差的校正。然而，当三相反电动势存在非对称时，利用带有相位偏移的电压或电流采样方法会引入较大的误差。因此，如果要利用换相后的电流波形，首先应分析在换相过程中的电流变化。

以AB相导通换相到AC相导通时为例，图7-18给出了换相过程中各个绕组内的电流流通图，关断相电流的续流经由反并联的二极管D_3在三相桥内部桥臂流通而不经过直流母线，而开通相电流则流经直流母线。

令$R=R_A=R_B=R_C$、$L=L_A=L_B=L_C$，当换相发生时，根据图7-18给出的电流流通图，可以得到关系$u_{AG}=u_{DC}$，$u_{BG}=u_{DC}$，$u_{CG}=0$，结合电压平衡方程，可得

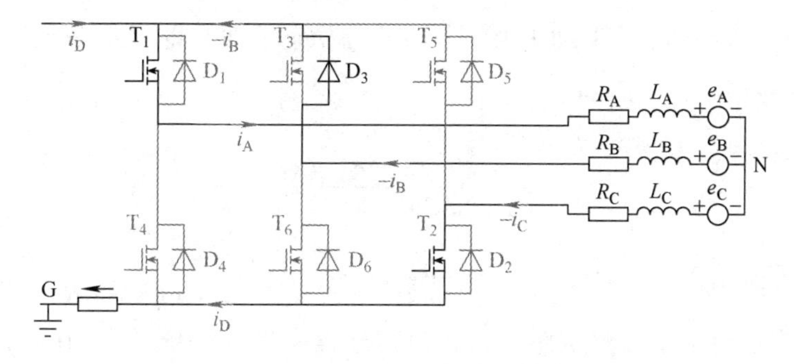

图7-18　AB换相到AC过程中电流流通图

$$\begin{cases} \dfrac{\mathrm{d}i_A}{\mathrm{d}t}+i_A\dfrac{R}{L}=\dfrac{u_{DC}-2e_A+e_B+e_C}{3L} \\ \dfrac{\mathrm{d}i_B}{\mathrm{d}t}+i_B\dfrac{R}{L}=\dfrac{u_{DC}-2e_B+e_C+e_A}{3L} \\ \dfrac{\mathrm{d}i_C}{\mathrm{d}t}+i_C\dfrac{R}{L}=\dfrac{-2u_{DC}-2e_C+e_A+e_B}{3L} \end{cases} \tag{7-51}$$

根据式（7-51）的电压平衡方程，换相后的电流分量将包括两部分：由电感、电阻引起的指数型分量和与反电动势相关的谐波分量。而与换相误差相关的信息则只保存在与反电动势相关的谐波分量中，此处电流分析的目的是避免在电流采样过程中受到电感带来的指数型分量的影响。区分方法是估算指数型电流分量的持续时间，并避免在该持续时间内对电流进行采样。为了给出在换相过程中由电感和电阻引起的指数型电流分量持续时间，而不是换相结束后电流过渡到绝对稳态的时间，在求解电流表达式时，反电动势可以看作是恒定值。直流母线电流在换相续流过程中的表达式为

$$i_D=-i_C=\left(\frac{-2u_D-2e_C+e_A+e_B}{3R}\right)e^{-\frac{R}{L}t}-\frac{-2u_D-2e_C+e_A+e_B}{3R} \tag{7-52}$$

需要注意的是，对于单电流传感器驱动系统，根据电流流通图可知，检测到的直流母线电流不包含关断相续流电流，而仅包括开通相电流。

当开通相电流建立完成，电机处于正常的两相导通状态时，意味着电流中的指数型电流分量消失，电流进入稳态，此时存在 $u_{AG}=u_D$，$u_{CG}=0$，根据电流基尔霍夫定律，电流存在 $i_B=0$ 并且 $i_A=-i_C$，结合式（7-52），直流母线稳态电流可以表示为

$$I_S=\frac{u_D-e_A+e_C}{2R} \tag{7-53}$$

根据式（7-53），可以通过使 $i_D = I_S$ 作为稳态条件并将 $e^{-\frac{R}{L}t}$ 替换为泰勒近似值 $1-\frac{R}{L}t$ 来求解稳态时间 t_S：

$$t_S = \frac{3L(u_D - e_A + e_C)}{2R(2u_D + 2e_C - e_A - e_B)} \tag{7-54}$$

当换相刚结束时，有 $e_A \approx e_B \approx -e_C$。$t_S \approx \frac{3L(u_D - 2e_A)}{2R(2u_D - 4e_A)} \leqslant \frac{3L}{4R}$ 可以在全转速范围内得出。对于小电枢电感电机，换相过程中指数型分量占用时间 t_S 通常小于0.05ms。

为了消除换相过程中指数型分量电流波动的影响，电流重构器可以根据换相后与反电动势相关的稳态电流反向外推重构出换相后瞬间剔除电感电阻带来的指数型电流分量后的理想电流值。电流重构器波形外推反演的理论基础是重构点附近小范围内的信号近似。当转速不超过20000r/min时，4对极转子的换相周期 $T_e \geqslant 15/20000$s，由此可计算出电机换相过程中指数型电流分量持续的相角不大于 $2\pi t_S/T_e$ rad，远小于 2π rad。当此相角远小于 2π 时，可以在该点附近对电流信号进行泰勒展开近似，当泰勒展开仅保留一次项时称为线性重构。外推重构函数的选择主要取决于电流波形函数及近似精度要求，阶数越高越精确，计算也越困难。在满足精度要求的条件下，选择线性切线函数进行外推反演重构，此时仅需要稳态时两个采样点的电流数据即可。因此，根据换相点附近直流母线电流表达式的泰勒展开式，可以用线性函数近似表示电流信号为

$$i = kt + b \tag{7-55}$$

式中，k 是线性系数；b 是线性偏置；t 是从上一个换相点开始的时间。此时，仅通过两个处于稳态的采样点的电流即可计算出 $t=0$ 时的电流值。图7-19给出了电流重构原理示意图。如图7-19所示，两个五角星 i_{S1} 和 i_{S2} 代表稳态时的电流采样点，虚线代表从两个电流采样点获得的线性近似函数曲线，浅色三角形 i_{S0} 代表基于电流的线性外推反演重构得到的换相后电流值，深色三角形代表换相前的测量电流值。避开换相点 t_D 时间，分别采样 i_{S1} 和 i_{S2} 处的电流值，进而根据式（7-55）计算出线性切线函数表达式，倒推回换相点处即可得到换相后 i_{S0} 处的理想电流值。

为了让使用两个电流采样点便能准确地近似采样点处电流曲线的线性正切函数，在保持电流分辨率的同时，两个采样点应尽可能靠近。考虑到电流信号的采样频率，采样间隔设置为多个采样周期，这样两个采样点可以保证拟合出的线性函数尽可能近似电流波形的线性正切函数。该方法中的电流采样点控制由微控制器触发，每次换相后，微控制器都会启动计时，并触发AD模块根据实时速度在预先设定的电流采样位置读取电流采样值。由于采样点的触发控制与电机换相控

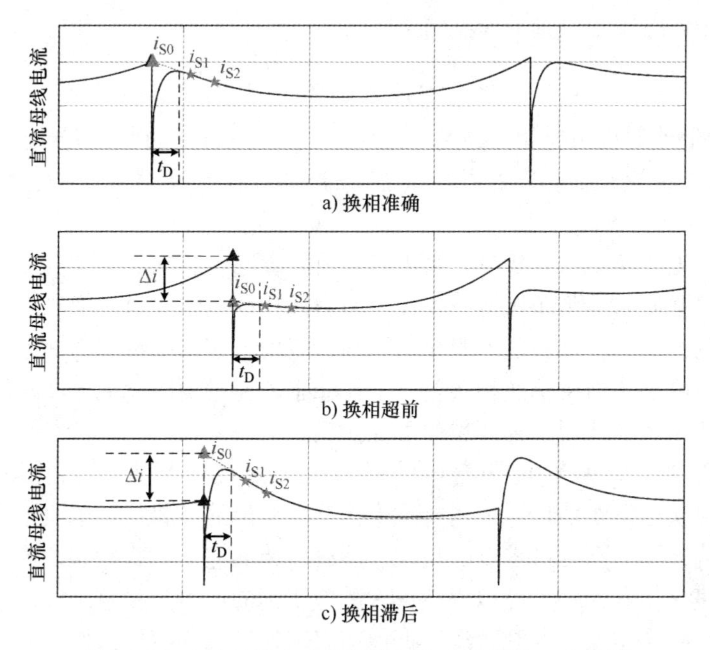

图7-19　直流母线电流换相位置电流重构原理示意图

制是同源的，因此只要电机被换相，电流就必定会在预定位置被采样。

从t_{S1}和t_{S2}电流采样点得到的线性参数为

$$\begin{cases} i_{S1} = kt_{S1} + b \\ i_{S2} = kt_{S2} + b \end{cases} \Rightarrow \begin{cases} k = \dfrac{i_{S1} - i_{S2}}{t_{S1} - t_{S2}} \\ b = i_{S1} - \dfrac{i_{S1} - i_{S2}}{t_{S1} - t_{S2}} t_{S1} \end{cases} \tag{7-56}$$

$t=0$时换相后瞬间的重构电流为

$$i_{after} = kt_{=0} + b \tag{7-57}$$

7.5.2　换相误差校正方法

三相非对称反电动势永磁无刷直流电机换相前后瞬间电流的非一致性包含换相误差信息，理想换相位置估计器正是基于理想换相时换相前后瞬间电流一致的原则，同时为了实现仅使用单电流传感器完成校正相位误差的目标，通过使换相前直流母线电流与换相后重构出的电流保持一致，实现对三相非对称反电动势永磁无刷直流电机无位置传感器控制方法理想换相点的估计。

理想换相位置估计器根据换相前后瞬间电流一致性的原理由PI调节器来估计理想换相点与基于虚拟中性点方法检测到的信号过零点间的相位关系。PI调节器中的积分函数可以消除由电流采样等引起的偶然误差，保证换相误差的最终

估计效果。理想换相位置估计器的结构为

$$\hat{\varphi} = \varphi_0 + k_p \Delta i + k_i \int \Delta i \mathrm{d}t \tag{7-58}$$

式中，$\hat{\varphi}$ 为估计的理想换相点与基于虚拟中性点方法检测到的信号过零点间的相角；φ_0 为 30°，这是换相点和过零点之间的初始相角；k_p 和 k_i 分别为估计器内的调节系数。

当在理想的换相点换相时，由于换相前后瞬间两相的反电动势完全一致，电流不会出现明显的毛刺而保持一致性。而当换相存在误差时，换相前后的反电动势不再一致，电流也将表现出明显的毛刺，表现出非连续性。因此，换相前后电流的一致性可以作为反映换相误差的重要标志，通过消除电流的非一致性可以间接地校正换相误差从而达到理想的最优换相。

图 7-20 给出了基于电流信号重构方法的非对称反电动势换相误差校正系统框图。理想换相位置估计器根据电流重构器重构出的换相后的电流值，估算出理想换相点偏离检测到的过零点的相位，然后移相器完成对换相误差的校正。根据估计的理想换相点和基于虚拟中性点方法检测到的信号过零点之间的相位角，移相器生成实际换相点，控制系统根据换相表切换三相逆变器来驱动电机。由于三相非对称反电动势的特性，每个电周期内的 6 个理想换相点偏移相应过零点的相位角度均不相同。相应地，每个换相点都需要配备一套独立的校正系统。

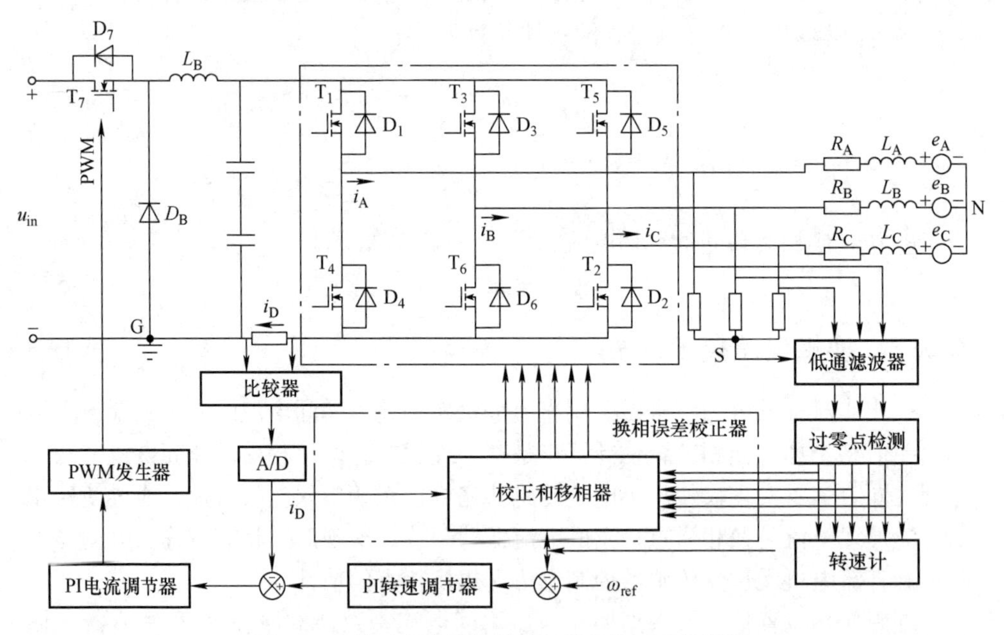

图 7-20 基于电流偏差的换相误差校正系统框图

7.6　基于电压偏差的换相误差校正

7.6.1　换相误差校正原理

图 7-21 给出了在不同换相误差下，A 和 B 相反电动势相交时三相反电动势的位置关系，由反电动势的变化曲线可以得到 e_A、e_B对角度的导数有如下特点：

$$\begin{cases} \dfrac{de_A}{d\theta_e} < 0 \\ \dfrac{de_B}{d\theta_e} > 0 \end{cases} \tag{7-59}$$

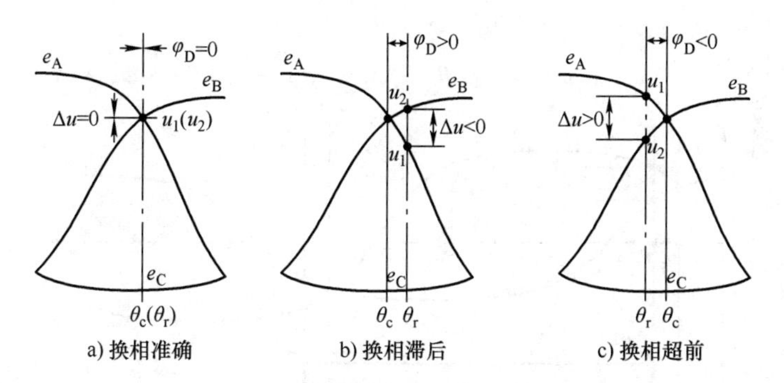

图 7-21　反电动势交点位置与换相误差的关系

假设对 e_A和 e_B采样的电压分别为 u_1和 u_2，定义电压差如下：

$$\Delta u = u_1 - u_2 = e_A(\theta_r) - e_B(\theta_r) \tag{7-60}$$

基于式（7-59）可以得到如下结论：

$$\frac{d(\Delta u)}{d\theta_e} = \frac{de_A}{d\theta_e} - \frac{de_B}{d\theta_e} < 0 \tag{7-61}$$

如图 7-21a 所示，当换相准确（$\varphi_D=0$）时，即换相点位于反电动势之间的交点位置，有 $\Delta u=0$；如图 7-21b 所示，当换相滞后（$\varphi_D>0$）时，有 $\Delta u<0$；如图 7-21c 所示，当换相超前（$\varphi_D<0$）时，有 $\Delta u>0$，并且$|\Delta u|$与$|\varphi_D|$呈正相关。采用 Δu 作为误差表征量，将其反馈至闭环控制器中，其输出角度即可作为换相误差的校正量，当 Δu 收敛于 0 时，就可以实现换相误差的校正。

如图 7-22 所示，在文献[10, 21]所描述的误差闭环校正方法中，仅结合某一相的相电压构造表征量，然后通过闭环控制得到换相误差补偿量，用于校正三路换相信号，然而对于三相反电动势非对称的电机，三路换相信号误差各不相同，不可避免地采用三个闭环控制回路共同校正。

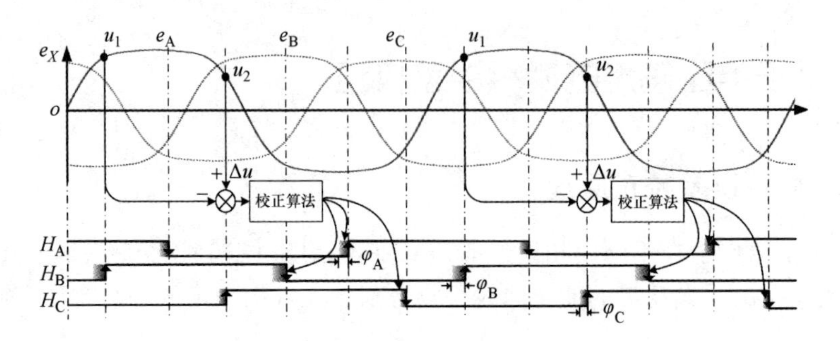

图 7-22　传统的换相误差闭环校正方法原理图

如图 7-23 所示，以 A、C 两相反电动势为例，假设误差角 $\varphi_D>0$，此时换相滞后，那么可以得到

$$
\begin{cases}
\Delta u(\theta_c+\varphi_S)=e_A(\theta_c+\varphi_S)-e_C(\theta_c+\varphi_S)\\
\Delta u(\theta_c+\varphi_S+\pi)=e_A(\theta_c+\varphi_S+\pi)-e_C(\theta_c+\varphi_S+\pi)
\end{cases}
\tag{7-62}
$$

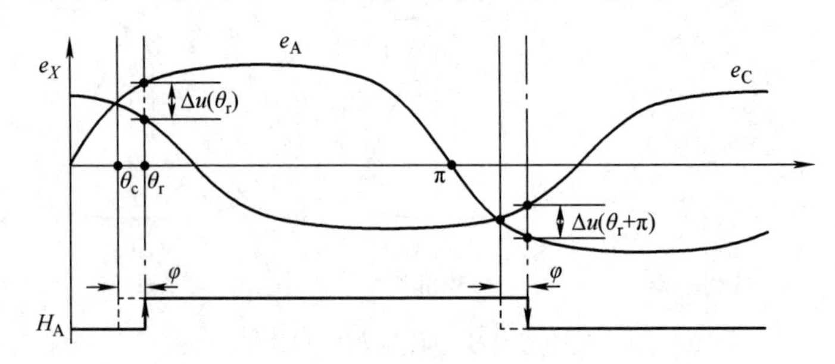

图 7-23　换相信号 H_A 和反电动势位置关系

另一方面，反电动势自身的周期性可以用下式描述：

$$
e(\theta_e)=-e(\theta_e+\pi)
\tag{7-63}
$$

将式（7-63）代入式（7-62）后，可以得到

$$
|\Delta u(\theta_r)|=|\Delta u(\theta_r+\pi)|
\tag{7-64}
$$

基于上式可知，每一路换相信号上升沿和下降沿对应的误差角、误差表征量分别是相等的，因此即使三路换相信号的误差角各不相等，对于每路的换相信号来说，采用同一个闭环校正回路就可以实现其误差校正。

7.6.2　换相误差校正方法

基于以上分析，提出基于三个并行独立的换相误差校正系统（见图 7-24），分别校正三个换相信号的误差角 φ_A、φ_B、φ_C，对应的采样逻辑如表 7-5 所示，即在换相信号的上升沿和下降沿前后分别采样非导通相的反电动势，将计算得到

的电压差作为换相误差表征量，然后输入至控制器中进行误差校正。

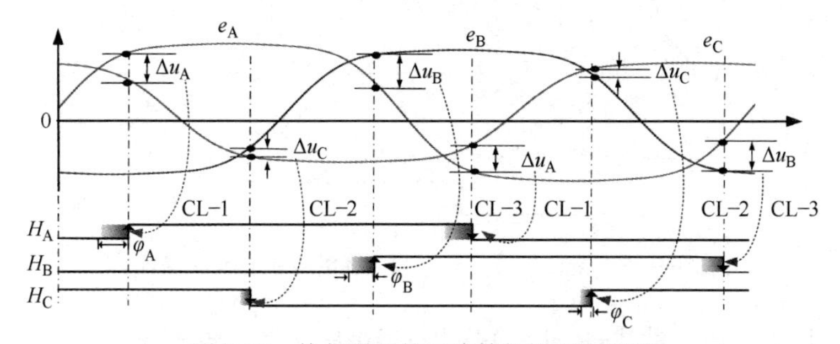

图 7-24　换相误差的三路并行校正原理图

表 7-5　构造换相误差表征量的采样逻辑

校正回路	换相信号	上升沿	下降沿
1	CL－1	$e_C - e_A$	$e_A - e_C$
2	CL－2	$e_A - e_B$	$e_B - e_A$
3	CL－3	$e_B - e_C$	$e_C - e_B$

如图 7-25 所示，根据以上原理，设计了表征量构造电路，该电路包含相电压构造电路、多路复用器、ADC 和 FPGA 等。电机的三个端子与中性点被接入相电压构造电路中，该电路中的差分放大电路和反相放大电路便输出幅值衰减的三相相电压，然后在多路复用器采样逻辑信号（ADR0 与 ADR1）的驱动下，按照表 7-5 中的采样逻辑对非导通相的反电动势依次选通，输送至模/数转换芯片 AD7864 中经 FPGA 对数据进行读取，并通过数据总线与地址总线发送至数字处理器中，进而构造换相误差表征量与执行误差校正算法。

以换相信号 H_B 为例，其采样过程如图 7-26 所示，在 H_B 的上升沿之前采样 B 相的相电压，在 H_B 上升沿之后采样 A 相的相电压，由于这两次采样点恰好位于非导通相上，所采样到的电压即为该相的反电动势信号。

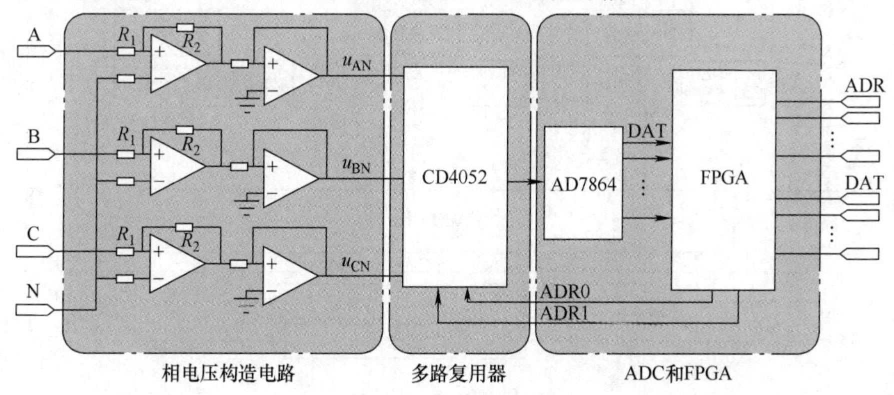

图 7-25　基于非导通反电动势构造换相误差表征量的电路

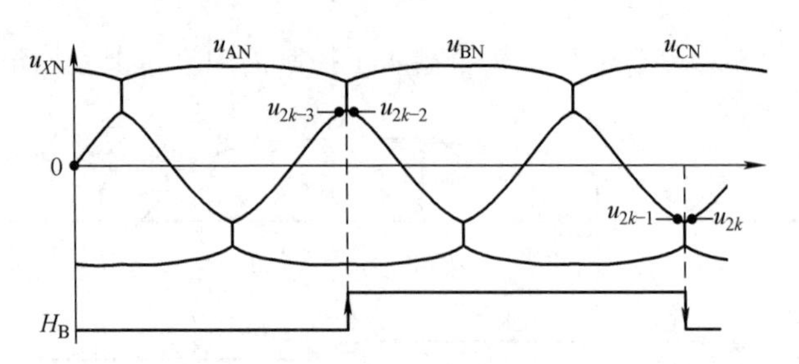

图7-26　换相信号上升沿和下降沿对应的采样位置

基于以上分析，针对每一路的换相信号，定义误差表征量为

$$\Delta u_k = \eta(u_{2k} - u_{2k-1}) \tag{7-65}$$

式中，当在换相信号的上升沿前后采样时，有 $\eta=1$；当在换相信号下降沿前后采样时，有 $\eta=-1$；k 为采样次数；u_{2k} 和 u_{2k-1} 分别为换相点右侧和左侧的非导通相的相电压。在三路并行控制的换相误差校正回路中，每一路的换相误差校正控制器采用建立离散式增量比例积分算法如下：

$$\varphi_k = \varphi_{k-1} + k_p(\Delta u_k - \Delta u_{k-1}) + k_i T_e \Delta u_k \tag{7-66}$$

式中，φ_k 为补偿角度；k_p 和 k_i 为比例和积分增益；T_e 为换相信号周期的一半。如图7-27所示，采用反电动势过零点法获得反电动势过零点信号，然后由定时器实现的移相模块将其延迟 $\varphi_k+30°$ 电角度，使得换相信号跳变沿与反电动势之间的交点位置相同，从而校正换相误差。随后将校正过的换相信号传输至换相逻辑模块中，在换相逻辑模块内部，根据三路实时的换相信号产生逆变器的驱动信号，最后经过控制电路的电平转换以及功率放大，实现电机无位置传感器的准确换相。

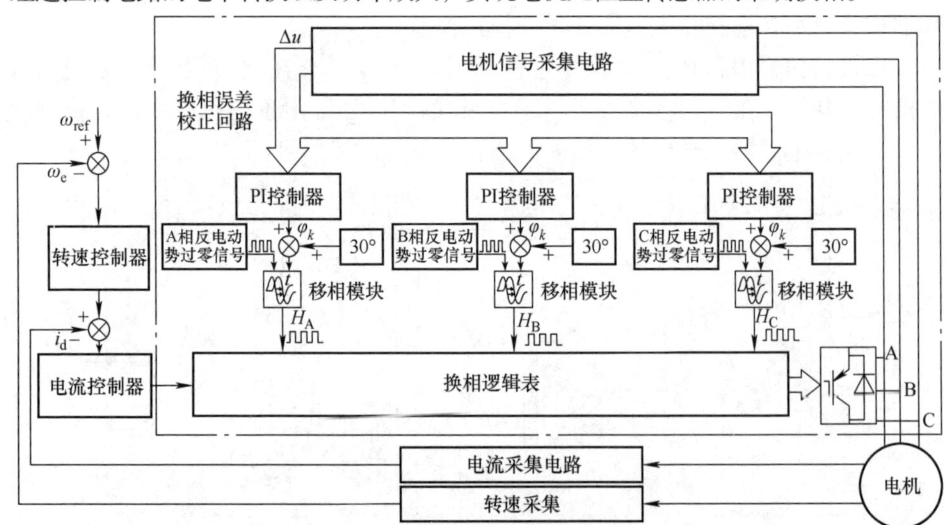

图7-27　基于电压偏差的换相误差校正系统框图

7.7　本章小结

针对航空航天、高端制造等领域对电机驱动性能需求的不断提升，本章详细介绍了无刷直流电机控制中的换相误差校正方法以提高电机的效率、调速及转矩性能。本章首先介绍了换相误差校正方法的分类，包括开环校正方法和闭环校正方法，并结合国内外最新的研究成果总结了两种方法的原理、优缺点。然后，对换相误差的产生原因进行了细致分析，包括过零点检测引起的换相偏差和反电动势非对称引起的换相偏差等。最后，对不同反电动势下的换相过程进行了详细分析，给出了基于电流/电压积分偏差、基于电流/电压偏差等的四种典型换相误差校正方法的原理及实现方法。

参考文献

[1] 李航，付朝阳．基于滞环切换的永磁无刷直流电机无位置传感器控制［J］．微电机，2017，50（9）：38-42.

[2] 赵云龙，马利娇，孙文胜，等．无刷直流电机无位置传感器换相补偿方法研究［J］．北京信息科技大学学报（自然科学版），2020，35（3）：67-73.

[3] 崔臣君，刘刚，郑世强．基于线反电动势的高速磁悬浮无刷直流电机无位置换相策略［J］．电工技术学报，2014，29（9）：119-128.

[4] ZHAO D，WANG X，XU L，et al. A new phase-delay-free commutation method for BLDC motors based on terminal voltage［J］. IEEE Transactions on Power Electronics，2020，36（5）：4971-4976.

[5] FENG J，LIU K，WANG Q. Scheme based on buck-converter with three-phase H-bridge combinations for high-speed BLDC motors in aerospace applications［J］. IET Electric Power Applications，2018，12（3）：405-414.

[6] CHEN W，LIU Z，CAO Y，et al. A position sensorless control strategy for the BLDCM based on a flux-linkage function［J］. IEEE Transactions on Industrial Electronics，2018，66（4）：2570-2579.

[7] TSOTOULIDIS S，SAFACAS A N. Deployment of an adaptable sensorless commutation technique on BLDC motor drives exploiting zero sequence voltage［J］. IEEE Transactions on Industrial Electronics，2014，62（2）：877-886.

[8] WANG L，ZHU Z，BIN H，et al. A commutation error compensation strategy for high-speed brushless DC drive based on adaline filter［J］. IEEE Transactions on Industrial Electronics，2020，68（5）：3728-3738.

[9] ZHANG H，LI H. Fast commutation error compensation method of sensorless control for MSCMG BLDC motor with nonideal back EMF［J］. IEEE Transactions on Power Electronics，2020，36

(7): 8044-8054.

[10] ZHOU X, CHEN X, LU M, et al. Rapid self-compensation method of commutation phase error for low-inductance BLDC motor [J]. IEEE Transactions on Industrial Informatics, 2017, 13 (4): 1833-1842.

[11] ZHOU X, CHEN X, ZENG F, et al. Fast commutation instant shift correction method for sensorless coreless BLDC motor based on terminal voltage information [J]. IEEE Transactions on Power Electronics, 2017, 32 (12): 9460-9472.

[12] SONG X, HAN B, ZHENG S, et al. High-precision sensorless drive for high-speed BLDC motors based on the virtual third harmonic back-EMF [J]. IEEE transactions on Power Electronics, 2017, 33 (2): 1528-1540.

[13] LIU G, CHEN X, ZHENG S, et al. Commutation error rapid compensation for brushless DC motor based on DC-link current phase extraction method [J]. IET Electric Power Applications, 2020, 14 (3): 433-440.

[14] LEE M, KONG K. Fourier-series-based phase delay compensation of brushless DC motor systems [J]. IEEE Transactions on Power Electronics, 2017, 33 (1): 525-534.

[15] GU C, WANG X, SHI X, et al. A PLL-based novel commutation correction strategy for a high-speed brushless DC motor sensorless drive system [J]. IEEE Transactions on Industrial Electronics, 2017, 65 (5): 3752-3762.

[16] 龚文倩，朱俊杰，郑志安，等. 基于SEPIC变换器的无位置传感器无刷直流电机换相误差校正 [J]. 仪器仪表学报，2019，40 (5): 109-117.

[17] 施晓青，王晓琳，徐同兴，等. 高速无刷直流电机自寻优换相校正策略 [J]. 电工技术学报，2019，34 (19): 3997-4005.

[18] ZHOU X, ZHOU Y, PENG C, et al. Sensorless BLDC motor commutation point detection and phase deviation correction method [J]. IEEE Transactions on Power Electronics, 2018, 34 (6): 5880-5892.

[19] CHEN X, LI H, SUN M, et al. Sensorless commutation error compensation of high speed brushless DC motor based on RBF neural network method [C]. IEEE, 2018.

[20] ZHOU X, CHEN X, PENG C, et al. High performance nonsalient sensorless BLDC motor control strategy from standstill to high speed [J]. IEEE Transactions on Industrial Informatics, 2018, 14 (10): 4365-4375.

[21] LI H, ZHENG S, REN H. Self-correction of commutation point for high-speed sensorless BLDC motor with low inductance and nonideal back EMF [J]. IEEE Transactions on Power Electronics, 2016, 32 (1): 642-651.

[22] 吴小婧，周波，宋飞. 基于端电压对称的无位置传感器无刷直流电机位置信号相位校正 [J]. 电工技术学报，2009，24 (4): 54-59.

[23] JANG G H, KIM M G. Optimal commutation of a BLDC motor by utilizing the symmetric terminal voltage [J]. IEEE transactions on magnetics, 2006, 42 (10): 3473-3475.

[24] CHEN S, LIU G, ZHENG S. Sensorless control of BLDCM drive for a high-speed maglev blo-

wer using low-pass filter [J]. IEEE Transactions on power electronics, 2016, 32 (11): 8845-8856.

[25] FANG J, LI W, LI H. Self-compensation of the commutation angle based on DC-link current for high-speed brushless DC motors with low inductance [J]. IEEE Transactions on Power Electronics, 2013, 29 (1): 428-439.

[26] CHEN S, LIU G, ZHU L. Sensorless control strategy of a 315 kW high-speed BLDC motor based on a speed-independent flux linkage function [J]. IEEE Transactions on Industrial Electronics, 2017, 64 (11): 8607-8617.

[27] CHEN S, SUN W, WANG K, et al. Sensorless high-precision position correction strategy for a 100 kW@ 20 000 r/min BLDC motor with low stator inductance [J]. IEEE Transactions on Industrial Informatics, 2018, 14 (10): 4288-4299.

[28] LIU G, CHEN X, ZHOU X, et al. Sensorless commutation deviation correction of brushless DC motor with three-phase asymmetric back-EMF [J]. IEEE Transactions on Industrial Electronics, 2019, 67 (7): 6158-6167.

[29] LI H, NING X, LI W. Implementation of a MFAC based position sensorless drive for high speed BLDC motors with nonideal back EMF [J]. ISA Transactions, 2017, 67: 348-355.

[30] YANG S, CHEN G. High-speed position-sensorless drive of permanent-magnet machine using discrete-time EMF estimation [J]. IEEE Transactions on Industrial Electronics, 2017, 64 (6): 4444-4453.

[31] LIU G, CUI C, WANG K, et al. Sensorless control for high-speed brushless DC motor based on the line-to-line back EMF [J]. IEEE Transactions on Power Electronics, 2014, 31 (7): 4669-4683.

[32] SONG X, HAN B, ZHENG S, et al. A novel sensorless rotor position detection method for high-speed surface PM motors in a wide speed range [J]. IEEE Transactions on Power Electronics, 2017, 33 (8): 7083-7093.

[33] 刘刚，崔臣君，韩邦成，等．高速磁悬浮无刷直流电机无位置换相误差闭环校正策略[J]．电工技术学报，2014，29 (9)：100-109.

[34] LI Y, SONG X, ZHOU X, et al. A sensorless commutation error correction method for high-speed BLDC motors based on phase current integration [J]. IEEE Transactions on Industrial Informatics, 2019, 16 (1): 328-338.

[35] FANG J, ZHOU X, LIU G. Instantaneous torque control of small inductance brushless DC motor [J]. IEEE transactions on power electronics, 2012, 27 (12): 4952-4964.

第8章

稀土永磁无刷直流力矩电机控制

无刷直流力矩电机是20世纪70年代末发展起来的较新颖的一种电机，它既具备无刷直流电机的优越性，又有力矩电机的特点。这种电机可以不通过减速器直接驱动负载，并可在低速甚至堵转的情况下运行，从而提高了系统的运行性能。

由于无刷直流力矩电机所具有的显著优点，使得它可以很好地应用于空间宇航技术、位置和速度伺服控制系统、机器人技术以及一些特殊环境的设备中。

桥式三相无刷直流力矩电机在电枢绕组的接法上一般有两种：一种是星形接法；另一种是封闭式的，也叫三角形接法。这两种不同的接法，在设计的过程中，仅仅在电机电枢绕组的设计上有所不同，而在电路设计和控制方法上都是相同的。本章主要介绍桥式三相无刷直流力矩电机。

8.1 伺服控制系统的硬件设计

本节所要介绍的数字伺服控制系统采用位置、转速与电流的三环控制，控制电路以美国德州仪器（TI）公司的TMS320F2812 DSP作为整个电路的核心控制芯片，以旋转变压器作为无刷直流力矩电机转子位置检测器件。

8.1.1 硬件总体方案设计

硬件电路可以分为3个部分：主控电路模块、功率驱动模块和位置检测模块。主控电路模块以DSP为核心，外围电路主要包括调试仿真接口电路、外部存储器扩展电路、串行通信接口电路、CAN总线接口、脉冲量控制接口、模拟量控制接口、数/模转换电路和输入与输出扩展借口。功率驱动模块包括逆变器主电路、转子位置检测电路等。位置检测模块主要包括轴角变换器及励磁电源。下面对主要电路进行详细介绍，电路整体方案如图8-1所示。

8.1.2 控制电路设计

1. DSP控制核心

美国TI公司开发的专门应用于电机控制和电力变换控制领域的C2000系列

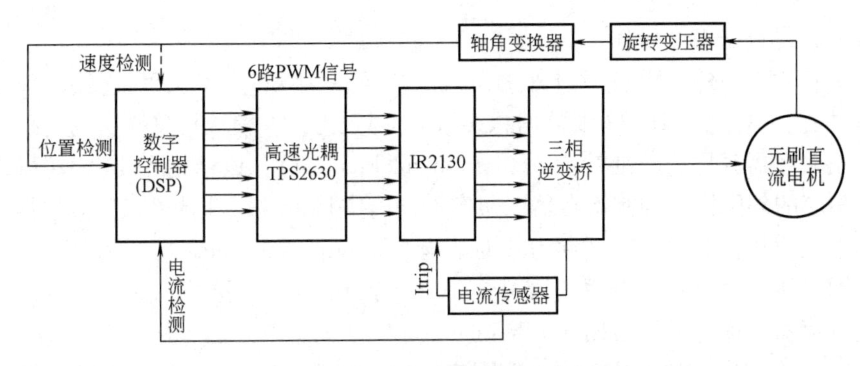

图8-1　数字伺服控制系统总体框图

DSP，如TMS320LF2407和TMS320F2812，具有运算快、功耗低、集成度高等特点，在电机控制和伺服系统中的应用非常普遍。特别是32位处理器C28xx系列，在C24x系列的基础上，CPU频率提高到150MHz，增加了一些功能模块，其特点有：

1）供电电压降为3.3V（I/O）和1.8V（内核），减少了控制器的功耗。最高频率达到了150MHz，可提供每秒1.5亿次指令（MIPS），使指令周期缩短到6.6ns。

2）片内128K字的FLASH，16K字的RAM。

3）16通道12位A/D采样模块。

4）两个事件管理器，每个包括：2个16位通用定时器；8个16位的脉宽调制（PWM）通道；3个捕获单元；1个光电编码器接口电路。

5）外围集成模块：3个32位的CPU定时器；看门狗定时器（WDT）模块；增强型控制器局域网（eCAN）模块；串行通信接口（SCI）模块；串行外设接口（SPI）模块；基于锁相环（PLL）的时钟发生器模块；多通道缓冲串行口（Multichannel Buffered Serial Port，McBSP）模块。

6）45个外围模块中断，3个外部引脚中断，2个功率驱动保护引脚中断，高达56个的通用输入及输出（GPIO）引脚。

7）利用多总线在存储器、外围模块和CPU之间转移数据，程序读总线有22位地址线和32位数据线，数据读写总线的地址总线和数据总线都是32位。

DSP片内的存储器和CPU之间的数据读写和读取程序执行语句的操作是通过三条总线（Memory Bus）完成的。这三条总线分别为程序读总线（Program Read Bus）、数据读总线（Data Read Bus）和数据写总线（Data Read Bus）。其中，程序读总线由22根地址线和32根数据线组成，而数据读总线和数据写总线都由32根地址线和32根数据线组成。这种多总线结构一般被称为哈佛总线结构（Harvard Bus Architecture），这种结构使得DSP能在一个周期里同时完成取指令，读数据和写数据多个操作。

DSP 片内的外围设备通过外围总线（Peripheral Bus）和 CPU 连接，该总线由 16 根地址总线和 16/32 根数据总线组成。只支持 16 根数据总线访问的外围模块控制寄存器区称为外围结构 2（Peripheral Frame 2），该结构和 TMS320LF2407 DSP 相应的外围模块控制寄存器区兼容；同时支持 16 根数据线和 32 根数据线访问的外围模块控制寄存器区称为外围结构 1（Peripheral Frame 1）。另外，还有一些外围模块是通过存储器总线（Memory Bus）和 CPU 连接的，这些外围模块的控制寄存器区称为外围结构 0（Peripheral Frame 0）。

DSP 的 CPU 中断共有 14 个可屏蔽中断（INT1 ~ INT14）和 1 个不可屏蔽中断（NMI）。其中，INT14 来自 DSP 的 32 位 CPU 定时器 2，这个定时器和 CPU 定时器 1 都是用于实时操作系统（Real Time Operation System，RTOS）的。INT13 来自 CPU 定时器 1 或者外部中断 3，其余的可屏蔽中断（INT1 ~ INT12）都来自 PIE（Peripheral Interrupts Extend，外围中断扩展）管理器。PIE 将 12 个 CPU 中断扩展为 96（12 × 8）个 PIE 中断。

本章所介绍的系统采用 TI 公司的高性能 DSP 控制器 TMS320F2812 作为控制核心，其主频高达 150MHz，满足了控制系统实时性的要求；提供了整套的片上系统，满足了系统集成化的要求；其 12 位 16 通道的 ADC 兼顾了速度、精度和成本；采用了 3.3V 的 I/O 电压和 1.8V 处理器核电压，低电压工作，功耗低，满足了航天上的需求。正是由于以上几点，从而最终选择 TMS320F2812 DSP 作为整个数字控制系统的核心芯片。

2. DSP 外围电路

（1）JTAG 仿真接口　程序的在线调试和仿真通过联合测试工作组（Joint Test Action Group，JTAG）标准测试接口及相应的控制器，从而不但能控制和观察系统中处理器的运行，测试每一块芯片，还可以用这个接口来下载程序。在 TMS320 系列 DSP 中，和 JTAG 测试口同时工作的还有一个分析模块。它支持断点的设置和程序存储器、数据存储器、DMA 的访问，程序的单步运行和跟踪，以及程序的分支和外部中断的计数等。通过结合 TI 公司的集成开发环境 CCS 与 JTAG 接口，可以方便地进行实时在线调试，JTAG 接口电路可参见前文。

（2）外部存储器扩展　DSP 具有片内 RAM，其中一部分用来运行程序，另外一部分可以用来存储临时数据。为了加快硬件系统的调试速度，在调试阶段不需将程序烧写到 DSP 的片上 FLASH 中，而是下载到外部扩展 RAM 中，因此需扩充一部分 SRAM。

本系统选用 CY7C1041V33 作为外部扩展 RAM，如图 8-2 所示。CY7C1041V33 是 Cypress 公司生产的 128KB 静态 RAM，采用 CMOS 工艺，具有自动低功耗模式的功能，降低系统功耗，保证低散热量。同时，CY7C1041V33 RAM 芯片供电电

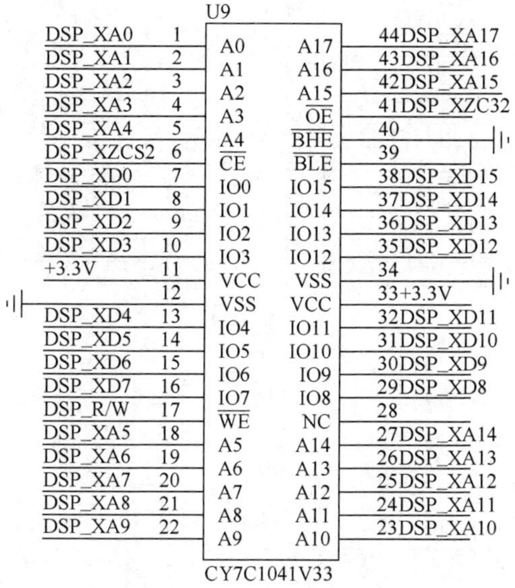

图 8-2　外部存储器扩展

压为 +3.3V，与 DSP 有很好的兼容性。

（3）串行通信接口电路　TMS320F2812 DSP 控制器片内集成了异步串行通信接口（SCI）模块，支持 DSP 与其他相同格式的异步外设之间的串行通信。它的接收器和发送器是全缓冲的，每一个都有它自己单独的使能和中断标志位，两者都可以独立工作，或者在全双工的方式下同时工作。

由于上位机（PC）都带有 RS-232 接口，所以可利用上位机的串行口与下位机进行 RS-232 通信，进行上位机与下位机之间的数据交换。电路采用了符合 RS-232 标准的驱动芯片 MAX232 进行串行通信。MAX232 芯片功耗低，集成度高，+5V 供电，具有两个接收和发送的通道。由于 TMS320F2812 采用 +3.3V 供电，所以在 MAX232 与 TMS320LF2407A 之间加了 TI 公司提供的典型电平匹配电路。整个接口电路简单，可靠性高，电路图可参见第 3 章。

（4）D/A 转换电路　本系统中选用了旋转变压器作为位置测量器件，而轴角变换器输出即为数字信号，为了可以直观地观察位置的变化，选用了 DAC7724 芯片。DAC7724 是 12 位、4 通道的 D/A 转换器，其内部包括 4 组双极缓冲输入寄存器、4 组 R-2R 权电阻网络和运算放大器（作为缓冲），外接参考电压，输出范围为 VREFL ~ VREFH，信号建立时间为 10μs，采用 -15V 与 +15V双电源供电，其接口电路如图 8-3 所示。

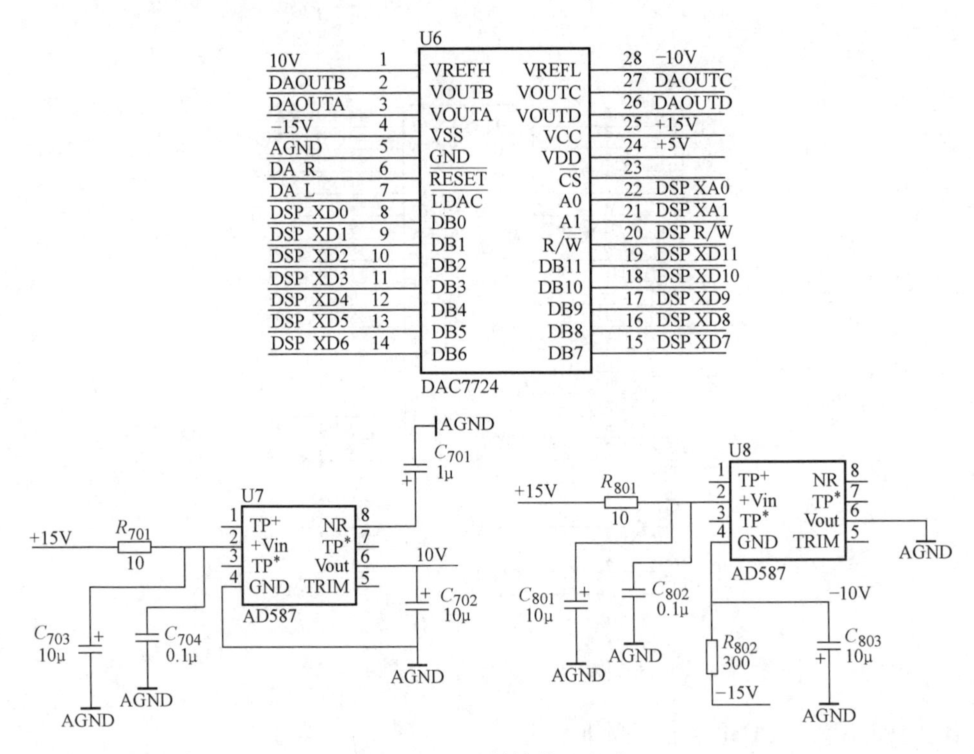

图 8-3　D/A 转换接口电路

8.1.3　功率驱动电路设计

功率驱动电路原理图如图 8-4 所示。

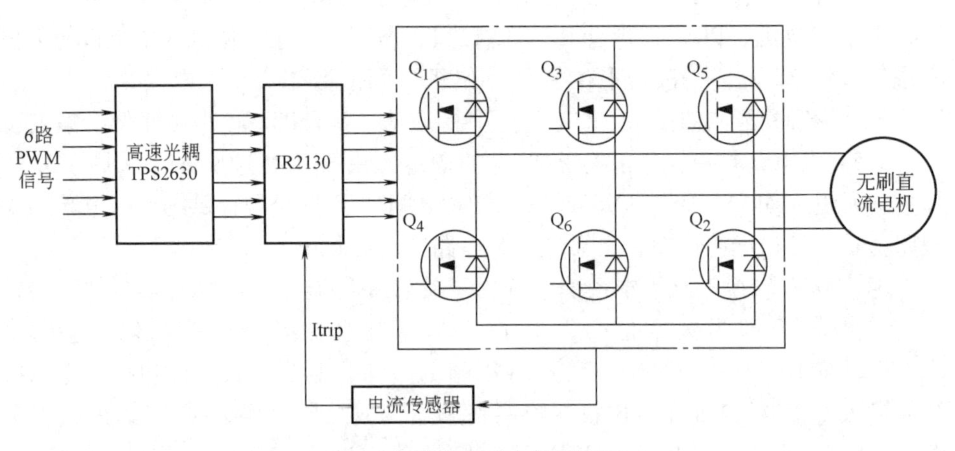

图 8-4　功率驱动电路原理图

1. 控制电路与功率驱动电路的隔离

为了减小干扰，增加控制电路的可靠性，在系统设计时，将控制电路与功率驱动电路完全分开，功率部分与控制部分不共地而控制信号采用光电隔离，其中主要的控制信号为 PWM 信号。在综合考虑控制成本和控制质量两方面的情况下，选用了 3 片 TLP2630 作为光电隔离器件，其电路原理图如图 8-5所示。

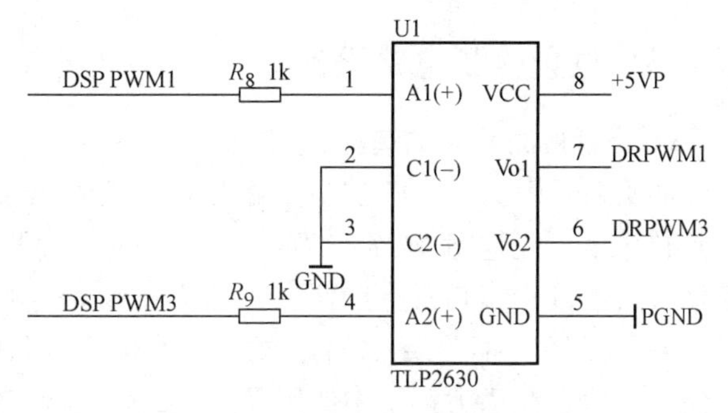

图 8-5　控制信号光电隔离电路原理图

2. 功率 MOSFET 栅极驱动电路

功率 MOSFET 的栅极驱动电路选用 IR 公司的 6 路集成电路驱动芯片 IR2130。该芯片内部设计有过电流、过电压和欠电压保护，以及封锁和指示网络，使用户可方便地用其来保护被驱动的功率 MOSFET。IR2130 通过内部自举技术控制上桥的 3 个功率管。在实际系统中，由于自举电容响应速度慢，系统使用隔离的 DC- DC 变换器给驱动上桥臂功率 MOSFET 的浮地电路供电，提供自举电源，避免因自举电容选取误差造成开关管的误关断，提高了系统的可靠性。驱动电路的原理图如图 8-6 所示。

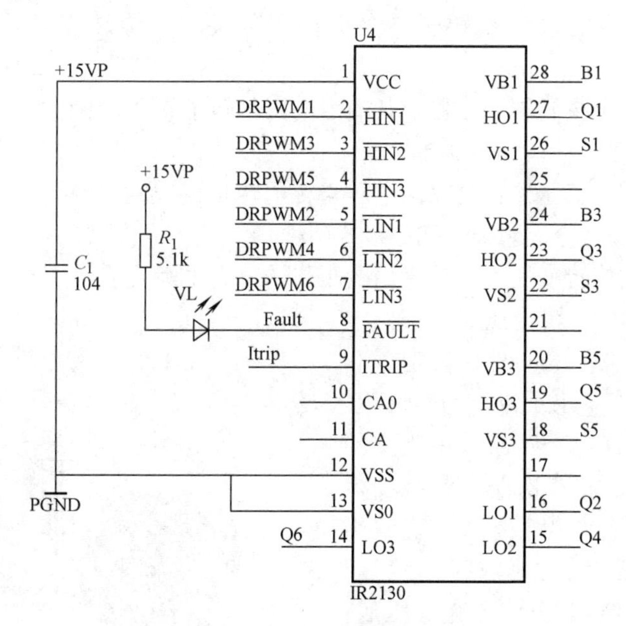

图 8-6　驱动电路原理图

8.1.4　位置检测电路设计

1. 位置检测元件的选择

伺服系统中大多使用光电编码器和多级无刷旋转变压器作为角度（位置）传感器。光电编码器作为一种新型的角检测装置，其突出优点是便于数字接口。增量式编码器造价便宜，但需要初始定位，用模拟方法难以实现。绝对式编码器尽管不需要初始定位，但价格贵，且均使用TTL电平，抗干扰能力差，不适合在恶劣环境中使用。因此，多级旋转变压器作为一种传统的角度检测器件重新获得了人们的青睐，而且旋转变压器作为一种模拟式传感器，从理论上讲具有无穷大的分辨力。特别是单相激磁鉴幅式多级无刷旋转变压器，通过精确解调，能够直接输出转子位置的正弦和余弦信号，这是光电编码器所不能比拟的。

2. 旋转变压器的工作原理

旋转变压器是一种输出电压随转子转角变化的信号元件。当励磁绕组以一定频率的交流电压励磁时，输出绕组的电压幅值与转子转角成正弦或余弦函数关系，或保持某一比例关系，或在一定转角范围内与转角呈线性关系。它主要用于坐标变换、三角运算和角度数据传输，也可以作为两相移相器用在角度-数字转换装置中。按输出电压与转子转角间的函数关系，旋转变压器主要分为三大类：

1）正弦或余弦旋转变压器：其输出电压与转子转角的函数关系成正弦或余弦函数关系。

2）线性旋转变压器：其输出电压与转子转角成线性函数关系，线性旋转变压器按转子结构又分成隐极式和凸极式两种。

3）比例式旋转变压器：其输出电压与转角成比例关系。

正弦或余弦旋转变压器是按照电磁感应原理而工作的元件，其定子和转子上都有绕组，彼此同心安排，互相耦合联系。旋转变压器采用正交的两相绕组，一次和二次绕组都绕在定子上，转子上由两组相差90°绕组组成，采用无刷设计，如图8-7所示。

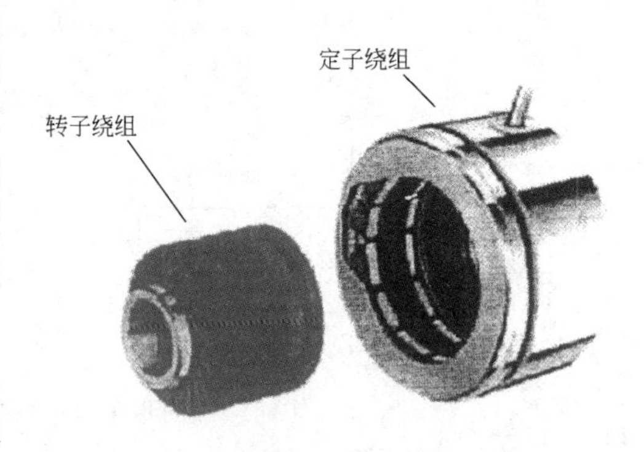

图8-7　旋转变压器定、转子组件图

在各定子绕组加上交流电压后，转子绕组中由于交链磁通的变化产生感应电压，感应电压和励磁电压之间相关联的耦合系数随转子的转角而改变。因此，根据测得的输出电压，就可以知道转子转角的大小。可以认为，旋转变压器是由随转角 θ_e 而改变且耦合系数为 $K\sin\theta_e$ 或 $K\cos\theta_e$ 的两个变压器构成的。

定子两个绕组的励磁电压为

$$E_{s_1}=E\cos\omega_e t,\quad E_{s_2}=E\sin\omega_e t$$

转子两个绕组输出电压为

$$E_{r_1}=K(E_{s_1}\cos\theta_e-E_{s_2}\sin\theta_e)=KE\cos(\omega_e t+\theta_e)$$

$$E_{r_2}=K(E_{s_2}\cos\theta_e-E_{s_2}\sin\theta_e)=KE\sin(\omega_e t+\theta_e)$$

可见，转子绕组输出电压幅值与励磁电压的幅值成正比，对励磁电压的相位移等于转子的转动角度 θ_e，只要检测出相位 θ_e，即可测出角位移。

3. 位置检测电路

由于旋转变压器的输出包含位置信息的模拟信号，需进行处理并将其转化为对应的包含位置信息的数字量，才能与 DSP 等控制芯片接口。这就需要设计相应的信号转换电路或使用专用的旋转变压器——数字转换器来实现。本系统中选用型号为 19XSZ2413-S32-09-A 的轴角变换器，其电路如图 8-8 所示。

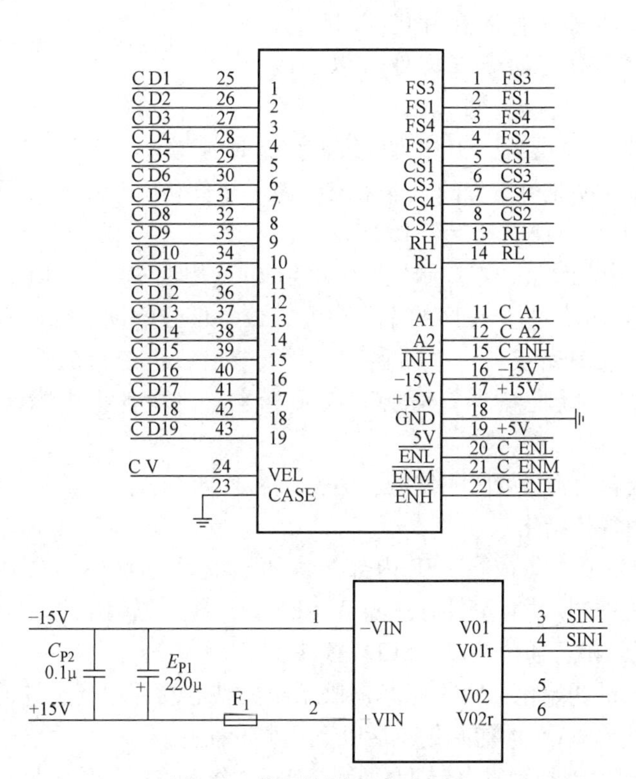

图 8-8　位置检测电路示意图

8.2　伺服控制系统的软件设计

8.2.1　伺服控制系统的主程序结构

TMS320F2812 DSP具有丰富的外围模块和中断资源，大大提高了程序编写的灵活性。图8-9给出了伺服控制系统的主程序流程。在主程序中，主要完成的任务是DSP系统的初始化、中断向量表初始化及中断使能、外围模块初始化、参数定义与功能模块单元的参数初始化等，下面具体介绍实现过程。

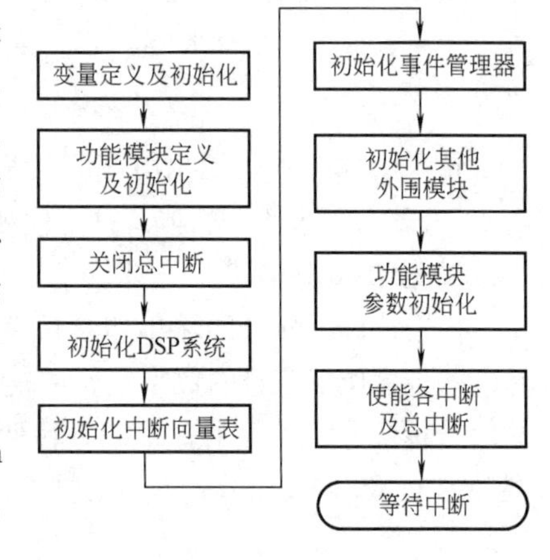

图8-9　主程序流程图

1. DSP系统初始化

（1）存储空间设置　DSP的片内Flash存储空间高达128KB，为了提高开发效率，在调试过程中将程序存储在片内RAM内，通过更改存储器分配的cmd文件可以更改配置。

（2）系统时钟设置　DSP的最高系统时钟频率（SYSCLK）可以达到150MHz，这个频率是可编程的。本系统中为了充分利用DSP的资源，结合系统性能要求，所以将SYSCLK定为150MHz。

（3）系统中断设置　本控制程序中用到T_0的周期中断和SCI接收及发送中断。T_0的周期中断是整个程序的主要中断，位置信号的读取、电机的换相及三闭环控制均在其中完成。SCI中断主要用于与上位机进行通信。在初始化过程中，首先关闭系统总中断，清所有中断标志，使能各个中断，最后使能总中断。

（4）系统看门狗设置　不使能看门狗。

2. 外围模块初始化

外围模块主要指集成在DSP内部的各功能单元，DSP有丰富的外设资源。本系统用到的主要模块有事件管理器A（EVA）、模/数转换器（ADC）、外部扩展存储器单元及串行通信接口（SCI）模块[7]。

（1）EVA的初始化　EVA是本伺服系统的核心功能单元，它的主要任务是产生PWM信号。EVA的初始化包括以下几个过程：

1）设置定时器控制寄存器T1CON，选择连续增/减计数模式，设置EVA模块预定标系数，时钟源选择内部CPU时钟。

2）设置 T_1 的定时周期，即 PWM 周期/2。

3）设置死区控制寄存器 DBTCONA，本系统中使用了无死区控制。

4）设置比较方式控制寄存器 ACTRA，设置 PWM1 ~6 各个引脚上的比较输出方式，可选择强制高、强制低、高电平有效及低电平有效 4 种方式。

（2）ADC 的初始化　ADC 模块需要转换两个数据：母线电流及速度信号。在初始化过程中，首先写控制寄存器 3（ADCCRTL3）选择顺序采样模式，写控制寄存器 1（ADCCRTL1）设置采样时钟的预定标系数、采样模式为启动/停止模式、两个排序器（SEQ1、SEQ2）为级联模式，最后设置最大转换通道数和采样的各通道顺序。

（3）外部扩展存储器单元的初始化　将扩展的外部存储器单元映射到 ZONE2 上。在初始化的过程中，分别设定读/写建立、激活、追踪所需要的 XTIMCLK 周期，XTIMCLK 周期与系统周期相同。

（4）SCI 的初始化　SCI 模块主要用于与上位机的通信，初始化时主要设置数据位长度、波特率、停止位、奇偶校验等。

8.2.2　各子功能模块的实现

各软件子模块构成了整个控制程序的核心。T_0 周期中断是程序中最重要的部分，它完成了采样、三闭环控制算法、换相等工作。本节对比较重要的子程序的工作原理及流程做介绍。

1. 主中断程序

系统在完成初始化过程后，进入循环，等待中断的发生。主中断程序是控制软件的核心部分，它在一个定时周期内完成很多工作。图 8-10 所示是流程图。

功率 MOSFET 的 PWM 频率为 40kHz，T_0 定时中断的周期为 0.1ms，而位置环和速度环的调节周期为 1ms。

2. 位置读取子程序

当进入主中断程序后，首先运行的子程序即为位置读取子程序，其流程如图 8-11所示。

本系统中所选用的轴角变换器输出的位置信号为 19 位数字量，而 DSP 提取的数据总线为 16 位，选用了 3 个 GPIO 口作为控制信号。其中一个做轴角转换器的使能控制端，高 8 位与中 8 位数据由一个 I/O 口控制，低 3 位由另一个控制。读取数据时，先锁存轴角变换器中的数据，然后再分别传输高 16 位与低 3 位数据，在程序中将 19 位数据组合成完整的位置信号。

3. 闭环控制子程序

对一个控制系统而言，控制算法的设计是关键部分，它直接关系到控制系统

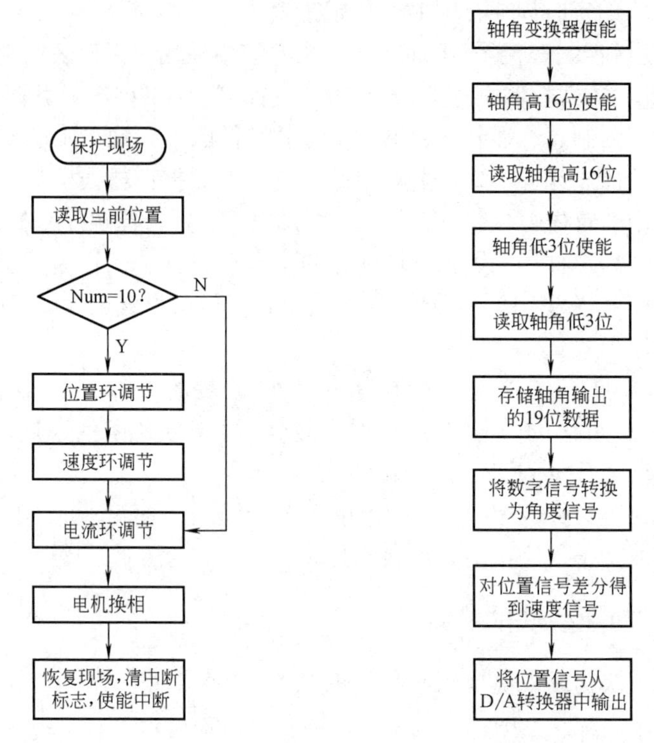

图 8-10　T_0 周期中断流程图　　　图 8-11　位置读取子程序流程图

性能的优劣。控制算法要求实时性和通用性强，同时要具有一定的容错能力，并且在满足性能指标的前提下尽可能简单可靠。

DSP 控制系统是一个采样控制系统，它只能根据采样时刻的偏差值计算控制量。因此，连续 PID 控制算法不能直接使用，需要进行离散化处理。在 DSP 控制系统中，使用的是数字 PID 控制器，通常采用位置式 PID 控制算法或增量式 PID 控制算法。

（1）位置式 PID 控制算法　按模拟 PID 控制算法，以一系列的采样时刻点 kT 代表连续时间 t，以和式代替积分，以增量代替微分，则可做如下近似变换：

$$\begin{cases} t \approx kT \qquad (k = 0, 1, 2\cdots) \\ \int_0^t e(t)\,\mathrm{d}t \approx T\sum_{j=0}^{k} e(jT) = T\sum_{j=0}^{k} e(j) \\ \dfrac{\mathrm{d}e(t)}{\mathrm{d}t} \approx \dfrac{e(kT) - e((k-1)T)}{T} = \dfrac{e(k) - e(k-1)}{T} \end{cases} \tag{8-1}$$

式中，T 为采样周期。

显然，在上述离散过程中，采样周期 T 必须足够短，才能保证有足够的精度。式（8-1）离散化后可得的表达式为

$$
\begin{aligned}
u(k) &= K_p\left(e(k) + \frac{T}{T_i}\sum_{j=0}^{k} e(j) + \frac{T_D}{T}(e(k) - e(k-1))\right) \\
&= K_p e(k) + K_i \sum_{j=0}^{k} e(j)T + K_d \frac{(e(k) - e(k-1))}{T}
\end{aligned} \tag{8-2}
$$

式中，k 为采样序号；$u(k)$为第 k 次采样的 DSP 输出值；$e(k)$为第 k 次采样时刻输入的偏差值；$e(k-1)$为第$(k-1)$次采样时刻输入的偏差值；K_p 为比例系数；$K_i = K_p/T_i$ 为积分系数；$K_d = K_p T_D$ 为微分系数。

由计算机输出的 $u(k)$直接去控制执行机构（如无刷直流力矩电机），$u(k)$的值与执行机构的位置是一一对应的，称为位置式 PID 控制算法。

由于位置式 PID 控制计算机输出的 $u(k)$与执行机构的实际位置一一对应，一旦计算机出现故障，则 $u(k)$的大幅度变化会引起执行机构位置的大幅度变化，甚至在某些场合下还可能造成重大的生产事故，这种情况往往是不允许出现的。此外，位置式 PID 的输出不仅与本次偏差有关，而且与历次测量偏差值有关，计算时要对 $e(k)$累加，算法运算量大。为了克服位置式 PID 的不足，应对其进行改进，下面提出了一种增量式 PID 控制算法。

（2）增量式 PID 控制算法　由式（8-2）可得$(k-1)$时刻的控制量 $u(k-1)$为

$$
u(k-1) = K_p\left(e(k-1) + \frac{T}{T_i}\sum_{j=0}^{k-1} e(j) + \frac{T_D}{T}(e(k-1) - e(k-2))\right) \tag{8-3}
$$

则

$$
\begin{aligned}
\Delta u(k) = u(k) - u(k-1) = K_p(e(k) - e(k-1)) + K_i(e(k) - e(k-1)) + \\
K_d(e(k) - 2e(k-1) + e(k-2))
\end{aligned} \tag{8-4}
$$

由于 $\Delta u(k)$为第 k 次相对于第 $k-1$ 次的控制量的增量，故称为增量式 PID 控制算法。

由式（8-4）可见，控制器的输出值与最近三次的偏差值有关。由于计算机控制系统采用恒定的采样周期 T，则在确定了 K_p、K_i、K_d 之后，根据最近三次的偏差值即可求出控制增量。

为了方便编程实现，将式（8-4）改写为 $\Delta u(k) = Ae(k) - Be(k-1) + Ce(k-2)$，其中，$A = K_p\left(1 + \frac{T}{T_i} + \frac{T_D}{T}\right)$，$B = K_p\left(1 + \frac{T}{T_i} + 2\frac{T_D}{T}\right)$，$C = K_p\frac{T_D}{T}$。

增量式PID只是在算法上做了一点改进，它与位置式PID并无本质区别，但与位置式PID比较，它具有以下优点：

1）计算机发生故障时影响范围小：由于它每次只输出控制增量，即对应执行机构位置的变化量，输出变化范围不大，所以当计算机发生故障时，不会严重影响生产过程。

2）手动/自动切换时冲击小：由于它每次输出的最大幅度为Δu_{max}，所以当控制从手动切换到自动时，可实现无扰动切换。

3）计算工作量小：算式中不需要累加，且只用到两个历史数据$e(k-1)$和$e(k-2)$，通常采用平移法保存这两个历史数据。

（3）改进的PID算法

1）不完全微分PID算法。在PID控制中，微分信号的引入可改善系统的动态特性，但也容易引起高频干扰，在误差扰动突变时尤其显出微分项的不足。若在控制算法中加入低通滤波器，则可使系统性能得到改善。克服上述缺点的方法之一，是在PID算法中加入一个一阶惯性环节（低通滤波器）$G_f(s)=\dfrac{1}{1+T_f s}$，可使系统性能得到改善。

不完全微分PID结构如图8-12所示，其中图a是将低通滤波器直接加在微分环节上。本系统采用图8-12a的方法，可以有效抑制干扰信号的影响，改善系统性能。

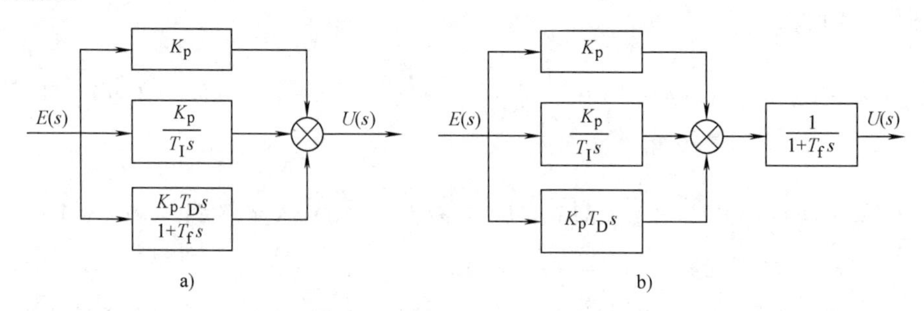

图8-12　不完全微分PID结构

2）积分饱和及抑制。在实际过程中，控制变量u因受到执行元件机械和物理性能的约束而控制在有限范围内，即$u_{min}\leqslant u(k)\leqslant u_{max}$。如果由计算机给出的控制量$u$在上述范围内，那么控制可以按预期的结果进行。一旦超出上述范围，那么实际执行的控制量就不再是计算值，由此将引起不期望的效应。

① 遇限削弱积分法。一旦控制变量进入饱和区，将只执行削弱积分项的运算而停止进行增大积分项的运算。具体地说，在计算$u(k)$时，将判断上一时刻的控制量$u(k)$是否已超出限制范围。如果已超出，那么将根据偏差的符号，判

断系统输出是否在超调区域，由此决定是否将相应偏差计入积分项。在三闭环控制程序的速度环中就应用了这个方法。

② 积分分离法。减小积分饱和的关键在于不能使积分项累积过大。上面的修正方法是一开始就积分，但进入限制范围后即停止累积。这里介绍的积分分离法正好与其相反，它在开始时不进行积分，直到偏差达到一定的阈值后才进行积分累积。这样，一方面防止了一开始有过大的控制量；另一方面即使进入饱和后，因积分累积小，也能较快退出，减少了超调。

（4）PID 控制器参数的整定　在确定采用 PID 控制器之后，系统性能的好坏主要取决于选择的参数 K_p、T_I、T_D 是否合理。可见，PID 控制器参数的整定是非常重要的。

PID 参数整定的方法有很多，当被控对象的数学模型（即传递函数）已知时，根据系统对静差和动态特性的要求，用自控原理和计算机控制中的方法，就能通过理论计算对 PID 参数值进行较精确的整定。但是，在被控对象的数学模型未知，或被控对象的数学模型很难建立的情况下，用理论计算的方法就很难对 PID 参数进行整定。这时，常常采用工程近似的方法进行参数整定，这些方法是基于对被控对象的动态特性的某种简化和假设而得到的，整定的参数近似于最优而不是最优。

可采用试凑法初步整定 PID 参数：

增大比例系数 K_P，一般将会加快系统的响应，在有静差的情况下有利于减小静差；但过大的比例系数会使系统有较大的超调量，并产生振荡，使稳定性变坏。

增大积分时间参数 T_I，有利于减小超调，使系统更加稳定；但系统静差的消除随之减慢。

增大微分时间常数 T_D，有利于加快系统的响应，使超调减小，稳定性增强；但系统对扰动的抑制能力减弱，对扰动有较敏感的响应。在试凑时，可参考以上参数对控制过程的影响趋势，对参数实行“先比例、后积分，再微分”的稳定步骤。

1）首先整定比例部分，将比例系数由小调到大并观察响应曲线，直到得到反应快、超调小的响应曲线。如果没有静差或静差已小到允许的范围内，则只需比例调节器即可，最优比例系数可由此确定。

2）如果在比例的基础上，系统的静差仍不能满足设计需求，则需要加入积分环节。整定时间首先置积分时间 T_I 为一较大值，并将经第一步得到的比例系数略微缩小，然后减小积分时间，使在保持系统良好动态性能的情况下，静差得到消除。可根据响应曲线的好坏反复改变比例系数与积分时间，以得到满意的控制过程与整定参数。

3）若比例积分消除了静差，但动态过程不满足，则可加入微分环节。在整定时，可先置微分时间 T_D 为零，然后再增大 T_D，同时相应地改变比例系数和积分时间，直到得到满意的调节效果和控制参数为止。

本系统采用试凑法来初步整定位置调节器的 PID 参数。

4. 换相子程序

旋转变压器的数字位置检测常用到轴角变换器。一般而言，数字式旋转变压器可以提供绝对式轴角信息和增量式轴角信息，由此对应着两种换相方式——增量式位置换相与绝对位置式换相。根据无刷直流电机的换相原理，每套定子绕组在每个换相周期内对应着 6 个换相状态，每个状态为 60°电角度。这样对于一对极电机就应将一周划分为 6 个区间，每个区间对应着 60°机械角度。增量式换相就是将增量式输出的脉冲分为 6 份，每个状态对应一定的脉冲，当周期匹配时就进行换相。而绝对位置式换相是读取当前的绝对位置值，从而判断所处的区间及决定换相状态。增量式换相的优点是采用了中断方式，实时性好，占 DSP 运行时间少，适用于电机在较高转速下换相；缺点是起动时无法确定换相初始位置，出现扰动时无法确定当前位置。绝对位置式换相方法受到读取频率和电机转速的影响。同样的读取频率下，电机转速越高，换相精度越低；如果读取频率过高，则会使处理器的负担加重。绝对位置式换相的优点是电机处于任何位置时都能保证正确换相。

本系统中所要求的框架最高转速为 10°/s，因此宜采用绝对位置式换相方式。绝对位置式换相方式首先需要确定的是初始绝对位置信号与初始换相位置的偏差，对于本系统而言就是确定初始换相位置与转子绝对位置输出为 0°时的偏差。对于一个极对数为 p 的无刷直流力矩电机，换相实际上是每隔（60°/p）机械角换相一次，每次的换相位置是上次换相位置加上 60°/p 即可（初始换相位置即为初始偏差值）。本系统的初始偏差值为 -0.8°，所选用的无刷直流力矩电机为 8 对极，电机旋转一周每隔 7.5°机械角就进行一次换相。

换相子程序流程如图 8-13 所示。

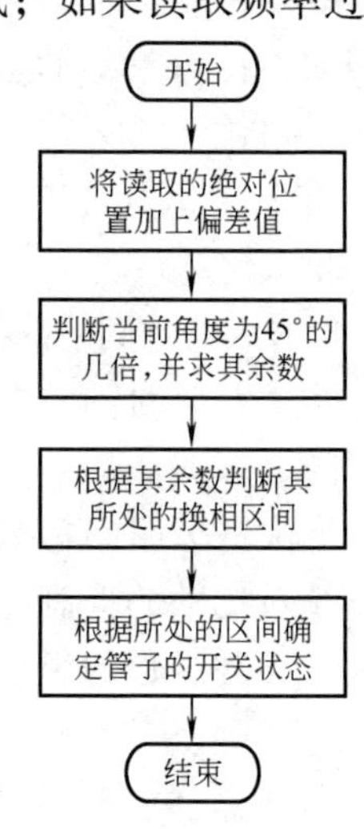

图 8-13　换相子程序流程图

8.3　低速转矩脉动的分析和抑制

无刷直流力矩电机由于调制方式的不同，其转矩脉动也有很大的不同。对于功率逆变器为桥式结构的三相无刷直流电机而言，PWM 信号实现调压调速的调制方式有两种：半桥调制和全桥调制。对功率逆变桥的所有开关器件都进行 PWM，即全桥调制；在任意时刻，只对功率逆变桥的上半桥（或下半桥）进行

PWM，即半桥调制。半桥调制又分为对称半桥调制和不对称半桥调制。对称半桥调制是指将每一个开关管的开关状态分为两个不同阶段，前 60°保持全通（或调制），后 60°保持调制（或全通），即上下桥臂对称调制。不对称半桥调制是指在 120°区间内，要么只对上半桥进行调制，要么只对下半桥进行调制。下面首先分析传统调制方式对换相转矩脉动的影响，然后分析 PWM-ON-PWM 方式对截止相电流的影响，并指出其应用所受到的限制。

8.3.1 PWM-ON-PWM 方式

PWM-ON-PWM 方式又称为 30°调制，用于同时解决半桥调制截止相导通的问题以及全桥调制开关损耗大的问题。在这种调制方式下，每一个开关管只在开通的前 30°和后 30°期间进行 PWM，中间 60°保持恒通，如图 8-14 所示。

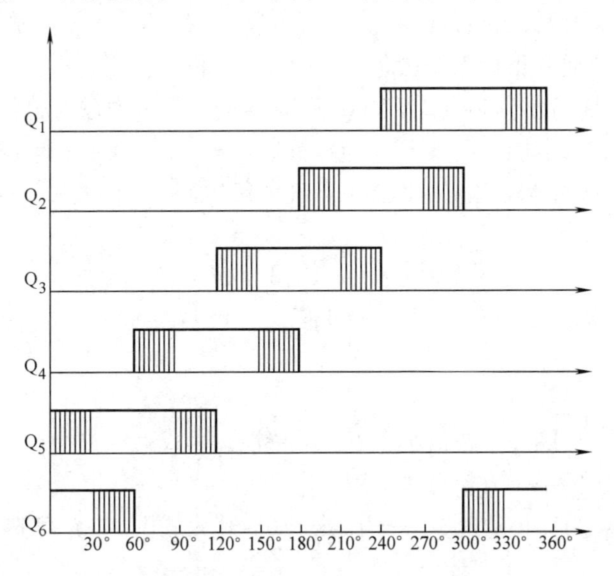

图 8-14　PWM-ON-PWM 方式

以 A 相为研究对象，根据功率电路拓扑结构，A 相的非导通区间为 0° ~60°区间和 180° ~240°区间。在 A 相的非导通区间内（B、C 两相有电流流过），三相绕组端电压分别写为下列形式：

$$U_A = e_A + U_N \tag{8-5}$$

$$4U_B = U_d \times S_B = Ri_B + L\frac{di_B}{dt} + e_B + U_N \tag{8-6}$$

$$U_C = U_d \times S_C = Ri_C + L\frac{di_C}{dt} + e_C + U_N \tag{8-7}$$

式中，S_B、S_C 分别表示对应相的端电压电平状态函数。$S_B(S_C) = 1$，表示与相对应相连接的上桥臂开关管或者二极管处于导通状态；$S_B(S_C)=0$，表示与相对应相连接的下桥臂开关管或者二极管处于导通状态。$i_B=-i_C=i$，$e_B=-e_C=e$，e 表示反电动势平顶部分的幅值。将式（8-6）和式（8-7）相加得

$$U_N=\frac{1}{2}U_d(S_B+S_C) \tag{8-8}$$

U_N 的取值范围为

$$U_N=\begin{cases}0 & (S_B=S_C=0)\\ \frac{1}{2}U_d & (S_B=1,\ S_C=0;\ S_B=0,\ S_C=1)\\ U_d & (S_B=S_C=1)\end{cases} \tag{8-9}$$

$U_N=0$，表示对应相下桥臂二极管和开关管同时处于导通状态；而 $U_N=U_d$，表示上桥臂开关管和二极管同时处于导通状态；而 $U_N=U_{d/2}$，表示上下桥臂各有一个开关管导通的正常工作状态。

根据图8-14所示调制方式，以0°～30°区间为研究对象，分析在该调制方式下非导通相A的端电压。在该区间，Q_6 恒通（$S_C=0$），Q_5 进行PWM（$S_B=0$ 或 $S_B=1$）。当 Q_5、Q_6 都处于导通状态时，$S_B=1$，$S_C=0$，代入式（8-8）可得

$$U_N=\frac{U_d}{2} \tag{8-10}$$

将式（8-10）代入式（8-5）中可得

$$U_A=e_A+\frac{U_d}{2} \tag{8-11}$$

根据稳态下反电动势幅值小于 $U_{d/2}$ 的特性，由式（8-11）可知，非导通相A的端电压在此区间小于直流母线电压 U_d。

当 Q_5 关闭、Q_6 恒通时，$S_B=0$，$S_C=0$，代入式（8-9）可知

$$U_N=0 \tag{8-12}$$

将式（8-11）代入式（8-5）可得

$$U_N=e_A \tag{8-13}$$

反电动势 e_A 在此区间为正值，所以根据式（8-13）可知，非导通相A的端电压在此区间大于零。

综合以上分析，稳态下，在0°～30°区间，在该调制方式下，非导通相A的端电压不会超过直流母线电压，也不会低于零电压；连接在该相上的上下桥臂二极管均不会正向导通，从而杜绝了续流电流的产生。

上述分析同样适用于其他几个区间，由此可知，采用PWM-ON-PWM方式在非导通相上不会产生续流现象，但其在换相期间的特性尚需进一步分析。

8.3.2　换相期间调制方式对转矩脉动的影响

在具有梯形反电动势波的无刷直流电机控制中，假设梯形反电动势波波顶宽度为120°电角度，当系统采用两相导通、三相六状态120°导通方式时，一般有H_PWM-L_ON、H_ON-L_PWM、ON_PWM、PWM_ON四种PWM方式。这样，在每一个周期内进行6次换相，任意时刻只有两相导通，另一相关断。

由于相电感的存在，在换相过程中相间换相存在延迟，造成换相转矩脉动。同时，未参与换相的那一相电流会出现很大的降落。研究发现，换相转矩脉动的大小以及未参与换相那一相电流降落随着调制方式不同而变化。下面具体分析不同调制方式对两者的影响。

由电机统一理论可知，电机电磁转矩可表示为

$$T_M = \frac{P_e}{\Omega} = \frac{n_p}{\omega}(e_a i_a + e_b i_b + e_c i_c) \tag{8-14}$$

式中，T_M为电机转矩；P_e为电磁功率；Ω为电机机械角频率；e_a、e_b、e_c为三相电机绕组反电动势；ω为电机转子电角频率；n_p为极对数。在两相导通、三相六状态的120°导通方式中，每一个60°扇区内只有两相导通。以B+、C-导通为例，A相此时关断，如果不考虑PWM斩波和相电感L的影响，则稳态时无刷直流电机电磁转矩表达式可简化为

$$T_M = \frac{P_e}{\Omega} = \frac{n_p}{\omega}(e_b i_b + e_c i_c) = 2n_p k_e i_0 \tag{8-15}$$

式中，k_e为电磁转矩常数；i_0为当前电流稳态值。此时，电磁转矩为恒值，且与i_0成正比。但实际上，由于电感的延迟作用，使转矩出现脉动。

1. 上桥换相

在上桥换相过程中，PWM_ON型和H_PWM-L_ON型调制方式具有相同的续流过程，ON_PWM型和H_ON-L_PWM型调制方式的续流过程相同。

（1）PWM_ON型和H_PWM-L_ON型调制方式　假设Q_1关断，Q_3为PWM，Q_2恒通，则A相电感续流过程中电流回路如图8-15所示。

在A相电感续流过程中，电机三相端电压平衡方程为

$$\begin{bmatrix} 0 \\ SU_S \\ 0 \end{bmatrix} = \begin{bmatrix} R & 0 & 0 \\ 0 & R & 0 \\ 0 & 0 & R \end{bmatrix}\begin{bmatrix} i_A \\ i_B \\ i_C \end{bmatrix} + P\begin{bmatrix} L & 0 & 0 \\ 0 & L & 0 \\ 0 & 0 & L \end{bmatrix}\begin{bmatrix} i_A \\ i_B \\ i_C \end{bmatrix} + \begin{bmatrix} e_a \\ e_b \\ e_c \end{bmatrix} + \begin{bmatrix} U_N \\ U_N \\ U_N \end{bmatrix} \tag{8-16}$$

式中，$S=0$或1，为Q_3的开关函数。$S=1$时，Q_3导通；$S=0$时，Q_3关断。

将式（8-16）中三式相加，整理得电机中性点电压U_N为

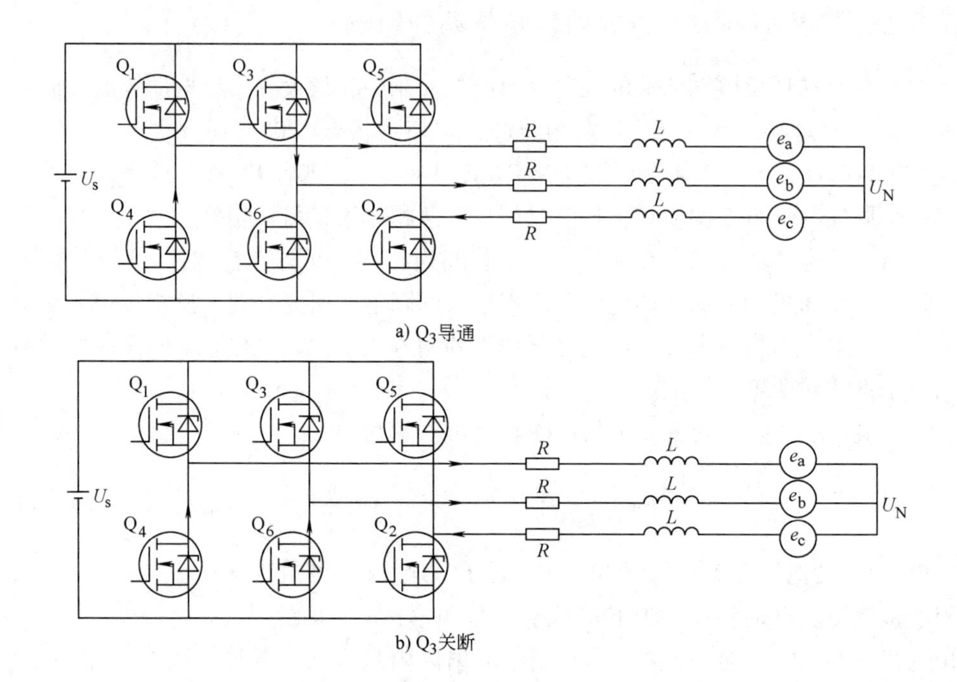

图8-15　上桥换相时A相续流过程中电流回路示意图之一

$$U_N = \begin{cases} \dfrac{1}{3}U_S - \dfrac{1}{3}\sum\limits_{i=a,b,c} e_i & (S=1) \\ -\dfrac{1}{3}\sum\limits_{i=a,b,c} e_i & (S=0) \end{cases} \tag{8-17}$$

此时，$e_a = -e_b = K_e\omega$，而 e_a 是一个斜坡函数。同时，中性点电压还受到PWM的影响。因此，其动态表达式实际上是一个非常具体的函数，为了能够说明问题，做如下简化。

由于换相时间比较短，令 $e_a \approx K_e\omega$；同时令式（8-17）中$\dfrac{S}{3}U_S = \dfrac{D}{3}U_S$（$D$为当前PWM脉冲占空比），则式（8-17）可简化为

$$U_N = \frac{D}{3}U_S - \frac{1}{3}K_e\omega \tag{8-18}$$

在上桥换相前，$i_a(0) = -i_c(0) = i_0$，$i_b(0) = 0$，将式（8-18）代入式（8-16），可近似求得换相过程中电机三相电流方程为

$$i_{\mathrm{a}}(t)=i_0-\frac{1}{3L}(2K_{\mathrm{e}}\omega+3Ri_0+DU_{\mathrm{S}})t \tag{8-19}$$

$$i_{\mathrm{b}}(t)=\frac{2}{3L}(DU_{\mathrm{S}}-K_{\mathrm{e}}\omega)t \tag{8-20}$$

$$i_{\mathrm{c}}(t)=-i_0+\frac{1}{3L}(4K_{\mathrm{e}}\omega+3Ri_0+DU_{\mathrm{S}})t \tag{8-21}$$

这两种调制方式下换相过程中电机电磁转矩为

$$T_{\mathrm{U}}=\frac{n_{\mathrm{p}}}{\omega}\sum_{j=\mathrm{a,b,c}}e_je_j=2n_{\mathrm{p}}K_{\mathrm{e}}i_0+n_{\mathrm{p}}\left[\frac{2K_{\mathrm{e}}}{3L}U_{\mathrm{s}}tD-\frac{K_{\mathrm{e}}}{3L}(8K_{\mathrm{e}}\omega+6Ri_0)t\right] \tag{8-22}$$

换相转矩脉动为

$$\Delta T_{\mathrm{U}}=T-T_{\mathrm{U}}=n_{\mathrm{p}}\left[-\frac{2K_{\mathrm{e}}}{3L}U_{\mathrm{s}}tD+\frac{K_{\mathrm{e}}}{3L}(8K_{\mathrm{e}}\omega+6Ri_0)t\right] \tag{8-23}$$

（2）ON_PWM 型和 H_ON-L_PWM 型调制方式　当 Q_2 为 PWM、Q3 恒通时，一个开关周期内的电流示意图如图 8-16 所示。

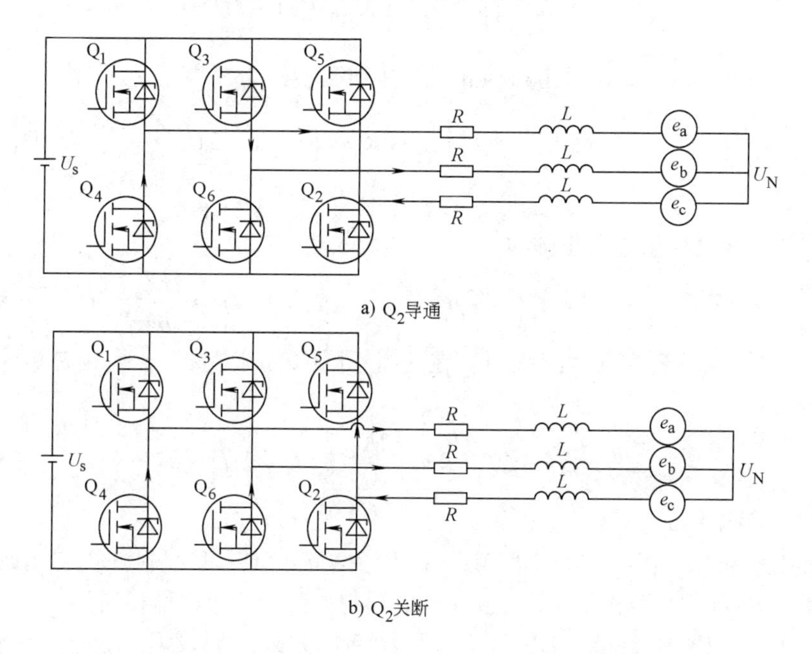

图 8-16　上桥换相时 A 相续流过程中电流回路示意图之二

A 相续流过程中，三端电压平衡方程为

$$\begin{bmatrix} 0 \\ U_S \\ S'U_S \end{bmatrix} = \begin{bmatrix} R & 0 & 0 \\ 0 & R & 0 \\ 0 & 0 & R \end{bmatrix} \times \begin{bmatrix} i_A \\ i_B \\ i_C \end{bmatrix} + P\begin{bmatrix} L & 0 & 0 \\ 0 & L & 0 \\ 0 & 0 & L \end{bmatrix} \times \begin{bmatrix} i_A \\ i_B \\ i_C \end{bmatrix} + \begin{bmatrix} e_A \\ e_B \\ e_C \end{bmatrix} + \begin{bmatrix} U_N \\ U_N \\ U_N \end{bmatrix} \quad (8\text{-}24)$$

式中，S'为开关函数。$S'=0$ 时，Q_2 导通；$S'=1$ 时，Q_2 关断。由式（8-24）解得

$$U_N = \frac{1+S'}{3}U_S - \frac{1}{3}e_a = \frac{2-D}{3}U_S - \frac{1}{3}e_a \quad (8\text{-}25)$$

同前，将式（8-25）代入式（8-24）中，可近似求得换相过程中三相电流为

$$\begin{cases} i_a(t) = i_0 - \dfrac{1}{3L}[2K_e\omega + 3Ri_0 + (2-D)U_S]t \\ i_b(t) = \dfrac{1}{3L}[(1+D)U_S - 2K_e\omega]t \\ i_c(t) = -i_0 + \dfrac{1}{3L}[4K_e\omega + 3Ri_0 + (1-2D)U_S]t \end{cases} \quad (8\text{-}26)$$

在这两种调制方式下，上桥换相过程中电磁转矩为

$$T_U{}' = \frac{n_p}{\omega}\sum_{j=a,b,c} e_j e_j = 2n_pK_ei_0 + n_p\left[\frac{K_e}{3L}(8K_e\omega + 6Ri_0 + 2U_S)t - \frac{4K_e}{3L}U_s tD\right] \quad (8\text{-}27)$$

此时换相过程中的转矩脉动为

$$\Delta T_U{}' = T - T_U{}' = n_p\left[-\frac{K_e}{3L}(8K_e\omega + 6Ri_0 + 2U_S)t + \frac{4K_e}{3L}U_s tD\right] \quad (8\text{-}28)$$

比较式（8-23）与式（8-28），在两组不同的调制方式下，换相转矩脉动的偏差为

$$\Delta T_1 = \Delta T - \Delta T_U{}' = n_p\left[\frac{2K_e}{3L}U_S(D-1)t\right] \leqslant 0 \quad (8\text{-}29)$$

2. 下桥换相

在下桥换相过程中，ON_PWM 型和 H_PWM-L_ON 型调制方式有相同的续流过程，PWM_ON 型和 H_ON-L_PWM 型调制方式的续流过程相同。

（1）ON_PWM 型和 H_PWM-L_ON 型调制方式　假设 Q_4 关断，Q_6 恒通，Q_5 为 PWM，则 A 相电感续流过程中电流回路如图 8-17 所示。

在 A 相电感续流过程中，整理得电机中性点电压为

$$U'_{N1} = \frac{1+D}{3}U_S - \frac{1}{3}e_a \quad (8\text{-}30)$$

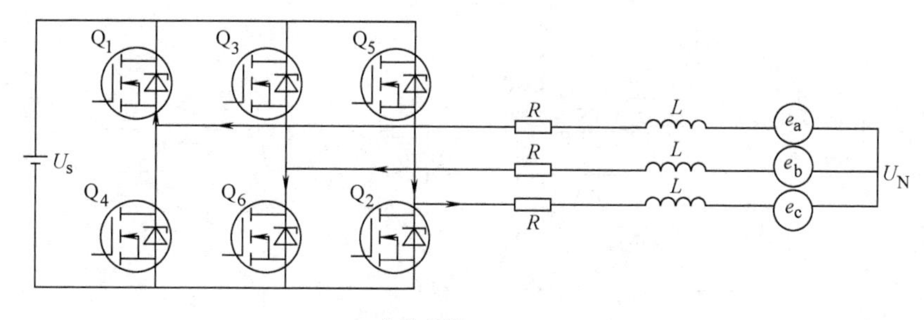

a) Q5导通

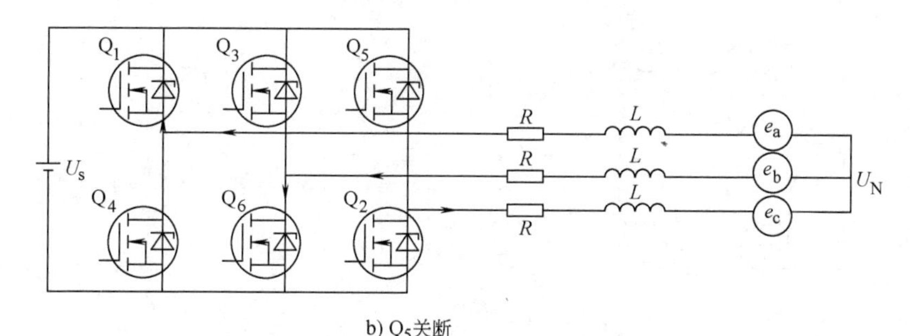

b) Q5关断

图 8-17　下桥换相时 A 相续流过程中电流回路示意图之一

已知换相过程中 $e_a \approx e_b = -e_c = -K_e\omega$，$i_a(0) = -i_c(0) = -i_0$，$i_b(0) = 0$，将式（8-30）代入三相端电压平衡方程，并整理得换相过程中三相电流方程为

$$\begin{cases} i_a(t) = -i_0 + \dfrac{1}{3L}(2K_e\omega + 3Ri_0 + 2U_S - DU_S)t \\ i_b(t) = \dfrac{1}{3L}(2K_e\omega - DU_S - U_S)t \\ i_c(t) = i_0 + \dfrac{1}{3L}(2DU_S - 4K_e\omega - 3Ri_0 - U_S)t \end{cases} \tag{8-31}$$

在这两种调制方式下，下桥换相过程中的电磁转矩为

$$T_L = \frac{n_p}{\omega}\sum_{j=a,b,c} e_j i_j = 2n_pK_e i_0 + n_p\frac{K_e}{3L}(4DU_S - 8K_e\omega - 6Ri_0 - 2U_s)t \tag{8-32}$$

换相转矩脉动为

$$VT_L = T - T_L = n_p\frac{K_e}{3L}(-4DU_S + 8K_e\omega + 6Ri_0 + 2U_s)t \tag{8-33}$$

（2）PWM_ON 型和 H_ON-L_PWM 型调制方式　当 Q_6 为 PWM、Q_5 为恒通时，一个开关周期内的电流回路示意图如图 8-18 所示。

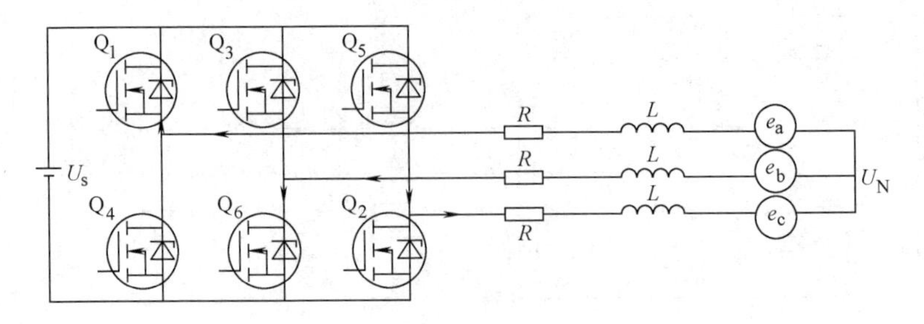

a) Q_6导通

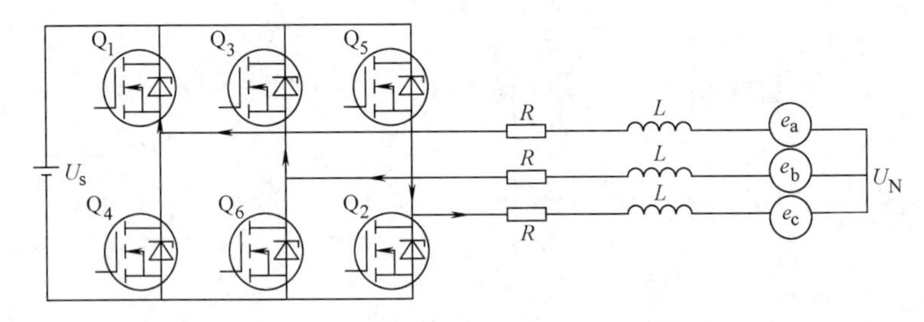

b) Q_6关断

图 8-18　下桥换相时 A 相续流过程中电流回路示意图之二

A 相续流过程中，三相端电压平衡方程为

$$\begin{bmatrix} U_{\mathrm{S}} \\ S'U_{\mathrm{S}} \\ U_{\mathrm{S}} \end{bmatrix} = \begin{bmatrix} R & 0 & 0 \\ 0 & R & 0 \\ 0 & 0 & R \end{bmatrix} \begin{bmatrix} i_{\mathrm{A}} \\ i_{\mathrm{B}} \\ i_{\mathrm{C}} \end{bmatrix} + P \begin{bmatrix} L & 0 & 0 \\ 0 & L & 0 \\ 0 & 0 & L \end{bmatrix} \begin{bmatrix} i_{\mathrm{A}} \\ i_{\mathrm{B}} \\ i_{\mathrm{C}} \end{bmatrix} + \begin{bmatrix} e_{\mathrm{a}} \\ e_{\mathrm{b}} \\ e_{\mathrm{c}} \end{bmatrix} + \begin{bmatrix} U_{\mathrm{N1}} \\ U_{\mathrm{N1}} \\ U_{\mathrm{N1}} \end{bmatrix} \tag{8-34}$$

式中，$S'=0$ 时，Q_6 导通；$S'=1$ 时，Q_6 关断。由式（8-34）解得

$$U_{\mathrm{N1}} = \frac{2+S'}{3}U_{\mathrm{S}} - \frac{1}{3}e_{\mathrm{a}} = \frac{3-D}{3}U_{\mathrm{S}} - \frac{1}{3}e_{\mathrm{a}} \tag{8-35}$$

将式（8-35）代入式（8-34）中，整理得换相过程中的三相电流为

$$\begin{cases} i_{\mathrm{a}}(t) = -i_0 + \dfrac{1}{3L}(2K_{\mathrm{e}}\omega + 3Ri_0 + DU_{\mathrm{S}})t \\ i_{\mathrm{b}}(t) = \dfrac{1}{3L}(2K_{\mathrm{e}}\omega - 2DU_{\mathrm{S}})t \\ i_{\mathrm{c}}(t) = i_0 + \dfrac{1}{3L}(DU_{\mathrm{S}} - 4K_{\mathrm{e}}\omega - 3Ri_0)t \end{cases} \tag{8-36}$$

在这两种调制方式下，下桥换相过程中电磁转矩为

$$T_{\mathrm{L}} = \frac{n_{\mathrm{p}}}{\omega}\sum_{j=\mathrm{a,b,c}} e_j i_j = 2n_{\mathrm{p}}K_{\mathrm{e}}i_0 + n_{\mathrm{p}}\frac{K_{\mathrm{e}}}{3L}(2DU_{\mathrm{S}} - 8K_{\mathrm{e}}\omega - 6Ri_0)t \tag{8-37}$$

换相过程中电磁转矩脉动为

$$VT'_{\mathrm{L}} = T - T_{\mathrm{L}} = n_{\mathrm{p}} \frac{K_{\mathrm{e}}}{3L}(-2DU_{\mathrm{S}} + 8K_{\mathrm{e}}\omega + 6Ri_0)t \tag{8-38}$$

比较式（8-33）与式（8-38），可得在两种不同调制方式下，换相转矩脉动的偏差为

$$VT_2 = VT_{\mathrm{L}} - VT'_{\mathrm{L}} = n_{\mathrm{p}} \frac{2K_{\mathrm{e}}}{3L} U_{\mathrm{S}}(1-D)t \geqslant 0 \tag{8-39}$$

由以上讨论可知，在上桥换相时，PWM_ON 型和 H_PWM-L_ON 型调制方式下的转矩脉动比 ON_PWM 型和 H_ON-L_PWM 型调制方式下转矩脉动小；在下桥换相时，PWM_ON 型和 H_ON-L_PWM 型调制方式下的转矩脉动比 ON_PWM 型和 H_PWM-L_ON 型调制方式下的转矩脉动小。在以上提及的四种调制方式中，PWM_ON 型是其中转矩脉动最小的调制方式。以上讨论的四种调制方式都属于半桥调制的范畴，而半桥调制存在截止相导通的现象，致使电机截止相电流的正负半波不对称，产生附加电流，又因为它与相电动势反相，故产生负转矩，导致了转矩脉动增大，削弱了电机的合成转矩，降低了电机的效率。截止相导通的现象是半桥调制下必然存在的问题，在调制方式不改变的情况下，这种现象无法消除。

全桥调制时，电机始终只有两相导通，截止相不会产生续流现象，并且电机中性点电压在电机运行期间始终不会改变，电流波动小，转矩脉动也较小。但全桥调制下开关管的开关次数远远高于半桥调制下开关管的开关次数，因而损耗较大，大大限制了它的应用。

PWM-ON-PWM 方式在换相期间同样是开通管进行 PWM，未换相管恒通，属于 ON_PWM 方式的范畴，通过前面的分析可知其换相转矩脉动较小。

8.3.3　PWM-ON-PWM 方式的应用局限

30°调制也带来了新问题，因为常规的三相无刷直流电机安装了三路位置传感器，每路位置传感器输出正负交替的方波信号，正方波和负方波各持续 180°电角度，三路位置传感器的输出信号互差 120°电角度。通过检测三路位置传感器输出的逻辑组合信号，对各个开关管进行开关控制，使三相电枢绕组在任意时刻有两相通电，从而获得连续的跳跃式定子磁场，定转子磁场相互作用产生电磁转矩，使电机旋转。无刷直流电机每隔 60°电角度，三路位置传感器输出信号的逻辑组合才变化一次。而要实现 30°调制，就必须使位置传感器输出信号的逻辑组合每 30°电角度就变化一次，这样才能在 120°电角度区间内实现 PWM-ON-PWM。所以，在 30°调制时需要再加装三路位置传感器，才能满足控制要求。在

这种情况下，电机系统就会变得复杂，同时也增加了成本。

为了获得较高的位置精度，可选用光电码盘或旋转变压器等作为位置检测元件，因此可以应用 PWM-ON-PWM 方式。

8.4　试验测试及结果分析

前面对无刷直流力矩电机、伺服控制系统及 PWM 方式进行了较为详细的介绍，本节中主要对试验条件、测试方法及最终的试验和测试结果进行介绍。

伺服系统要求的详细技术指标如表 8-1 所示。

表 8-1　技术指标要求

名　　称	技术指标
最大输出转矩/(N·m)	±33
速率范围/(°/s)	±0.01 ~ ±10
速率分辨率/(°/s)	0.005
控制带宽/Hz	3
转动范围	连续无限

8.4.1　试验测试

1. 速率精度及平稳度测试

（1）试验方案及主要参数确定　转台的角速率由转台角位置增量与时间的比计算，即 $\omega_e=\theta_e/T$，θ_e 为定角间隔，T 为转台转过定角间隔所用的时间。

采用定时测角法，用转台自身具有实时测量能力的角位置测量系统，测量在规定的采用时间间隔的角度值。采样时间间隔根据速率高低分档：

$$\begin{cases} T=\dfrac{1^\circ}{\omega_e} & \omega_e<1^\circ/\mathrm{s} \\ T=\dfrac{10^\circ}{\omega_e} & 1^\circ/\mathrm{s}\leqslant\omega_e\leqslant10^\circ/\mathrm{s} \\ T=\dfrac{360^\circ}{\omega_e} & \omega_e\geqslant10^\circ/\mathrm{s} \end{cases} \tag{8-40}$$

（2）速率精度及平稳度试验　框架工作于速率工作状态，使其按给定的速率指令稳定运转，根据 ω_e 选择定时间隔，待框架以规定的角速率稳定运行后，定时读取被测轴角位置测量系统数字显示值，连续测量 10 次，得到 θ_1，θ_2，…，θ_{10}。当 $\omega_e\leqslant0.005^\circ/\mathrm{s}$ 时，测量三次得到 θ_1、θ_2 和 θ_3。

（3）数据处理及结果评定　速率精度为

$$U_{\omega}=\frac{1}{\theta_{g}}\mid\bar{\theta}-\theta_{g}\mid \tag{8-41}$$

式中，θ_g 为给定速率下被测轴在规定的采样时间间隔内的角度增量名义值；$\bar{\theta}$ 为给定速率下被测轴在规定的采样时间间隔内角度增量实测值的平均值。

速率平稳性为

$$\sigma_{\omega}=\frac{1}{\bar{\theta}}\sqrt{\frac{1}{N-1}\sum_{i=1}^{n}(\theta_{i}-\bar{\theta})^{2}} \tag{8-42}$$

式中，N 为按给定速率选定的测量次数。

2. 带宽测试

伺服速率系统的带宽可采用计算机软件及动态分析仪扫频两种测试方法。在速度工作方式下，由上位机给定一个 3Hz 的正弦信号，使框架跟踪该信号。记录输入和输出的角度，将得到的数据上传到上位机进行处理，以此来判定带宽是否满足要求。本系统中伺服速率系统带宽应满足 3Hz、下降 3dB 的要求。

8.4.2　结果分析

试验中所用到的永磁无刷直流力矩电机具体参数如下：额定电压 $U=28$V，额定功率 $P=8$W，极对数 $p=8$，每相电阻 $R=65\Omega$，每相电感 $L=12.5$mH，开关频率 $f=20$kHz，电流环采样周期 $T=0.1$ms。图 8-19 所示为下桥调制下参考为 10°/s时转速信号波形。

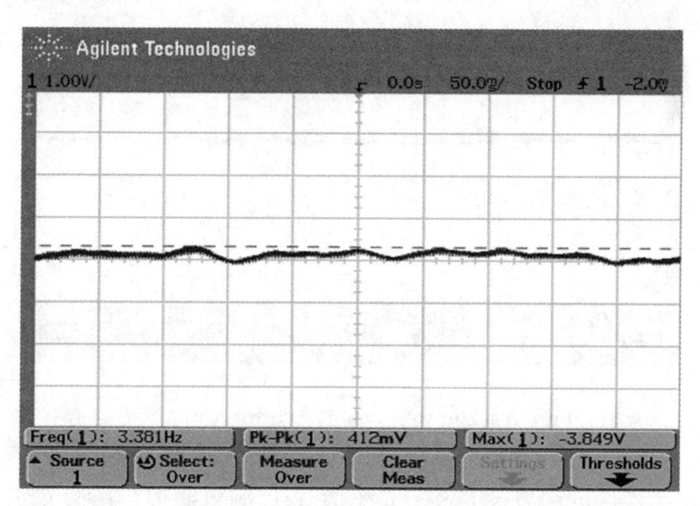

图 8-19　下桥调制下参考为 10°/s 时转速信号波形

图 8-20 所示为 PWM_ON 方式下参考为 10°/s 时转速信号波形。

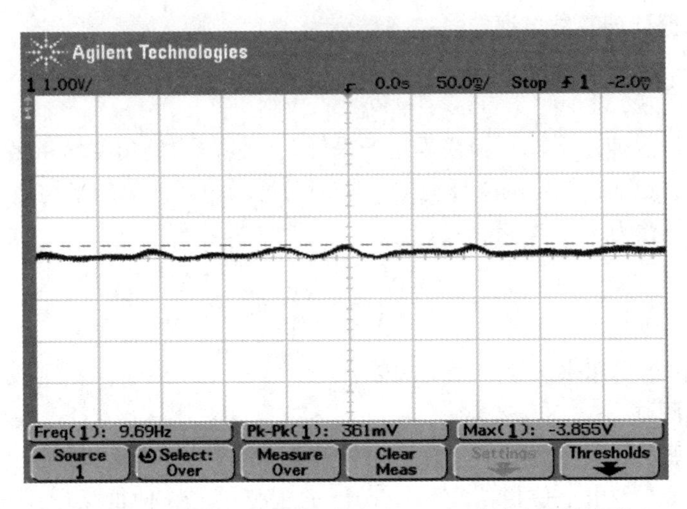

图 8-20　PWM_ON 方式下参考为 10°/s 时转速信号波形

从以上两图可以看出，传统调制模式下，由于截止相导通、PWM 及转矩脉动的影响，速度信号的波动相当大，有 1°/s 左右。如图 8-21 所示，在 30°调制方式下，在参考为 10°/s 时，转速信号的波动大大减小，只有 0.75°/s 左右。经测量可知，速率精度和平稳度均达到 5‰的指标。

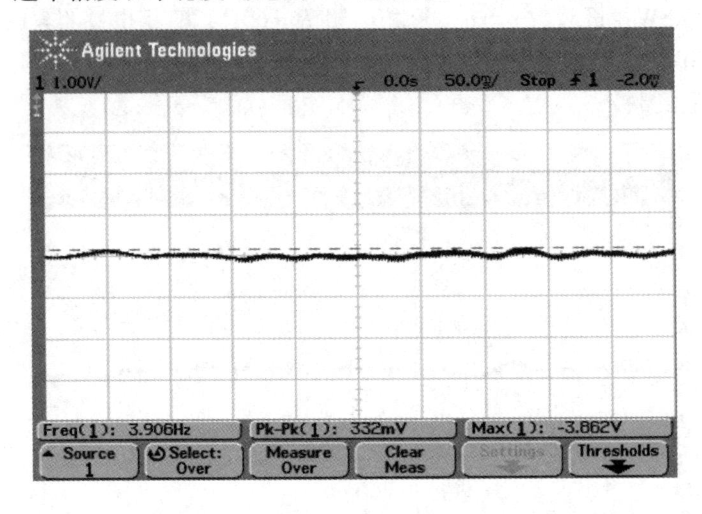

图 8-21　PWM-ON-PWM 方式下参考为 10°/s 时转速信号波形

图 8-22 所示为 PWM-ON-PWM 方式下 A 相电流波形。由图 8-22 可知，在 PWM-ON-PWM 方式下，截止相导通的现象完全消除，有效地降低了转矩脉动。

图 8-23 所示为带宽测试时框架跟踪 3Hz 信号速度波形。

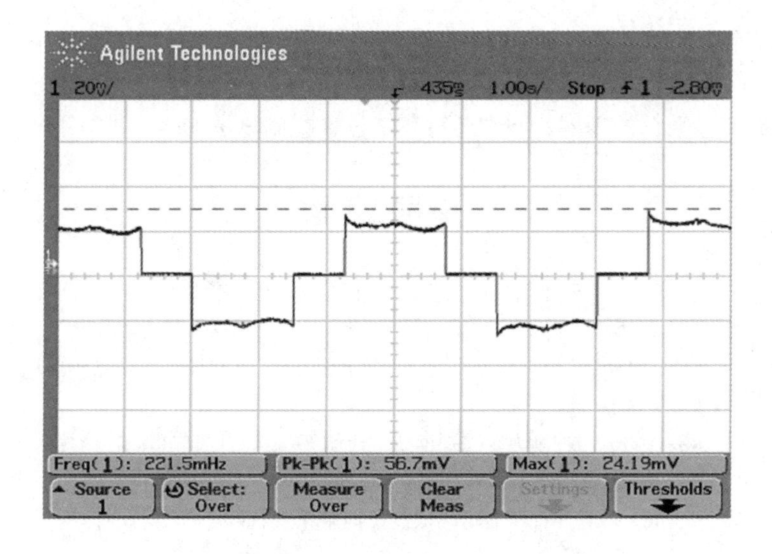

图 8-22　PWM-ON-PWM 方式下 A 相电流波形

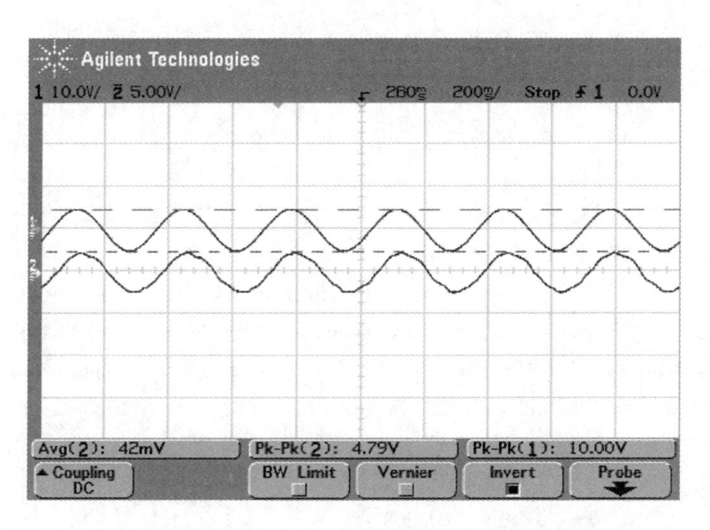

图 8-23　速度工作方式下框架跟踪 3Hz 信号速度波形

8.5　本章小结

本章主要介绍了永磁无刷直流力矩电机伺服控制系统的设计，详细说明了系统中各部分接口电路设计的具体思路和实现方法。对于系统的位置控制算法，首先对传统的 PID 控制策略进行分析，进而分析了采用传统 PID 控制的不足，同时提出了几种改进的 PID 控制算法，并在系统中应用了不完全微分及积分限幅的

PID控制算法；同时分析了调制方式的改变对于低速时速率波动的影响，并应用了新型PWM-ON-PWM方式，有效地降低了低速时的速率波动，改善了系统的性能，提高了系统的精度；同时还对系统位置控制算法的实现进行了研究分析。

参考文献

[1] 姚嘉，刘刚，房建成. 磁悬浮控制力矩陀螺用高速高精度无刷直流电机全数字控制系统[J]. 微电机，2005(6)：65-67.

[2] 王鹏，房建成. MSCMG框架伺服系统非线性摩擦力矩建模与实验研究[J]. 宇航学报，2007，28(3)：613-618.

[3] 魏彤，房建成. 磁悬浮控制力矩陀螺框架效应的FXLMS自适应精确补偿控制方法仿真研究[J]. 宇航学报，2006，27(6)：1205-1210.

[4] 于灵慧，房建成. 磁悬浮控制力矩陀螺框架伺服系统扰动力矩分析与抑制[J]. 宇航学报，2007，28(2)：287-291.

[5] 贾军，房建成. 基于DSP的磁悬浮控制力矩陀螺框架数字伺服系统[J]. 微电机，2007，46(6)：50-53.

[6] 张峰，房建成. 一种基于DSP的磁悬浮控制力矩陀螺框架数字伺服系统[J]. 微电机，2007，40(11)：32-34.

[7] 徐大林，陈建华. 自整角机/旋转变压器-数字变换技术及发展[J]. 测控技术，2005，24(10)：1-5.

[8] 鲁文其，胡育文，梁骄雁，等. 永磁同步电机伺服系统抗扰动自适应控制[J]. 中国电机工程学报，2011，31(3)：75-81.

[9] FANG J, LI H, HAN B. Torque ripple reduction in BLDC torque motor with nonideal back EMF [J]. IEEE transactions on power electronics, 2011, 27 (11): 4630-4637.

[10] EL OUANJLI N, DEROUICH A, EL GHZIZAL A, et al. Modern improvement techniques of direct torque control for induction motor drives-a review [J]. Protection and Control of Modern Power Systems, 2019, 4 (1): 1-12.

[11] 李成功，靳红涛，焦宗夏. 电动负载模拟器多余力矩产生机理及抑制[J]. 北京航空航天大学学报，2006，32(2)：204-208.

[12] 姬伟. 陀螺稳定光电跟踪平台伺服控制系统研究[D]. 南京：东南大学，2006.

[13] LI S, SONG Y. Dynamic response of a hydraulic servo-valve torque motor with magnetic fluids [J]. Mechatronics, 2007, 17 (8): 442-447.

[14] GÜEMES J A, IRAOLAGOITIA A M, DEL HOYO J I, et al. Torque analysis in permanent-magnet synchronous motors: A comparative study [J]. IEEE Transactions on energy conversion, 2010, 26 (1): 55-63.

[15] NIKAM S P, RALLABANDI V, FERNANDES B G. A high-torque-density permanent-magnet free motor for in-wheel electric vehicle application [J]. IEEE Transactions on Industry Applications, 2012, 48 (6): 2287-2295.

[16] MA P, WANG Q, LI Y, et al. Research on torque ripple suppression of the slotted limited angle torque motor [J]. IEEE Transactions on Magnetics, 2020, 57 (2): 1-6.
[17] 王喜明. 基于 LuGre 模型的摩擦力矩补偿研究 [D]. 西安: 中国科学院西安光学精密机械研究所, 2007.
[18] 陈冬, 房建成. 非理想梯形波反电势永磁无刷直流电机换相转矩脉动抑制方法 [J]. 中国电机工程学报, 2008, 28 (30): 79-83.
[19] 李碧政, 廖雪松, 徐英振, 等. 永磁环形力矩电机驱动转台伺服系统的多目标鲁棒控制研究 [J]. 专用汽车, 2023 (9): 28-30.
[20] YU H, YU G, XU Y, et al. Torque performance improvement for slotted limited-angle torque motors by combined SMA application and GA optimization [J]. IEEE Transactions on Magnetics, 2020, 57 (2): 1-5.
[21] KAWAMURA W, CHEN K L, HAGIWARA M, et al. A low-speed, high-torque motor drive using a modular multilevel cascade converter based on triple-star bridge cells (MMCC-TSBC) [J]. IEEE Transactions on Industry Applications, 2015, 51 (5): 3965-3974.
[22] 汪瑾, 胡浩, 张曙, 等. 降低永磁直流力矩电动机转矩波动的措施 [J]. 微特电机, 2023, 51 (8): 64-66.
[23] NASIRI-ZARANDI R, MIRSALIM M, CAVAGNINO A. Analysis, optimization, and prototyping of a brushless DC limited-angle torque-motor with segmented rotor pole tip structure [J]. IEEE Transactions on Industrial Electronics, 2015, 62 (8): 4985-4993.
[24] LI S, BAO W. Influence of magnetic fluids on the dynamic characteristics of a hydraulic servovalve torque motor [J]. Mechanical systems and signal processing, 2008, 22 (4): 1008-1015.
[25] 王骞, 杜翱翔, 魏国, 等. 交流永磁力矩电机的磁饱和控制与电磁性能优化研究 [J]. 机械, 2022, 49 (7): 1-7.
[26] ZHANG J, ZHANG B, FENG G, et al. Design and analysis of a low-speed and high-torque dual-stator permanent magnet motor with inner enhanced torque [J]. IEEE Access, 2020, 8: 182984-182995.

第9章

稀土永磁无刷直流电机发电运行控制

磁悬浮储能飞轮（Magnetic Suspension Energy Storage FlyWheel，MSESFW）技术是航天应用领域中的关键技术之一，是国际前沿技术，其基于高速磁悬浮轴承支承技术，集成能量储存与空间飞行器的姿态控制于一体。作为能量储存与释放单元时，MSESFW 将高速旋转所储存的动能释放，通过能量变换装置转换为电能，为卫星上设备在阴影区或能量紧急缺乏时提供电能。它的这个功能可完全代替或部分代替卫星上的化学电池，减小了航天器的质量、体积，延长了电源的寿命。

飞轮储能与化学电池相比，具有以下几个方面的优点：储能密度提高了 10 倍以上；长循环寿命，使低地地球轨道航天器寿命延长；增加效率（节省能量），无污染；体积小，轻便；可确切知道充电状态（通过测量电机转速）；可提供较大的峰值功率（具有电力调峰能力）。

目前，飞轮电池的各种性能参数已经达到了工业应用水平，并且其应用领域日趋广泛，已有一些公司生产的飞轮电池投入使用。由于飞轮电池的价格相对较高，所以在航空航天和军事领域应用较多。随着飞轮电池性价比的进一步提高，飞轮电池在电动汽车、不间断电源（UPS）、军用战斗车辆、电力调峰等领域具有广泛的应用前景。

本章在分析了储能飞轮的高速永磁无刷直流电机能量释放机理后，采用直流降压斩波原理，设计了一种能量转换控制器，将高速 MSESFW 储存的动能，经过整流、降压斩波、功率因数校正、稳压后，转变为稳定的直流电能输出，主要内容包括：

1）飞轮储能（Flywheel Energy Storage，FES）系统的基本组成、工作原理；

2）采用 Buck 拓扑结构对 MSESFW 能量释放部分应用 MATLAB/Simulink 进行了建模、仿真；

3）能量转换控制系统硬件系统的设计，PFC 控制算法设计；

4）高速永磁无刷直流电机发电运行试验，即 MSESFW 能量释放实验。

9.1　稀土永磁无刷直流电机发电运行

9.1.1　概述

随着我国航天事业的迅猛发展，航天器对能源的要求越来越高，能源问题成为航天器寿命短、可靠性低的主要制约因素之一，提高电源的供给能力、电源的寿命和可靠性是新一代大载荷卫星亟待解决的核心问题。

目前航天器所应用的化学电池具有使用寿命有限、储能密度低、性能不稳定以及电量不确定等缺点。储能飞轮能量释放技术储能密度大、寿命长、工作性能稳定、电量确定、能量转换效率高，对于诸多航天器来说，在提高电源供给能力、延长寿命、提高可靠性等性能方面具有显著意义。飞轮作为航天器姿态控制的主要执行机构，已经广泛应用于卫星的三轴姿态稳定控制。MSESFW 无接触、无摩擦，可以高速旋转，在实现卫星姿态控制的同时，还可以进行储能，从而实现储能功能。近年来，随着磁轴承技术的发展，高速 MSESFW 已经成为航天器技术发展的一个新的方向。

使用飞轮作为储能设备还有其他的一些优点：首先，储能飞轮作为储能设备，集姿态控制系统的执行部件（如反作用轮、动量轮和控制力矩陀螺）和能源储存部件于一体；也可用作卫星姿态角速度的敏感装置（如速率陀螺、速率积分陀螺），这样就可部分替代航天器用于存储能量的化学电池，极大地减小航天器的体积和质量；另外，飞轮的充、放电速度比化学电池快，这样能源的管理与分配系统也可以做得比较简单，重量也会更轻，从而增加有效载荷。举个例子来说，当卫星从阴影区中出来，太阳电池板两翼温度比较低，此时的效率非常高。在使用化学电池的系统中，会有一部分电能被浪费掉，因为化学电池对充电速率是很敏感的。而飞轮对充、放电速率并不敏感，因此至少说在某些情况下，这部分电能不会被飞轮浪费掉。根据这一点，通过进一步的研究，可以设计出新的储能系统，能够节省大量的能源，从而减小太阳翼的尺寸。

飞轮作为能源储存设备，其循环寿命取决于电子线路和转子材料的（期望）寿命，而且它的循环寿命最终肯定会超过化学电池的寿命（3 ~5 年），且化学电池效率低、质量大、不环保。飞轮作为储能装置的储能（充电）状态更容易确定，只需通过测速计测出飞轮的转动角速度即可；同时利用测速计处理使飞轮加、减速的控制力矩的模型十分简单，并不会增加系统的复杂程度。飞轮储能技术正以其无可比拟的高效率、长寿命、维持简单、无污染、节能等优点，日益受到人们的关注，成为国际能源界研究的热点之一。

飞轮储能系统这种独特的兼具储能与姿态控制的双重功能，对于提高宇宙飞船、空间站、人造卫星等航天器的性能有着显著的意义。美国早在20世纪80年代初就已经对MSESFW在航空航天领域的应用进行了可行性研究，并证明了飞轮不但可以通过产生的不平衡力矩对航天器进行姿态控制，而且还可以储存能量，取代化学电池作为航天器的储能装置。

高速MSESFW具有高功能密度的特点，因为它不仅可以满足航天器姿态控制的需求，还可以替代或部分替代卫星上的化学电池。在储能方面与化学电池相比，采用磁悬浮飞轮进行储能，还具有储能密度大、能量转换效率高、储能（充放电）状态容易确定、工作性能稳定可靠、瞬时峰值功率高、循环使用寿命长、不受充放电次数和深度影响等优点，对于诸多航天器来说，在提高电源供给能力、延长寿命、提高可靠性等性能方面具有显著意义。表9-1对储能飞轮和化学电池在航天上的应用进行了对比，从中可以看出，储能飞轮在各个方面的性能都优于化学电池。

表9-1　储能飞轮和化学电池的比较

项　　目	化学电池	储能飞轮
充、放电循环次数（寿命）/年	3~5	20
充、放电速度	十几分钟	十几秒
放电深度（%）	20~30	50~90
能量密度/（Wh/kg）	<10	<50
温度要求/℃	<20	40
系统重量	较大（包括电池和动量轮）	较小（可到蓄电池的1/10）
系统可靠性	较低	较高

航天应用的飞轮储能系统实现能量控制的基本原理是，当卫星在日照区时，太阳电池阵的能量使飞轮达到最高转速，储存一部分能量；而当卫星在阴影区时，太阳电池阵不能发电，这时飞轮速度降下来，将储存在飞轮中的一部分动能发电，转换为电能供卫星上负载使用。储能飞轮能量储存系统寿命长，储能效率高（90%），有较高的工作温度范围和有效载荷能力，充放电程度检测和控制相当简单，有内在的高电压、高脉冲电源能力，比NiCd电池的比能量高，比NiH电池的体积密度比高。在能量变化的同时，储能飞轮的转速也发生变化，使得飞轮的动量矩发生变化，因此可以利用飞轮的动量矩对卫星进行姿态控制，这样就可以实现储能功能，并可以减少系统的质量，提高有效载荷。储能飞轮应用时都为双飞轮系统，即两个飞轮相对转速相反，在这种情况下两个飞轮同时升降速并且加速度值相等时，系统整体的动量守恒，所以飞行器姿态不改变；可以通过改变双飞轮系统中的一个飞轮的转速起到姿态控制的功能，这也避免了在地球阴影区时需升速进行姿态控制与能量释放的矛盾。利用飞轮储能系统可以同时完成能

量储存和姿态控制两方面的功能，这样就可省去卫星用于姿态控制的反作用轮或控制力矩陀螺，显著提高了卫星的性能。

高速磁悬浮储能两用飞轮能量释放控制系统，可用于实现低地球轨道卫星（LEO）、地球同步轨道卫星（GEO）、空间站（大型低地球轨道航天器）、星际飞行器等大型航天器所储存动能的能量释放控制。飞轮储能系统的姿态控制和能量储存与释放这两种功能，都是通过电机的速度控制系统来改变飞轮运行速度来完成的，其中的能量储存与释放无疑占有很重要的地位。

9.1.2　能量转换方法

本章介绍的能量释放控制系统的实质，是将电机的机械能通过 AC/DC 变换为直流可控电能，为卫星上设备供电。

能量释放控制器是储能飞轮由机械能向电能转换的桥梁，它是控制整个飞轮储能系统正常工作的核心组成部件，其主要功能是控制集成电机，实现电能与机械能的相互转换。放电时，将输出的幅值和频率随电机转速不断变化的三相交流电经过整流电路转变为直流电，然后经过斩波电路转变成幅值恒定的直流电。该能量释放系统具有调频（控制飞轮的放电深度）、整流、恒压的功能。

电力电子变换器主要采用的电力电子器件是 MOSFET、IGBT，通过电源逆变和脉宽调制（PWM）技术来对储能飞轮进行充放电。美国 RPM 公司的电力电子控制器采用正弦电流 PWM 技术，通过反馈直流电压、飞轮转速、飞轮振动来防止过速，监视能量储存、释放等状态。该系统主要包括安全保护、轴承伺服电路、电机控制、LCD 显示几个模块，其功率损耗只有 2W。此外，马里兰大学也开发出“敏捷微处理器电力变换系统”，用于电力变换器的控制。

现在应用于储能飞轮能量释放系统的方法有很多，但大多数都是针对工业领域的，针对恒压、恒频的场合；而高速 MSESFW 随着能量释放，转速不断下降，相应的三相输出电压的幅值和频率也会随之降低，而输出电压要求为稳定的直流电压，所以能应用在此领域的较少，可以应用的有 PWM 整流电路、Buck 变换器、Boost 变换器、Boost-Buck 变换器、Cuk 变换器、Sepic 变换器、Zeta 变换器等。其中，PWM 整流电路复杂，对于空间应用来说可靠性较低，不适合中小功率系统，而且卫星上设备多为直流供电不需逆变环节；传统的 Buck 变换器虽然结构简单、功耗低、易于控制、性能稳定，但存在输出电压高频纹波分量大、功率因数不可控等缺点，可以通过功率因数校正（Power Factor Correction，PFC）来解决这个问题；而 Boost 变换器为升压斩波器，谐波含量高，功率因数低，且由电机输出的三相电压经过二极管整流以后电压值已经升至原来的 2.34～2.45 倍（分别为有负载和无负载时），所以对于卫星上设备所使用的电压不高的情况，此种方法明显不适合；Boost-Buck 变换器和 Cuk 变换器是负极性输出；Sepic

变换器和Zeta变换器是正极性输出，但这两个变换器结构复杂，都需要两个储能电感，这必然导致系统的损耗增加，效率变低，且体积和重量大。

9.2　储能基本原理

磁悬浮飞轮储能系统，就是利用电磁悬浮轴承支撑飞轮转子高速旋转，将能量以动能的形式储存起来，当能量紧急缺乏或处于地球阴影区需要时，飞轮减速运行，电机作发电机将储存的能量释放出来，它是具有广泛应用前景的新型机械储能方式。磁悬浮姿态控制/储能两用飞轮同时具有两种功能，它可以通过控制转子转速，改变输出角动量，产生控制力矩，从而精确控制空间飞行器的姿态；同时还可以通过转子速度的变化实现能量的储存、释放两种功能的集合体。在此方面，特别是磁悬浮技术的发展极大地推动了储能飞轮技术的发展，使其从研究阶段进入实际应用阶段变为可能。

随着近年来其他一些相关关键技术的发展，如高强度碳素纤维、高性能磁轴承、高强度轻重量的复合材料、高温超导悬浮技术、电力电子技术等，使飞轮的储能密度、周边线速度、储能效率、能量转换等方面都有了新的发展，都在不同程度上促进了储能飞轮技术的发展。

9.2.1　飞轮储能系统能量流动过程

飞轮取代蓄电池作为能源储存装置，其基本原理是将电能转换为转子转动的动能（机械能），通过电机驱动飞轮高速旋转将能源储存起来，当需要电能时，再通过发电机将机械能转换为电能。这里电机和发电机是同一装置，互为逆过程。

航天应用飞轮储能系统实现能量控制的基本原理是，当卫星在日照区时，太阳电池阵的能量使飞轮达到最高转速，储存一部分能量；而当卫星在阴影区时，太阳电池阵不能发电，这时飞轮速度降下来，将储存在飞轮中的一部分动能发电，转换为电能供卫星上负载使用。飞轮能量流程如图9-1所示。

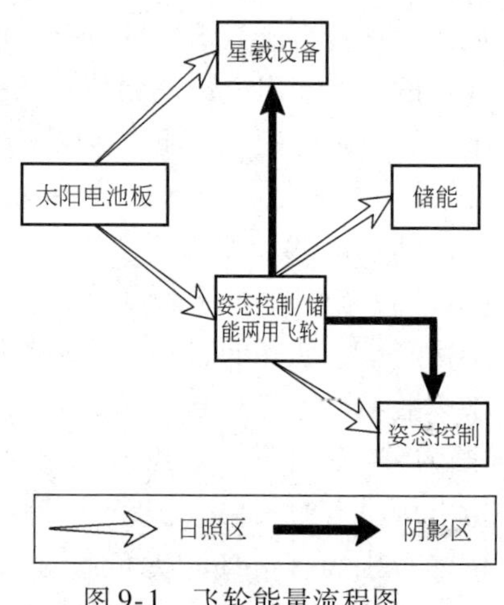

图9-1　飞轮能量流程图

图9-1所示（空心箭头表示日照区，实心箭头表示阴影区）为高速磁悬浮飞轮储能系统能量流程图，它分为两个部分：在日照区时，由太阳电池板为星载设备提供电能，并且同时高速磁悬浮飞轮储能系统提供电能，驱动其旋

转，实现姿态控制并将能量以动能的形式储存起来；当航天器在阴影区时，太阳电池板失去效用，由高速磁悬浮飞轮储能系统释放动能转换为电能为星载设备提供能量，同时兼顾姿态控制功能。

9.2.2　飞轮储能系统动能储存原理

飞轮储能系统利用卫星在日照区由太阳电池板提供的电能使飞轮高速转动而储存动能，在阴影区时飞轮降速，释放动能转换为电能，为星上设备提供电能。不平衡转动力矩作用是飞轮转速改变的根本原因，当转矩的方向与飞轮转动方向一致时，飞轮由于受到正向不平衡转矩的作用而加速，能量转化为动能储存起来；相反，当能量释放时，飞轮转子将高速旋转所储存的动能转为电能释放出来，飞轮不断减速，电机作为发电机运行。

飞轮转子所储存的能量为转子上各质点质量与其速度二次方乘积的一半，物体的动能 E 的表达式为

$$E=\frac{1}{2}mv^2 \tag{9-1}$$

式中，m 为飞轮转子质量；v 为飞轮转子线速度。由于飞轮上各点的速度是不一样的，所以它的动能也可表达为

$$E=\sum_i \frac{1}{2}m_i v_i^2 \tag{9-2}$$

式中，m_i 是飞轮转子各点的质量；v_i 是飞轮转子上各点的线速度。由式（9-2）可知，飞轮储能大小除与飞轮的质量（重量）成正比外，还与飞轮转子上各点速度的二次方成正比。提高转速对提高所储存能量大小无疑是非常有效的途径，因此提高飞轮的速度（转速）比增加质量更有效。

随着磁悬浮技术的快速发展，消除了飞轮的摩擦损耗，使飞轮高速储能代替化学电池，为卫星上设备供电成为可能。而且近年来随着高强度碳素纤维、高强度轻重量的复合材料的发展，解决了转速受飞轮本身材料的限制（速度过高飞轮可能被强大的惯性离心力撕裂的问题），故采用高强度、低密度的高强复合纤维飞轮，可以使飞轮转速更高，储存更多的动能。目前选用的碳纤维复合材料，其轮缘线速度可达1000m/s，比子弹速度还要高。正是由于高强度复合材料的问世，飞轮储能才进入实用阶段。同时，高性能磁轴承、电力电子技术等关键技术的发展，也使飞轮的储能密度、周边线速度、储能效率、能量转换等方面都有了新的发展，这也在很大程度上促进了飞轮储能的发展。

由式（9-1）和式（9-2）不能直观地计算出飞轮所储存和释放的能量，所以一般使用下式计算转子所储存的能量和转化过程中可以吸收及释放的能量：

$$E=\frac{1}{2}J\omega^2 \leqslant mK_s K_m \frac{\sigma_b}{\rho}\ (\omega=n\pi/30) \tag{9-3}$$

$$E_a=\frac{1}{2}J\left(\omega_{max}^2-\omega_{min}^2\right) \tag{9-4}$$

$$e_m=\frac{E}{m}=\frac{J\omega^2}{2m}\leqslant\frac{K_sK_m\sigma_b}{\rho} \tag{9-5}$$

式中，E 为储存的能量；J 为飞轮转子的转动惯量（当飞轮转子加工好以后即为固定值，与飞轮转子的形状、材料等有关）；ω 为角速度（rad/s）；n 为转速（r/min）；m 为飞轮转子质量；K_s 为转子形状系数；K_m 为转子材料利用系数；σ_b 为转子材料的抗拉强度；ρ 为转子材料的密度；E_a 为吸收或释放的能量；ω_{max}为飞轮转子转动速度最大时的转动角速度值；ω_{min}为飞轮转子释放出可以利用的电能的最小转动角速度值；e_m 为储能密度。由 ω_{max}、ω_{min}便可以计算出能量释放深度、储能密度等技术参数[34]。

9.3　飞轮储能系统基本组成

飞轮储能系统可以分为三个核心部分：飞轮本体、永磁无刷直流电动机/发电机和电力电子变换装置。

9.3.1　飞轮储能系统的基本结构

飞轮储能系统主要由定子系统、转子系统、电动/发电机组、支撑转子的轴承系统、姿态控制及能量转换系统几大部分构成，如图9-2所示。定子又称陀螺房，固定连接在飞行器上，起支撑、定位作用；转子则是相对定子高速旋转的惯量轮。当转子速度变化时，飞轮角动量相应发生变化，从而输出反作用力矩。飞

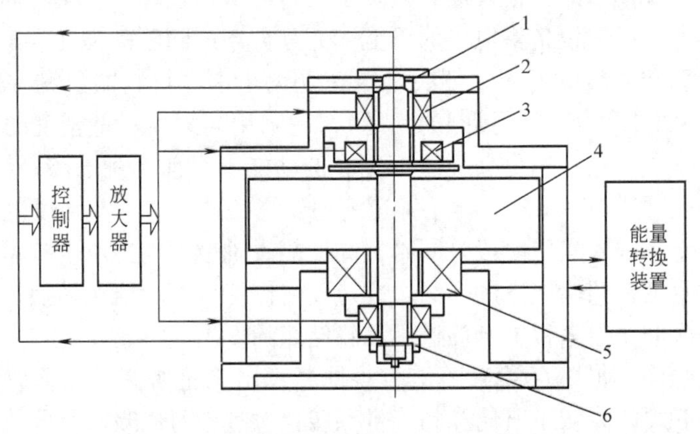

图9-2　磁悬浮飞轮储能系统典型结构图

1—保护轴承　2—径向磁轴承　3—轴向磁轴承　4—飞轮本体　5—电动机/发电机　6—传感器

轮储能系统正是通过控制转子转速，以角动量变化时的反作用力矩作为控制力矩，实现对空间飞行器姿态的控制；能量的储存与释放也是通过控制转速的变化来实现的。定子和转子之间为磁轴承、电机和保护轴承。磁轴承包括径向磁轴承和轴向磁轴承，分别起径向和轴向的支撑作用。电机为永磁无刷直流电机，永磁体和飞轮转子固定在同一根轴上，绕组则和定子相连，向永磁体提供切向力，带动飞轮转子一起旋转。保护轴承则在未悬浮时提供对飞轮转子的支撑作用。

图9-3所示为北京航空航天大学研制的国内第一台25N·ms磁悬浮外转子储能飞轮原理样机。该样机的驱动电机为Halbach外转子永磁无刷直流电动机/发电机，额定转速为30000r/min，角动量为25N·ms，转子支承为混合磁轴承。

图9-3 25N·ms磁悬浮储能飞轮

9.3.2 飞轮储能系统核心构件设计

1. 飞轮转子设计

飞轮转子是飞轮储能系统中储存能量的部件，它的性能直接决定了飞轮储能系统所能储存能量的多少。飞轮转子材料一般选用超强玻璃纤维或碳纤维、环氧树脂复合材料，也可选用铝合金、优质钢等。飞轮外缘的线速度最大，而且质量要尽量集中在边缘，这样可以提高储能密度，所以在研制储能飞轮时，考虑到储能密度因素，采用复合型轮缘，外缘是高性能的纤维复合材料，内缘采用相对成本比较低的纤维复合材料。

转子形状主要采用多层空心圆柱体状和环状，此外还有纺锤状、伞状等。飞轮本体的设计力求提高转子的极限角速度，减轻转子重量，增加储能量。通过有限元分析方法，对飞轮静力学、动力学、电磁模型、热模型进行分析，多学科优化，最小等效重量优化，采用扁平复合型转子，如图9-4所示。

图9-4 飞轮转子外形图

2. 电动机/发电机设计

飞轮储能系统中有一个既可作为电动机又可作为发电机的部件，它是飞轮储能系统的核心动力部件。当储能时，电机作为电动机给飞轮加速；当释能时，电机又作为发电机给外部供电。低损耗、高效率的电动机/发电机是能量传递的关键。

电动机/发电机采用稀土永磁无刷直流电机。近年来，由于稀土永磁材料、大功率半导体器件的快速发展，稀土永磁无刷直流电机也得到快速发展。由于其优越的调速性能，且避免了普通有刷直流电机的缺陷，因而在驱动、伺服等领域有着广泛的应用前景，已经被广泛应用于航空航天领域，实现对各种运动量的控制。

稀土永磁无刷直流电机不仅具有高可靠性、维护方便、结构简单等优点，还具有以下优点：

1）稀土永磁材料的高磁能积，使得电机可以明显降低重量，减小体积。

2）系统永磁材料的矫顽力 H_c 高，剩磁 B_r 大，因而可以产生很大的气隙磁通，大大缩小了永磁转子的外径，从而可以减小转子的转动惯量，降低时间常数，改善电机的动态特性。

3）稀土永磁材料的内禀矫顽力 H_{cj} 极高，磁场定向性好，因而容易实现在气隙中建立近似于矩形波的磁场。电机可以设计成方波电机，当与120°导通型三相逆变器匹配时，可以实现方波驱动，从而有效地减小电机的力矩波动。

稀土永磁材料的去磁曲线是线性可逆的，这给电机工作点的计算带来了方便，简化了磁路设计和磁场分析方法。所以，基于以上优点，本储能飞轮电机采用稀土永磁无刷直流电机。能量转换器作为储能飞轮中电能和机械能转换的桥梁，它控制整个飞轮储能系统，对电动还有如下要求：

1）飞轮电机应具有可逆性，能运行于电动和发电两种工作状态；

2）飞轮的高速旋转要求电机易于高速运行；

3）能量的储存和释放要求电机能够适应大范围的速度变化；

4）长时间的不间断运行需要电机有较长的稳定使用寿命；

5）长时间的储能运行要求电机的空载损耗不能太大；

6）要求电机有较大的转矩输出能力和功率容量；

7）要求电机运行效率高，调速性能好；

8）要求电机结构简单，运行可靠，低维护，重量和体积小等。

3. 磁轴承设计

轴承是制约飞轮转速的关键因素之一，主要用于支撑飞轮转子的高速旋转，包括磁轴承、传感器、放大器及控制系统，另外附加保护轴承，提高系统的可靠性。飞轮的支承方式主要有超导悬浮、电磁悬浮、永磁悬浮、机械轴承、气浮轴承和液浮轴承等。目前，轴承技术主要集中于磁悬浮和超导磁悬浮轴承系统的研究和开发，同时采用辅助机械轴承系统。

储能飞轮的支承系统目前主要有两种：主动磁悬浮支承系统和被动磁悬浮支承系统。主动磁悬浮支承系统的最大特征是负载能力较强，可以承受较大的动载荷，但由于控制系统的需要，须安装位置传感器，同时功耗较大；被动磁悬浮支承系统尽管结构简单，支承可靠，但轴承的最高转速受到极大的限制。针对上述问题，主动混合式磁轴承是未来的发展方向。北京航空航天大学研制的储能飞轮原理样机所采用的磁轴承由电磁偏置改为永磁偏置混合磁轴承，大大降低了磁轴承功耗，节省了卫星上能源。

4. 能量转换控制器

能量转换控制器是飞轮储能系统的能量转换控制部分。外部电能输入能量转换控制器来控制电机，驱动转子高速旋转，实现电能与机械能的转换；当外部负载需要能量时，输出电能也是经过能量转换控制器变换（调频、整流或恒压等）将动能转化为电能，然后获得满足母线或负载要求的电能。同时，能量转换控制器的能量转换效率对飞轮储能系统的整体效率有直接的影响。

9.4　发电运行的控制系统设计

能量转换控制器作为飞轮储能系统的重要组成部分，是整个飞轮储能系统能量释放部分的中心控制器。结合最新的电机控制技术、直流斩波原理和新型电源技术，进一步提高了其工作效率，改善了飞轮在充放电过程中的动静态性能，使飞轮电池充电速度快，放电过程稳定，工作更可靠，功率因数接近 1[26]。

9.4.1　控制原理及总体方案

1. 能量释放控制原理

当飞轮储能系统处于能量释放状态时，能量转换控制器要实现由储能飞轮一侧向电源侧的能量回馈，此时稀土永磁无刷直流电机工作于发电状态，使机械能转换为电能以反电动势形式向外提供，因而要求能量回馈单元与之相匹配，把反电动势变换为符合外部系统要求的电能形式。

储能飞轮能量释放过程中，能量通过电机以三相反电动势的形式输出，因为采用稀土永磁无刷直流电机，所以其输出电压波形应为方波。但从实际的反电动势输出波形中看出，其更接近正弦波电压，所以可以按正弦波处理，如图 9-5 所示。

储能飞轮能量释放过程中，飞轮转速不断下降，电机输出的反电动势幅值和频率也随之降低。本设计就是将具有这样性质的反电动势转变为恒定的直流电，

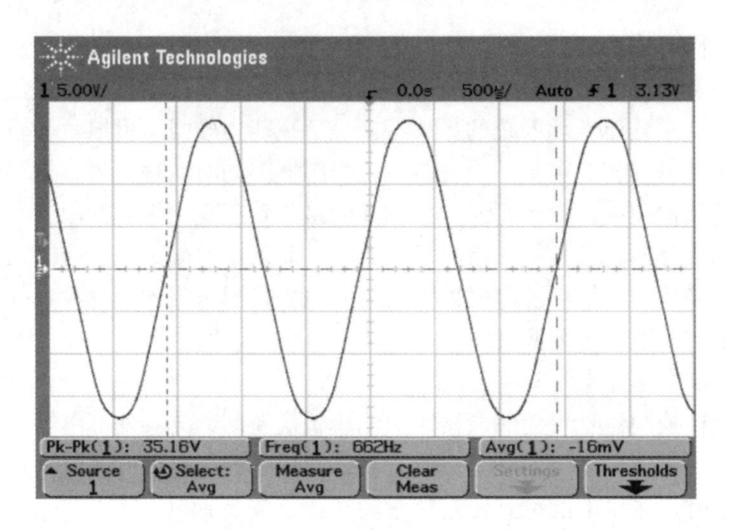

图9-5　储能飞轮电机反电动势输出波形

以为卫星上设备供电之用。当储能飞轮所用的无刷直流电机处于发电状态时，输出三相反电动势有如下特点：

1）反电动势是三相梯形波（实际中更接近正弦波）形式。

2）反电动势的频率和电压与飞轮的转速成正比，因而随飞轮转速的变化，反电动势的频率和电压也是变化的。

3）当无刷直流电机作电机运行（即升速）时，其电能由卫星电源系统直流母线供电，电压幅值最大值为母线电压，故无刷直流电机的反电动势幅值通常低于母线电压，但在特殊情况下（如动态过程中）也可能高于母线电压。

4）反电动势频率、电压的变化范围较大，转速从42000r/min降至12000r/min，反电动势峰-峰值从52V到15V左右，在此范围内进行能量转换。速度低于12000r/min时，因为反电动势和能量转换效率已经很低，所以停止转换。

5）能量回馈单元要实现的目标，是将上述反电动势转换为向卫星系统电路供电的恒定直流电源，其电压幅值应为28V，与原卫星系统直流母线电压相同，并有足够的稳定性、可靠性和安全性。但是在真正地面实验验证时，为了考虑便于可视化，所以斩波器的输出电压幅值为12V，用4个25W的12V直流灯泡作为负载，该部分内容在后文中将有详细介绍。

2. 能量释放控制器总体方案

飞轮本体部分包括转子和电机、升速控制器、能量释放控制器。能量释放控制器首先将三相反电动势整流，变为直流电压，然后采用直流降压斩波电路获得幅值恒定的直流电压。高速MSESFW系统的工作原理框图如图9-6所示。

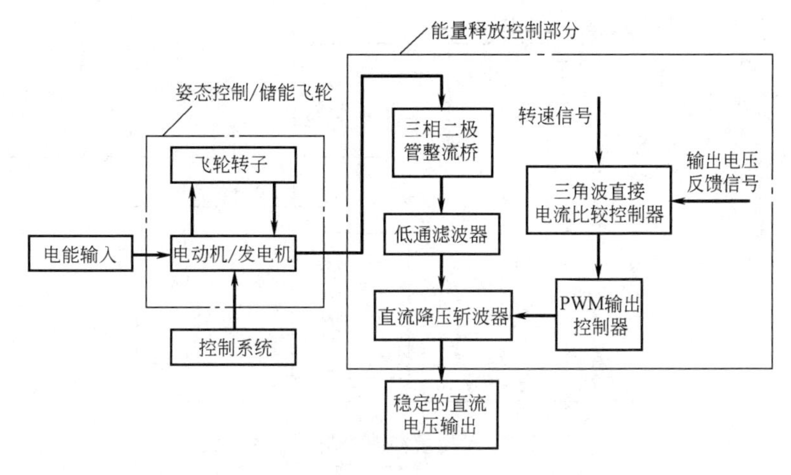

图 9-6　高速 MSESFW 系统工作原理框图

如图 9-6 所示，飞轮储能系统包括电动机/发电机、飞轮转子等；能量释放控制部分包括三相二极管整流桥、低通滤波器、直流降压斩波器、PWM 输出控制器等几个部分。首先，飞轮控制系统控制储能飞轮电动机/发电机（此时作为电动机使用），使电动机/发电机驱动飞轮转子升速，将输入电能转换为飞轮转子的动能。能量释放时，控制器控制飞轮转子降速，通过电机（此时作为发电机使用）输出三相电压，经过三相二极管整流桥整流变为脉动的直流电，然后通过低通滤波器滤掉经过二极管整流桥整流后产生的高频纹波，输出给直流降压斩波器，PWM 输出控制器通过电压反馈信号的输入和霍尔转速信号的输入，来控制直流降压斩波器开关器件的占空比，保证最终输出稳定幅值的直流电压。在电压反馈中加入了有源功率因数校正（Active Power Factor Correction，APFC）环节，使功率因数接近 1，总谐波畸变小。

储能飞轮能量释放控制系统的组成框图如图 9-7 所示，它由永磁无刷直流电机、三相二极管整流桥、低通滤波器、三角波直接电流比较控制器、PWM 输出控制器、直流降压斩波器、霍尔效应转子位置传感器等环节组成。能量释放过程中，永磁无刷直流电机高速旋转时输出三相反电动势，经过三相二极管整流桥整流转变为脉动的直流电压，低通滤波器滤掉由二极管整流桥整流产生的高频纹波，输出给直流降压斩波器输出直流电压；同时，从直流降压斩波器输出端取出的电压反馈信号经过三角波直接电流比较控制器产生 PWM 控制信号，与霍尔效应转子位置传感器输出的转速信号一同进入 PWM 输出控制器，用来控制直流降压斩波器的开关器件的占空比，保证直流降压斩波器具有稳定的直流电压输出；此外，通过霍尔效应转子位置传感器检测电机转速，当低于某个固定转速时，由于输出电压过低关闭直流降压斩波器的开关管，使电能停止释放。

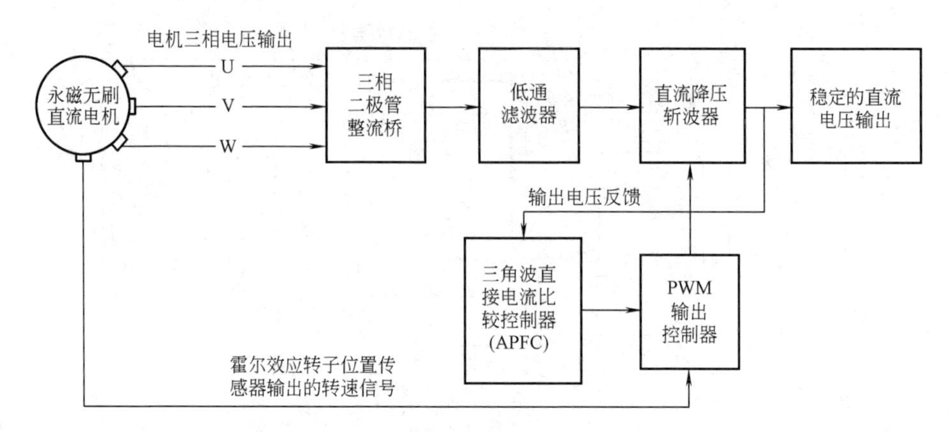

图 9-7　储能飞轮能量释放控制系统的组成框图

9.4.2　系统的硬件设计

20 世纪 60 年代就已经开始用开关型调整器代替线性调节器，它将快速通断的晶体管置于输入与输出之间，通过调节通断比例占空比来控制输出电压的平均值。该平均电压由可调宽度的方波脉冲构成，方波脉冲的平均值就是直流输出电压。使用 *LC* 滤波器可将方波脉冲平滑成无纹波直流输出，其值等于方波脉冲的平均值，整个电路采用负反馈，通过检测输出电压并结合负反馈控制占空比，稳定输出电压不受输入电压和负载变化的影响。目前输出负载的功率密度为 1～4W/in^3，而且可以获得与输入隔离的多组输出，它们无需工频变压器。有些 DC/DC 变换器功率密度可高达 40～50W/in^3。

线性调整器最大的优点是低损耗、高效率，但是它串接晶体管的高损耗使它很难在输出大于 5A 的场合应用，因为高损耗要大体积散热器，而大体积的散热器及笨重的工频变压器与电路其他部件集成小型化不协调，输出负载的功率密度仅为 0.2～0.3W/in^3，所以不适合本设计。

本设计采用了 Buck 变换器，同步整流 Buck 变换器是高效率、低电压大电流开关电源的一种首选拓扑结构，为了实现快速动态响应和高功率密度，同步整流 Buck 变换器的输出滤波电感要求小。

主电路拓扑图如图 9-8 所示，它主要由交流整流部分、低通滤波部分、直流降压斩波部分、有源功率因数校正（APFC）部分组成（点划线框内在 DSP 处理器内部程序实现）。首先将电机输出的三相反电动势经过三相二极管整流桥整流为直流，经过低通滤波电路滤去高频纹波并稳压之后，再通过直流降压斩波器控制为稳定的直流电压。同步整流 Buck 斩波器具有高效率、低电压、大电流的特点，是开关电源的一种首选拓扑结构，只要输出滤波电感值选择较小，还可以

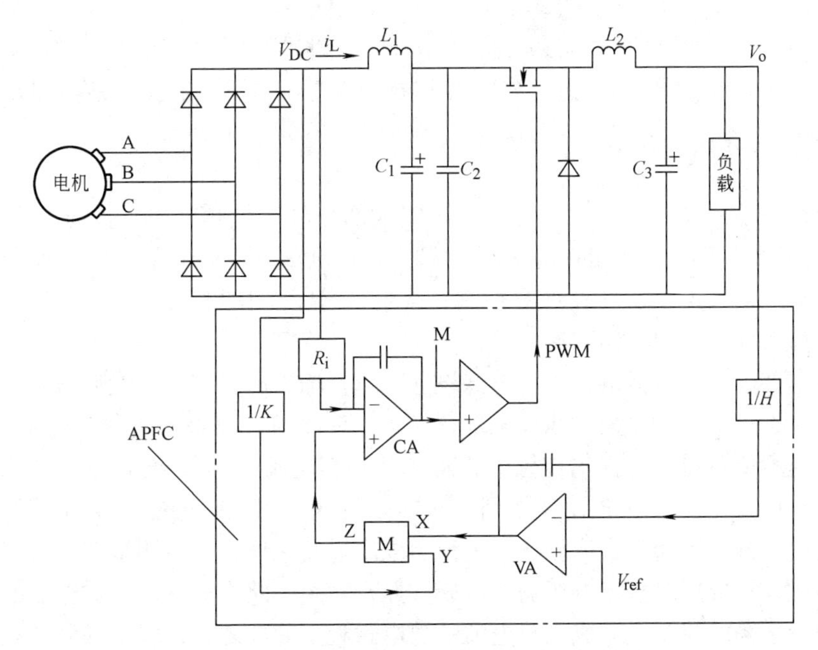

图 9-8　能量释放控制系统主电路拓扑图

实现快速动态响应和高功率密度。

以上所述拓扑图主要由电感、电容、MOSFET、二极管、放大器等组成。由电机输出的三相电压首先经过三相二极管整流桥整流为脉动的直流，然后通过电感 L_1 及电容 C_1、C_2 组成的低通滤波电路滤去高频纹波并稳压之后，再与降压斩波器部分 MOSFET IRF3710 的漏（D）极连接，并且在 MOSFET 的源（S）极和地之间反并联一只二极管，MOSFET 的栅（G）极由 DSP 发出的控制信号通过驱动电路控制 MOSFET 的通断，MOSFET 此时工作在开关状态。

通过对电压、电流信号采样和反馈输入，再经由 APFC 部分经过运算以后，最终通过三角波比较法生成开关管的 PWM 控制信号。其中，VA 为电压误差放大器，CA 为电流误差放大器，M 为乘法器。在经过 MOSFET 之后通过的续流电感 L_2 值应选稍大些，这样可以使负载电流连续且脉动小，再经过一个稳压电容，滤去高频纹波电压脉动，最终获得稳定的直流电压输出。

斩波器只要经过计算合理选取器件参数，便可以工作在断续电流模式（DCM），这样可以提高轻载时功率变换效率，避免在连续状态时，轻载导致电感电流变负，引起循环能量增大，导通损耗增加，功率变换效率降低。临界状态为

$$L_2 = \frac{V_o^2}{2P_o} t_{off} \tag{9-6}$$

即当 L_2 小于此值时，电路工作在DCM，但兼顾功率因数，所以 L_2 又不能太小。V_o 为输出电压；P_o 为斩波器输出功率，$P_o = I_o V_o$；t_{off} 为开关管关断时间。

9.4.3 电路设计实现

电路的整体设计分为信号处理算法实现部分（即处理器设计部分）和电力电子压/频变换部分，也可以分为弱电部分和强电部分。弱电部分包括处理器及其外围电路的设计、信号处理及控制；强电部分上文中已经大概介绍其基本方法，下面将详细介绍具体实现。

弱电部分主要包括信号采集电路设计，包括输出电压信号、电流信号、转速信号等，经过信号的放大、滤波处理，供微处理器的ADC来采样转换成数字量。位置和速度传感器采用霍尔传感器，霍尔传感器的输出信号被输入DSP的捕获单元进行计数，经过DSP计算得到飞轮转子转速。当飞轮储能系统处于能量释放过程时，微处理器对直流母线的电流、电压进行采样，通过测量值和系统设定值进行比较，应用对直流电压的降压斩波原理对主电路中的直流斩波电路的功率开关进行适当的控制，完成飞轮电池的放电过程。除此之外，弱电部分还有很重要的部分，就是DSP的供电及其外围电路设计。

强电部分主要是电力电子设计，主要包括二极管整流桥、Buck斩波器、滤波器等设计，主要是电路结构的搭建、各参数的确定和元器件的选择。

1. 处理器的选择

DSP的出现为电机控制带来了福音，它强大的功能和高运算速度使其在电机控制领域得到了广泛的应用。特别是随着控制理论的发展和高性能控制的需求，一般的单片或多片微处理器不能满足复杂而先进的控制算法时，更使得DSP成为这种应用场合的首选器件。构成永磁无刷直流电机控制器，除了微处理器外还需要专用门阵列组合，以及相应的存储器和外围芯片，这就使得芯片数量增加，软件复杂，价格提高。针对这个问题，美国AD和TI公司相继研制成功了以DSP为内核的集成电机控制芯片。这些控制器不但具有高速信号处理和数字控制功能所必需的体系结构特点，而且有为电机控制应用提供单片解决方案所必需的外围设备。

本设计控制器选择TI公司的TMS320LF2407A DSP芯片，它为面向控制的高速DSP，内部包含事件管理器模块、PWM通道、ADC单元和捕获单元，可以很方便地进行速度、电压、电流的检测，便于控制。

TMS320C2000系列DSP不但具有高性能的DSP内核，配置有高速数字信号处理的结构，而且还具有类似单片机控制的外设功能。它将数字信号处理的高速运算功能与强大的控制能力结合在一起，从而成为传统的多微处理器单元（MCU）和多片设计系统的理想替代品。另外，该DSP的执行速度为40MIPS，指令周期为 25ns，提高了控制器的实时控制能力。

该 DSP 相对其他 DSP 还有如下特点：

1）采用高性能静态 CMOS 技术，供电电压降为 3.3V，减少控制器的功耗。

2）片内高达 32K 字的 FLASH 程序存储器，高达 1.5K 字的数据/程序 RAM，544 字双口 RAM（DRRAM）和 2K 字的单口 RAM（SARAM）。

3）可扩展的外部程序存储器，总共 192K 字：64K 字程序存储器空间，64K 字数据存储器空间，64K 字 I/O 寻址空间。

4）高达 40 个可单独编程或复用的通用输入/输出（GPIO）引脚。

5）电源管理包括 3 种低功耗模式，并且能独立将外设器件转为低功耗模式。

DSP 主要部分详细介绍如下：

（1）CPU 部分　TMS320LF2407A DSP 为定点 DSP，其 CPU 采用了哈佛结构，可以同时进行数据和程序指令的读取，从而大大加快了程序的运行速度。CPU 中包含一个硬件乘法器，可在单周期内完成 16 位 ×16 位乘法指令，获得 32 位精度的结果。CPU 还采用了硬件堆栈，缩短了 CPU 的中断处理时间。TMS320LF2407A DSP 的上述特点，使其性能远远超过了传统的 16 位微处理器和微控制器，并且可以运行复杂的控制算法，如高阶 PID 算法、自适应 Kalman 滤波算法及 FFT 算法等。

（2）事件管理器（Event Manager）　TMS320LF2407A DSP 具有两个独立的事件管理器，每个事件管理器均可以输出 PWM 脉冲，直接控制电机功率驱动器。其输入捕获单元还具有正交编码器接口能力，可以直接和光电码盘相连，因此 TMS320LF2407A DSP 极适合于电机系统的控制。此外，每个事件管理器还包括通用（GP）定时器、脉宽调制（PWM）单元、捕获（CAP）单元和正交编码（QEP）单元。

1）通用定时器。TMS320LF2407A DSP 共有 4 个通用定时器（每个事件管理器各有 2 个），它们可用于产生采样周期，为捕获单元和正交编码单元提供时基，也可用作比较输出、PWM 单元及软件定时的时基。定时器的时钟源可以是内部 CPU 时钟，也可以是外部时钟。每一定时器各有 6 种计数模式：停止/保持、单向加、连续加、定向加/减、单向加/减、连续加/减。每个定时器各带一个比较逻辑单元，当定时器的计数值和比较寄存器的值相等时，比较匹配发生，从而在 PWM 输出引脚上产生 PWM 脉冲。另外，还可以设置控制寄存器 GPTCON A/B 中的相应位，选择当定时器计数器下溢、比较匹配或周期匹配时自动启动片内的 A/D 转换器。

2）脉宽调制（PWM）单元。PWM 单元实际为输出比较单元，每个 PWM 输出均对应一个输出比较寄存器。通用计时器的值总是与相关的比较寄存器的值进行比较，当通用计时器的值与比较寄存器的值相等时，发生比较匹配，对应的PWM输出跳变。除通用比较输出外，每个事件管理器还包含6路专门用于电机控制的PWM发生单元。其中每两路相互关联，通过输出逻辑，可以控制这两路输出的波形相同或互补。通过死区发生单元，可以控制这两路输出的死区时间。

3）捕获（CAP）单元。捕获单元用于高速I/O的自动管理，可以用来计算输入信号的相位差和频率。它监视输入引脚上信号的变化，记录事件发生时的计数器值，也即记录下所发生事件的时刻。CAP模块的工作由内部定时器同步而不用CPU干预。当输入信号为周期信号时，根据捕获单元记录下相邻周期信号的时间差，即可得到该信号的频率。同理，两个不同信号（和不同的捕获输入引脚相连接）捕获的时间差，则反映了两者之间的相位差。TMS320LF2407A DSP共有6个捕获单元（每个事件管理器各有3个），每个单元各有一个两级的FIFO缓冲堆栈。

4）正交编码（QEP）单元。常用的位置反馈检测元件为光电编码器，它可以将电机角度和位移转化为数字信号，其输出一般包括脉冲信号A、B和同步信号C。A、B两路信号存在90°的相位差，用于判别方向和计量位移。A、B两路信号可以直接作为TMS320LF2407A DSP的QEP单元的输入。QEP单元中的方向判断逻辑根据两信号达到的先后顺序，可以判定出电机旋转的方向，由信号频率则可以计算出电机的转速。

（3）片内设定　TMS320LF2407A DSP包含双A/D转换器、两个串口、一个CAN总线接口和看门狗定时器。

1）双A/D转换器。TMS320LF2407A DSP中包含两个带采样/保持的8路10位500ns的A/D转换器，可用于并行处理模拟量，如本设计中电压反馈、电流检测、速度等。其主要包含16个模拟输入引脚（每个ADC单元包含2个），用两个ADC单元可以同时对两个模拟输入采样，可以单个转换或连续转换，转换可由软件、内部事件或外部事件启动，转换结果可以放在有两级深度的数字结果寄存器中。

2）看门狗定时器。看门狗定时器是一个8位增量计数器，用于增加程序运行的可靠性。在正常情况下，程序周期性地对计数器清零，若程序出错、跑飞或死机，则定时器溢出，产生复位信号，使程序重新开始运行。

2. DSP外围电路设计

（1）时钟电路　给DSP芯片提供时钟一般有两种方法：一种是利用DSP芯片内部提供的晶振电路，在DSP芯片的XTAL1和XTAL2之间连接石英晶体可启动内部振荡器，如图9-9所示。另一种方法是采用外部振荡源，将外部时钟源直接输入XTAL2引脚，XTAL1悬空。采用封装好的晶体振荡器，芯片内部有锁相环时钟模块可以倍频或分频外部时钟。由于通常需要减小高频晶振影响，所以外部晶振频率取得较低。本设计DSP运行在40MHz频率下，采用10MHz晶振，通过内部倍频到40MHz。

（2）电源及复位电路　TMS320LF2407A DSP是一种低功耗的DSP，工作电压为3.3V，需要设计专门的电源电路来满足要求。同时，由于芯片的A/D转换模块属于模拟电路部分，为减少数字电路部分对这部分的干扰，要求提供相隔离的电源电路。

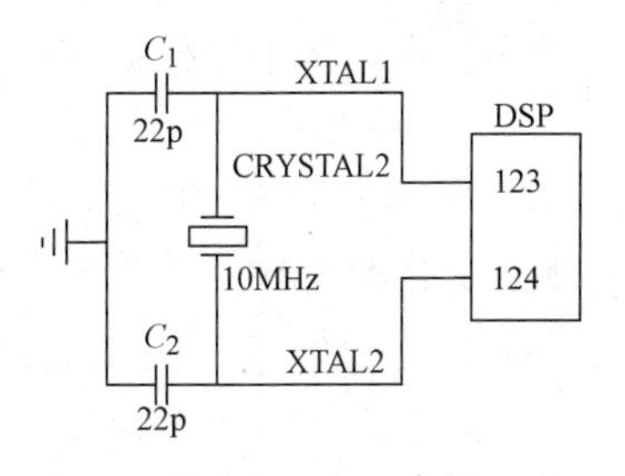

图9-9　DSP外围时钟电路

对于实际的DSP应用系统，特别是产品化的DSP系统，可靠性是一个不容忽视的问题。实际上DSP系统的时钟频率较高，在运行时极有可能发生干扰和被干扰的现象，严重时系统可能会出现死机现象。为了克服这种情况，除了在软件上做一些保护措施外，硬件上也必须做相应的处理。硬件上最有效的保护措施就是采用具有监视功能的自动复位电路，自功复位电路除了具有上电复位功能外，还具有监视系统运行并在系统发生故障或死机时再次进行复位的能力。其基本原理就是电路提供一个用于监视系统运行的监视线，当系统正常运行时，应在规定的时间内给监视线提供一个高低电平发生变化的信号，如果在规定的时间内这个信号不发生变化，自动复位电路就认为系统运行不正常，需要重新对系统进行复位。

在本设计中，采用TPS7333作为电源芯片，电路如图9-10所示。TPS7333除了可以稳定输出3.3V电压外，同时具有复位功能。TPS7333复位脚与DSP复位脚相连接，当电源电路出现波动时，其复位脚可以输出200ms的复位信号，保证DSP芯片复位。

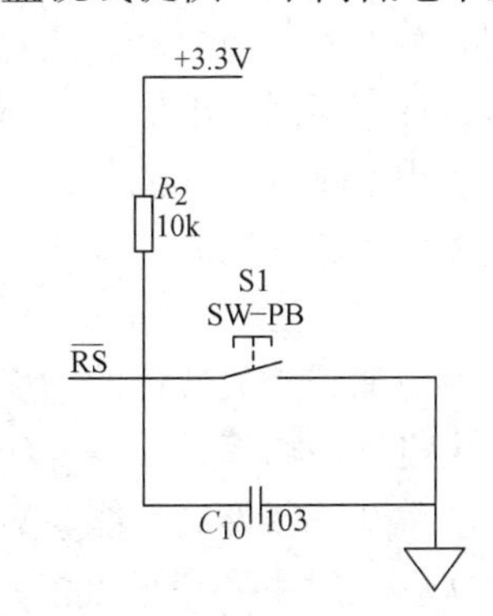

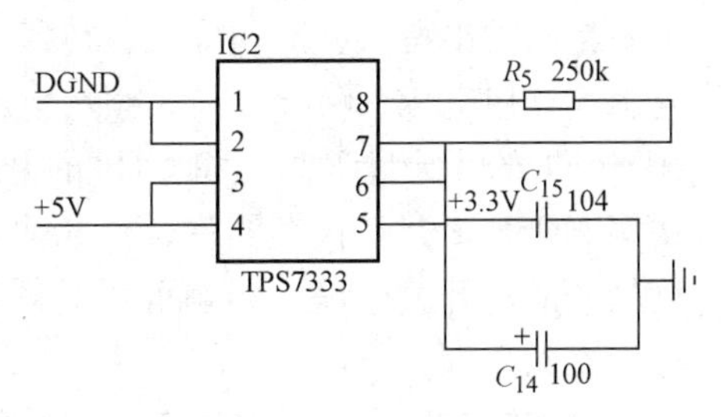

图9-10　按键硬件复位电路和电源电路

3. 转换电路设计

（1）功率器件的选择　由于本设计中变换器的应用场合的电压和电流都比较大，故除考虑效率因素外，选择高性能功率器件是保证功放性能的重要环节。功率器件的特性主要有安全特性、开关特性和驱动特性等。当负载功率和频响等指标已知时，即可确定功率器件的主要参数，除此之外，还要考虑器件的经济性、驱动电路是否简单、安装和散热方法等。

随着电子器件的发展和现代功率电子技术的成熟，新型功率半导体器件越来越多，在设计中应根据实际需要选择合适的功率器件。

1）在几百 kV · A 以上的大容量和超大容量的逆变电路中，开关器件主要以 GTO 晶闸管为主，如高压直流输电、大型电机驱动、超大型 UPS 和大型化学电源，其容量都在几百 kV · A 以上。但是在某些工频场合下，有时也用 SCR 和 TRIS，其中 SCR 主要用于整流式电源设备。

2）在几 kV · A 到几百 kV · A 甚至上 MV · A 的中大容量的逆变电路中，主开关器件将以 IGBT 为主，GTR 虽然也已被广泛地应用，但是由于其存在驱动功耗大、开关速度慢和二次击穿问题等不足，因此将逐步被 IGBT 和其他新型开关器件所取代。这个容量等级的逆变器最多，应用也最普遍，如交流电机变频调速、UPS、逆变式弧焊电源、通信开关电源、有源滤波装置、感应加热等。这类逆变器的逆变频率一般为 10W、25kHz，电源的容量密度适中，比较理想，并且噪声也比较小。

3）在几 kW 以下的逆变电路中，主开关器件以 VMOSFET 为主，逆变频率为几十 kHz 至几百 kHz，有的还高达 1MHz 以上。这类电源的容量密度高，噪声很小，如小型 UPS、小型变频器、医用电源、照明电源、汽车电源、家用电器电源、小型开关电源、逆变器、电磁灶电源等。MOSFET 属于单极型、电压驱动控制晶体管器件。当门控电压足够高时，器件完全导通，近似于闭合开关；当门控电压低于门阈值时，器件关断。它不但有自关断能力，而且有驱动功率小、工作速度高、无二次击穿问题、安全工作区宽等优点，常用于中低压场合，适合本设计。

根据电力电子开关器件的发展和各种开关器件的性能特点，在设计逆变电路时，对于主电路中功率开关器件的选择一般应该遵循以下几个指导原则：

由于功率开关器件的性能参数对逆变电路的性能起着非常关键的作用，故选择功率 MOSFET 时主要考虑其静态特性和动态特性。功率 MOSFET 的静态特性主要指其输出特性、饱和特性、转移特性等；与静态特性有关的参数主要有通态电阻、开启电压、跨导、最大额定电压和最大额定电流。动态特性主要影响功率 MOSFET 的开关过程，它和 GTR 的开关过程相似，也分为几个阶段；但是由于功率 MOSFET 是单极型器件，是靠多数载流子传导电流的，本身的电阻效应和渡越效应对开关过程的影响可以忽略不计，因此在开关工作的机理上又与 GTR 有较大的差别。

在实际应用中，主要考虑功率开关的以下几个参数要求：功率开关在关断状态时，电路中流过的电流（即漏电流 i_{off}）应尽量小；功率开关在导通状态时，开关自身的电压降（V_{on}）应尽可能小；功率开关从导通状态变为关断状态的时间（t_{off}）和从关断状态变为导通状态的时间（t_{on}）尽可能小；用小的控制信号就能够实现功率开关的导通及关断；功率开关即使在高速长时间反复导通与关断的情况下工作，也不会损坏，也就是说要有较高的工作频率（f）。此外，体积小、重量轻、价格便宜也是设计者常常要考虑的因素。

在本系统中，负载的最大驱动电流为5A，供电电压为12V，开关频率取20kHz，采用IRF公司的IRF540作为主功率管已经能够满足系统的动态和静态要求。

（2）主转换电路设计　MSESFW系统分为三个部分，即飞轮本体部分（包括转子和电机）、升速控制器和能量释放控制器。这里只设计能量释放控制器部分。

能量释放控制器首先将电机输出的三相反电动势经过三相二极管整流桥整流为脉动的直流，经过低通滤波电路滤去高频纹波并稳压之后，再通过Buck斩波器变为稳定的直流电压，其电路如图9-11所示。

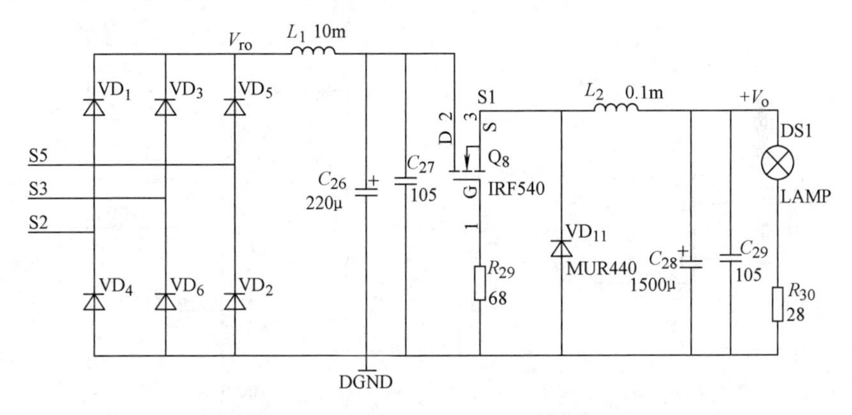

图9-11　二极管整流桥及Buck电路

采用的降压斩波器为单开关Buck型（降压型），输出电流恒定，输出电压较低，工作于断续电流模式（DCM）。转换电路主要由电感、电容、MOSFET、二极管等组成。电机输出的三相电压首先经过三相二极管整流桥（6只快恢复二极管MUR1560）整流为脉动的直流，然后通过电感L_1及电容C_{26}、C_{27}组成的低通滤波电路滤去高频纹波并稳压之后，再与降压斩波器的MOSFET IRF3710的漏（D）极连接，并且在MOSFET的源（S）极和地之间反并联一只二极管。MOSFET的栅（G）极由DSP发出的控制信号通过驱动电路控制MOSFET的通断，MOSFET此时工作在开关状态。在经过MOSFET之后通过一个电感值较大的续流电感L_2，这样可以使负载电流连续且脉动小，再经过一个稳压电容，滤去高频纹波，最终输出稳定的直流电压。

Buck斩波器工作时，MOSFET Q_8用作开关管。当MOSFET的D、S极导通时，Buck斩波器的电流线性增加，电容处于充电状态，这时二极管承受反向电压；当D、S极断开时，由于电感中的电流不能突变，所以通过VD_{11}组成闭合回路，电容放电，以满足负载电能的需求。此时二极管承受正向电压，构成通路，所以 VD_{11} 为续流二极管。由于负载端平均电压小于整流后输出的平均电压，所以 Buck 斩波器为降压斩波器。工作过程中，整流端电流在 D、S 极导通时，其值大于0；当 D、S 极断开时，其值为0，所以源端电流是脉动的，但输出电流在 L_2、C_{28} 的作用下却是连续平稳的。

（3）驱动电路设计　驱动芯片选用 IR 公司生产的 MOSFET 专用驱动芯片 IR2118，为单路驱动；起到光电隔离及提高电压功能的光电隔离器选用惠普公司的 HP2630。由 DSP 输出的 PWM 信号经过光耦 HP2630 隔离上拉驱动 IR2118，然后从 IR2118 输出的信号再驱动 MOSFET。此处应该特别注意的是，当电压高于9.5V 时 IR2118 才认为是高电平，否则认为是低电平，其电路如图9-12所示。

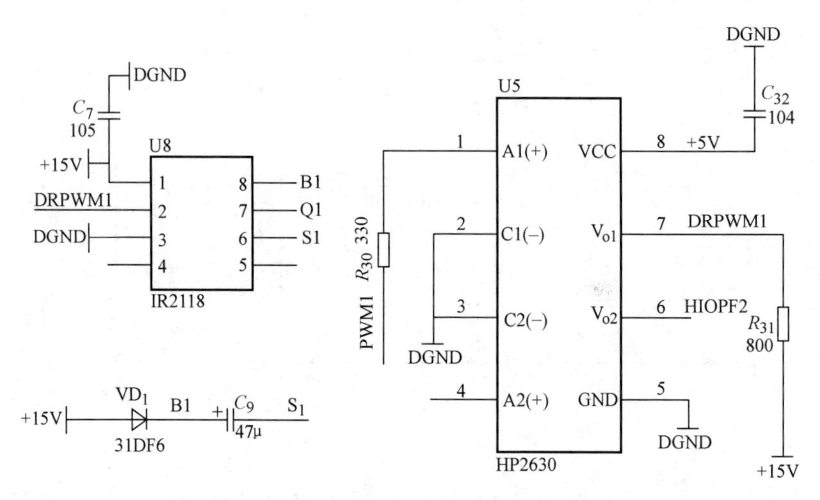

图9-12　MOSFET 驱动电路

（4）参数确定　在图9-11中，如果输出电感 L_2 较小，负载电阻较大或开关周期较大时，将出现电感电流已下降到0，新的周期还没有开始的情况；在新周期，电感电流从0开始线性增加，这种工作方式称为电感电流不连续模式。

如果输入功率一定，变换器只要经过计算合理选取器件参数，便可以工作在断续电流模式（DCM）。这样可以提高轻载时功率变换效率，能量完全传递，避免在连续状态时轻载导致电感中电流变负引起的循环能量增大、导通损耗增加、功率变换效率降低，但是这样会导致 MOSFET 和续流二极管有较高的峰值电压和电流。为了克服由负载变化较大而引起的问题，可以使用变值扼流器，即电感值随着通过它本身的电流而变化。当小电流通过时，电感值大，随电流增加电感值却逐渐变小。但是这一方法由于变值扼流器的电感值变化引起了变换器的滤波器截止频率的变动，使设计复杂化，往往使闭环控制系统变得很不稳定。由于航空航天应用要求非常高的可靠性和稳定性，所以经过综合考虑，本设计使变换器工作在 DCM。

临界状态为

$$L_2=\frac{D_2R}{2}T_s=\frac{V_o}{2I_o}D_2T_s=\frac{V_o}{2I_o}t_{off}=\frac{V_o^2}{2P_of_s}D_2=\frac{V_o^2}{2P_of_s}(1-D_1) \tag{9-7}$$

即当 L_2 小于此值时，电路工作在 DCM，但兼顾功率因数，所以 L_2 又不能太小。V_o 为输出电压，P_o 为斩波器输出功率，$P_o=I_oV_o$；R 为负载阻值；f_s 为开关频率，T_s 为开关周期（$f_s=1/T_s$）；t_{off}为开关管关断时间；D_1 为 MOSFET 导通时间占空比，D_2 为 MOSFET 断开时间占空比，$D_1+D_2=1$。

流经电容的电流为流经电感的电容减去负载的电流，电容电流所产生的电压为纹波电压，其值为

$$\Delta V_o=\frac{V_o}{8L_2C_{28}}(t_2-t_1)T_s=\frac{V_oD_2}{8L_2C_{28}}T_s^2 \tag{9-8}$$

式中，$D_2=\frac{(t_2-t_1)}{T_s}=\frac{(T_s-t_1)}{T_s}=1-D_1$，为关断时间占空比；$t_1$、$t_2$ 为纹波两个相邻的波谷与波峰的时间点。

变换器输出电压要求纹波尽量小，所以从式（9-8）中可以看出，可以减小载波周期提高频率，或增大输出电感 L_2、电容 C_{28}的值。但是要保持变换器工作在断续状态下，电感就不能太大；且其值过大，功率比较大，功耗也比较大，所以综合考虑选择载波频率为 20kHz，且电感和电容值并不是很大。

在式（9-7）中，L_2 和 D_2 为固定值时，降压变换器是否工作在断续模式取决于 R 值。当 R 值增大时，工作状态将从连续变为断续。如果 R 和 D_2T_s 为固定值，则电感 L_2 小于式（9-7）中的数值，工作状态由连续变为断续。当 f_s 增大时（即 T_s 减小），则保持开关变换器在断续状态工作的 L_2 降低。

本设计应用场合比较特殊，为航天用储能飞轮能量释放控制，所以不同于一般的整流变换。一般情况下源端所提供的功率、幅值和频率都是固定的，但是本设计的应用对象所提供的功率逐渐降低，幅值和频率也逐渐减小，开关管开通和关断的时间也随之改变（变长），所以设计所用的参数不能完全按照上述的公式进行计算得出，只能大概提供参考数值。

4. 功率因数校正设计

（1）功率因数介绍　功率因数一词源于基本的交流电路原理，当正弦交流电源给感性或容性负载供电时，负载电流也是正弦的，但是比输入电压滞后或超前一定的角度 x。若输入电压有效值为 V_i，输入电流有效值为 I_i，则电网的输出

功率为两者的乘积 V_iI_i，但实际传递到负载的功率只有 $V_iI_i\cos x$。与负载电阻电压同相位的输入电流分量（$I_i\cos x$）向负载提供功率，而与负载电阻电压相位垂直的输入电流分量（$I_i\sin x$）不向负载提供功率，因此 $\cos x$ 就是功率因数值。在交流输入开始的一段时间内，这表现为从输入电源抽取功率并且暂时储存在负载的感性器件里，而在随后的时间内，储存的电流或能量回馈到输入电源。这些不向负载提供功率的电流也会在输入电源的内部和输入网线的电阻上消耗。对于纯阻性的负载电流，输入电压与电流之间没有相位差，所以功率因数为1。

对于本设计从储能飞轮输出电压后接桥式整流器、电感电容滤波器和斩波器的情况，输入电网电流是上升和下降都很陡的窄脉冲，这些电流脉冲的有效值很高，会消耗功率并产生很多的射频干扰（RFI）/电磁干扰（EMI）等问题，功率因数很低。功率因数校正就是要消除这样的电网电流尖峰，使输入电流成为正弦形状并且和输入电压同相位，消除谐波。

（2）功率因数校正方法　无源滤波器是在整流电路和电容之间串联一个滤波电感 L_1，或在交流侧接入谐振滤波器。它结构简单，成本低，可靠性高，EMI小；但是尺寸、重量大，难以得到高功率因数（0.9左右），工作性能与频率负载变化及输入电压变化有关，电感电容之间有大的充放电电流等。

有源功率因数校正（Active Power Factor Correction，APFC）是在整流器和负载之间接入一个DC/DC变换器，应用电流反馈技术，使输入端电流 I 波形跟踪交流输入正弦波形，可以使 I 接近正弦，功率因数可以提高到0.97～0.99，甚至接近1。此种方法的总谐波畸变（Total Harmonic Distortion，THD）小，有较宽的输入电压范围，频带宽，体积重量小，输出电压可以保持恒定；但电路复杂，MTBF下降，成本高，EMI高，效率会有所下降。

本设计在功率因数校正部分设计采用无源滤波器和APFC相结合的方法，可靠性高，EMI小，总谐波畸变小，频带宽，体积重量小，输出电压可以保持恒定，使PFC接近1。

控制算法旨在输出平稳的电压，电流无畸变，功率因数尽量达到1。常用的APFC有三种，即电流峰值控制、电流滞环控制和平均电流控制。前两种方法由于开关频率不固定，且适合用的拓扑结构与本设计有所不同，所以本设计采用平均电流控制的方法。

5. 信号滤波电路设计

此变换器可以简单地看成是一个有低通滤波器的电压斩波器，低通滤波器就是滤去源端中随时间变化的交流分量，所以低通滤波器的频率比开关频率要低很多。三相二极管桥式整流电路实际的直流输出电压比理想值低，纹波基频为 $6f$，纹波系数为4%，整流二极管承受的反向最高工作电压为 $1.05V_o$。

从储能飞轮输出的反电动势经过整流以后输入变换器，此输入电流是脉动的，与降压变换器工作在连续还是断续状态无关。这个脉动电流应用中应该受到限制，以免影响其他器件的工作。通常在输入端和变换器之间加入输入滤波器，以消除此现象。

假设变换器是理想的，功率损耗为0，电源转换效率为100%，所以有

$$V_sI_s=\frac{V_o^2}{R},\ I_s=\frac{V_o^2}{V_sR} \tag{9-9}$$

式中，V_s 为储能飞轮输出电压；I_s 为储能飞轮输出电流；V_o 为变换器输出电压；R 为负载阻值。因为 V_o 为一恒定电压值，所以 I_s 与 V_s、R 两个值的乘积成反比。

整流输出滤波器的截止频率 f_c 为

$$f_c=\frac{1}{2\pi\sqrt{L_1C_{26}}} \tag{9-10}$$

本设计中储能飞轮最高转速为42000r/min，所以输出滤波器的截止频率最高设定为700Hz。当所选的 C_{26} 能达到所需的输出滤波要求时，L_1 可以选得小些，以便使开关变换器保持在断续工作状态。但是电容本身没有完美的电气性能，所以其内部的等效串联电阻将消耗掉一些功率。另外，等效串联电阻上的压降会产生输出纹波电压，要减少这些纹波电压，只能靠减小等效串联电阻值和动态电流值。选择电容的类型，经常由纹波电流的大小决定。截止频率 f_c 的高低，L_1、C_{26}的大小，都将影响输出纹波电压，所以在设计过程中，选择电容、电感要综合考虑重量、尺寸等因素。从改善动态特性看，可以考虑选择小电感量、大电容值的元器件，L_1、C_{26}、C_{27}组成了设计的前端滤波器，电路如图9-11所示。

6. PWM信号调制模块

（1）PWM的产生　为了产生PWM信号，需要1个计数器重复对应于PWM周期的计数，由作为时基的通用定时器的周期寄存器实现PWM的调制频率（周期），1个比较器保存调制值。比较器的值不断地与定时计数器的值进行比较，当值相等时，输出引脚发生电平跃变；当值第2次相等或计数到达周期值时，输出引脚又发生电平跳变。对于每一个定时周期，改变对应调制值的比较器的值，可以得到不同脉冲宽度的信号，从而得到所需要的调制波形。

具体步骤如下：首先选择通用定时器Tz作为单比较单元的时基，并设置它的计数模式，如果要产生连续PWM波形，计数模式设置为连续增或连续增/减计数模式。根据调制频率设置相应的定时周期寄存器的值，初始化计数寄存器的值，然后启动定时器。按照脉宽的变化规律，设置当前的单比较寄存器值。计数寄存器按照计数模式进行计数，并与单比较寄存器的值进行比较。若两值相等，则将发生单比较匹配事件，并在延迟2个CPU时钟后在中断标志寄存器的相关位上置1，同时使输出引脚按设定的极性发生电平变化，从而实现PWM波形输出。

（2）常用的PWM实现方法　常用的PWM波形实现方法有两种，其中一种是调制法，即把希望输出的波形作为调制信号，把接受调制的信号作为载波，通过信号波型调制得到所期望的PWM波形。通常采用三角波作为载波，其工作原理如图9-13所示。输入需要放大调制的模拟信号，与调制电路内部产生的三角载波进行比较，三角载波的周期是固定的，当模拟信号比三角波值大时，调制电路输出高电平；反之，则输出低电平。可以看出，最后的输出波形就是宽度变化的一系列脉冲，包含模拟信号的信息。

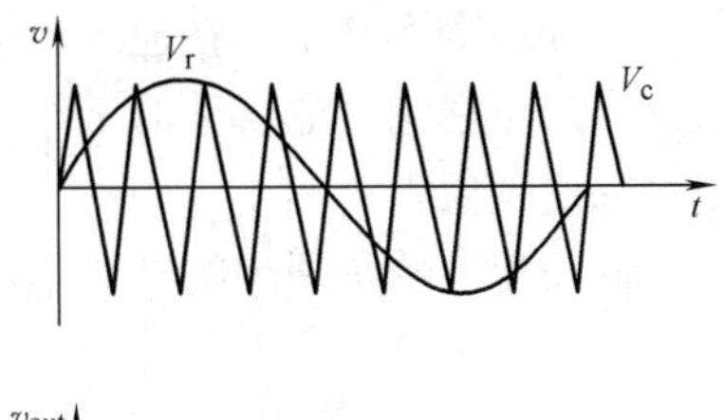

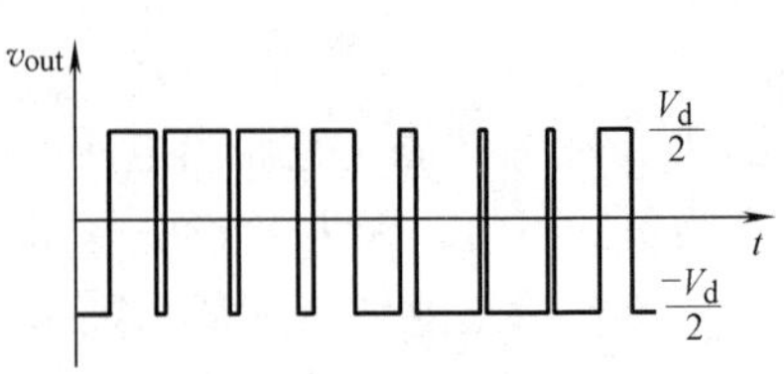

图9-13　PWM控制信号的生成

对于传统的DSP数字控制系统，DSP控制器输出数字信号，需要经过D/A转换后转换成模拟信号输出；开关功放输入模拟信号，通过PWM控制电路将模拟信号转换成PWM信号，驱动控制MOSFET桥式电路，实现放大功能。

本设计中通过DSP的PWM单元产生PWM触发信号，并通过PFC模块处理，得到最终控制MOSFET的PWM信号。

7. A/D转换模块

TMS320LF2407A DSP集成的ADC内置采样和保持功能，转换精度为10位，可以输入16个通道的模拟量，单通道A/D转换时间最快为375ns。本设计要求为电压反馈值、整流后电压输出值和电流输出值采样。

电压和电流的采样都采用精密电阻采样的办法。对反馈电压的采样方法是，用几个精密电阻串联分压，取最后一个电阻上的电压值，输入DSP的ADC端口。此处要注意输入DSP内的电压一定要经过严格计算，不能超过3.0V，否则会烧坏DSP。此处选用5只500kΩ的电阻，其电路原理如图9-14所示。

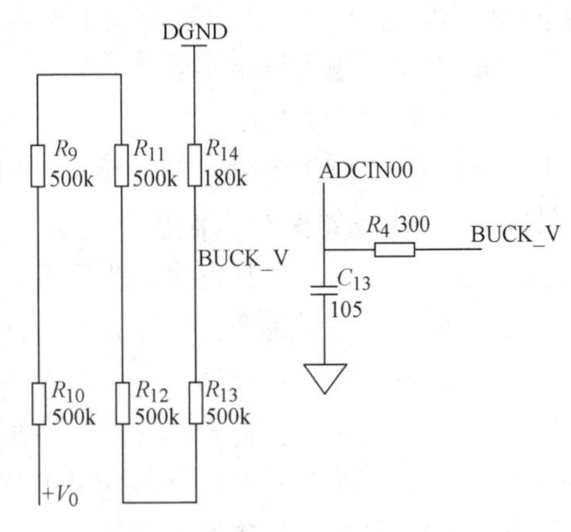

图9-14　反馈电压采样电路

储能飞轮最高转速为42000r/min、700Hz，所以采样频率和三角载波频率取相同值为20kHz，DSP完全可以满足要求。A/D转换模块的操作比较简单，需要正确设定对应的寄存器，确定转换时间、次序和触发模式等就可以进行转换。

8. 电路板的可靠性设计

（1）系统抗干扰设计　抗干扰设计是现代电路设计中一个很重要的环节，它直接反映了整个系统的性能和工作的可靠性。在飞轮储能系统的电力电子控制中，由于其高压和低压控制信号同时并存，而且功率晶体管的瞬时开关也产生很大的电磁干扰，因此提高系统的抗干扰能力也是该系统设计的重要组成部分。形成干扰的主要原因有如下几点：

1）干扰源，是指产生干扰的元件、设备或信号，用数字语言描述是指 du/dt、di/dt 大的地方。干扰按其来源可分为外部干扰和内部干扰：外部干扰是指那些与仪表的结构无关，由使用条件和外界环境因素决定的干扰，如雷电、交流供电、电机等；内部干扰是由仪表结构布局及生产工艺决定的，如多点接地选成的电位差引起的干扰、寄生振荡引起的干扰、尖峰或振铃噪声引起的干扰等。

2）敏感器件，指容易被干扰的对象，如微控制器、存储器、A/D 转换器、弱信号处理电路等。

3）传播路径，是干扰从干扰源到敏感器件传播的媒介。典型的干扰传播路径是通过导线的传导、电磁感应、静电感应和空间的辐射。

抗干扰设计的基本任务是系统或装置既不因外界电磁干扰影响而误动作或丧失功能，也不向外界发送过大的噪声干扰，以免影响其他系统或装置正常工作。其设计一般遵循下列三个原则：抑制噪声源，直接消除干扰产生的原因；切断电磁干扰的传播途径，或者提高传递途径对电磁干扰的衰减作用，以消除噪声源和受扰设备之间的噪声耦合；加强受扰设备抵抗电磁干扰的能力，降低噪声敏感度。目前，对系统采用的抗干扰技术主要有硬件抗干扰技术和软件抗干扰技术。

1）硬件抗干扰技术。飞轮储能系统的逆变电路高达 20kHz 的载波信号决定了它会产生噪声，这样系统中电力电子装置所产生的噪声和谐波问题就成为主要的干扰，它们会对设备和附近的仪表产生影响，影响的程度与其控制系统和设备的抗干扰能力、接线环境、安装距离及接地方法等因素有关。

变换器产生的 PWM 信号是以高速通断直流电压来控制输出电压波形的。急剧的上升或下降的输出电压波包含许多高频分量，这些高频分量就是产生噪声的根源。虽然噪声和谐波都会对电子设备的运行产生不良影响，但是两者还是有区别的：谐波通常是指 50 次以下的高频分量，频率为 2～3kHz；而噪声却为 10kHz 甚至更高的高频分量。噪声一般要分为两大类：一类是由外部侵入飞轮电池的电力电子装置，使其误动作：另一类是该装置本身由于高频载波产生的噪声，它对周围电子、电信设备产生不良影响。

降低噪声影响的一般办法有改善动力线和信号线的布线方式，控制信号用的信号线必须选用屏蔽线，屏蔽线外皮接地。为防止外部噪声侵入，可以采取以下措施：使该电力电子装置远离噪声源，信号线采取数字滤波和屏蔽线接地。

噪声的衰减技术有如下几种：

① 电线噪声的衰减：在交流输入端接入无线电噪声滤波器；在电源输入端和逆变器输出端接入线噪声滤波器，该滤波器可由铁心线圈构成；将无线电噪声滤波器和线噪声滤波器联合使用；在电源侧接入 LC 滤波器。

② 逆变器至电机配线噪声辐射衰减：可采取金属导线管和金属箱通过接地来切断噪声辐射。

③ 飞轮电力电子装置的辐射噪声的衰减：通常其噪声辐射很小，但是如果周围的仪器对噪声很敏感，则应把该装置装入金属箱内屏蔽起来。

对于模拟电路干扰的抑制，由于电路中有要测量的电流、电压等模拟量，其输出信号都是微弱的模拟量信号，极易受干扰影响，在传输线附近有强磁场时，信号线将有较大的交流噪声。可以通过在放大器的输入、输出之间并联一个电容，在输入端接入有源低通滤波器来有效地抑制交流噪声。此外，在 A/D 转换时，数字地线和模拟电路地线分开，在输入端加入钳位二极管，防止异常过电压信号。

而数字电路常见的干扰有电源噪声、地线噪声、串扰、反射和静电放电噪声。为抑制噪声，应注意输入与输出线路的隔离，线路的选择、配线、器件的布局等问题。输入信号的处理是抗干扰的重要环节，大量的干扰都是从此侵入的，一般可以从以下几个方面采取措施：

① 接点抖动干扰的抑制；多余的连接线路要尽量短，尽量用相互绞合的屏蔽线作输入线，以减少连线产生的杂散电容和电感；避免信号线与动力线、数据线与脉冲线接近。

② 采用光电隔离技术，并且在隔离器件上加 RC 电路滤波。

③ 认真妥善处理好接地问题，如模拟电路地与数字电路地要分开，印制电路板上模拟电路与数字电路应分开，大电流地应单独引至接地点，印制电路板地线形成网格要足够宽等。

2）软件抗干扰技术。除了硬件上要采取一系列的抗干扰措施外，在软件上也要采取数字滤波、设置软件陷阱、利用看门狗程序冗余设计等措施使系统稳定可靠地运行。特别地，当储能飞轮处于某一工作状态的时间较长时，在主循环中应不断地检测状态，重复执行相应的操作，也是增强可靠性的一个方法。

（2）电路板设计　由于 DSP 控制器工作频率较高，即使电路原理图设计正确，若印制电路板设计不当，也会对 DSP 控制器的可靠性产生不利影响。例如，如果印制电路板两条细平行线靠得很近，则会形成信号波形的延迟，在传输线的终端形成反射噪声。因此，在设计 DSP 控制器印制电路板时，应注意采用正确的方法。

1）地线设计。在 DSP 电路中，接地是控制干扰的重要方法，如能将接地和屏蔽正确结合起来使用，可解决大部分干扰问题。在一块电路板上，DSP 控制器同时集成了数字电路和模拟电路，设计电路板时，应使它们尽量分开，而两者的地线不要相混，分别与电源端地线相连。尽量加粗接地线，同时将接地线构成闭环路。

2）配置去耦电容。在直流电源回路中，负载的变化会引起电源噪声。例如在数字电路中，当电路从一个状态转换为另一种状态时，就会在电源线上产生一个很大的尖峰电流，形成瞬变的噪声电压。配置去耦电容可以抑制因负载变化而产生的噪声，是 DSP 电路板的可靠性设计的一种常规做法：电源输入端可跨接一个 10 ~ 100μF 的电解电容器；为每个集成电路芯片配置一个 0.01μF 的陶瓷电容器；对于关断时电流变化大的器件和 ROM、RAM 等存储型器件，应在芯片的电源线和地线间直接接入去耦电容。注意去耦电容的引线不能过长，特别是高频旁路电容不能带引线。

3）电路板器件的布置。在器件布置方面与其他逻辑电路一样，应把相互有关的器件尽量放得靠近些，这样可以获得较好的抗噪声效果。时钟发生器、晶振和 CPU 的时钟输入端都易产生噪声，这些器件要相互靠近些，同时远离模拟器件。

提高开关频率可以减小电感值，从而减小电感的体积，但受功率管开关频率和开关损耗的限制，合理的开关频率为 10 ~ 20kHz，这里定为 20kHz。

9.4.4　系统的软件设计

能量释放控制系统的程序实现是整个控制系统的“大脑”，它必须能够安全可靠的工作，协调储能飞轮的各个组成部分和谐地工作，实现姿态控制、能量储存与释放的功能。本设计主要的工作是设计能量释放部分，控制其设计，即释放出外部负载所需要的稳定的直流电压。

本系统的控制软件主要完成储能飞轮的放电过程，通过对降压斩波器进行控制，以获得理想的输出电流、电压，并得到很高的功率因数。系统控制程序协调整个系统的工作，在整个系统中有着很重要的地位。而 TMS320LF240X DSP 作为新一代控制器，其指令系统侧重于数字运算、信号处理以及高速测控等通用目的的应用。它的指令系统可分为硬指令和汇编指令两类，硬指令最终参加处理器的运行操作，而汇编指令仅仅在汇编连接的过程中起作用，因此其实时性和可靠性都得到了很高的保证。

考虑到电机的实时控制，为了最大限度地减小目标代码，节省程序运行的时间，提高实时性，本系统的软件全部用汇编语言编程。

本能量释放控制系统的控制程序主要完成以下功能：

1）开机时进行跳线状态检测；

2）完成霍尔转子位置传感器信号的检测和译码，并计算得出转子的实时速度；

3）将转子转速值与所给出的固定值进行比较，判断是否进行能量转换，高出固定值则进行能量转换，否则关断变换器开关管，不进行能量转换；

4）以20kHz的频率检测储能飞轮能量输出端电流、电压值，变换器最终输出端的反馈电压值；

5）根据检测到的电流、电压值，通过程序算法生成相应占空比，最终得到PWM控制信号，从而精确控制变换器最终输出的电压值，保证卫星上设备的供电质量。

1. 程序设计规范

（1）模块程序设计　模块程序设计是DSP和单片机应用中常用的一种程序设计技术。它是把一个功能完整的较长的程序分解为若干个功能相对独立的较小的程序模块，各个程序模块分别进行设计、编制程序和调试，最后把每个调试好的程序模块联成一个完整的程序。

模块设计的优点是：单个功能明确的程序模块的设计和调试比较方便，容易完成，一个模块可以为多个程序所共享，还可以利用现成的程序模块（如各种现成的子程序）；缺点是：各个模块的连接有时会有一定的难度。程序模块的划分没有一定的标准，一般可以参考以下的原则：每个模块不宜太大；力求使各个模块之间界限明确，在逻辑上相对独立；对一些简单的任务不必模块化；尽量利用现成的程序模块；

（2）自顶向下的程序设计　采用自顶向下设计程序时，先从主程序开始设计，从属的程序或子程序用符号来代替。编好主程序后再编制从属的程序和子程序，最后完成整个系统软件的设计，调试也是按这个顺序进行。

自顶向下程序设计的优点是：比较符合人们的日常思维习惯，设计、调试、测试和连接同时按一个线索进行，程序出错时可以被较早地发现；缺点是：上一级的程序错误将对整个程序产生影响，一处修改可能导致整个程序需要进行全面的修改。

2. 总体实现方案

本系统的软件采用的控制方法是电压外环闭环系统，并且直接检测交流侧电流信号和输出电压反馈并加以控制，系统响应快，动态响应好。

DSP控制程序主要采用中断的方式来执行，通过设定计时器寄存器来确定中断周期。中断周期即采样控制周期设定为20kHz，中断开始一次采样控制，完成后返回主程序。

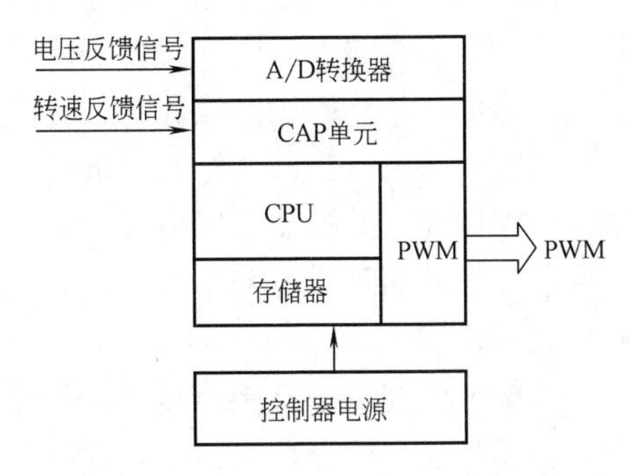

图 9-15 DSP 控制算法的内部实现框图

图 9-15 所示为算法实现的 DSP 内部实现，它由 TMS320LF2407A DSP 的 CPU、存储器、A/D 转换器、数字 I/O 模块的 CAP（捕获）单元、PWM 波形发生模块等组成，整体由控制器电源供电。其中，数字 I/O 模块的 CAP 单元对电机霍尔效应转子位置传感器进行转子位置和速度信号的检测，经 CPU 的检测和译码，作为 APFC 模块的速度输入信号。速度反馈信号是为了检测高速磁悬浮储能飞轮的转速，由于储能飞轮转子由高速降至低速时输出电压比较低，此时动能也较低，放电深度有限不能达到 100%，所以当转速低于某个值（此数值因应用于不同的储能飞轮而有所不同）时，要求 PWM 占空比为 0，关闭开关管。电压反馈信号经过 A/D 转换器转变为数字信号，再经由 CPU 运算输入 APFC 模块，经过 PWM 波形发生模块比较寄存器的值进行比较生成 PWM 控制信号。PWM 控制信号通过调节其占空比来调节转换器开关管的占空比，从而调节直流降压斩波器的输出电压，保证最终输出稳定的直流电压。所有控制算法实现的程序都存放在存储器中。

9.4.5 控制算法的具体实现

控制算法是整个控制系统非常重要的组成部分，它把硬件电路联系在一起，完成了系统的功能。能量释放系统控制程序由主程序、捕获单元子程序、ADC 中断子程序、APFC 子程序、PWM 信号生成子程序等程序模块组成。控制程序主要采用中断的方式来执行，通过设定计时器寄存器来确定中断周期。中断周期即采样控制周期设定为 20kHz，中断开始一次采样控制，完成后返回主程序。

储能飞轮能量释放系统控制算法旨在输出平稳的电压，电流无畸变，功率因数尽量达到 1。要使变换器工作时达到单位功率因数，必须对电流进行控制，保证其为正弦波形且与电压同相。根据是否引入电流反馈可以将这些控制方法分为两种：引入交流电流反馈，对输入电流进行直接控制的称为直接电流控制（DCC）。根据电流跟踪方法的不同，直接电流控制可分为滞环电流比较法控制、定时瞬时电流比较法控制和三角波电流比较法控制等。没有引入交流电流反馈的称为间接电流控制，间接电流控制也称为相位幅值控制（PAC）。

间接电流控制就是通过控制变换器的交流输入端电压，实现对输入电流的控制。这种控制方法没有引入交流电流控制信号，而是通过控制输入端电压间接控制输入电流，故称间接电流控制；又因其直接控制量为电压，所以又称为相位幅值控制。间接电流控制从稳态相量关系出发进行电流控制，具有结构简单、检测量少、控制简单的特点；但由于其缺少了电流环，动态响应速度较慢，不适合快速调节，另外用到了电路参数 R、L，电路参数与给定参数一致性较差，也会影响控制的精度。

直接电流控制中直接检测交流侧电流信号加以控制，有网侧电流闭环控制等优点，而且受参数影响小，所以本设计采用直接电流控制的三角波电流比较控制法。直接电流控制中直接检测交流侧电流信号加以控制，系统响应快，动态响应好，但检测量较多，需要电压、电流反馈。

本算法实现如图9-16所示，主电路输出电压的采样 V_o/H 和基准电压 V_{ref} 比较后，输入电压误差放大器，输出值为 X，输入整流电压采样 Y（即 V_{DC}/K）和 X 的乘积 Z 为电流反馈控制的基准信号，与开关电流检测值 $i_L R_i$ 比较后，其高频分量通过电流误差放大器被平均化处理，再经过电流误差放大器加到PWM驱动器的负输入端，与20kHz的三角载波比较后输出PWM控制信号，控制直流降压斩波器开关管的通断，并决定了占空比。电流环调节输入电流平均值，从而使输入电流 i_L 的波形与整流电压 V_{DC} 的波形基本保持一致，于是电流误差被迅速而精准地校正，电流谐波大大减少。由于电流环有较高的增益带宽，从而使跟踪误差产生的畸变小于1%，实现功率因数接近于1，同时保持输出电压恒定。

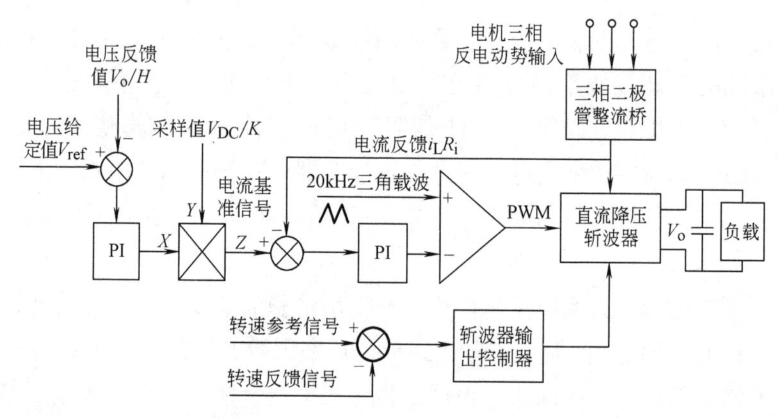

图9-16　平均电流控制法实现原理图

控制斩波器通断的还有转速信号。转速反馈信号与转速参考信号进行比较，如果转速低于参考转速，则此时输出功率和效率已经很低，由此信号关断开关管，停止能量转换，否则由上述中的 PWM 控制信号控制开关管。

1. 模块划分

本能量释放控制系统软件设计分为几个部分：主程序设计、APFC 子程序设计、ADC 中断子程序设计等。

主程序实现整体的储能飞轮能量释放控制器开关管 MOSFET 的占空比控制和飞轮转子转速与规定转速比较，实现整体流程的控制。

APFC 子程序通过反馈电压检测得出的值和飞轮输出的电压电流值，通过计算得出最后的占空比一定的 PWM 控制信号，控制开关管的导通和关断时间，从而控制最终变换器的输出电压，保证其幅值一定；并且 APFC 最重要的功能还是对储能飞轮能量输出端电流波形的校正，提高功率因数，使其接近 1，是整个控制系统的核心部分，也是提高变换器整体性能的重要部分。

ADC 中断子程序主要进行电压和电流值采样，设定定时周期，并将检测到的数值经过变换译码输入 APFC 子程序。ADC 采样模块主要是对反馈电压和飞轮输出电压电流进行采样，设定采样周期等。

CAP 单元测速子程序的主要功能是完成位置传感器信号的检测，并对传感器信号进行译码，译码后与给定的转速值进行比较，决定是否进行能量转换。

2. 模块功能实现

（1）主程序实现　主程序的主要功能是完成系统的初始化，配置各控制寄存器，调用各初始化子程序，如看门狗初始化、中断初始化、I/O 引脚功能初始化、事件管理器 EVA 的 PWM 和 ADC 初始化、事件管理器 EVB 的 CAP 初始化等。初始化完成后，主程序便进入主循环，等待各个中断的发生，从而在各中断子程序中完成各种功能。其流程如图 9-17 所示。

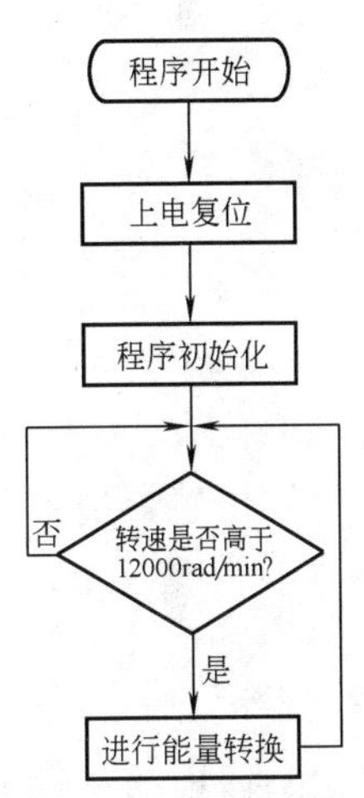

图 9-17　主程序流程图

（2）APFC 子程序实现　APFC 模块是整个软件控制程序的核心部分，决定着变换器的整体性能。APFC 模块将反馈电压、飞轮输出端电压、电流检测值进行运算，最终与生成的三角载波进行比较生成 PWM 控制信号，并通过设定比较单元寄存器控制对应引脚电平信号输出，最终控制变换器开关管占空比，保证输出电压幅值的平稳性。其流程如图 9-18所示。

（3）ADC 中断子程序实现　中断子程序主要是进行电压、电流的采样。反馈电压、电流控制中断服务子程序需要执行以下基本工作：进入中断以后，读入 ADC 采样数据后启动下一次 A/D 转换，将读入数据根据 PFC 控制算法进行计算，将中断寄存器复位，返回主程序等待下一次中断。其流程如图 9-19 所示。

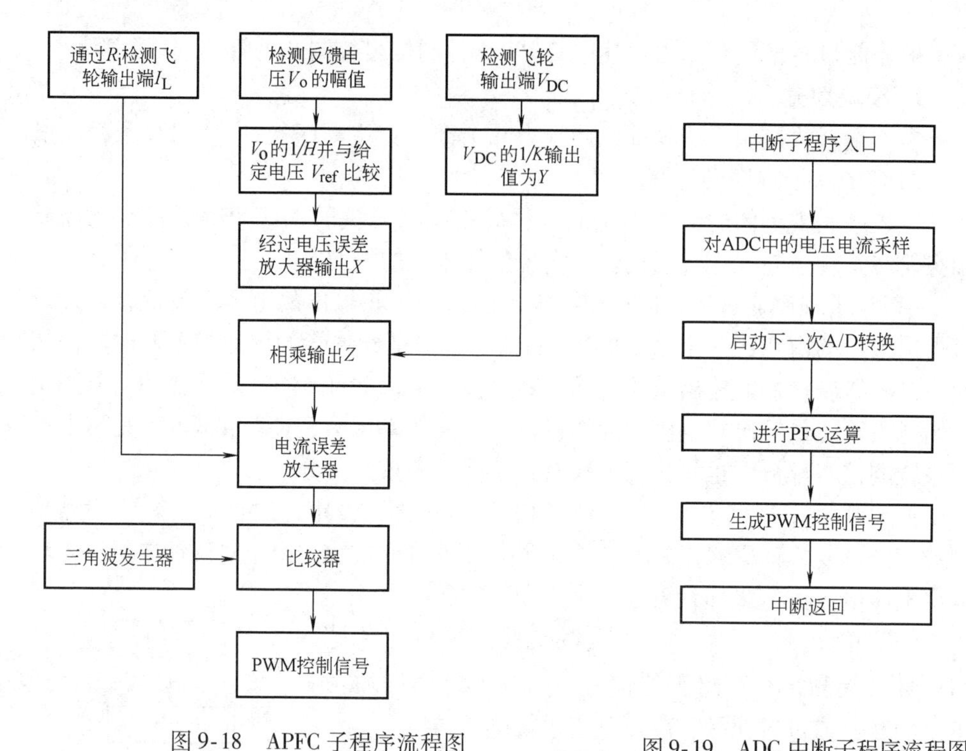

图 9-18 APFC 子程序流程图

图 9-19 ADC 中断子程序流程图

(4) CAP 单元测速子程序实现 CAP单元子程序的主要功能是完成位置传感器信号的检测，并对传感器信号进行译码，译码后输出到 APFC 模块。在 CAP 单元初始化子程序中将其配置为中断模式，并且是同时捕捉信号的上升沿和下降沿，检测霍尔信号输入引脚是否有电平跳变，有则会触发 CAP 中断。进入 CAP 中断子程序后，开启定时器，将 CAP 单元设置为 I/O 模式，通过定时器定时确定两个沿跳变之间的时间，从而确定周期计算出转子转速，输出到主程序，然后再将 CAP 单元设置为中断模式。其流程如图 9-20所示。

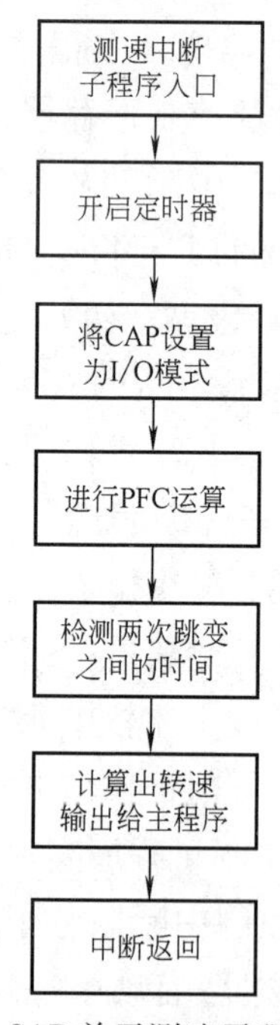

图 9-20 CAP 单元测速子程序流程图

9.5　试验测试及结果分析

储能飞轮能量释放实验所在的试验平台包括真空台、真空罩、真空泵、飞轮组体、磁轴承控制系统、电机升速控制系统、能量释放控制系统、航天用28V直流电压源、示波器、信号发生器等，如图9-21所示。

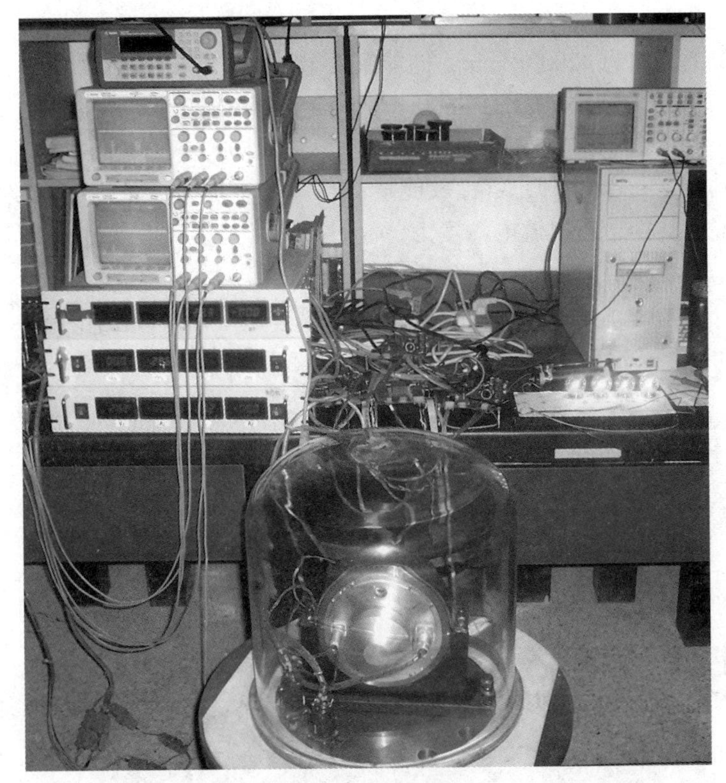

图9-21　试验平台

飞轮安置在真空台上，此平台可以给飞轮提供一个隔离的平台，可以隔离出一个接近真空的空间，也将飞轮与外界振动隔离，保证飞轮的安全运行。真空罩和真空台一起组成了一个封闭的空间，真空室的主要作用是提供真空环境以及屏蔽事故传递。在真空台下部用真空泵将真空室内的空气抽净，真空度是决定系统效率的一个直接因素，真空度增加可明显降低风阻，减小阻耗，进而减小升速时所需要的能量，提高能量转换效率。但因为空气的散热功能相应减弱，转子温升较快，所以必须采取必要的措施以改善散热条件。目前，理论上实验所用的小型平台真空度一般可达10^{-1}Pa量级。本实验系统实际的真空度可以达到3Pa左右。

磁轴承系统对磁轴承进行控制，相应有示波器和信号发生器作为辅助设备；

电机升速控制器控制电机带动飞轮转子高速转动，将电能转换为动能；转子通过能量释放控制器将动能释放出来，转变为电能，外部负载选择现象指示明显的灯泡；航空电源为整个试验系统提供电能，保证其安全可靠的运行。

试验时用真空泵将真空室内空气抽走，真空度在3Pa接近真空环境，放电过程电机采用双端同时放电，每端负载都为2个12V直流25W的灯泡（共2×2×25=100W），输出功率为100W，负载工作正常，输出电压、电流平稳，灯泡无忽明忽暗现象。

实验最高转速为42000r/min，储能密度为

$$e_m = \frac{E}{m} = \frac{J\omega_{max}^2/3600}{2m} = \frac{0.0064 \times 1400^2 \pi^2}{2 \times 3.25 \times 3600} = 5.3\text{Wh} \tag{9-11}$$

降速到12000r/min时，所释放能量的功率已不足为设备供电，放电达到极限，停止能量转换，所以放电深度为

$$\eta = \frac{\frac{1}{2}J\omega_{max}^2 - \frac{1}{2}J\omega_{min}^2}{\frac{1}{2}J\omega_{max}^2} = \frac{\omega_{max}^2 - \omega_{min}^2}{\omega_{max}^2} = \frac{700^2 - 200^2}{700^2} = 0.918 \tag{9-12}$$

即放电深度为91.8%。实验环境接近真空，灯泡正常工作时间t即放电时间为10min，总功率P为100W，可忽略风损，且磁悬浮轴承无摩擦损耗，去除板耗，则转换效率为

$$\eta_c = \frac{Pt}{\frac{1}{2}J\omega_{max}^2 - \frac{1}{2}J\omega_{min}^2} = \frac{25 \times 4 \times 10 \div 60}{\frac{1}{2}J\pi^2(1400^2 - 200^2) \div 3600} = \frac{16.7}{18.7} = 0.89 \tag{9-13}$$

即转换效率经粗略计算达到89%。在保证磁悬浮储能飞轮不受损坏、允许通过最大电流的情况下，计算得到最大输出功率为200W。永磁无刷直流电机空载反电动势波形如图9-22所示。

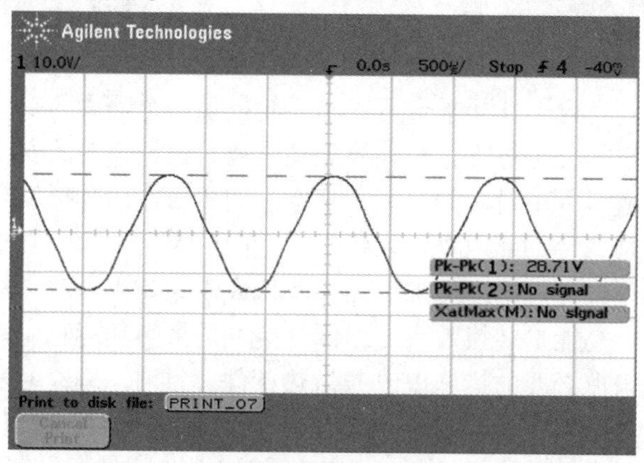

图9-22　永磁无刷直流电机空载反电动势波形

图 9-23 所示为能量释放时输出电压波形，可以看出输出电压平稳，波动小。图 9-24 中放大以后可以看到最大的高频谐波幅值小于 20mV，输出电压是频率为 20kHz 的近似三角波，上升和下降部分分别为储能电感 L_2 的充放电过程。

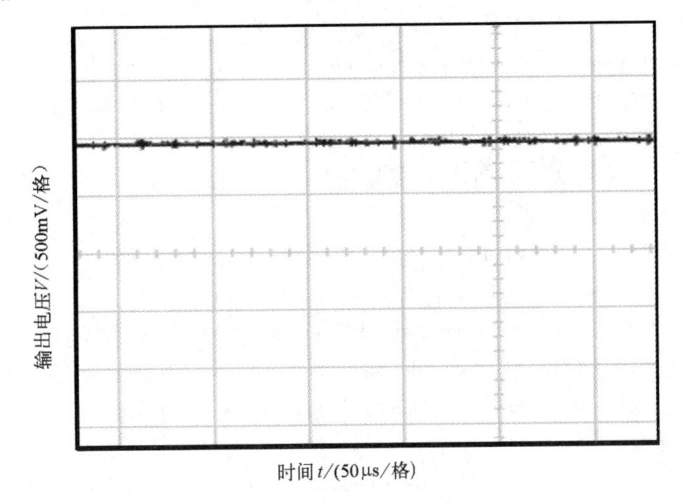

图 9-23　输出电压波形

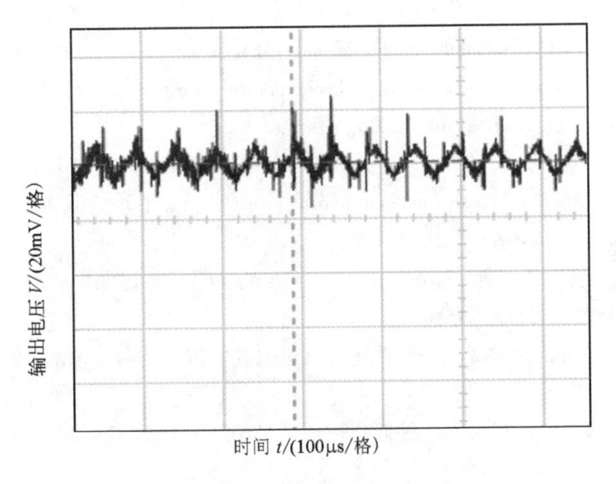

图 9-24　输出电压放大波形

9.6　本章小结

本章主要介绍了磁悬浮储能飞轮能量释放控制系统的工作原理、设计方法、实现步骤和试验结果，对能量释放控制系统的斩波环节引入了 PFC 功能，从而有效地提高了磁悬浮储能飞轮用超高速永磁无刷直流电机的效率和功率因数。

参考文献

[1] KENNY B H, KASCAK P E. DC bus regulation with a flywheel energy storage system [C]. Power Systems Conference, Coral Springs, Florida, 2002.

[2] 杨春帆，刘刚，张庆荣. 高速磁悬浮姿控/储能飞轮能量转换系统设计与实验研究 [J]. 航天控制，2007，25 (3)：91-96.

[3] 房建成，杨春帆，刘刚，等. 一种高速磁悬浮姿控/储能飞轮能量转换系统设计：200610165163.0 [P]. 2006.

[4] XU Y L, LIU G, FANG J C. The parameter calculation of brushless direct current motor in attitude control and energy storage flywheel application [C]. Proceedings of the 5th International Symposium on Instrumentation and Control Technology, Beijing, China, 2003：732-736.

[5] XU Y L, LIU G, FANG J C. A new design method of magnetic bearing [C]. Proceedings of the 5th International Symposium on Instrumentation and Control Technology. Beijing, China, 2003：760-763.

[6] YU L H, FANG J C. Magnetically suspended control moment gyro gimbal servo-system using adaptive inverse control during disturbances [J]. Electronics Letters, 2005, 41 (17)：950-951.

[7] WEI T, FANG J C. Dynamics modeling and vibration suppression of high-speed magnetically suspended rotor considering first-order elastic natural vibration [C]. The Ninth International Symposium on Magnetic Bearings, 2004.

[8] FAN Y H, FANG J C. Experimental research on the nutational stability of magnetically suspended momentum wheel in control moment gyroscope (CMG) [C]. The Ninth International Symposium on Magnetic Bearings, 2004.

[9] 房建成，马善振，孙津济，等. 一种低功耗永磁偏置混合径向磁轴承：ZL200410101899.2 [P]. 2004.

[10] 房建成，马善振，孙津济. 一种低功耗永磁偏置内转子径向磁轴承：ZL 200510011271.8 [P]. 2005.

[11] 房建成，马善振，孙津济. 一种低功耗永磁偏置外转子径向磁轴承：ZL 200510011270.3 [P]. 2005.

[12] 房建成，徐衍亮，马善振，孙津济. 一种低功耗永磁偏置轴向磁轴承：ZL 200510011272.2 [P]. 2005.

[13] 房建成，马善振，孙津济. 具有阻尼作用的被动式轴向磁悬浮轴承：ZL 200510011689.9 [P]. 2005.

[14] 房建成，孙津济，马善振. 一种低功耗永磁偏置外转子混合径向磁轴承：ZL 200510086832.0 [P]. 2005.

[15] 孙津济，房建成，韩邦成. 一种永磁偏置外转子径向磁轴承：ZL 200510086223.5 [P]. 2005.

[16] 孙津济，房建成，韩邦成．一种永磁偏置外转子径向磁轴承：ZL 200510086213.1 [P]. 2005.
[17] 房建成，孙津济，王曦．一种小体积低功耗永磁偏置外转子径向磁轴承：ZL 200510086831.6 [P]. 2005.
[18] ZHANG L, FANG J C, LIU G. Modeling and simulation of the switching power amplifier for magnetic suspending flywheel [C]. The Eighth International Symposium on Magnetic Suspension Technology, 2005.
[19] FAN Y H, FANG J C, LIU G. Analysis and design of magnetic bearings controller for a high speed momentum wheel [C]. The Eighth International Symposium on Magnetic Suspension Technology, 2005.
[20] 赵韩，杨志轶，王忠臣．新型高效飞轮储能技术及其研究现状 [J]. 中国机械工程. 2002, 13 (17): 1521-1524.
[21] 周宇，蒋书运，赵雷．磁悬浮储能飞轮系统研究进展 [J]. 低温与超导. 2003, 31 (1): 5.
[22] 房建成. 民用航天科技预研方案论证报告 [R]. 北京航空航天大学第五研究室, 2001.
[23] 于灵慧，房建成. 基于主动磁轴承的高速飞轮转子系统的非线性控制研究 [J]. 宇航学报, 2005, 26 (3): 301-306.
[24] AMIRYAR M E, PULLEN K R. A review of flywheel energy storage system technologies and their applications [J]. Applied Sciences, 2017, 7 (3): 286.
[25] LI X, PALAZZOLO A. A review of flywheel energy storage systems: state of the art and opportunities [J]. Journal of Energy Storage, 2022, 46: 103576.
[26] FARAJI F, MAJAZI A, AL-HADDAD K. A comprehensive review of flywheel energy storage system technology [J]. Renewable and Sustainable Energy Reviews, 2017, 67: 477-490.

第 10 章

新型永磁无刷直流电机电磁场的分析与计算

磁悬浮飞轮系统是卫星实现高精度姿态控制和姿态稳定通常采用的执行机构。作为磁悬浮飞轮系统重要组成部分的永磁无刷直流电机系统，不但涉及其控制问题，更涉及其电磁设计问题，其电磁设计的准确性直接影响着飞轮系统的性能。永磁无刷直流电机的设计中，计算漏磁系数及极弧系数的准确与否直接影响电磁计算的精确性。对于一般结构的电机，两者通常根据经验选取；而对于磁悬浮飞轮系统，为保证其轴承运行的稳定性和可靠性，降低其控制难度，无刷直流电机必须采用无齿槽绕组以使其具有尽可能小的单边磁拉力和转矩脉动，这导致电机的等效气隙很大；另一方面，磁悬浮飞轮具有径向大、轴向小的结构要求，这决定了电机长径比很小。对这种大气隙、小长径比结构的电机设计没有现成的经验可寻，计算漏磁系数及计算极弧系数不能按照传统的工程曲线得出，也没有成熟的方法可遵循。

10.1　计算漏磁系数和极弧系数的意义

永磁无刷直流电机的设计原理和方法与普通无刷直流电机基本相同，分为磁路设计和电路设计。磁路设计是要求出永磁体的尺寸、外磁路特性，并由永磁体工作图求出工作点的气隙磁通密度和磁通量；电路设计是在电机总体方案和磁路设计的基础上对绕组参数进行设计计算，同时校核电机的各项指标要求。由于永磁无刷直流电机是永磁体励磁，因而与普通无刷直流电机相比，在计算中的参数选取、性能计算等许多方面存在差异。

电机设计的思想是要获得大的气隙磁通密度 B_δ（或气隙中的磁通量 Φ_δ），这样不仅可以提高电机出力，还可以改善电机的动态品质。因此，气隙磁通密度（或气隙中的磁通量）成为决定电机尺寸、影响电机性能的重要参数之一，在电机设计中对其进行准确计算十分重要。

电机的设计最终通过磁路的计算进行。对磁悬浮飞轮用电机，电机的总气隙

磁通量 Φ_δ 可通过下式求得：

$$\Phi_\delta = \frac{b_{m0} B_r S_m}{\sigma_{eq}} = \frac{B_r S_m \lambda_\delta}{\sigma_{eq}\lambda_\delta + 1} = \frac{B_r S_m \Lambda_\delta / \Lambda_b}{\sigma_{eq}\Lambda_\delta / \Lambda_b + 1} \tag{10-1}$$

式中，B_r 为永磁体剩余磁通密度；S_m 为永磁体供磁面积；Λ_δ、Λ_b 分别为电机主磁路的主磁导和永磁体的磁导；σ_{eq}为电机的等效漏磁系数，这一等效漏磁系数应反映径向漏磁及轴向漏磁。

电机的最大磁通密度可以表示为

$$B_\delta = \frac{B_{\delta av}}{\alpha_{eq}} = \frac{\Phi_\delta}{\alpha_{eq}\tau L} \tag{10-2}$$

式中，τ、L 分别为极距及导体有效长度；$B_{\delta av}$ 为等效气隙磁通密度的平均值；α_{eq}为等效气隙磁通密度计算系数，应是等效径向磁通密度计算系数和等效轴向磁通密度计算系数的合成。

由以上两式可以看出，计算电机的气隙磁通密度 B_δ 和气隙中的磁通量 Φ_δ 的关键在于计算等效漏磁系数 σ_{eq} 和等效气隙磁通密度计算系数 α_{eq}，因此两者的准确计算直接关系着磁悬浮飞轮用电机的设计精确性。

10.2　永磁无刷直流电机二维电磁场分析

由于气隙很大，电磁参数的求解需要考虑径向和轴向气隙磁场的影响。漏磁系数及极弧系数是电机设计的两个重要参数，对于通常的电机，采用解析法进行分析计算，给出极弧系数的工程计算曲线，目前使用较为广泛，但利用解析法难以考虑如磁路饱和、磁极结构、充磁方式等的影响；此外，也可以采用电磁场二维有限元法计算漏磁系数和极弧系数，使计算过程更为精确。因此采用的方法是：电磁分析包括两个部分，即径向磁场分析及轴向磁场分析。在进行这两个磁场分析的基础上，得到该种电机漏磁系数及极弧系数的计算方法，并进行具体电机漏磁系数和极弧系数的计算，并由此进行电机设计。

10.2.1　分析模型

下面以一台实际磁悬浮飞轮用永磁无刷直流电机为例，说明二维电磁参数计算方法。如图 10-1 所示，取实际电机的径向和轴向的电机截面作为分析模型。

10.2.2　气隙径向磁场的分析及相关参数计算

1. 等效径向气隙磁通密度及等效径向计算极弧系数

为了分析方便，将气隙沿半径方向分成 5 等分，并分别标注为 A1A2、B1B2、C1C2、D1D2、E1E2、F1F2，如图 10-2 所示。通过电磁场分析得到不同气隙处的磁通密度分布，如图10-3a所示，可以看出，不同气隙处，磁通密度的分布差异较大。由于电机绕组与转子永磁体之间有一定的气隙，因此等效气隙磁通密度可通过对B1B2、C1C2、D1D2、E1E2、F1F2处磁通密度的平均值来求得。图10-3b同时给出了等效气隙磁通密度的平均值。由此等效径向磁通密度计算极弧系数α_{rad}计算如下：

$$\alpha_{rad}=\frac{B_{equ-av}}{B_{equ-max}}=\frac{0.3938}{0.4773}=0.8251 \tag{10-3}$$

式中，B_{equ-av}为等效气隙磁通密度的最大值；$B_{equ-max}$为等效气隙磁通密度的平均值。

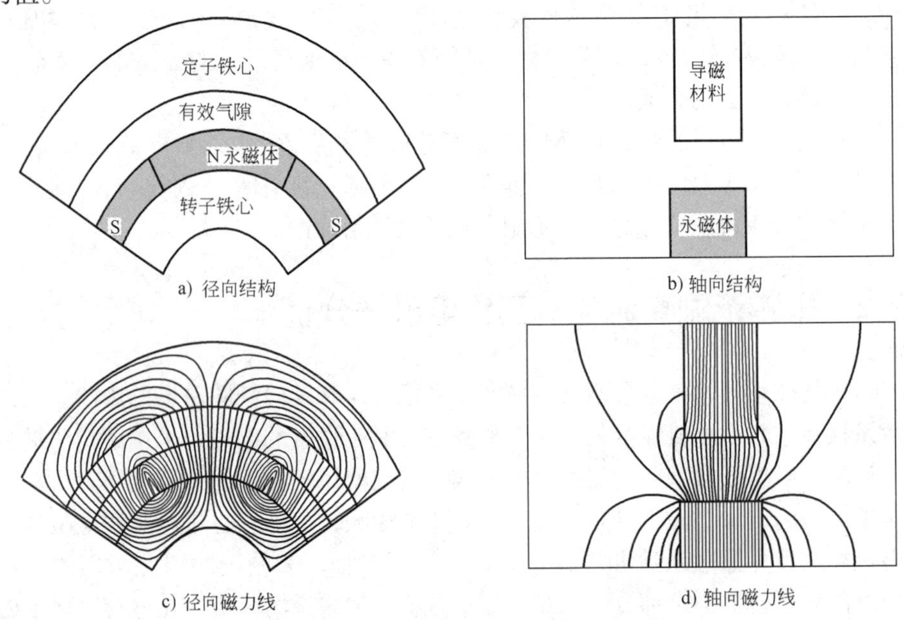

a) 径向结构　b) 轴向结构

c) 径向磁力线　d) 轴向磁力线

图10-1　电机周向结构及磁力线分布

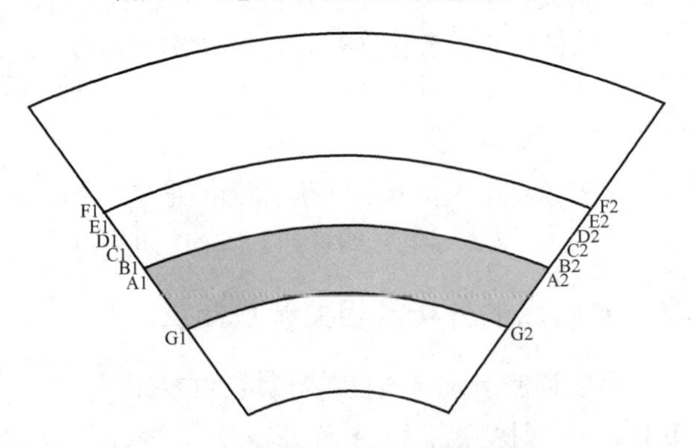

图10-2　电机径向不同气隙位置标志

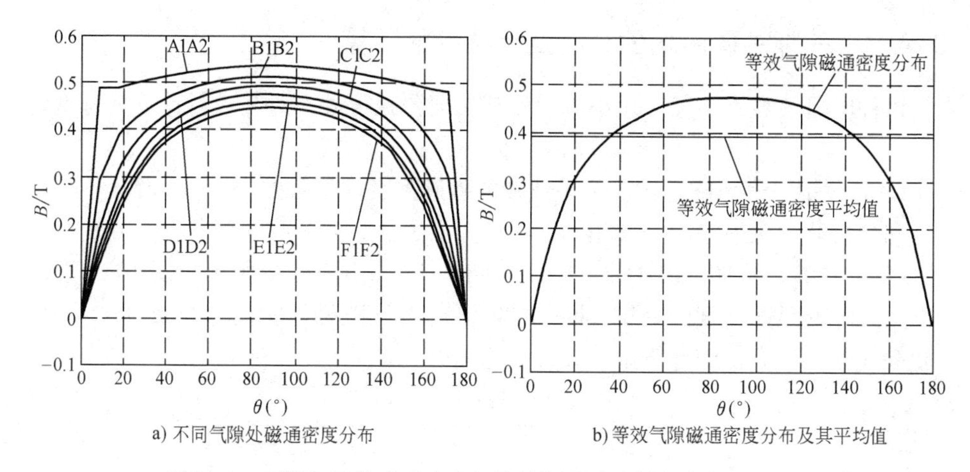

a) 不同气隙处磁通密度分布　　b) 等效气隙磁通密度分布及其平均值

图 10-3　不同气隙处磁通密度与等效气隙磁通密度分布（径向）

2. 等效径向漏磁系数

电机不同气隙处的磁通密度分布不同，反映了磁通大小的不同，这可通过漏磁系数来表示。漏磁系数可通过矢量磁位来计算，不同气隙处的漏磁系数计算如下：

$$\sigma_{\text{Arad}}=\frac{A_{\text{G1}}-A_{\text{G2}}}{A_{\text{A1}}-A_{\text{A2}}}=1.2799 \tag{10-4}$$

$$\sigma_{\text{Brad}}=\frac{A_{\text{G1}}-A_{\text{G2}}}{A_{\text{B1}}-A_{\text{B2}}}=1.4624 \tag{10-5}$$

$$\sigma_{\text{Crad}}=\frac{A_{\text{G1}}-A_{\text{G2}}}{A_{\text{C1}}-A_{\text{C2}}}=1.5712 \tag{10-6}$$

$$\sigma_{\text{Drad}}=\frac{A_{\text{G1}}-A_{\text{G2}}}{A_{\text{D1}}-A_{\text{D2}}}=1.6447 \tag{10-7}$$

$$\sigma_{\text{Erad}}=\frac{A_{\text{G1}}-A_{\text{G2}}}{A_{\text{E1}}-A_{\text{E2}}}=1.6869 \tag{10-8}$$

$$\sigma_{\text{Frad}}=\frac{A_{\text{G1}}-A_{\text{G2}}}{A_{\text{F1}}-A_{\text{F2}}}=1.7006 \tag{10-9}$$

式中，σ_{Arad}为永磁体本身的漏磁系数，反映了永磁体本身的不可避免的漏磁情况；σ_{Frad}为计算电机定子轭部磁通密度时所需要的漏磁系数；电机的等效气隙磁通密度与等效漏磁系数相对应。等效径向漏磁系数可以由绕组空间处漏磁系数的平均值来求得，具体可表示为

$$\sigma_{\text{rad}}=(\sigma_{\text{Brad}}+\sigma_{\text{Crad}}+\sigma_{\text{Drad}}+\sigma_{\text{Erad}}+\sigma_{\text{Frad}})/5=1.6132 \tag{10-10}$$

10.2.3　气隙轴向磁场的分析及相关参数计算

该种电机气隙大，径长比小，因此其端部漏磁很大，对其进行计算具有重要意义。

1. 等效轴向气隙磁通密度及等效轴向磁通密度计算系数

同分析径向磁通密度分布相同，将气隙沿半径方向分成5等分，并分别标注为A1A2、B1B2、C1C2、D1D2、E1E2及F1F2，如图10-4所示。图10-5给出了不同气隙处磁通密度的分布，同时给出了等效气隙磁通密度分布及其平均值。由此等效轴向磁通密度计算系数 α_{axis} 计算如下：

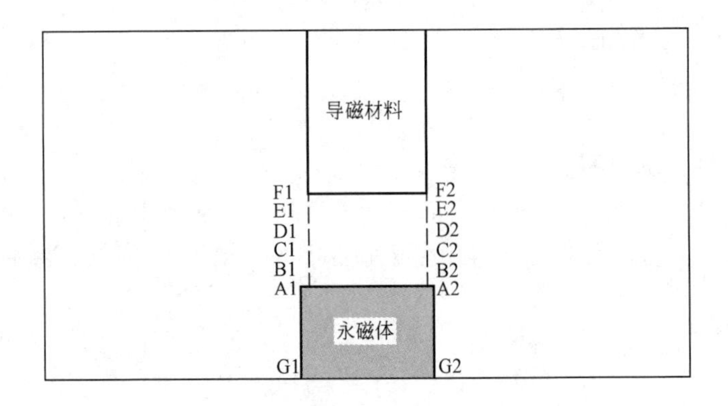

图10-4　电机轴向不同气隙位置标志

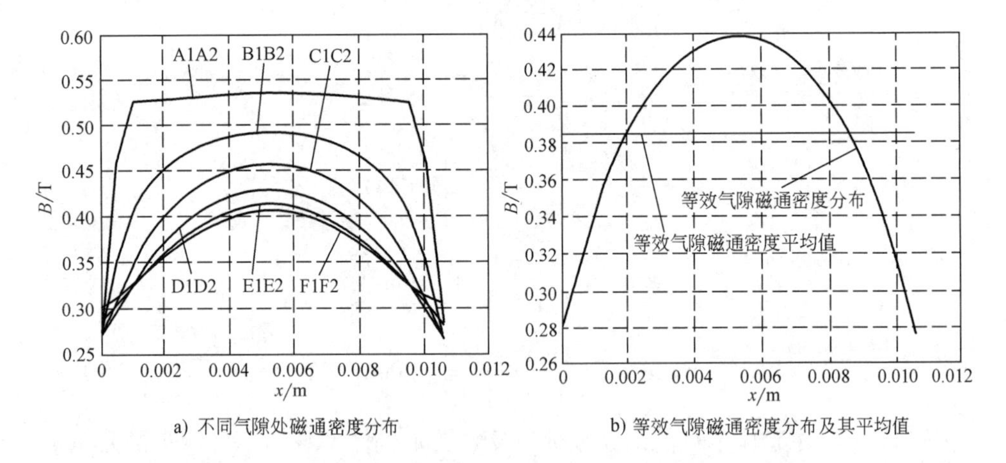

图10-5　不同气隙处磁通密度与等效气隙磁通密度分布（轴向）

$$\alpha_{axis}=\frac{B_{equ\text{-}av}}{B_{equ\text{-}max}}=\frac{0.3849}{0.4394}=0.8760 \tag{10-11}$$

2. 端部等效漏磁系数

不同气隙处的端部漏磁系数计算如下：

$$\sigma_{\text{Aaxis}} = \frac{A_{\text{G1}} - A_{\text{G2}}}{A_{\text{A1}} - A_{\text{A2}}} = 1.4003 \tag{10-12}$$

$$\sigma_{\text{Baxis}} = \frac{A_{\text{G1}} - A_{\text{G2}}}{A_{\text{B1}} - A_{\text{B2}}} = 1.6733 \tag{10-13}$$

$$\sigma_{\text{Caxis}} = \frac{A_{\text{G1}} - A_{\text{G2}}}{A_{\text{C1}} - A_{\text{C2}}} = 1.8490 \tag{10-14}$$

$$\sigma_{\text{Daxis}} = \frac{A_{\text{G1}} - A_{\text{G2}}}{A_{\text{D1}} - A_{\text{D2}}} = 1.9677 \tag{10-15}$$

$$\sigma_{\text{Eaxis}} = \frac{A_{\text{G1}} - A_{\text{G2}}}{A_{\text{E1}} - A_{\text{E2}}} = 2.0257 \tag{10-16}$$

$$\sigma_{\text{Faxis}} = \frac{A_{\text{G1}} - A_{\text{G2}}}{A_{\text{F1}} - A_{\text{F2}}} = 2.0343 \tag{10-17}$$

式中，σ_{Aaxis}为永磁体本身的端部漏磁系数，反映了永磁体端部本身的不可避免的漏磁情况。A1A2处的气隙磁通尽管没有全部交链绕组所在空间，但几乎全部通过定子铁心，因此σ_{Aaxis}为计算电机定子轭部磁通密度时所需要的漏磁系数；与等效径向漏磁系数相同，作为等效轴向气隙磁通密度，有一等效端部漏磁系数与之相对应。等效端部漏磁系数可以由绕组空间处的端部漏磁系数的平均值来求得，具体可近似表示为

$$\sigma_{\text{axis}} = (\sigma_{\text{Baxis}} + \sigma_{\text{Caxis}} + \sigma_{\text{Daxis}} + \sigma_{\text{Eaxis}} + \sigma_{\text{Faxis}})/5 = 1.9100 \tag{10-18}$$

10.2.4　气隙磁场的分析及相关参数计算

1）电机的设计最终通过磁路的计算进行。对本电机，电机的总有效磁通 Φ_δ 通过式（10-1）求得。

2）σ 为电机的等效漏磁系数，这一等效漏磁系数应反映径向漏磁及端部漏磁，具体表示为

$$\sigma = \sigma_{\text{rad}} + \sigma_{\text{axis}} - 1 = 1.6132 + 1.9100 - 1 = 2.5232 \tag{10-19}$$

3）电机（最大）磁通密度及等效磁通密度计算系数。电机的最大磁通密度可以由式（10-2）求得，其中 α_{eq}为等效气隙磁通密度计算系数，应是等效径向极弧系数和等效轴向磁通密度计算系数的合成，可表示为

$$\alpha_{\text{eq}} = \alpha_{\text{rad}}\alpha_{\text{axis}} = 0.8249 \times 0.8760 = 0.7227 \tag{10-20}$$

10.3　永磁无刷直流电机三维电磁场分析

气隙磁场实际呈空间三维场分布，现有的将空间三维磁场分解为两个独立二维磁场分别计算漏磁系数，经过合成得到最终计算漏磁系数的方法，没有计及两个二维磁场之间的耦合情况，给电磁计算带来人为误差。

本节引入等效漏磁系数和等效气隙磁通密度计算系数的概念，利用三维场有限元计算方法，对实际一台磁悬浮飞轮用电机气隙磁场进行了分析研究，给出了一套系统、完整的等效气隙磁通密度计算系数和等效漏磁系数确定方法。

10.3.1　分析模型

图 10-6 所示为一台实际磁悬浮飞轮用永磁无刷直流电机的三维场结构模型，其中图 a 为电机本体模型，图 b 为包括轴向一定空气范围的模型。

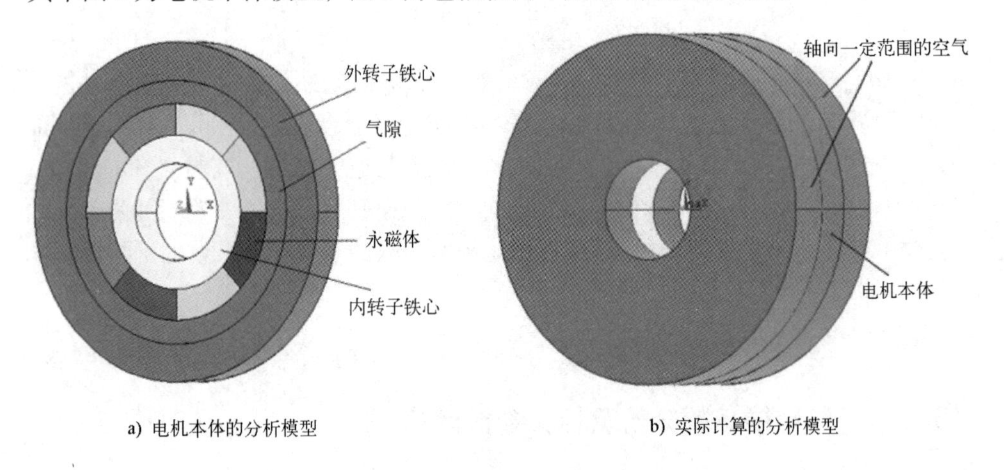

a) 电机本体的分析模型　　b) 实际计算的分析模型

图 10-6　电机的三维场结构模型

由于电机在运行时磁场是对称分布的，因此只需对一个极距下的电机模型进行求解，其模型如图 10-7 所示。采用ANSYS四边形 4 节点单元剖分并进行电磁场求解，得到的磁通密度分布如图 10-8 所示。

由于电机有效气隙很大，气隙不同位置处气隙磁通密度不同，并且电机的绕组分布于电机的整个有效气隙中，因此需要计算电机不同气隙位置处的磁通密度大小。为方便计算，在该模型沿周向及轴向中心截面处将气隙 5 等分，如图 10-9所示。其中，径向路径为 A1A2、B1B2、C1C2、D1D2、E1E2、F1F2 和 G1G2，轴向路径为 a1a2、b1b2、c1c2、d1d2、e1e2、f1f2 和 g1g2。

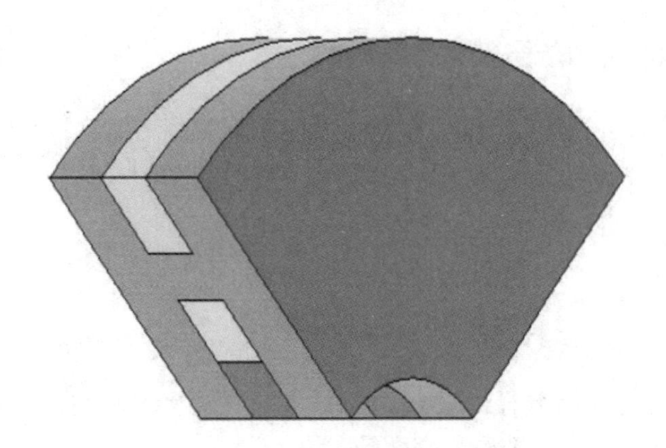

图 10-7　ANSYS 求解模型

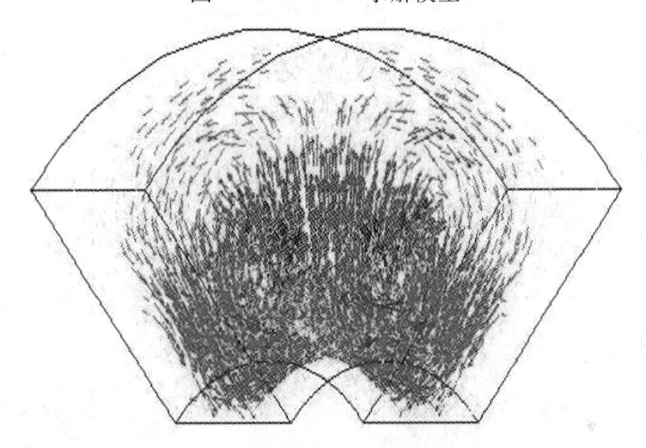

图 10-8　一个极距下的磁通密度分布

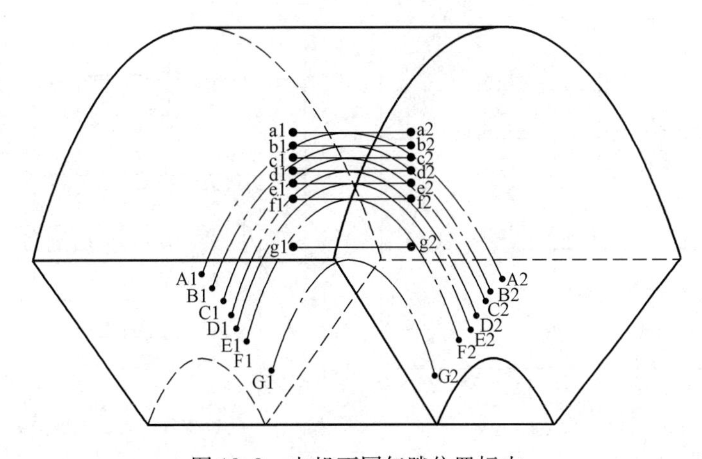

图 10-9　电机不同气隙位置标志

10.3.2　等效气隙磁通密度计算系数

运用 ANSYS 有限元方法可计算得到沿以上径向和轴向各路径的磁通密度分布，如图 10-10 所示。对不同气隙处的磁通密度求平均值，得到了等效径向和轴向气隙磁通密度分布，如图 10-11 所示。

由式（9-21）可得到等效径向（或轴向）计算极弧系数 $\alpha_{\mathrm{rad(ax),\,eq}}$为

$$\alpha_{\mathrm{rad(ax),\,eq}}=\frac{B_{\mathrm{rad(ax),\,eq,\,av}}}{B_{\mathrm{rad(ax),\,eq,\,max}}} \tag{10-21}$$

式中，$B_{\mathrm{rad(ax),\,eq,\,av}}$为等效径向（或轴向）气隙磁通密度平均值；$B_{\mathrm{rad(ax),\,eq,\,max}}$为等效径向（或轴向）气隙磁通密度最大值。

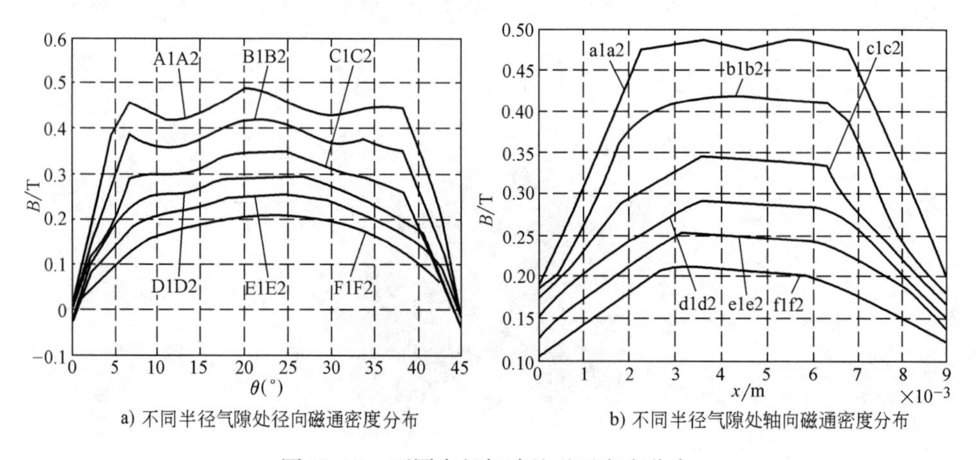

a) 不同半径气隙处径向磁通密度分布　b) 不同半径气隙处轴向磁通密度分布

图 10-10　不同半径气隙处磁通密度分布

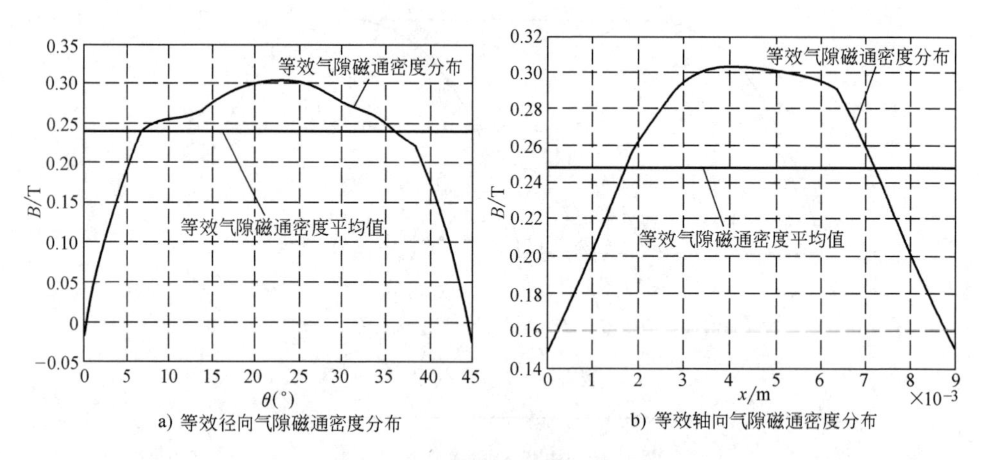

a) 等效径向气隙磁通密度分布　b) 等效轴向气隙磁通密度分布

图 10-11　等效气隙磁通密度分布

等效气隙磁通密度计算系数可通过等效径向计算极弧系数和等效轴向计算极弧系数来计算，如下式所示：

$$\alpha_{eq}=\frac{\alpha_{rad,eq}+\alpha_{ax,eq}}{2} \tag{10-22}$$

10.3.3　等效漏磁系数

三维场的分析表明，可以将永磁电机的空间漏磁分成两部分：一部分是存在于电枢铁心径向长度范围内的漏磁，称为极间漏磁；另一部分是存在于电枢长度以外的漏磁，称为端部漏磁。通过 ANSYS 磁场计算，求解极间漏磁可采用磁矢位 A 计算，不同气隙 X1X2 处（X 可取 B、C、D、E、F）的漏磁系数可由下式计算：

$$\sigma_{X1X2,\ rad}=\frac{A_{G1}-A_{G2}}{A_{X1}-A_{X2}} \tag{10-23}$$

式中，A_{X1}、A_{X2}、A_{G1}、A_{G2} 分别为 X1、X2、G1、G2 处的磁矢位。

对以上计算出的不同气隙处漏磁系数求平均值，即可得到极间等效漏磁系数 $\sigma_{rad,eq}$。

同理，按照上述方法可以得到端部等效漏磁系数 $\sigma_{ax,eq}$，其中 x 取 b、c、d、e、f。

等效漏磁系数表征电机的整体漏磁情况，需要同时考虑径向漏磁和轴向漏磁，可由下式得到：

$$\sigma_{eq}=\frac{\sigma_{rad,eq}+\sigma_{ax,eq}}{2} \tag{10-24}$$

至此，得到了电机设计的两个重要参数，即等效气隙磁通密度计算系数及等效漏磁系数。

10.3.4　计算结果

应用上述方法，对实际一台磁悬浮飞轮进行等效气隙磁通密度计算系数及等效漏磁系数计算，计算结果如表 10-1 所示（飞轮额定转速为 30000r/min，有效气隙长度为 4.9mm，铁心轴向长度为 9mm）。

表 10-1　电机参数计算结果

$\alpha_{rad,eq}$	$\sigma_{B1B2,rad}$	$\sigma_{C1C2,rad}$	$\sigma_{D1D2,rad}$	$\sigma_{E1E2,rad}$	$\sigma_{F1F2,rad}$	$\sigma_{rad,eq}$	α_{eq}	σ_{eq}
0.7933	2.0394	2.6060	2.9949	3.1636	3.3907	2.8389	0.8054	3.3374
$\alpha_{ax,eq}$	$\sigma_{b1b2,ax}$	$\sigma_{c1c2,ax}$	$\sigma_{d1d2,ax}$	$\sigma_{e1e2,ax}$	$\sigma_{f1f2,ax}$	$\sigma_{ax,eq}$		
0.8175	2.1888	3.0011	3.6026	4.4927	5.8943	3.8359		

根据计算出的等效气隙磁通密度计算系数 α_{eq} 和等效漏磁系数 σ_{eq} 进行电机设计计算，即可得到电机线电动势幅值与转速的关系曲线。

10.4　相关讨论

10.4.1　隔磁环对电机磁场的影响

通常我们认为电机磁场磁力线绝大部分通过定转子铁心，而进入轴部分的磁通非常小，在电机电磁设计时可忽略不计，在磁悬浮飞轮这样有特殊应用要求的系统中，减小损耗至关重要。通过分析认为，应在与轴交面处加隔磁环。下面以一台实际飞轮为例，说明电机定转子铁心加（不加）隔磁环对电机径向磁场的影响。需要说明的是，以下提及的转子铁心指与磁钢接触的铁心；定子铁心指未与磁钢接触的铁心。

1. 电机定转子铁心与轴的交面处不加隔磁环时

1）取电机一个极距下的磁力线分布，如图10-12所示。

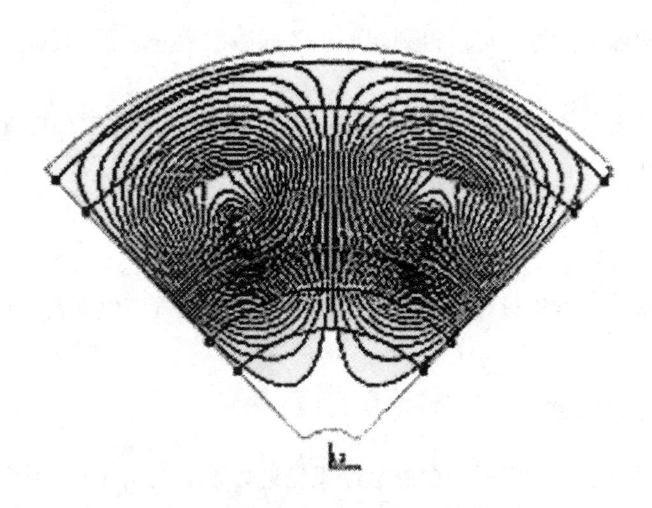

图10-12　磁力线分布（无隔磁环）

2）按图10-12中各路径取磁通密度分布，图中横坐标为路径长度（m），纵坐标为磁通密度值（T），如图10-13所示。

2. 电机定转子铁心与轴的交面处加隔磁环时

1）取电机一个极距下的磁力线分布，如图10-14所示。

2）沿各路径处的磁通密度分布（单位与图10-13中相同），如图10-15所示。

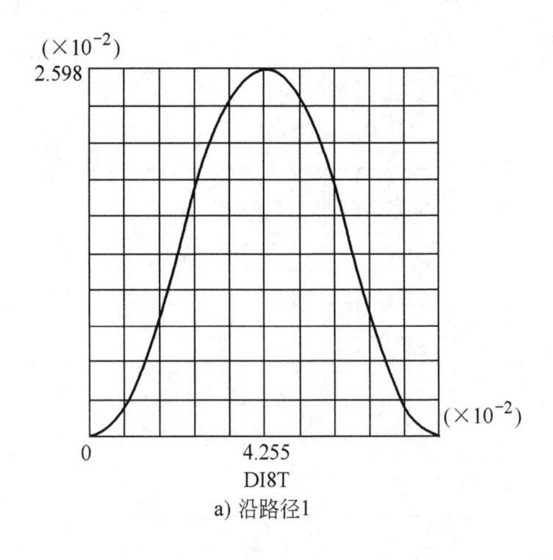

a) 沿路径1

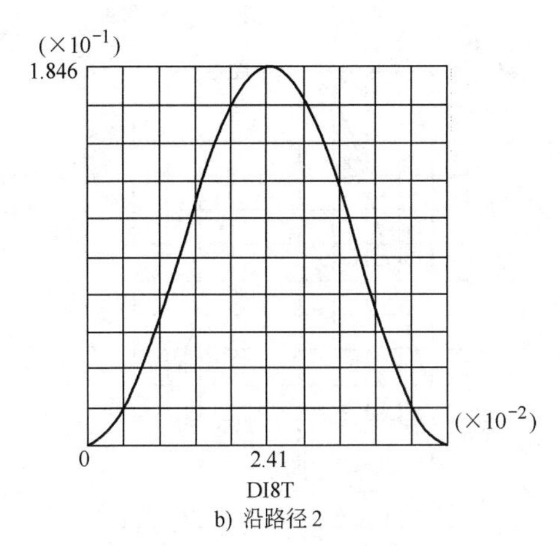

b) 沿路径 2

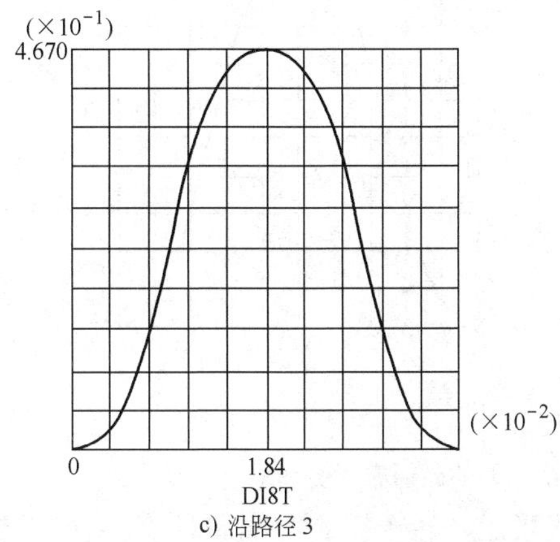

c) 沿路径 3

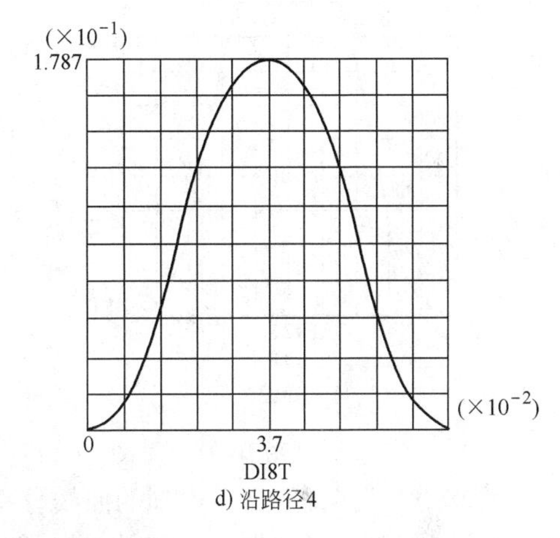

d) 沿路径4

图 10-13　沿图 10-12 中各路径处的磁通密度分布

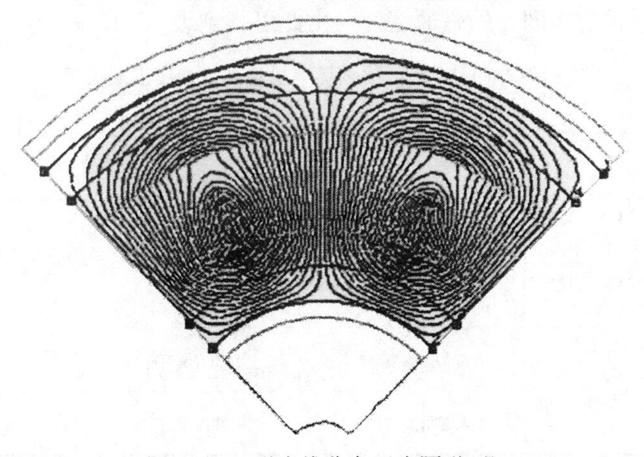

图 10-14　磁力线分布（有隔磁环）

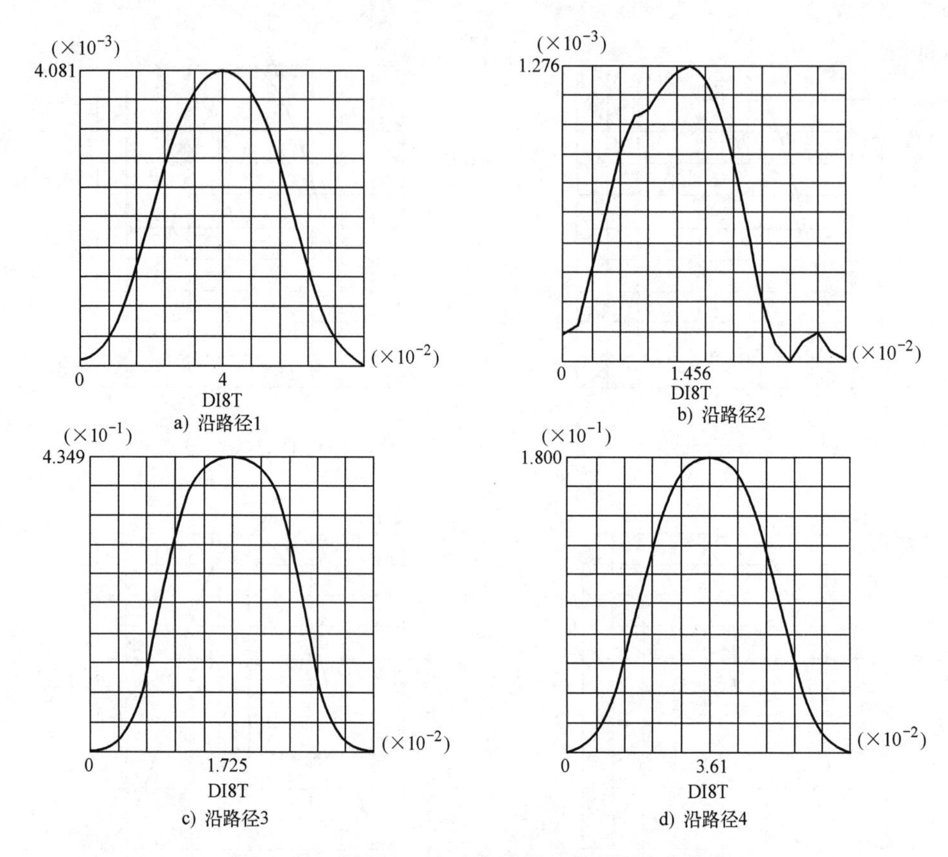

图 10-15 沿图 10-14 中各路径处的磁通密度分布

其中，沿路径 1、2 得到的曲线分别代表定、转子铁心与隔磁环交界面的磁通密度，沿路径 3 得到的曲线代表转子铁心中间处的磁通密度，沿路径 4 得到的曲线代表定子铁心中间处的磁通密度。由此可得到表 10-2。

表 10-2 有（无）隔磁环电机各处磁通密度对比表

项 目	比较内容		
	电机定转子铁心与轴的交面处不加隔磁环时	电机定转子铁心与轴的交面处加隔磁环时	减小比例
定子铁心与隔磁环交界面的磁通密度最大值/T	2.598×10^{-2}	4.081×10^{-3}	84.3%
转子铁心与隔磁环交界面的磁通密度最大值/T	1.846×10^{-1}	1.276×10^{-3}	99.3%
定子铁心中间处的磁通密度最大值/T	1.787×10^{-1}	1.800×10^{-1}	0
转子铁心中间处的磁通密度最大值/T	4.670×10^{-1}	4.349×10^{-1}	0

由以上两组数据可以得到结论：在电机定转子铁心与轴的交面处加隔磁环，

可有效降低进入轴内的磁通密度，而几乎不影响铁心内部的磁通密度分布（其中定子铁心与隔磁环交面的磁通密度最大值减少了 84.3%，转子铁心与隔磁环交面的磁通密度最大值几乎减少至 0)，可见加隔磁环对磁屏蔽的重要作用。应用到绕组电流磁场对轴内磁场的影响，可以认为：在铁心与轴的交面处加隔磁环可以大大减少进入轴内的磁通，这种改进可以使绕组电流磁场在轴内产生的铁耗明显减小。

10.4.2　Halbach 磁体结构电机的电磁场研究

磁悬浮飞轮转速很高，其空载铁耗很大，在电机铁心中产生的铁耗占主要分量，而且铁心的存在使电机工作时产生不平衡磁拉力，这给支承轴承施加了一个额外的支撑力和刚度要求，所以采用无铁心电机成为飞轮系统进一步降低功耗提高效率、提高磁悬浮轴承可靠性的关键。

由电机设计原理可知，提高磁负荷即增加电机气隙的磁通密度，可减小电机体积和提高力能密度。对于永磁电机而言，增加电机气隙磁通密度的措施一般有两种：一种是从磁钢材料上想办法，尽量选用剩余磁通密度较高的永磁材料；另一种是从磁钢结构和排列方式上想办法，使进入气隙的磁通密度增强，由于沿充磁方向每极磁钢表面积大于沿转子表面气隙面积，进入气隙时磁通因受到挤压故可增加气隙磁通密度。

Halbach 阵列是一种新型的永磁体排列方式，特别适合于永磁体采用表面式安装的转子结构。永磁体采用 Halbach 阵列排列方式后，不仅可增强电机气隙磁通，而且可减弱转子轭部磁通，对缩小电机体积和提高力能密度十分有利。但 Halbach 磁极的应用目前存在一些困难，如制造工艺复杂，且充磁方向不精确等。

1. Halbach 阵列的工作原理

通常永磁电机的永磁体多采用径向（垂直）或切向（水平）阵列结构，其示意图如图 10-16a 和 b 所示。Halbach 阵列是将径向与切向阵列结合在一起的一种新型磁性结构。由图 10-16c 可看出，径向与切向永磁体阵列的合成（Halbach 阵列）使一边的磁场增强而另一边的磁场减弱。对于永磁电机来说，总是希望气隙磁通增加而转子轭部磁通减小。

气隙磁通的增加意味着电磁转矩的增大和电机出力的提高。如保持电机出力不变，则可减小电枢电流和铜耗，从而提高电机效率。转子轭部磁通的减少则可相应减小转子轭部的厚度，这对于减小电机的体积和重量十分有利。

2. Halbach 磁体结构的特点

由图 10-17 可知：

1）不论电机每一极由几个 Halbach 磁块组成，在气隙磁场中形成的都是正

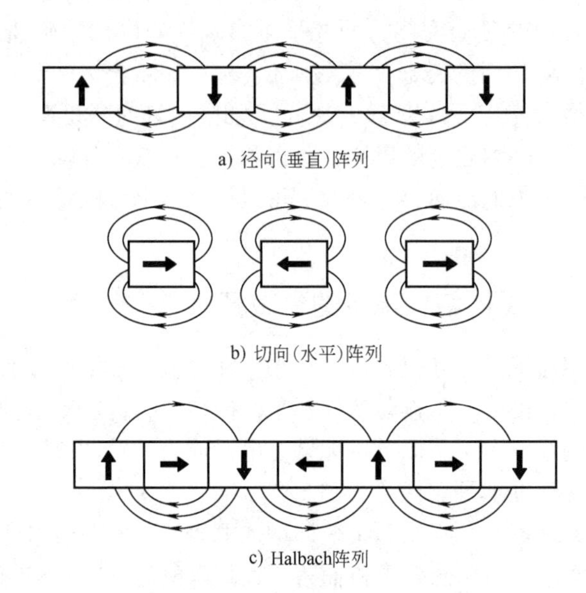
a) 径向(垂直)阵列

b) 切向(水平)阵列

c) Halbach阵列

图 10-16　永磁电机的永磁体阵列

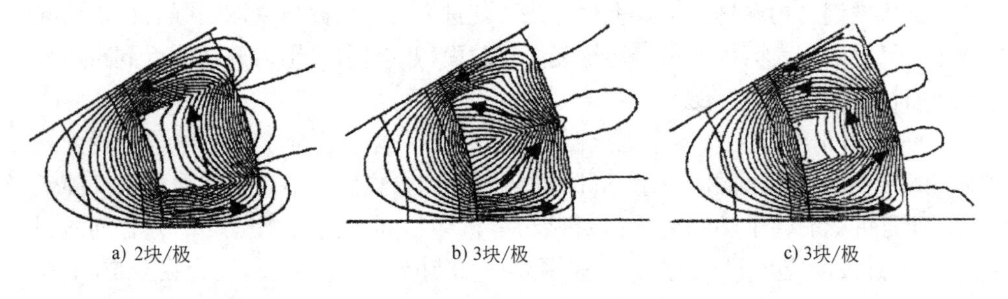
a) 2块/极　　b) 3块/极　　c) 3块/极

图 10-17　磁极与场分布

弦波磁场。

2）与气隙相对的磁极的另一端，即外部漏磁很小，说明 Halbach 具有自屏蔽作用。

图 10-18 中，R_r 为磁体内径，R_m 为磁体外径，以横轴为基准，由内向外依次为径向充磁磁体，2 对极、4 对极、6 对极、8 对极 Halbach 磁体。由图 10-18 可知：

1）Halbach 结构中磁极径向长度及磁极数对气隙中的磁通密度大小影响很大，增加磁极数或一定范围内同时增加磁极数和磁极径向长度，都可以增大气隙磁通密度。

2）在磁通密度满足要求的前提下，可以找到磁极数与磁极径向长度组合的最优值。

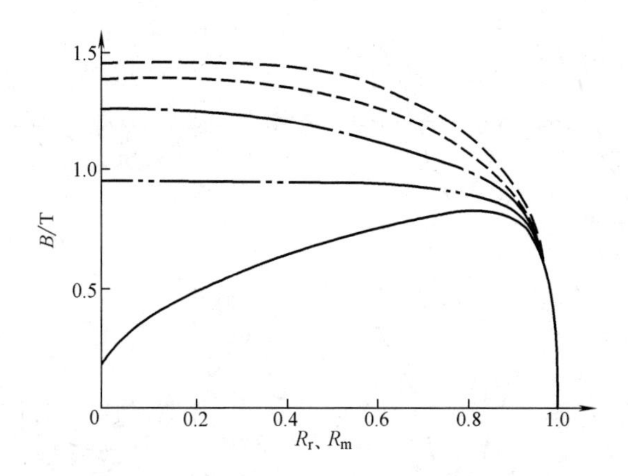

图 10-18　磁极径向长度及磁极数对气隙磁场的影响

图 10-19 中，细实线为线电动势值，粗实线为相电动势值，图 a ~ d 分别表示每极 4 块磁体、5 块磁体、理想 Halbach 磁体和径向充磁磁体。由图 10-19 可以看出：

1）Halbach 结构电机每极磁块越多，气隙磁场的正弦性越好；

2）Halbach 结构电机每极磁块越多，反电动势波形越接近正弦。

由上述特点可以看出：Halbach 磁体结构应用于电机中，电机气隙磁通密度的正弦分布性远比常规磁体结构电机好，每极磁体块数越多，气隙磁通密度的正弦分布性越好，但制造成本也就越高；Halbach 磁体结构电机的转子轭部磁通密度很小，远低于常规磁体结构电机，因此 Halbach 磁体结构电机如果省却导磁转子铁心，仅会导致电机气隙磁通密度稍有降低，如果转子无导磁铁心，则电机应采用 Halbach 磁体结构，以提高气隙磁通密度，这对提高电机的转矩密度、功率密度，降低电机的体积、重量及功耗具有重要意义。

关于 Halbach 磁体结构的优越性，我们做了以下实验验证。

实验名称即电机转子组实验，实验对象为杯形电机实验器，实验电机转子组如下：普通磁体结构转子、普通磁体 S 形结构转子、Halbach 磁体普通结构转子和 Halbach 磁体 S 形结构转子。实验的目的是测试不同转子结构的电机性能，实验内容包括转子磁场测试、稳速功耗测试、反电动势波形采集。

（1）转子磁场测试　转子磁场的测试是利用高斯计以 5°为单位对转子内槽的外缘和内缘进行手工测试，转子平面示意图如图 10-20 所示，外缘磁通密度测试结果（185° ~360°省略）如表 10-3 所示。

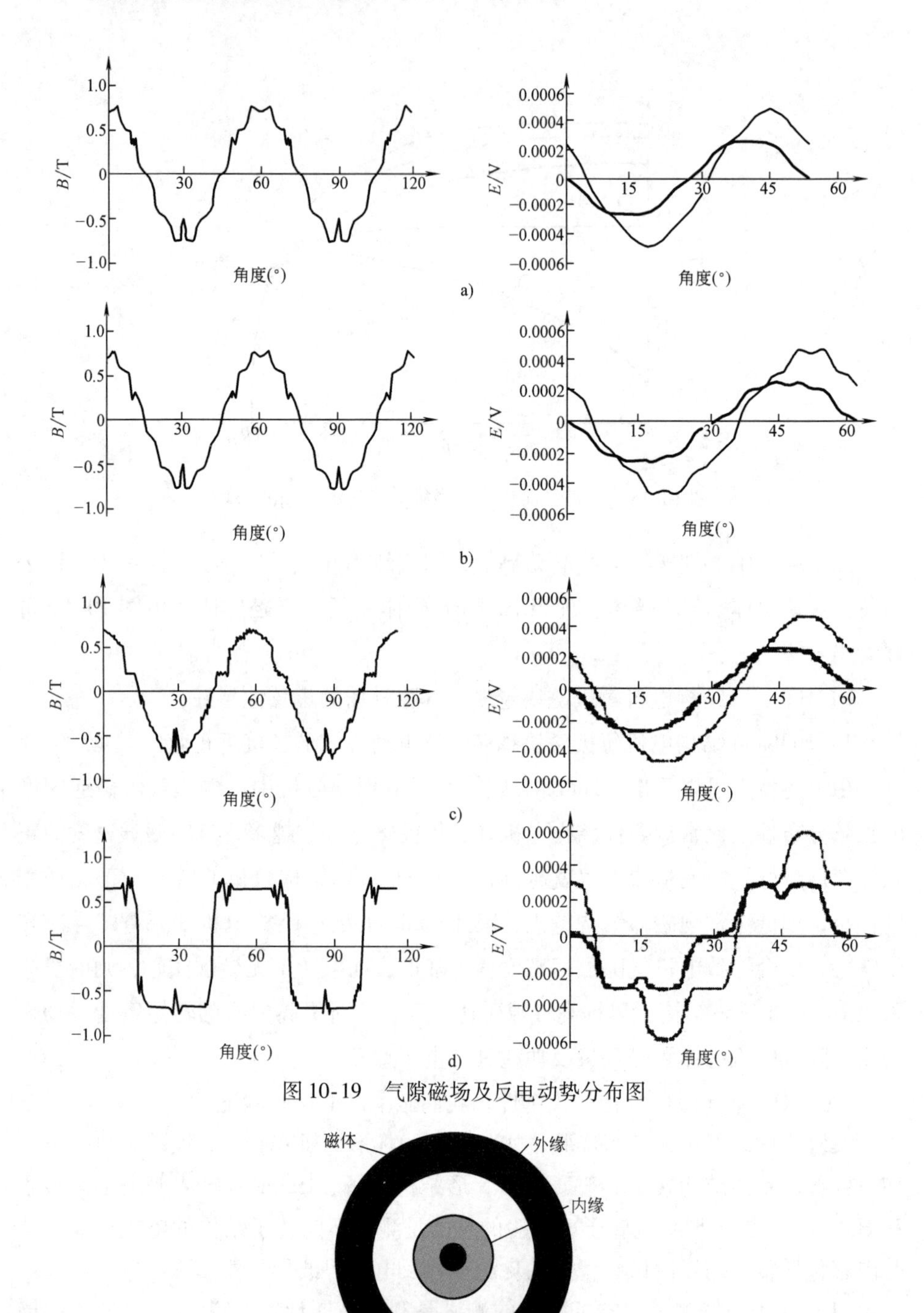

图 10-19　气隙磁场及反电动势分布图

图 10-20　转子平面示意图

表 10-3　外缘磁通密度测试结果　（单位：T）

相对角度/（°）	普通磁体	普通磁体（S 形）	Halbach 磁体（普通）	Halbach 磁体（S 形）
5	-373	271	-423	267
10	-353	265	-428	205
15	-302	265	-275	154
20	53	267	-218	125
25	290	272	-197	0
30	304	279	4	-99
35	378	283	168	-135
40	382	281	199	-165
45	368	109	277	-241
50	367	-248	411	-243
55	374	-294	405	-231
60	375	-277	397	-234
65	365	-265	413	-252
70	342	-263	360	-202
75	245	-262	229	-145
80	-264	-263	183	-119
85	-341	-267	126	-19
90	-370	-275	-76	106
95	-391	-280	-163	137
100	-379	-270	-210	189
105	-379	4	-340	274
110	-383	242	-428	250
115	-384	290	-414	244
120	-385	282	-418	247
125	-364	276	-410	263
130	-357	273	-306	202
135	-186	275	-219	157
140	222	275	-177	150
145	329	276	-73	-15
150	370	282	111	-166
155	373	288	177	-182
160	385	274	215	-237
165	379	50	329	-357

（续）

相对角度/（°）	普通磁体	普通磁体（S形）	Halbach磁体（普通）	Halbach磁体（S形）
170	384	-244	419	-321
175	385	-285	407	-314
180	387	-277	407	-326

根据测试结果中的极值可以判断出各转子磁通密度大小如下：

Halbach磁体（普通）>普通磁体>Halbach磁体（S形）>普通磁体（S形）

（2）稳速功耗测试 通过电机锁相环驱动电路将装有不同转子的电机实验器在同一条件（电机运行温度为50.7℃）稳定在同一转速（5208r/min）下，测量电机电流和PWM占空比，实验数据如表10-4所示。

表10-4 实验数据

	普通磁体	普通磁体（S形）	Halbach磁体（普通）	Halbach磁体（S形）
电压/V	28.3	28.3	28.3	28.3
电流（风扇）/A	0.96	0.98	1.17	1.12
电流/A	0.875	0.89	1.06	1.04
电机功耗/W	24.7625	25.187	29.998	29.432
PWM占空比	12.7%	12.9%	14.1%	13.3%

由实验数据可得不同转子实验器的功耗大小如下：

Halbach磁体（普通）>Halbach磁体（S形）>普通磁体（S形）> 普通磁体

需要补充说明的是，Halbach的转子由于其中两块磁体充磁方向错误进行过维修，维修后转子表面与定子之间有机械摩擦，该机械摩擦严重增加了其功耗。

（3）反电动势波形采集 在5个转速点（6000r/min、5000r/min、4000r/min、3000r/min、2000r/min、1000r/min）分别采集装有不同转子的电机实验器绕组反电动势波形，部分采集波形如图10-21所示。

实验数据整理如表10-5所示。

表10-5 反电动势实验数据 （单位：V）

转速/（r/min）		6000	5000	4000	3000	2000	1000
普通磁体	A相	4.56	3.84	3.10	2.32	1.60	0.76
	B相	4.68	3.96	3.16	2.40	1.62	0.82
普通磁体（S形）	A相	3.83	3.20	2.54	1.94	1.37	0.68
	B相	3.94	3.28	2.65	1.97	1.36	0.70
Halbach磁体（普通）	A相	4.86	4.08	3.27	2.46	1.60	0.84
	B相	5.07	4.27	3.42	2.57	1.73	0.85
Halbach磁体（S形）	A相	3.41	2.86	2.28	1.70	1.14	0.61
	B相	3.55	2.96	2.38	1.78	1.23	0.65

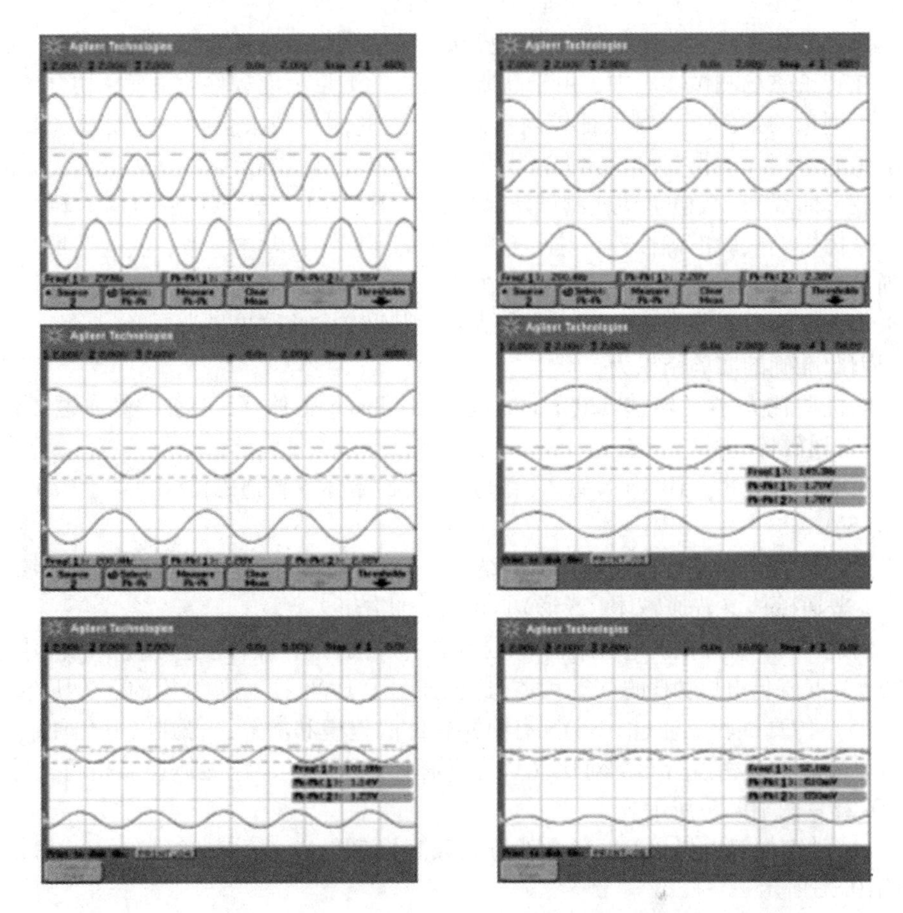

图 10-21　Halbach 磁体（S 形）结构转子电机绕组各相反电动势波形

由实验数据可得，同一转速下不同转子实验器的绕组反电动势大小如下：Halbach 磁体（普通）>普通磁体>普通磁体（S 形）>Halbach 磁体（S 形）

（4）实验结果分析　电磁学基本公式为

$$E_a = C_e n\Phi \tag{10-25}$$

式中，E_a 为电机感应电动势；C_e 为电动势常数；n 为电机转速；Φ 为每极磁通量。

$$\Phi = B_{av} l \tau \tag{10-26}$$

式中，B_{av}为每一极面下平均磁通密度；l 为导体有效长度；τ为极距。

$$T = C_T \Phi I_a \tag{10-27}$$

式中，T 为电磁转矩（N·m）；C_T 为转矩常数；I_a 为电枢电流（A）。

根据上述各式可知，在同一转速下电机感应电动势应与磁极的平均磁通密度成正比，电枢电流应与电机感应电动势和磁极的平均磁通密度成反比。

在转子磁场测试实验中，由于高斯计探头的测量深度、移动角度、切合角度在手工测量的条件下很难保证较高精确度，因此测量结果会有一定误差（利用自动磁通密度检测设备可以大大减小此误差，提高测量分辨率，并可绘制出磁通密度波形曲线）；在稳速功耗测试实验中，除 Halbach（普通安装结构）转子因机械摩擦影响实验准确性外，其余三个转子的实验条件基本一致，实验结果基本准确；在反电动势波形采集实验中，在某一固定转速下对开路的三相绕组进行波形采集，人为因素基本不会影响实验结果，因此该实验结果最为准确。

因此准确的实验结果为：

电机功耗大小（转速 5208r/min 时）：Halbach 磁体（S 形）> 普通磁体（S 形）> 普通磁体

反电动势大小：Halbach 磁体（普通）> 普通磁体 > 普通磁体（S 形）> Halbach 磁体（S 形）

这正符合了由基本公式推导出的结论，其中转子磁场测试实验的结果［Halbach > 普通磁体 > 普通磁体（S 形）］也符合此结论。

由此可见，在相同的电机结构下，提高每极磁通量（即转子磁场提供的气隙磁通密度）是降低电机功耗的重要手段，这也证明了 Halbach 磁体结构的优势所在。

（5）仿真试验　通过 ANSYS 有限元软件的建模和解算，得到以下几种结构电机电磁场磁通密度分布的对比（均为空心杯定子结构、永磁体性能相同），如图 10-22～图 10-27 所示。

1）磁钢内置电机（B）磁力线分布及径向和轴向磁通密度分布如图 10-22 和图10-23所示。

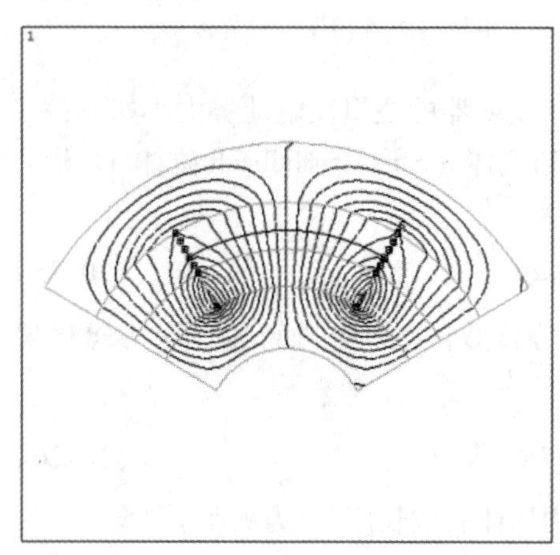

a) 径向磁力线分布

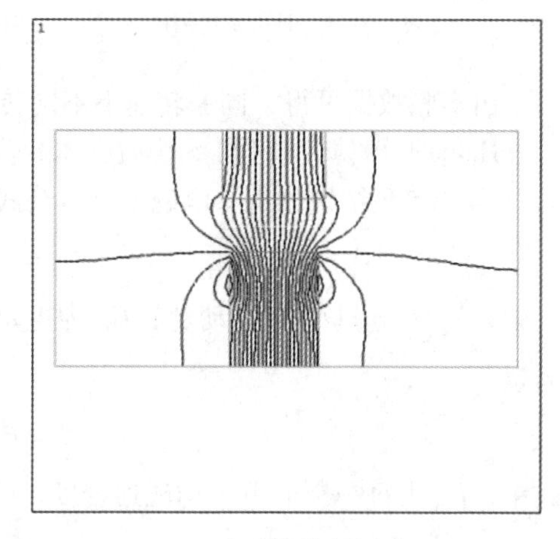

b) 轴向磁力线分布

图 10-22　磁钢内置电机（B）磁力线分布

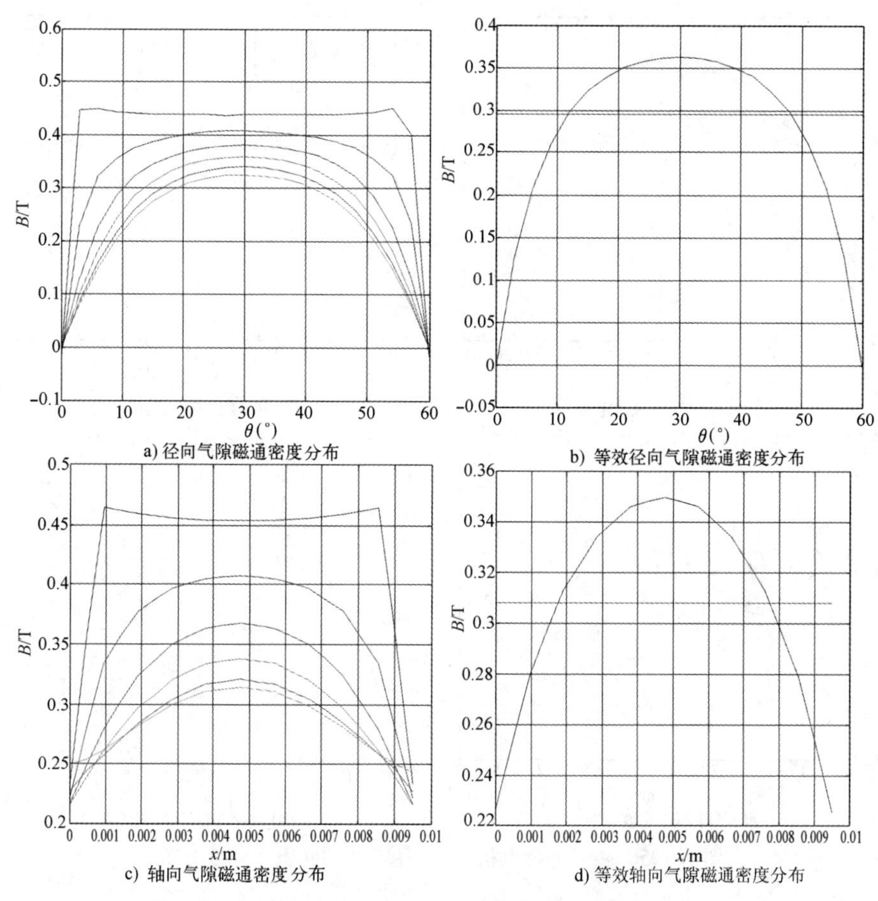

a) 径向气隙磁通密度分布

b) 等效径向气隙磁通密度分布

c) 轴向气隙磁通密度分布

d) 等效轴向气隙磁通密度分布

图 10-23 磁钢内置电机（B）径向和轴向磁通密度分布

2）磁钢外置电机（I）磁力线分布及径向和轴向磁通密度分布如图 10-24 和图 10-25 所示。

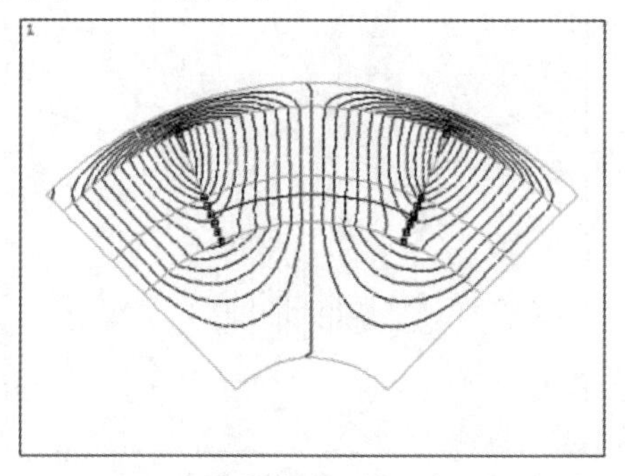

a) 径向磁力线分布

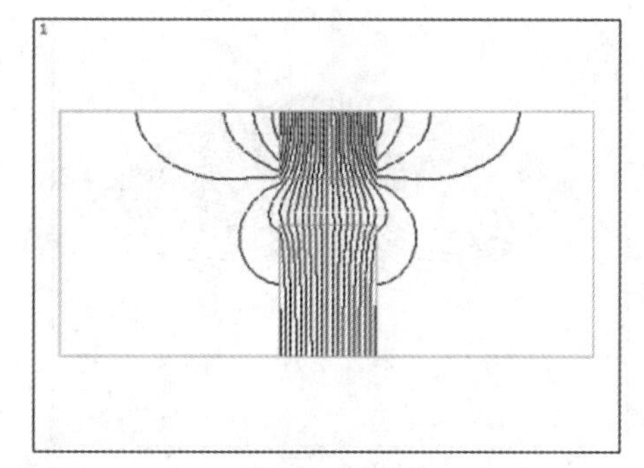

b) 轴向磁力线分布

图 10-24 磁钢外置电机（I）磁力线分布

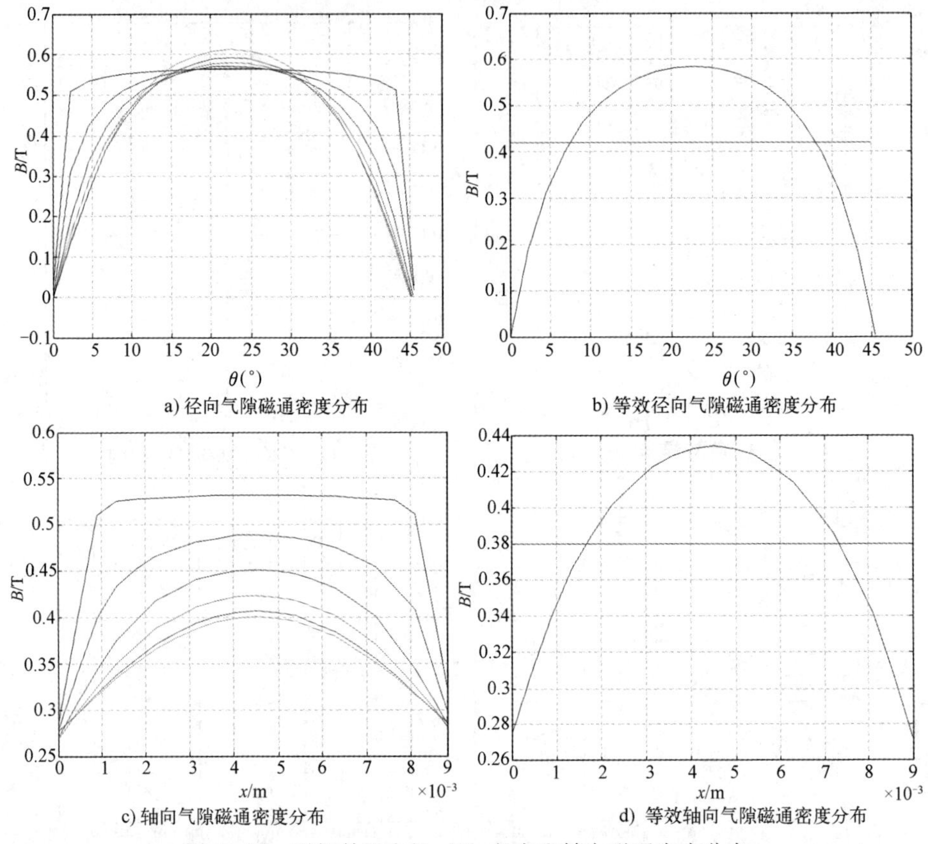

a) 径向气隙磁通密度分布　b) 等效径向气隙磁通密度分布

c) 轴向气隙磁通密度分布　d) 等效轴向气隙磁通密度分布

图 10-25　磁钢外置电机（I）径向和轴向磁通密度分布

3）Halbach 磁体结构电机（C）磁力线分布及径向和轴向磁通密度分布如图 10-26和图 10-27 所示。

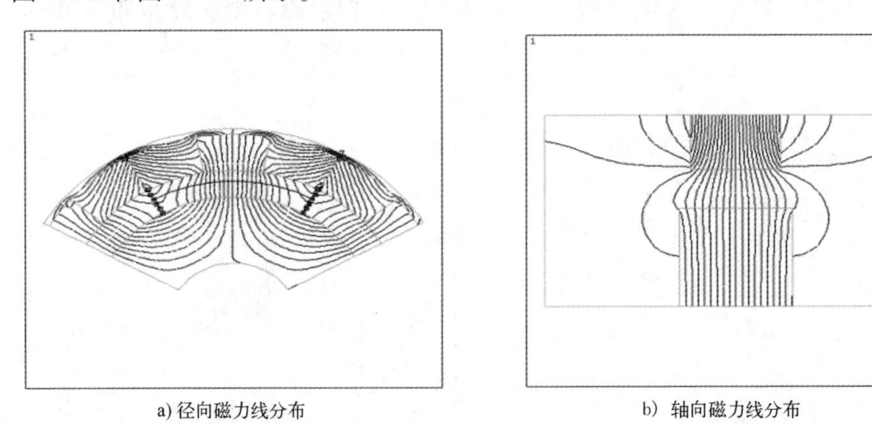

a) 径向磁力线分布　b) 轴向磁力线分布

图 10-26　Halbach 磁体结构电机（C）磁力线分布

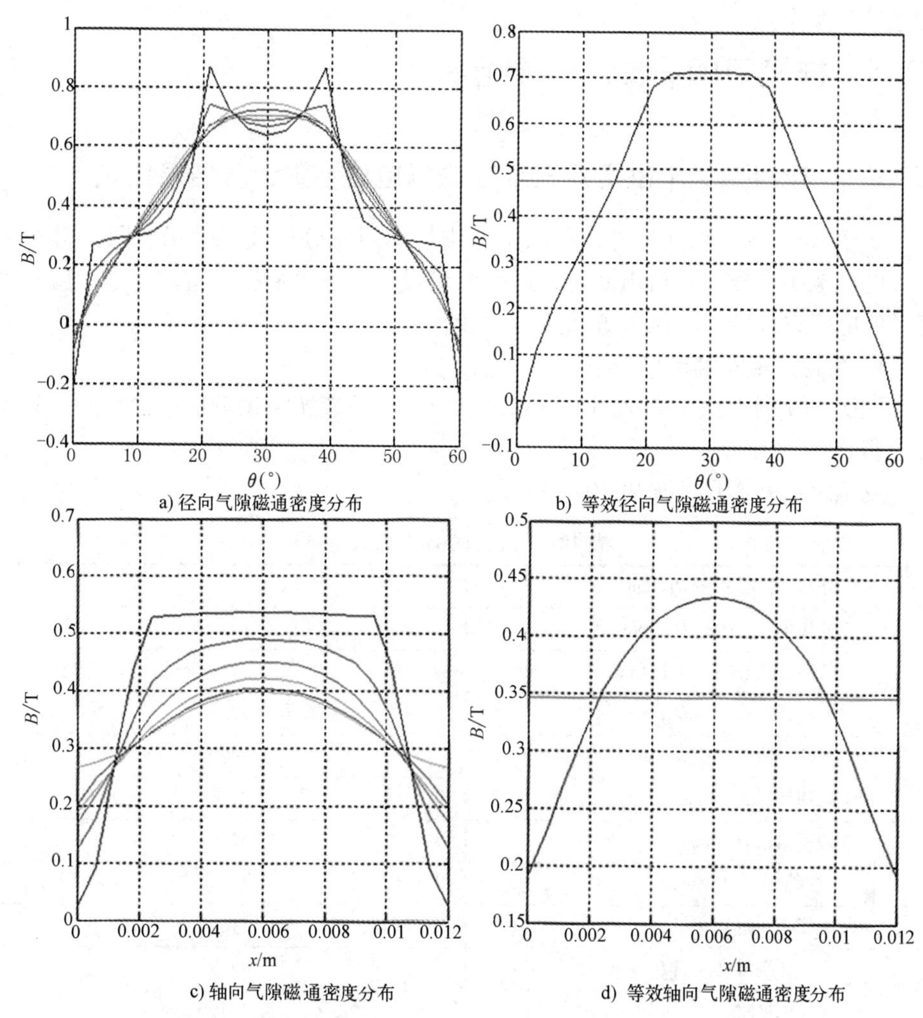

a) 径向气隙磁通密度分布　b) 等效径向气隙磁通密度分布

c) 轴向气隙磁通密度分布　d) 等效轴向气隙磁通密度分布

图 10-27　Halbach 磁体结构电机（C）径向和轴向磁通密度分布

由上面三种结构形式的电机气隙磁场磁通密度分布图可以得到表 10-6。

表 10-6　实验数据

	等效径向磁通密度最大值/T	轴向等效磁通密度最大值/T	等效径向磁通密度平均值/T	等效轴向磁通密度平均值/T
飞轮 B（内磁钢）	0.368	0.29	0.35	0.308
飞轮 I（外磁钢）	0.58	0.42	0.437	0.38
飞轮 C（Halbach）	0.71	0.48	0.447	0.348

由表 10-6 中的数据也可以看出，Halbach 磁体结构能大大提高电机气隙的磁通密度，有助于提高电机的性能。

10.5　样机电磁设计及结果分析

10.5.1　电机二维电磁场及三维电磁场电磁参数计算结果比较

运用ANSYS有限元软件，可以由二维场有限元分析及三维场有限元分析来求解电机电磁参数，然后由此可以进行电机设计。下面根据实验实测值，就几种型号的电机设计结果将两种方法进行比较。

1. 控制力矩陀螺电机

说明：控制力矩陀螺所用电机和磁悬浮飞轮系统所采用电机结构相同，只是尺寸相异。

陀螺电机基本尺寸如表10-7所示。

表10-7　陀螺电机基本尺寸

外转子铁心外径 D_1/mm	102
外转子铁心内径 D_{i1}/mm	82
外转子铁心轴向长 L_a/mm	12
内转子铁心外径 D_{mi}/mm	57.6
内转子铁心内径 D_{i2}/mm	40
磁钢外径 D_{mo}/mm	71.6
磁钢内径 D_{mi}/mm	57.6
磁钢轴向长 L_m/mm	10.6
每相串联匝数 W_{fai}	16
空心杯绕组处内径 D_{i11}/mm	74.8
永磁体材料	钐钴稀土
磁钢矫顽力 H_c/（kA/m）	760
磁钢剩磁 B_r/T	1.05
磁极对数 p	4
计算气隙长度 Dertal/mm	5.2
每相串联匝数 W_{fai}	16
外转子铁心材料	1J79
内转子铁心材料	1J79
线规/mm	19×0.25

二维场及三维场气隙磁通密度分布如图10-28所示。

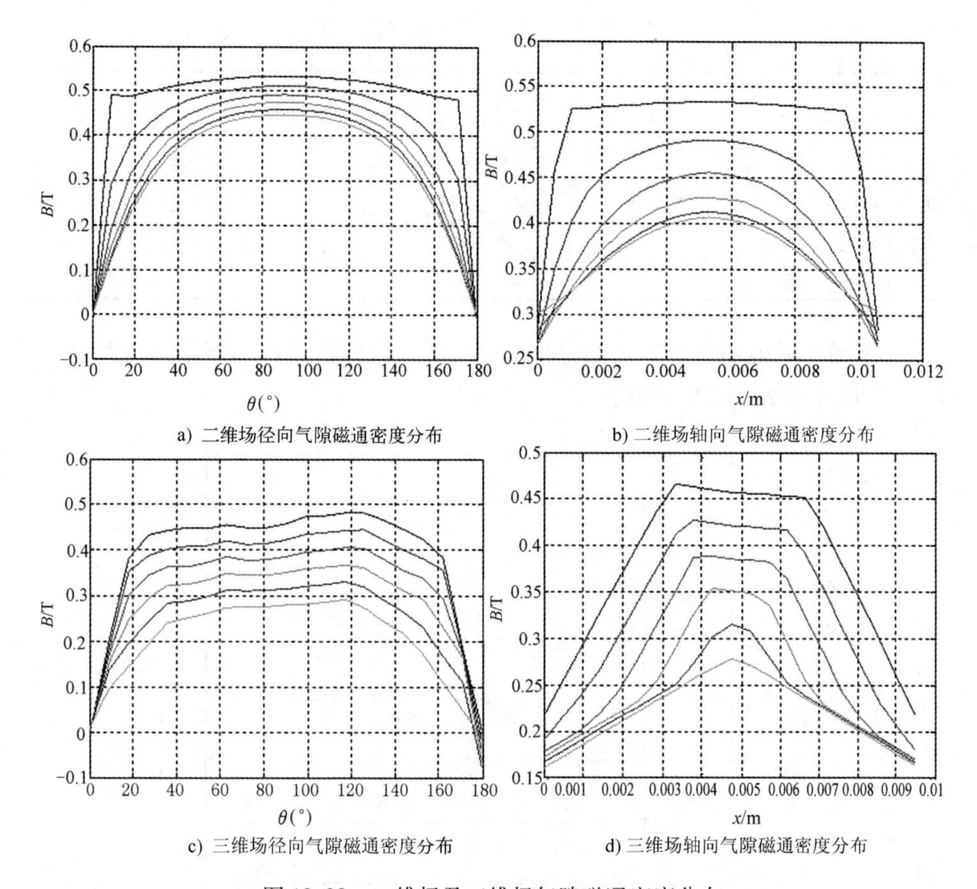

图 10-28　二维场及三维场气隙磁通密度分布

用有限元电磁场分析计算得到的电机电磁参数如表 10-8 所示。

表 10-8　电磁参数计算值

内　容	方　法	
	二维场计算	三维场计算
计算周向极弧系数	0. 8249	0. 7891
计算轴向极弧系数	0. 8760	0. 7424
计算极弧系数	0. 7227	0. 76575
计算周向漏磁系数	1. 6131	2. 0693
计算轴向漏磁系数	1. 91	2. 7889
计算漏磁系数	2. 5231	2. 4291
空载工作点磁动势/（A/m）	31. 1178	32. 31
空载工作点磁通/Wb	2. 3558e-004	2. 4959e-004
气隙平均磁通密度/T	0. 3665	0. 3807

（续）

内　容	方　法	
	二维场计算	三维场计算
额定转速/(rad/min)	25397	24454
额定工作电压/V	28	28
外转子轭磁通密度/T	0.3917	0.4281
内转子轭磁通密度/T	0.5039	0.5508

二维场、三维场中计算出的电机电磁参数代入电机设计程序中，得到反电动势-转速曲线如图10-29所示。

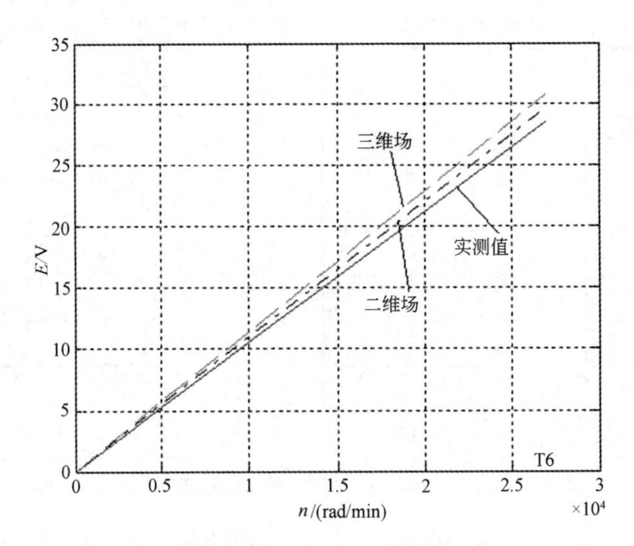

图10-29　电机反电动势-转速曲线

2. 飞轮G

基本尺寸如表10-9所示。

表10-9　飞轮G基本尺寸

外转子铁心外径 D_1/mm	70
外转子铁心内径 D_{i1}/mm	54.4
外转子铁心轴向长 L_a/mm	9
内转子铁心外径 D_{mi}/mm	31.8
内转子铁心内径 D_{i2}/mm	20
磁钢外径 D_{mo}/mm	44.6
磁钢内径 D_{mi}/mm	31.8

（续）

磁钢轴向长 L_m/mm	9
空心杯绕组处内径 D_{i11}/mm	46.6
永磁体材料	钐钴稀土
磁钢矫顽力 H_c/(kA/m)	760
磁钢剩磁 B_r/T	1.05
磁极对数 p	4
计算气隙长度 Dertal/mm	4.9
每相串联匝数 W_{fai}	24
外转子铁心材料	1J79
内转子铁心材料	DT4
线规/mm	5×0.25

飞轮 G 二维场及三维场气隙磁通密度分布如图 10-30 所示。

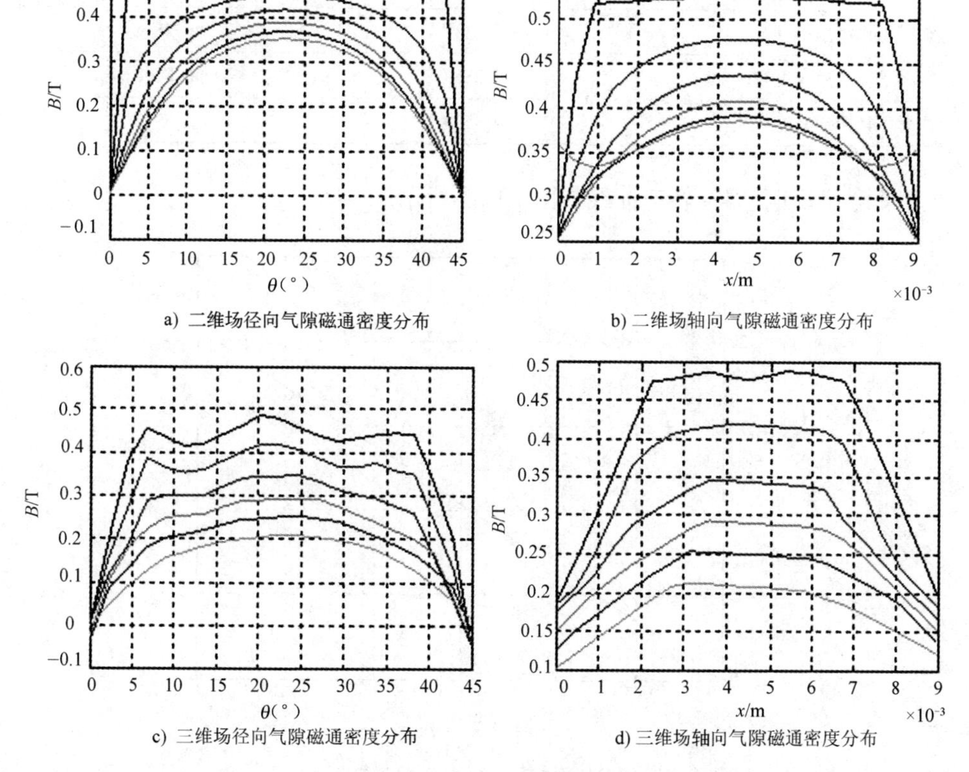

a) 二维场径向气隙磁通密度分布　b) 二维场轴向气隙磁通密度分布

c) 三维场径向气隙磁通密度分布　d) 三维场轴向气隙磁通密度分布

图 10-30　飞轮 G 二维场及三维场气隙磁通密度分布

用有限元电磁场分析计算得到的电机电磁参数如表10-10所示。

表10-10　飞轮G电磁参数计算值

内　容	方　法	
	二维场计算	三维场计算
计算周向极弧系数	0.7453	0.7933
计算轴向极弧系数	0.8853	0.8175
计算极弧系数	0.6598	0.8054
计算周向漏磁系数	2.0126	2.8389
计算轴向漏磁系数	1.9816	3.8359
计算漏磁系数	2.9942	3.3374
空载工作点磁动势/(A/m)	27.4459	24.627
空载工作点磁通/Wb	1.137 e-004	1.38e-004
气隙平均磁通密度/T	0.3497	0.3138
额定转速/(rad/min)	37982	42323
额定工作电压/V	28	28
外转子轭磁通密度/T	0.2819	0.3088
内转子轭磁通密度/T	0.3578	0.3920

飞轮G反电动势-转速曲线如图10-31所示。

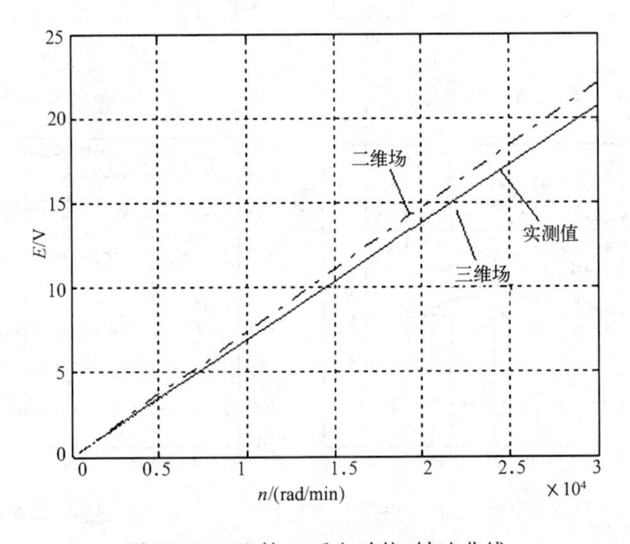

图10-31　飞轮G反电动势-转速曲线

3. 飞轮 I

基本尺寸如表 10-11 所示。

表 10-11　飞轮 I 基本尺寸

外转子铁心外径 D_1/mm	70
外转子铁心内径 D_{i1}/mm	65.6
外转子铁心轴向长 L_a/mm	9
内转子铁心外径 D_{mi}/mm	44.6
内转子铁心内径 D_{i2}/mm	20
磁钢外径 D_{mo}/mm	65.6
磁钢内径 D_{mi}/mm	53.6
磁钢轴向长 L_m/mm	12
永磁体材料	钐钴稀土
磁钢矫顽力 H_c/(kA/m)	760
磁钢剩磁 B_r/T	1.05
磁极对数 p	4
计算气隙长度 Dertal/mm	4.5
每相串联匝数 W_{fai}	16
外转子铁心材料	1J79
内转子铁心材料	1J79
线规/mm	9×0.25

飞轮 I 二维场及三维场气隙磁通密度分布如图 10-32 所示。

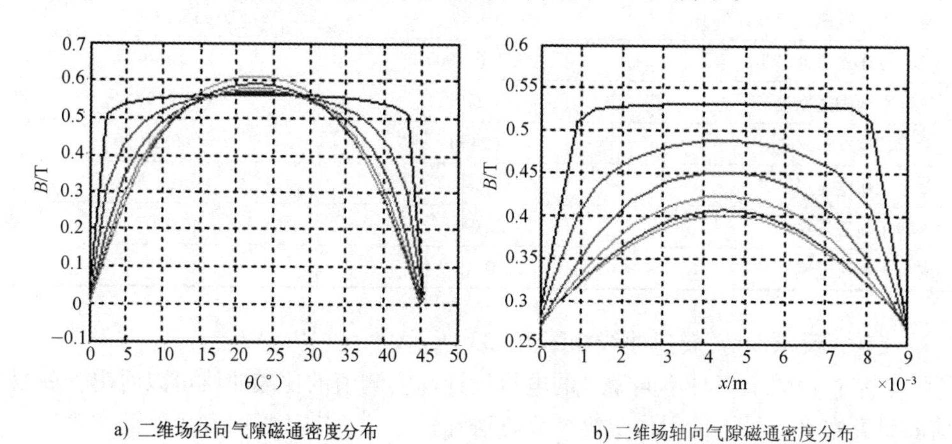

a) 二维场径向气隙磁通密度分布　　b) 二维场轴向气隙磁通密度分布

图 10-32　飞轮 I 二维场及三维场气隙磁通密度分布

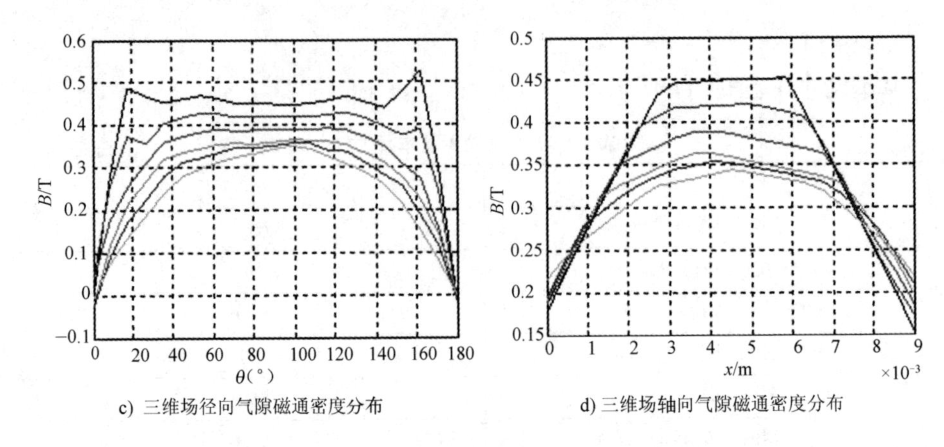

c) 三维场径向气隙磁通密度分布　　d) 三维场轴向气隙磁通密度分布

图 10-32　飞轮 I 二维场及三维场气隙磁通密度分布（续）

用有限元电磁场分析计算得到的电机电磁参数如表 10-12 所示。

表 10-12　飞轮 I 电磁参数计算值

内　容	方　法	
	二维场计算	三维场计算
计算周向极弧系数	0. 7203	0. 7914
计算轴向极弧系数	0. 8751	0. 8447
计算极弧系数	0. 6304	0. 6685
计算周向漏磁系数	1. 9818	3. 0373
计算轴向漏磁系数	1. 9268	1. 6154
计算漏磁系数	2. 9086	3. 6527
空载工作点磁动势/(A/m)	19. 47	15. 5119
空载工作点磁通/Wb	1. 146e-004	1. 216e-004
气隙平均磁通密度/T	0. 2702	0. 2152
额定转速/(rad/min)	52490	65890
额定工作电压/V	28	28
外转子轭磁通密度/T	2. 8944	3. 0707
内转子轭磁通密度/T	0. 13	0. 1175

飞轮 I 反电动势-转速曲线如图 10-33 所示。

总结：由以上三种不同型号的电机设计与实测值的比较曲线可以看出，就目前的研究水平，虽不能得出二维计算方法和三维计算方法哪一种更好的结论，但两种计算方法最大值误差都很小（5%内），从这个意义上讲，两种方法都是可以满足工程设计精度要求的。实际电机气隙磁场的磁通密度分布不可能像二维场分析中那样规则、光滑、对称，三维场分析得出的气隙磁通密度曲线更符合实际情况。从理论上讲，三维场分析方法综合考虑了两个独立二维场耦合的情况，真实反映了电机气隙磁场空间三维分布的情况，基于三维场分析的电机设计方法更准确、更严密。从多方面改进基于三维场分析的电机参数计算方法，使之具有更高的精度，是电机设计中电机参数计算方法的发展趋势。

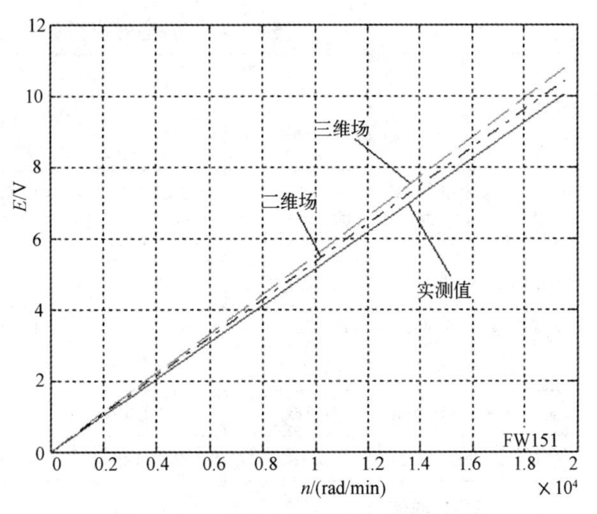

图 10-33　飞轮 I 反电动势-转速曲线

10.5.2　气隙磁通密度的计算方法

根据实验结果，我们通常想测定气隙中间处的磁通密度。据公式 $E=BLV$ 可知，若准确测定电机相反电动势幅值 E 及每相绕组切割磁场的有效长度 L 和绕组的线速度 V，就可以准确得到绕组处的平均磁通密度 B。推导公式如下：

$$E=BLV=B\times L\times 2\times W_{\text{fai}}\times\frac{\pi\times D\times n}{60} \tag{10-28}$$

式中，E 为电机相反电动势幅值；L 为绕组的有效长度（杯形绕组一般大于 7mm）；W_{fai} 为每相串联匝数；D 为绕组的平均直径；n 为电机转速（r/min）。所以

$$B=\frac{60\times E}{L\times 2\times W_{\text{fai}}\times\pi\times D\times n} \tag{10-29}$$

现有已知实验中示波器测得的 E、n 准确值及由结构图样确定的准确值 D、W_{fai}，若能取准确值 L，则根据上述公式便可准确计算得到绕组处的平均磁通密度 B。但由于磁场对端部绕组的影响未知，目前无有效方法得到有效长度 L。故把 BL 作为整体的一个参数来考察，则可以从实验数据中获得这一整体参数的准确值，再将 BL 除以已知绕组的切割磁力线最短长度 L'（准确），则可以得到一量纲为磁通密度单位 T 的相对磁通密度值。可以看出，这个相对值综合反映了磁通密度大小和磁场对绕组端部的影响。

表 10-13 所示为取切割磁力线最短长度 L' 计算的绕组处磁通密度及按上述方法计算的相对磁通密度对比。

表10-13　各型号电机参数对比表

项目	型　号				
	A	B	C（Halbach外磁钢）	I	G
相反电动势幅值 E/V	7.51/2	26.38/2	23.08/2	10.71/2	26.29/2
电机转速 n/(rad/min)	452×20	978×20	978×20	1303×15	1267×15
每相串联匝数 W_{fai}/匝	30	24	30	16	24
绕组的切割磁力线最短长度 L'/mm	7.5	7	7	7	9
BL/(T·m)（整体参数）	0.0027	0.0054	0.0038	0.0033	0.0055
相对磁通密度 B'/T	0.3855	0.7712	0.5398	0.4758	0.61
仿真计算得到的气隙平均磁通密度 B/T	0.4130	0.4381	—	0.27	0.3237
仿真计算得到的转子轭磁通密度 B_{j2}/T	1.48	0.81	—	2.89	0.7

若考虑磁场对端部绕组的作用，把绕组的切割磁力线最短长度 L'增加（例如各增加1mm），即表10-13中第5行变为8.5、8、8、8，则第6行的结果变为0.3175、0.6748、0.4723、0.4163，B值变化很大，可见绕组切割磁力线长度的微小变化对计算绕组处平均磁通密度有重大影响，同时也可说明绕组切割磁场的有效长度不容易确定。

由设计仿真及实验结果可以确定，将绕组切割磁力线最短长度 L'作为绕组在磁场中的有效长度来计算绕组处平均磁通密度 B 是极其不准确的，而引用 BL 整体参数和相对磁通密度 B'作为衡量绕组处磁通密度大小的参考值具有更准确的实际意义。

对于高速飞轮和控制力矩陀螺用永磁无刷直流电机，本章通过对比两种电磁参数计算方法，得出由两种参数计算方法而获得的电机设计结果与实际相差不大，并且均能够满足工程精度要求的结论，验证了三维场中一种新的电磁参数计算方法的可行性。

10.6　本章小结

本章指出对于磁悬浮飞轮用大有效气隙、小长径比永磁无刷直流电机的电磁设计，没有现成的经验可循，漏磁系数和计算极弧系数必须通过数值计算得出，在这种电机的设计计算中，将一般电机的计算极弧系数和漏磁系数概念转化为该种电机的等效气隙磁通密度计算系数和等效漏磁系数，并给出两系数在二维场和三维场中的求解方法。本章还讨论了在电机（定）转子铁心与轴交界面处增加隔磁环或者采用 Halbach 磁体电机省却铁心均可以降低电机的铁耗。

参 考 文 献

[1] 夏旎，李红，房建成，等. 磁悬浮飞轮用永磁无刷直流电机参数的三维场计算方法 [J]. 微电机，2006，39（1）：9-12.

[2] 房建成. 民用航天科技预研方案论证报告 [R]. 北京航空航天大学第五研究室，2001.

[3] 徐衍亮. 空间飞行器用高速飞轮系统电磁设计计算研究 [R]. 博士后研究工作报告，北京航空航天大学，2003.

[4] 房建成，孙津济，马善振，等. 一种无定子铁心无刷直流电动机：ZL200410101898.8 [P]. 2004.

[5] 房建成，孙津济，马善振. 一种 Halbach 磁体结构无刷直流电动机：ZL 200510011242.1 [P]. 2005.

[6] 邱国平，丁旭红. 永磁直流无刷电机实用设计及应用技术 [M]，上海：上海科学技术出版社，2015.

[7] GIERAS J F. 永磁电机设计与应用（原书第3版）[M]. 北京：机械工业出版社，2023.

[8] 王秀和，杨玉波，朱常青，等. 永磁同步电机：基础理论，共性问题与电磁设计 [M]. 北京：机械工业出版社，2022.

[9] IM H, YOO H H, CHUNG J. Dynamic analysis of a BLDC motor with mechanical and electromagnetic interaction due to air gap variation [J]. Journal of Sound and Vibration, 2011, 330 (8): 1680-1691.

[10] IM H, BAE D S, CHUNG J. Design sensitivity analysis of dynamic responses for a BLDC motor with mechanical and electromagnetic interactions [J]. Journal of sound and vibration, 2012, 331 (9): 2070-2079.

[11] LIU X, HU H, ZHAO J, et al. Analytical solution of the magnetic field and EMF calculation in ironless BLDC motor [J]. IEEE Transactions on Magnetics, 2015, 52 (2): 1-10.

[12] LU J, ZHANG X, TAN S, et al. Research on a linear permanent magnet brushless DC motor for electromagnetic catapult [J]. IEEE Transactions on Plasma Science, 2015, 43 (6): 2088-2094.

[13] 高庆嘉，白越，吴晓溪，等. 姿控飞轮用永磁无刷直流电动机电磁设计与分析 [J]. 微特电机，2009，37（10）：4-6，10.

[14] KURINJIMALAR L, BALAJI M, PRABHU S, et al. Analysis of electromagnetic and vibration

characteristics of a spoke type PMBLDC motor [J]. Journal of Electrical Engineering & Technology, 2021, 16 (5): 2647-2660.

[15] MINH D B, QUOC V D, HUY P N. Efficiency improvement of permanent magnet BLDC motors for electric vehicles [J]. Engineering, Technology & Applied Science Research, 2021, 11 (5): 7615-7618.

[16] HUR J, KIM B W. Rotor shape design of an interior PM type BLDC motor for improving mechanical vibration and EMI characteristics [J]. Journal of Electrical Engineering & Technology, 2010, 5 (3): 462-467.

[17] USMAN A, RAJPUROHIT B S. Comprehensive analysis of demagnetization faults in BLDC motors using novel hybrid electrical equivalent circuit and numerical based approach [J]. IEEE Access, 2019, 7: 147542-147552.

[18] 戈宝军，姜汉，林鹏，等. 并轴式双转子永磁同步电机齿槽转矩分析 [J]. 电机与控制学报, 2023, 27 (8): 80-90.

[19] CHO S, HWANG J, KIM C W. A study on vibration characteristics of brushless DC motor by electromagnetic-structural coupled analysis using entire finite element model [J]. IEEE Transactions on Energy Conversion, 2018, 33 (4): 1712-1718.

[20] ZHANG Q, JIA Z, CHENG S, et al. Analysis and calculation of radial electromagnetic force of circular winding brushless DC motor [J]. IEEE Transactions on Industrial Electronics, 2019, 67 (6): 4338-4349.

[21] 李梓豪，张晓明. Halbach磁极阵列结构在永磁无刷电机的设计应用 [J]. 内燃机与配件, 2021 (14): 66-71.

[22] 程声烽. 无刷直流电动机电磁设计及齿槽转矩研究 [D]. 广州：华南理工大学，2015.

[23] 冯桑，邱宏波，黄越诚. 车用微型永磁直流电机的齿槽转矩优化 [J]. 机械设计与制造, 2023 (5): 130-133.

[24] YANG L, ZHAO J, YANG L, et al. Investigation of a stator-ironless brushless DC motor with non-ideal back-EMF [J]. IEEE Access, 2019, 7: 28044-28054.

[25] USMAN A, RAJPUROHIT B S. Modeling and classification of stator inter-turn fault and demagnetization effects in BLDC motor using rotor back-EMF and radial magnetic flux analysis [J]. IEEE Access, 2020, 8: 118030-118049.

[26] 秦英. 汽车用永磁无刷直流电机的电磁设计及温度场计算 [D]. 沈阳：沈阳工业大学, 2013.

[27] 路文开. 某高速永磁电机多物理场耦合分析与优化 [D]. 贵阳：贵州大学，2019.

[28] 冯志宇，王博，袁野. 永磁有刷直流电动机齿槽转矩与电磁噪声研究 [J]. 电气技术，2022 (5): 23.

[29] KRYKOWSKI K, HETMANCZYK J, GATUSZKIEWICZ Z, et al. Computer analysis of high-speed PM BLDC motor properties [J]. COMPEL-The international journal for computation and

mathematics in electrical and electronic engineering, 2011, 30 (3): 941-956.
[30] LIU K, YIN M, HUA W, et al. Design and analysis of Halbach ironless flywheel BLDC motor/generators [J]. IEEE Transactions on Magnetics, 2018, 54 (11): 1-5.
[31] 余平, 周军伟, 张国政. 叶环电驱桨的初步设计及其齿槽转矩的影响因素分析 [J]. 中国舰船研究, 2018, 13 (2): 103-109.
[32] 杨晋强, 陈凤, 郑恩来, 等. 基于磁-热双向耦合的电动拖拉机轮边电机电磁性能分析与结构优化 [J]. 农业工程学报, 2023, 39 (6): 73-82.
[33] CHESHMEHBEIGI H M, AFJEI S E, NASIRI B. Electromagnetic design based on hybrid analytical and 3-D finite element method for novel two layers BLDC machine [J]. Progress In Electromagnetics Research, 2013, 136: 141-155.
[34] 黄锐, 郑东. 基于 Kriging 模型和粒子群算法的不等厚永磁电机优化设计 [J]. 微特电机, 2020, 48 (7): 19-23.

附录

源　代　码

1. 主程序

其中包括6个子程序功能模块。

```
library IEEE;
use IEEE.STD_LOGIC_1164.ALL;
use IEEE.STD_LOGIC_ARITH.ALL;
use IEEE.STD_LOGIC_UNSIGNED.ALL;
entity project is
Port (
            clk   :   in std_logic;
            hall1 :   in std_logic;
            hall2 :   in std_logic;
            hall3 :   in std_logic;
            hall4 :   in std_logic;
            hall5 :   in std_logic;
            hall6 :   in std_logic;
            hall7 :   in std_logic;
            hall8 :   in std_logic;
            hall9 :   in std_logic;
            XF0:      in std_logic;
            XF1:      in std_logic;
            h9_out    : out std_logic;
            pwm1_out  : out std_logic;
            pwm3_out  : out std_logic;
            pwm5_out  : out std_logic;
            pwm7_out  : out std_logic;
            pwm9_out  : out std_logic;
            p         : out std_logic;
```

```
            cs          : out std_logic;
            ce          : out std_logic;
            A0          : out std_logic;
            rc          : out std_logic;
            clktr       :out std_logic;
            ffoutcon    : out std_logic;
            mulcon      : out std_logic;
            int0        : out std_logic;
            int1        : out std_logic;
            int2        : out std_logic;
            Iostrb      : in std_logic;
            Aa0         : in std_logic;
            Aa1         : in std_logic;
            D           :inout std_logic_vector(11 downto 0);
            Wr          : in std_logic
                );
end project;

architecture Behavioral of project is
signal XF00   :std_logic;
signal XF11   :std_logic;
signal pwm1z  :std_logic;
signal pwm3z  :std_logic;
signal pwm5z  :std_logic;
signal pwm1f  :std_logic;
signal pwm3f  :std_logic;
signal pwm5f  :std_logic;
signal pwm7  :std_logic;
signal pwm9  :std_logic;
signal detaget :STD_LOGIC_VECTOR(11 downto 0):="001000000101";
signal detaget1 :STD_LOGIC_VECTOR(11 downto 0):="000111001101";
signal count :STD_LOGIC_VECTOR(22 downto 0);
signal postive :std_logic;
signal a: std_logic_vector(11 downto 0);
```

```
component comutator
port(
        hall1,hall2,hall3,hall4,hall5,hall6,hall7,hall8,hall9:in std_logic;
        h9_out,pwm1z,pwm3z,pwm5z,pwm1f,pwm3f,pwm5f:out std_logic;
        postive:inout std_logic
        );
end component;

component modulate
port(
        CLK:    IN    STD_LOGIC;
        detaget:    IN    STD_LOGIC_VECTOR(11 downto 0);
        PWM:    OUT    STD_LOGIC
        );
end component;

component brake
port(
        XF0        : in std_logic;
        XF1        : in std_logic;
        Postive    : in std_logic;
        pwm1z      : in std_logic;
        pwm3z      : in std_logic;
        pwm5z      : in std_logic;
        pwm1f      : in std_logic;
        pwm3f      : in std_logic;
        pwm5f      : in std_logic;
        pwm7       : in std_logic;
        pwm9       : in std_logic;
        pwm1_out : out std_logic;
        pwm3_out : out std_logic;
        pwm5_out : out std_logic;
        pwm7_out : out std_logic;
        pwm9_out : out std_logic
    );
```

```
end component;

component cesu is
   Port ( clk           : in std_logic;
          h1            : in std_logic;
          count         :out std_logic_vector(22 downto 0)
        );
end component;

component adc5 is
   Port (
          rc            : out std_logic;
          clk           : in std_logic;
          clktr         : out std_logic;
          ffoutcon      : out std_logic;
          mulcon        : out std_logic;
          mulcon1       : out std_logic;
          int0          : inout std_logic;
          int1          : inout std_logic;
          d             : in std_logic_vector(11 downto 0);
          Adcurrent     : out std_logic_vector(11 downto 0)
        );
begin
u1:comutator port map
(
hall1 = >hall1,hall2 = >hall2,hall3 = >hall3,hall4 = >hall4,hall5 = >hall5,hall6
 = >hall6,
hall7 = > hall7, hall8 = > hall8, hall9 = > hall9, pwm1z = > pwm1z, pwm3z = >
pwm3z,pwm5z = >pwm5z,
pwm1f = >pwm1f,pwm3f = >pwm3f,pwm5f = >pwm5f,h9_out = >h9_out,postive =
 >postive
);
u2:modulate port map
(
clk = >clk,detaget = >a,pwm = >pwm7
```

```
);
u3:modulate port map
(
clk = >clk,detaget = >detaget1,pwm = >pwm9
);
u4:brake port map
(
postive = > postive,XF1 = > XF11,XF0 = > XF00,pwm1z = > pwm1z,pwm3z = >
pwm3z,pwm5z = > pwm5z,pwm1f = > pwm1f,pwm3f = > pwm3f,pwm5f = > pwm5f,
pwm7 = > pwm7,pwm9 = > pwm9,pwm1_out = > pwm1_out,pwm3_out = > pwm3_
out,pwm5_out = > pwm5_out,pwm7_out = > pwm7_out,pwm9_out = > pwm9_out
);
u5:cesu port map
(
clk = >clk,h1 = >hall1,count = >count
);
U6:adc5 port map
(
rc = >rc,clk = > clk,clktr = > clktr,ffoutcon = > ffoutcon,mulcon = > mulcon,mul-
con1 = >mulcon1,int0 = >int0,int1 = >int1,d = >d,ADcurrent = >Adcurrent
);
u7:DetaGet port map
(
clk = >clk,AVRAdcResult = > ADcurrent,current = > current,Deta = > Deta,E = > E
);
end Behavioral;
```

2. 子程序1：永磁无刷直流电机换相VHDL程序代码

```
--Coder:
--Description:
--Date:

LIBRARY IEEE;
USE IEEE.std_logic_1164.all;

ENTITY comutator is
```

```
port(
      hall1,hall2,hall3,hall4,hall5,hall6,hall7,hall8,hall9:in std_logic;
      h9_out,pwm1z,pwm3z,pwm5z,pwm1f,pwm3f,pwm5f:out std_logic;
      postive:inout std_logic
        );
END ENTITY comutator;

architecture rtl of comutator is
begin
com1:process(hall1,hall2,hall3,hall4,hall5,hall6,hall7,hall8,hall9)
       begin
           if rising_edge(hall1)then
             postive< =hall4;
           end if;
      h9_out< =hall1 xor hall2 xor hall3 xor hall4 xor hall5 xor hall6 xor hall7 xor
hall8 xor hall9;
end process com1;
com2:process(hall1,hall4,hall7,postive)
      begin
           pwm1z< =not(not hall1 and (hall1 xor hall7));
           pwm3z< =not(not hall4 and (hall1 xor hall4));
           pwm5z< =not(not hall7 and (hall4 xor hall7));
           pwm1f< =not(not hall7 and (hall1 xor hall7));
           pwm3f< =not(not hall1 and (hall1 xor hall4));
           pwm5f< =not(not hall4 and (hall4 xor hall7));
end process com2;
end rtl;
```

3. 子程序 2：PWM 的 VHDL 程序代码

```
--Coder:
--Description:
--Date:
library IEEE;
use IEEE.STD_LOGIC_1164.ALL;
use IEEE.STD_LOGIC_ARITH.ALL;
use IEEE.STD_LOGIC_UNSIGNED.ALL;
```

```
entity modulate is
  port(
        CLK:      IN    STD_LOGIC;
        detaget:  IN    STD_LOGIC_VECTOR(11 downto 0);
        PWM:      OUT STD_LOGIC
     );

end modulate;

architecture Behavioral of modulate is
signal   SawCount:       STD_LOGIC_VECTOR(11 downto 0) := "000000000000";
signal   CounterReload: STD_LOGIC;
begin
SawCounter: process(CLK)
  begin
    if CLK'event and CLK = '1' then
      if CounterReload = '1'then
        SawCount <= (others => '0');
      else
        SawCount <= SawCount + 1;
      end if;
    end if;
  end process;

Reload: process(SawCount)
  begin
    if SawCount = "111111001111"then
        CounterReload <= '1';
    else
        CounterReload <= '0';
    end if;
  end process;
Comparator: process(detaget,SawCount)
  begin
```

```
        if detaget > = SawCount then
            PWM < = '0';
        else
            PWM < = '1';
        end if;
    end process;
end Behavioral;
```

4. 子程序 3：四象限运行（正向电动、反向电动、回馈制动、反接制动）**VHDL 程序代码**

```
--Coder:
--Date:
library IEEE;
use IEEE. STD_LOGIC_1164. ALL;
use IEEE. STD_LOGIC_ARITH. ALL;
use IEEE. STD_LOGIC_UNSIGNED. ALL;

entity brake is
port(
        postive   : in std_logic;
        XF0       : in std_logic;
        XF1       : in std_logic;
        pwm1z     : in std_logic;
        pwm3z     : in std_logic;
        pwm5z     : in std_logic;
        pwm1f     : in std_logic;
        pwm3f     : in std_logic;
        pwm5f     : in std_logic;
        pwm7      : in std_logic;
        pwm9      : in std_logic;
        pwm1_out  : out std_logic;
        pwm3_out  : out std_logic;
        pwm5_out  : out std_logic;
        pwm7_out  : out std_logic;
        pwm9_out  : out std_logic
    );
```

```
end brake;

architecture Behavioral of brake is
signal s_machine :std_logic_vector(2 downto 0);
begin
s_machine <=( postive & xf0 & xf1);
process(pwm1z,pwm3z,pwm5z,pwm1f,pwm3f,pwm5f,pwm7,pwm9,s_machine)
begin
case s_machine is
when "100" =>
          pwm1_out <=pwm1z ;
          pwm3_out <=pwm3z ;
          pwm5_out <=pwm5z ;
          pwm7_out <=pwm7;
          pwm9_out <='1';
when "110" =>
          pwm1_out <=pwm1z;
          pwm3_out <=pwm3z;
          pwm5_out <=pwm5z;
          pwm7_out <='1';
          pwm9_out <=pwm7;
when "101" =>
          pwm1_out <=pwm1f and pwm9;
          pwm3_out <=pwm3f and pwm9;
          pwm5_out <=pwm5f and pwm9;
          pwm7_out <=pwm7;
          pwm9_out <='1';
when "000" =>
          pwm1_out <=pwm1f ;
          pwm3_out <=pwm3f ;
          pwm5_out <=pwm5f ;
          pwm7_out <=pwm7;
          pwm9_out <='1';
when "010" =>
          pwm1_out <=pwm1f;
```

```
            pwm3_out < = pwm3f;
            pwm5_out < = pwm5f;
            pwm7_out < = '1';
            pwm9_out < = pwm7;
when "001" = >
            pwm1_out < = pwm1z and pwm9;
            pwm3_out < = pwm3z and pwm9;
            pwm5_out < = pwm5z and pwm9;
            pwm7_out < = pwm7;
            pwm9_out < = '1';
when others = >
            pwm1_out < = '1';
            pwm3_out < = '1';
            pwm5_out < = '1';
            pwm7_out < = '1';
            pwm9_out < = '1';
end case;
END PROCESS;
end Behavioral;
```

5. 子程序 4：转速检测 VHDL 程序代码

```
--Coder:
--Date:

library IEEE;
use IEEE. STD_LOGIC_1164. ALL;
use IEEE. STD_LOGIC_ARITH. ALL;
use IEEE. STD_LOGIC_UNSIGNED. ALL;

entity cesu is
    Port ( clk    : in std_logic;
           h1     : in std_logic;
           count  :out std_logic_vector(22 downto 0)
    );
end cesu;
```

```
architecture Behavioral of cesu is
signal count2:std_logic_vector(22 downto 0);
signal count4:std_logic_vector(22 downto 0);
signal count3:std_logic_vector( 4 downto 0);
type state_ad is (state0,state1,state2,state22,state222,state3,state4);
signal current_state: state_ad := state0;
begin
main_Pro : process(clk)
begin
     if rising_edge(clk) then
     case current_state is
          when state0 => if(h1 ='1')then
                              current_state <= state1;
                             end if;
                             count2 <="00000000000000000000000";
                             count3 <="00000";
                             count4 <="00000000000000000000000";
          when state1 => if(count3 <"11111")then
                             current_state <= state1;
                             count3 <=count3 +"00001";
                             elsif(h1 ='1')then
                               current_state <=state2;
                              else
                               current_state <=state0;
                             end if;
                             count2 <=count2 +"00000000000000000000001";
          when state2 => if(h1 ='0')then
                               current_state <=state22;
                               count3 <="00000";
                             else
                               current_state <= state2;
                             end if;
                             if(count2 <"11111111111111111110000")then
                               count2 <=count2 +"00000000000000000000001";
                             else
```

```
                count2 < ="00000000000000000000000";
                count < ="00000000000000000000000";
              end if;
      when state22  = >  if(h1 ='1')then
                current_state < =state222;
              else
                current_state  < =  state22;
              end if;
                count2 < =count2 + "00000000000000000000001";
      when state222 = >current_state < =state3;
                if(count2 <"11111111111111111110000")then

count2 < =count2 +"00000000000000000000001";
                count4 < =count2;
              else
                count2 < ="00000000000000000000000";
                count < ="00000000000000000000000";
              end if;
      when state3  = >if(count3 <"10")then
                current_state < =state3;
                count3 < =count3 +"00001";
              elsif(h1 ='0')then
                current_state < =state22;
              elsif(h1 ='1')then
                current_state  < =  state4;
              end if;
              count2 < =count2 + "00000000000000000000001";

      when state4  = >current_state  < =  state2;
              count(22 downto 12) < =count4(22 downto 12);
              count(11 downto 0) < =x"000";
               count2 < ="00000000000000000000101";
      when others  = >current_state  < =  state0;
    end case;
end if;
```

```
end process;
end Behavioral;
```

6. 子程序5：绕组电流、Buck变换器输出电压检测VHDL程序代码

```
--Coder:
--Date:

library IEEE;
use IEEE.STD_LOGIC_1164.ALL;
use IEEE.STD_LOGIC_ARITH.ALL;
use IEEE.STD_LOGIC_UNSIGNED.ALL;

entity adc5 is
    Port (
        rc        : out std_logic;
        clk       : in std_logic;
        clktr     :out std_logic;
        ffoutcon  : out std_logic;
        mulcon    : out std_logic;
        mulcon1   : out std_logic;
        int0      : inout std_logic;
        int1      : inout std_logic;
        d         :in std_logic_vector(11 downto 0);
        ADcurrent: out std_logic_vector(11 downto 0)
          );
end adc5;
architecture Behavioral of adc5 is
signal clktr0:std_logic;
signal shl:std_logic;
signal ffoutcon0:std_logic;
begin
mulcon1 <= '0';
clktrcontrol:process(clk)
        variable counter1  :std_logic_vector(11 downto 0):=x"000";
        begin
```

```
        if rising_edge (clk) then
          counter1 := counter1 + 1;
          if(counter1 <= 40) then
               rc <= '0';
          elsif(counter1 <= 495) then
               rc <= '1';
          elsif (counter1 = 500) then
               counter1 := x"000";
          end if;
        end if;
  end process;
CON:  process(clk)
     variable counter9 :std_logic_vector(11 downto 0) := x"000";
          begin
            if rising_edge (clk) then
              counter9 := counter9 + 1;
                if(counter9 <= 450) then
                              clktr0 <= '0';
                       elsif(counter9 <= 495) then
                              clktr0 <= '1';
                       elsif (counter9 = 500) then
                              counter9 := x"000";
                end if;
                clktr <= clktr0;
                end if;
        end process;
ffoutcontrol: process(clk)
          variable counter6 :std_logic_vector(11 downto 0) := x"000";
          begin
              if rising_edge (clk) then
                counter6 := counter6 + 1;
                    if( int0 = '0') then
                        ffoutcon0 <= '0';
                        ADcurrent <= d;
                        if(counter6 >= x"004") then
```

```
                    ffoutcon0 <= '1';
                    end if;
                else
                    ffoutcon0 <= '1';
                    counter6 := x"000";
            end if;
                ffoutcon <= ffoutcon0;
        end if;
end process;
mul:process(clk)
        variable counter2 :std_logic_vector(11 downto 0) := x"000";
        begin
            if rising_edge (clk) then
              counter2 := counter2 + 1;
                if(counter2 <= 80) then
                    mulcon <= '1';
                elsif(counter2 <= 500) then
                  mulcon <= '0';
                elsif(counter2 <= 995) then
                  mulcon <= '1';
                elsif (counter2 = 1000) then
                  counter2 := x"000";
                  end if;
                end if;
            end process;
inter1:  process(clk)
   variable counter3 :std_logic_vector(11 downto 0) := x"000";
        begin
            if rising_edge (clk) then
              counter3 := counter3 + 1;
               if(counter3 <= 455) then
                    int0 <= '1';
                elsif(counter3 <= 460) then --456
                    int0 <= '0';
                elsif(counter3 <= 470) then
```

```
                    int0 < ='1';
                end if;
            if(counter3 < =955) then
                    int1 < ='1';
                elsif(counter3 < =956) then
                    int1 < ='0';
                elsif(counter3 < =970) then
                    int1 < ='1';
                end if;
            if (counter3 =1000) then
                    counter3: =x"000" ;
        end if;
        end if;
      end process;
end Behavioral;
```

7. 子程序 6：PID 的 VHDL 程序代码

```
--Coder:
--Date:

library IEEE;
use IEEE. STD_LOGIC_1164. ALL;
use IEEE. STD_LOGIC_ARITH. ALL;
use IEEE. STD_LOGIC_UNSIGNED. ALL;
entity DetaGet is
  port(
        CLK          : IN    STD_LOGIC;
        AVRAdcResult : IN    STD_LOGIC_VECTOR(11 downto 0);
        Current      : IN    STD_LOGIC_VECTOR(11 downto 0);
        Deta         :OUT    STD_LOGIC_VECTOR(11 downto 0);
        E            :OUT    STD_LOGIC_VECTOR(11 downto 0)
      );
end DetaGet;
architecture Behavioral of DetaGet is
component amp_Shift is
  port(
```

```
        CLK:            IN      STD_LOGIC;
        Shift_REG:      IN      STD_LOGIC_VECTOR(11 downto 0);
        Shift_REG_IN:   IN      STD_LOGIC_VECTOR(4 downto 0);
        SHift_REG_OUT:OUT       STD_LOGIC_VECTOR(11 downto 0)
);
end component;
signal                  AdcResult:STD_LOGIC_VECTOR(11      downto 0);--:
="000000000000";
constant Kp:    STD_LOGIC_VECTOR(4 downto 0):="00001";
constant Ki:    STD_LOGIC_VECTOR(4 downto 0):="00010";
signal   Pe:    STD_LOGIC_VECTOR(11 downto 0):="000000000000";
signal   Ie:    STD_LOGIC_VECTOR(11 downto 0):="000000000000";
signal   PPe:   STD_LOGIC_VECTOR(11 downto 0):="000000000000";
signal   IIe:   STD_LOGIC_VECTOR(11 downto 0):="000000000000";
signal   IIee:  STD_LOGIC_VECTOR(11 downto 0):="000000000000";
signal   AdcResultmax: STD_LOGIC_VECTOR(11 downto 0):=x"866";
signal   AdcResultmin: STD_LOGIC_VECTOR(11 downto 0):=x"000";
signal   Detamax: STD_LOGIC_VECTOR(11 downto 0):="000010101101";
signal   IIemax: STD_LOGIC_VECTOR(11 downto 0):="000000000010";
signal   Ek: STD_LOGIC_VECTOR(11 downto 0):="000000000000";
signal   Ekk: STD_LOGIC_VECTOR(11 downto 0):="000000000000";
signal   detacurrent: STD_LOGIC_VECTOR(11 downto 0):="000000000000";
signal   detacurrent1: STD_LOGIC_VECTOR(11 downto 0):="000000000000";
signal   Cmpcurrent: STD_LOGIC_VECTOR(11 downto 0):="000000000000";
signal   DetaBuffer: STD_LOGIC_VECTOR(11 downto 0):="000000000000";
signal   DetaBuffer1: STD_LOGIC_VECTOR(11 downto 0):="000000000000";
begin
-----------------------判断当前电流(过电流保护)----------------------------------
SM: process(AVRAdcResult)
begin
 if(AVRAdcResult>AdcResultmax)then
        AdcResult<=AdcResultmax;
        elsif(AVRAdcResult<AdcResultmin)then
         AdcResult<=AdcResultmin;
        else
```

```
        AdcResult < = AVRAdcResult;
end if;
end process;
---------------------求误差------------------------------
EkGet:process( AdcResult)
 begin
    Ekk < = Ek;
    Ek < = current- AdcResult;--current-AdcResult
---------------------求比例误差-----------------------
    Pe < = Ek-Ekk;
---------------------求积分误差-----------------------
    Ie < = Ek;--求积分电流误差
end process;
-----------------------比例误差乘以系数-------------
Shift1: amp_Shift--Kp 移位
  port map(
            CLK            = > CLK,
            SHift_REG      = >Pe,-- 移位寄存器输入
            Shift_REG_IN   = >Kp,-- 乘法器输入
            SHift_REG_OUT  = >PPe-- 移位寄存器输出
          );
---------------------积分误差乘以系数---------------------
Shift2: AMP_Shift--Ki 移位
  port map(
            CLK            = > CLK,
            SHift_REG      = > Ie,
            Shift_REG_IN   = > Ki,
            SHift_REG_OUT  = >IIe
          );

detacurrentGet: process( PPe,IIe)
  begin
    detacurrent < = PPe + IIee;
  end process;
```

```
DeBufferGet: process(detacurrent)
   begin
      DetaBuffer <= detacurrent + DetaBuffer1;
      Cmpcurrent  <= "0000" &DetaBuffer(11 downto 4);
      if(detacurrent > Detamax) then
            Cmpcurrent <= Detamax;
      elsif(detacurrent < "000000000100") then
               Cmpcurrent <= "000000000000";
      else
               Cmpcurrent <= Cmpcurrent;
      end if;
               DetaBuffer1 <= DetaBuffer;
   end process;
ProcessDetaGet: process(CLK)
   begin
      if CLK'event and CLK  =  '1' then
               Deta <= Cmpcurrent;--PWM7 的电流值
      end if;
   end process;
end Behavioral;
```